"十三五"国家重点出版物出版规划项目

国家出版基金项目
NATIONAL PUBLICATION FOUNDATION

中国生态环境演变与评估

珠江流域生态环境
十年变化评估

杨大勇 林 奎 著

科学出版社
北京

内 容 简 介

本书以珠江流域生态环境年变化评估为核心，系统评估珠江流域2000~2010年珠江流域的生态系统类型、格局及变化，生态系统服务功能及变化，水资源、水环境、水灾害及变化，探讨流域生态系统变化与水的关系，分析陆地生态系统类型变化与生态环境胁迫，开展环境污染与社会经济发展重心演变研究。

本书适合生态学、环境科学等专业的科研和教学人员阅读，也可为流域生态管理和水文水资源管理人员提供参考。

图书在版编目(CIP)数据

珠江流域生态环境十年变化评估／杨大勇等著 . —北京：科学出版社，2017.1

（中国生态环境演变与评估）

"十三五"国家重点出版物出版规划项目　国家出版基金项目

ISBN 978-7-03-050407-4

Ⅰ.珠…　Ⅱ.杨…　Ⅲ.珠江流域–区域生态环境–评估　Ⅳ. X321.23

中国版本图书馆 CIP 数据核字（2016）第 262841 号

责任编辑：李　敏　张　菊　吕彩霞／责任校对：邹慧卿
责任印制：肖　兴／封面设计：黄华斌

科学出版社 出版

北京东黄城根北街 16 号
邮政编码：100717
http://www.sciencep.com

中国科学院印刷厂 印刷

科学出版社发行　各地新华书店经销

＊

2017 年 1 月第 一 版　开本：787×1092　1/16
2017 年 1 月第一次印刷　印张：21 3/4
字数：560 000

定价：198.00 元

（如有印装质量问题，我社负责调换）

《中国生态环境演变与评估》编委会

主　编　欧阳志云　王　桥

成　员　(按汉语拼音排序)

总　　序

　　我国国土辽阔，地形复杂，生物多样性丰富，拥有森林、草地、湿地、荒漠、海洋、农田和城市等各类生态系统，为中华民族繁衍、华夏文明昌盛与传承提供了支撑。但长期的开发历史、巨大的人口压力和脆弱的生态环境条件，导致我国生态系统退化严重，生态服务功能下降，生态安全受到严重威胁。尤其2000年以来，我国经济与城镇化快速的发展、高强度的资源开发、严重的自然灾害等给生态环境带来前所未有的冲击：2010年提前10年实现GDP比2000年翻两番的目标；实施了三峡工程、青藏铁路、南水北调等一大批大型建设工程；发生了南方冰雪冻害、汶川大地震、西南大旱、玉树地震、南方洪涝、松花江洪水、舟曲特大山洪泥石流等一系列重大自然灾害事件，对我国生态系统造成巨大的影响。同时，2000年以来，我国生态保护与建设力度加大，规模巨大，先后启动了天然林保护、退耕还林还草、退田还湖等一系列生态保护与建设工程。进入21世纪以来，我国生态环境状况与趋势如何以及生态安全面临怎样的挑战，是建设生态文明与经济社会发展所迫切需要明确的重要科学问题。经国务院批准，环境保护部、中国科学院于2012年1月联合启动了"全国生态环境十年变化（2000—2010年）调查评估"工作，旨在全面认识我国生态环境状况，揭示我国生态系统格局、生态系统质量、生态系统服务功能、生态环境问题及其变化趋势和原因，研究提出新时期我国生态环境保护的对策，为我国生态文明建设与生态保护工作提供系统、可靠的科学依据。简言之，就是"摸清家底，发现问题，找出原因，提出对策"。

　　"全国生态环境十年变化（2000—2010年）调查评估"工作历时3年，经过139个单位、3000余名专业科技人员的共同努力，取得了丰硕成果：建立了"天地一体化"生态系统调查技术体系，获取了高精度的全国生态系统类型数据；建立了基于遥感数据的生态系统分类体系，为全国和区域生态系统评估奠定了基础；构建了生态系统"格局–质量–功能–问题–胁迫"评估框架与技术体系，推动了我国区域生态系统评估工作；揭示了全国生态环境十年变化时空特征，为我国生态保护与建设提供了科学支撑。项目成果已应用于国家与地方生态文明建设规划、全国生态功能区划修编、重点生态功能区调整、国家生态保护红线框架规划，以及国家与地方生态保护、城市与区域发展规划和生态保护政策的制定，并为国家与各地区社会经济发展"十三五"规划、京津冀交通一体化发展生态保护规划、京津冀协同发展生态环境保护规划等重要区域发展规划提供了重要技术支撑。此外，项目建立的多尺度大规模生态环境遥感调查技术体系等成果，直接推动了国家级和省级自然保护区人类活动监管、生物多样性保护优先区监管、全国生态资产核算、矿产资源开发监管、海岸带变化遥感监测等十余项新型遥感监测业务的发展，显著提升了我国生态环境保护管理决策的能力和水平。

《中国生态环境演变与评估》丛书系统地展示了"全国生态环境十年变化（2000—2010年）调查评估"的主要成果，包括：全国生态系统格局、生态系统服务功能、生态环境问题特征及其变化，以及长江、黄河、海河、辽河、珠江等重点流域，国家生态屏障区，典型城市群，五大经济区等主要区域的生态环境状况及变化评估。丛书的出版，将为全面认识国家和典型区域的生态环境现状及其变化趋势、推动我国生态文明建设提供科学支撑。

因丛书覆盖面广、涉及学科领域多，加上作者水平有限等原因，丛书中可能存在许多不足和谬误，敬请读者批评指正。

《中国生态环境演变与评估》丛书编委会

2016 年 9 月

前　言

　　珠江流域是由西江、北江、东江及珠江三角洲诸河等 4 个相对独立的水系所组成的复合型流域，按地貌组合特点，分为云贵高原区、黔桂高原斜坡区、桂粤中低山丘陵和盆地区、珠江三角洲平原区等 4 个地貌区，构成西北高东南低的地势。本流域地处亚热带，北回归线贯穿中部，气候温和，全流域基本属亚热带季风气候。珠江流域水资源丰富，多年森林覆盖率均超过 50%，整体生态环境质量较好。但是，由于自然因素和社会发展，也带来一些环境问题，如水土流失、石漠化、湿地破坏、局部水质污染严重及咸潮入侵等问题。

　　为系统评估珠江流域 2000～2010 年生态环境变化，明确本流域水资源、水环境、水文过程状况及变化特征，阐明流域生态系统服务功能空间特征及其变化，辨识驱动流域生态环境变化人为因素，揭示流域生态环境综合压力、生态环境状况空间特征，提出加强流域生态环境保护的建议，环境保护部重点工作"全国十年生态环境遥感评估"在流域专题设置了课题"珠江流域生态环境十年评估"，重点评估珠江流域 2000～2010 年生态系统变化。

　　针对流域特征与主要环境问题，本书系统评估珠江流域 2000～2010 年流域的生态系统类型、格局及变化，生态系统服务功能及变化，水资源、水环境、水灾害及变化，探讨流域生态系统变化与水的关系，分析陆地生态系统类型变化与生态环境胁迫，开展环境污染与社会经济发展重心演变研究。

　　在本书的相关研究工作中得到环境保护部自然生态保护司、卫星环境应用中心，及中国科学院生态环境研究中心等部门的大力支持和及时指导，我们深表感谢！

　　由于作者研究领域和学识的限制，书中难免有不足之处，敬请读者不吝批评、赐教。

作　者

2016 年 10 月

目　　录

第1章 | 绪 论

生态环境是社会经济可持续发展的核心和基础。流域的生态环境质量能反映流域内社会经济可持续发展的能力以及社会生产和人居环境稳定可协调的程度。调查和评价生态环境质量的现状，充分认识流域内生态环境的状况，是生态环境预测或预警的基础，也是流域生态环境管理和环境保护的重要举措，更是制定和规划流域国民经济发展计划的重要依据。

珠江流域作为我国六大水系中综合经济实力最强的流域之一，同时也是生态破坏较为严重的流域之一，过去十年是珠江流域生态环境受人类活动干扰强度最大的时期，除了自然灾害和全球气候变化对流域生态环境威胁不断加大以外，经济建设和资源开发对流域生态环境影响也不断增大，虽然国家对珠江流域的生态环境建设和改善不断投入，但珠江流域的生态环境状况是在增强还是减弱？目前很多学者的研究仅作了定性的描述。为了深入了解流域的生态环境状况，定量评价珠江流域的生态环境质量，我们需要更深入地了解生态环境结构、功能和变化过程，以加强珠江流域宏观生态质量的管理力度。

1.1 研 究 范 围

本书所指珠江流域为我国境内珠江流域范围。

1.2 数 据 源

本书所涉及数据有遥感数据、水文监测数据、水环境监测数据、社会经济统计数据、环境统计数据、水利工程数据等，具体如下所述。

1.2.1 遥感数据

根据《全国生态环境十年变化（2000—2010年）遥感调查与评估项目技术指南》，珠江流域生态十年调查评估所采用的遥感数据类型包括光学到雷达、低分辨率到高分辨率，时相为 2000~2010 年，从生长季到全年。

1）低分辨率卫星影像。以 MODIS 为主，覆盖全国 2000~2010 年数据。数据类型主要为 250m 分辨率的 16 天合成的 NDVI 数据（MOD13Q1）。

2）中分辨率卫星影像。中分辨率遥感卫星数据包括 2000 年、2005 年和 2010 年三个时相，其中 2000 年和 2005 年以 Landsat TM/ETM 数据为主，2010 年以 HJ-1 卫星 CCD 数据为主，数据有缺失的地区以同等分辨率同一时相的数据作为补充。

3）中高分辨率卫星影像。中高分辨率数据以 SPOT-5 2.5m 全色和 10m 多光谱数据为主，辅助以 ALOS、RapidEye、福卫-2、CBERS-02B HR 等数据。范围覆盖国家级自然保护区和部分重要生态功能区，约 500 万 km^2。

4）亚米级高分辨率卫星影像。以 QuickBird、IKONOS 数据为主，辅助以 GeoEye-1、WorldView-1、WorldView-2 等数据。

5）雷达数据。以 EnviSat-ASAR、ERS/1、ERS/2 数据为主，辅助以 RadarSat-1、RadarSat-2、JERS 等数据。

1.2.2　水文监测数据

水文监测数据主要包括 2000~2010 年逐月河流干流，以及一级、二级支流主要断面水文数据，包括径流量、泥沙含量。

1.2.3　水环境监测数据

水环境监测数据主要包括 2000~2010 年逐月河流干流，以及一级、二级支流主要断面水环境监测数据，主要包括 COD、TN、TP 数据。本书珠江流域选择水环境监测断面与水文监测数据断面一致。

1.2.4　社会经济统计数据

社会经济统计数据主要包括人口、国民生产总值、用水量、化肥用量数据等，主要来源于各省地方统计年鉴。

1.2.5　环境统计数据

环境统计数据主要包括城镇生活污废水和工业废水排放情况、历年污染治理投资额等。主要来源于《中国环境统计年报》、地方环境统计数据及各省市环境质量公报。

1.2.6　水利工程数据

水利工程数据主要包括水库、库容、水电装机容量和发电量数据。

1.3　生态系统分类

本书对珠江流域的生态系统分类参照全国生态系统分类体系，见表 1-1。根据该分类体系，剔除珠江流域没有的生态系统类型，开展珠江流域生态系统类型变化分析。

表1-1 Ⅰ级、Ⅱ级、Ⅲ级生态系统分类体系表

代码	Ⅰ级	代码	Ⅱ级	代码	Ⅲ级	原代码[①]
1	森林	11	阔叶林	111	常绿阔叶林	101
				112	落叶阔叶林	102
		12	针叶林	121	常绿针叶林	103
				122	落叶针叶林	104
		13	针阔混交林	131	针阔混交林	105
		14	稀疏林	141	稀疏林	61
2	灌丛	21	阔叶灌丛	211	常绿阔叶灌木林	106
				212	落叶阔叶灌木林	107
		22	针叶灌丛	221	常绿针叶灌木林	108
		23	稀疏灌丛	231	稀疏灌木林	62
3	草地	31	草地	311	草甸	21
				312	草原	22
				313	草丛	23
				314	稀疏草地	63
4	湿地	41	沼泽	411	森林沼泽	31
				412	灌丛沼泽	32
				413	草本沼泽	33
		42	湖泊	421	湖泊	34
				422	水库/坑塘	35
		43	河流	431	河流	36
				432	运河/水渠	37
5	农田	51	耕地	511	水田	41
				512	旱地	42
		52	园地	521	乔木园地	109
				522	灌木园地	110
6	城镇	61	居住地	611	居住地	51
		62	城市绿地	621	乔木绿地	111
				622	灌木绿地	112
				623	草本绿地	24
		63	工矿交通	631	工业用地	52
				632	交通用地	53
				633	采矿场	54

代码	Ⅰ级	代码	Ⅱ级	代码	Ⅲ级	原代码①
7	荒漠②	71	荒漠	711	沙漠/沙地	67
				712	苔藓/地衣	64
				713	裸岩	65
				714	裸土	66
				715	盐碱地	68
8	冰川/永久积雪	81	冰川/永久积雪	811	冰川/永久积雪	69
9	裸地	91	裸地	911	沙漠/沙地	67
				912	裸岩	65
				913	裸土	66

① "原代码"为土地覆盖数据二级代码。② 干旱与半干旱区的沙漠与沙地、裸岩、裸土、盐碱地归类于荒漠生态系统，湿润区的沙漠与沙地、裸岩、裸土归类为裸地。

1.4　分析层次与内容

珠江流域以遥感数据为主，其他必要的社会经济数据和环境统计数据为补充，围绕以流域人类活动—土地利用变化—水环境变化、陆地—岸边带—水体、水资源开发利用—水文过程变化—生态系统退化的内在关系为主线构建的"格局—质量—功能—胁迫"这一研究主线，系统开展珠江流域生态环境十年变化的调查与评估。考虑到珠江流域是一个复合型流域，水系复杂，本书在简单分析珠江流域、各省区层次的基础上，进一步划分为不同二级流域进行对比分析，以期为不同自然环境概况、不同社会经济发展阶段的流域之间的对比分析提供调查评估结论，为珠江流域不同流域范围生态环境变化的调查评估及针对性的政策建议提供借鉴。

珠江流域二级流域划分参考《珠江流域（云南部分）水污染防治"十二五"规划研究报告》，把珠江流域划分为北盘江区、柳江区、桂贺江区、红水河区、南盘江区、东江秋香江口以上区、北江大坑口以下区、北江大坑口以上区、右江区、西北江三角洲区、东江三角洲区、黔浔江及西江（梧州以下）区、东江秋香江口以下区、左江及郁江干流区共14个二级流域，详见表1-2。

表1-2　珠江流域分流域表

位置	二级流域	面积/km²	占全流域面积/%
上游	北盘江区	26 762.83	6.09
	南盘江区	58 132.23	13.22
	红水河区	54 895.18	12.49
中游	左江及郁江干流区	37 271.75	8.48
	右江区	39 439.83	8.97
	柳江区	57 845.85	13.16
	桂贺江区	30 136.82	6.85

位置	二级流域	面积/km²	占全流域面积/%
下游	黔浔江及西江（梧州以下）区	35 991.06	8.19
	北江大坑口以上区	17 311.47	3.94
	北江大坑口以下区	29 047.57	6.61
	东江秋香江口以上区	18 595.97	4.23
	东江秋香江口以下区	8 615.22	1.96
	西北江三角洲区	18 126.07	4.12
	东江三角洲区	7 478.21	1.70

第2章 珠江流域自然、社会经济概况及环境质量状况

流域的社会经济发展状况与其生态环境密不可分，社会经济发展对生态环境质量相互影响主要表现为水、空气、土地、植被和动物等各种资源条件对社会经济活动的影响以及生态环境的破坏对社会经济活动的影响。经济发展的速度、持久性和稳定性，依赖于自然资源的丰富程度和持续生产能力，生态环境的破坏和污染，必然导致自然资源的浪费，甚至使有些资源枯竭，还会使可更新资源的增殖受阻，最终将影响经济的发展。而经济发展受到限制，必然减弱保护和改善生态环境的能力，导致生态环境质量进一步恶化。本章主要对珠江流域地理情况、河流水系概况、社会经济发展状况以及流域环境质量现状评价进行简单介绍，以期对厘清珠江流域社会经济发展与环境质量变化之间的关系有所裨益。

2.1 自然地理概况

2.1.1 地理位置

珠江流域的地理位置在 102°14′E ~ 115°53′E、21°31′N ~ 26°49′N，分布于中国云南、贵州、广西、广东、湖南、江西 6 省（自治区）和越南，其中二级支流左江的上游在越南境内，流域总面积 453 690km²。流域内所辖行政区见表 2-1 和图 2-1。

表 2-1 珠江流域分省行政区统计表

省（自治区）	地区（州、市）		县（区）数/个	面积/万 km²	占全流域面积/%
	名称	数/个			
广东	广州市、深圳市、珠海市、佛山市、韶关市、河源市、惠州市、东莞市、中山市、江门市、茂名市、肇庆市、清远市、云浮市	14	77	11.12	24.52
广西	南宁市、柳州市、桂林市、梧州市、防城港市、贵港市、玉林市、百色市、贺州市、河池市、来宾市、崇左市	12	89	20.27	44.67
云南	曲靖市、昆明市、玉溪市、红河州、文山州	5	26	5.99	13.20

续表

省 （自治区）	地区（州、市）		县（区） 数/个	面积 /万 km²	占全流域 面积/%
	名称	数/个			
贵州	贵阳市、安顺市、毕节地区、六盘水市、黔东南州、黔南州、黔西南州	7	32	6.04	13.31
江西	赣州市	1	4	0.35	0.77
湖南	永州市、郴州市、邵阳市、怀化市	4	9	0.45	1.00
流域合计		43	237	44.22	97.48

图 2-1　珠江流域行政区划图

2.1.2　地质地貌特征

珠江流域自西向东由云贵高原、广西盆地、珠江三角洲平原三个宏观地貌单元组成。三个地貌单元间均有山地、丘陵作为过渡或分隔，其中广西盆地是流域的主体。西江自西向东贯通三个主要地貌单元，并与北江、东江等在珠江三角洲汇流，形成以西江流域为主体的复合的珠江流域。

按地貌组合特点，珠江流域分为云贵高原区、黔桂高原斜坡区、桂粤中低山丘陵和盆地区、珠江三角洲平原区4个地貌区，构成西北高东南低的地势。

云贵高原区处于流域最西部，其东以六枝—盘县—兴义—广南一线为界，包括滇中、滇东、滇东南和黔西的一部分，以黔西地区最高，一般峰顶海拔2200~2500m，多被切割成高差 300~500m 的山地，也称为山原，可见到海拔分别为 2000m、1800m 和 1600m 的三级夷平面。滇东峰顶海拔约 2000m，属断陷湖盆高原，相对高差小，一般为 100~300m，区内湖盆发育，较大的有抚仙湖、阳宗海、异龙湖、杞麓湖，以及建水、蒙自等盆地。云贵高原区碳酸盐岩分布广泛，岩溶发育。南、北盘江流域范围内，岩溶面积占云贵高原区面积的 57.8%。滇东高原北部，岩溶演化水平作用为主，地貌表现为溶原——岩丘和溶盆——丘峰景观。滇东高原南部以峰林地貌为主。珠江干流南盘江和支流北盘江上游位于该区，其中南盘江上游呈老年期宽谷地形，自宜良以下进入峡谷。河流阶地不发育。

黔桂高原斜坡区属云贵高原与桂粤中低山丘陵盆地间的过渡地带，包括桂西、黔西南和黔南等地区，东以三都—天峨—百色—那坡一线为界。地势从西向东逐渐降低，西部峰顶海拔 1600~1800m，东部降至 1000~1200m，峰顶与谷地高差 300~600m，存在海拔 1600m、1400m 和 1200m 三级夷平面。黔桂高原斜坡区山脉走向多变，也广布着碳酸盐岩，岩溶发育。地貌景观以峰林峰丛为主。苗岭南侧、贵州六枝至独山之间，以及黄泥河与北盘江之间，均以峰林溶洼为主。珠江干流南盘江下段、红水河上段、支流北盘江和右江上段均位于该区，河流河谷深切，横断面呈狭窄的"V"形，岸坡陡峭，岩溶发育区的支流多暗河，与主流汇合处常成吊谷和瀑布。河流阶地不发育。

桂粤中低山丘陵和盆地区位于高原斜坡区以东除珠江三角洲以外的广大地区，面积约占全流域面积的 70%。全流域山地丘陵占 94.4%，平原占 5.6%。区内山地丘陵混杂，以中低山及丘陵为主，其余为盆地、谷地。地形总趋势是周边高中间低。北部为中山山地，峰顶海拔 1000~1500m。南部为十万大山、六万大山、大容山、云开大山和云雾山，也为中山山地，峰顶海拔 800~1500m，以云雾山大田顶最高，海拔 1703m。中部主要分布着广西弧形山脉和广东境内的罗平山脉，峰顶海拔多在 1000m 以下，为低山丘陵地带。盆地和谷地沿河分布，规模较大的有柳州盆地、百色盆地、南宁盆地、桂平盆地、韶关盆地、英德盆地和惠阳平原等。中低山丘陵区同样广布着碳酸盐岩，岩溶发育，岩溶形态复杂，广西境内岩溶景观驰名中外。桂中、桂西南，包括红水河和右江中游为峰林溶洼。桂中东部、桂东和粤北，包括郁江下游、黔江、柳江、浔江和北江流域逐渐过渡为峰林-溶盆和孤峰-溶原，即从山地景观转为平原景观。区内南宁盆地、桂平盆地、北江上游以及一些中新生代拗区分布着白垩系和古近—新近系陆相红色地层，形成别具一格的丹霞地貌。西江主要河段和支流、北江和东江位于该区，河流众多，水量充沛，河床纵剖面渐趋平缓，岸坡较平缓稳定，阶地发育。

珠江三角洲平原区位于流域东南部，地貌较为简单。其中平原面积占该区面积的 80%，含冲积平原及河网平原；丘陵山地面积占该区面积的 20%，多集中在南部。平原上兀立着 160 多个由丘陵、台地和残丘组成的丘岛，地层为河海交互相。

2.1.3 气象气候特征

珠江流域地处亚热带，北回归线贯穿中部，气候温和，全流域基本属亚热带季风气候，多年平均温度 14~20℃，最高气温 42℃，最低气温 -9.8℃。多年平均相对湿度为

71%～82%，年内最小相对湿度为零，最大可达100%。多年平均风速为0.7～2.7m/s，最大风速为30m/s，风向以北风居多，其次是西北风，静风也多。多年平均水面蒸发量为900～1400mm，平均为1172mm。多年平均日照时数为1280～2243h，天峨最少，陆良最多。多年平均降水量为1200～2200mm，全流域平均为1470mm。流域降水分布由东向西逐步减少，多年平均降水量最大为粤北的上坪站（2574mm）及桂北的砚田站（2494mm），最少为滇东南的雨过铺站（720mm），大小值相差近3倍。降水量年内分配，汛期（4～9月）降水量超过1000mm，占全年降水量的80%以上。年际变化不大，全流域变差系数 C_v 为0.19，地区分布变化较大，东部高于西部，高低值相差2倍左右，东经110°以东地区 C_v 值为0.2～0.25，以西地区 C_v 值为0.15～0.2。流域局部地区的一次连续降水量可达404～791mm，24h最大暴雨为404～641mm。

广东地处低纬度地区，气候温暖，年平均气温为19～23℃。南北气候差异大，沿海受海洋影响，且处于北回归线以南的低纬度，年温差小。年雨量充沛，雨季长，热季多雨，凉季少雨，有季节性干旱，大部分地区年均降水量在1500mm以上，年均降雨日在120天以上，夏、秋季有台风侵袭，暴雨特别多，暴雨是广东常见的降水形式，而且主要出现在4～9月或10月。流域内分布有一个多雨中心——北江下游的清远，年降水量为2215.7mm；一个少雨区——云雾山北侧的罗定，年降水量1343mm。

广西地处低纬度地区，属亚热带季风气候区域，雨量充沛，雨热同季，水热条件结合良好。年平均气温16.5～22.5℃，气温和热量南北差异较大。降水量丰富，多年平均年降水量约1533mm，高出全国平均降水量（630mm）1倍多，但降水时空分布不匀。其分布总趋势是：南部、北部多，东部次之，西部最少。

云南在低纬度、高海拔地理条件综合影响下，受亚热带季风气候制约，形成四季温差小，干湿季分明，雨热同季的特点。区内年平均气温为14～19.9℃，东南部和南盘江河谷热量较丰富，东部地区热量较差。年降水量为797～1795mm，一般随海拔的上升，降水量增加。南盘江河谷和红河州的石屏、建水、开远、蒙自县，年降水量只有800～900mm，为少雨区；东部的罗平、师宗县为多雨区；其他各县年降水量均为1000mm左右，属半湿润地区。区内年日照时数为1627～2308h，中部地区光能资源较丰富。

贵州属亚热带季风气候，南、北盘江及红水河下游干流河谷地带属夏湿冬干暖热气候，长夏几乎无冬，气温日较差大，冬、春季少雨干燥，夏季多雨湿润；都柳江中下游属湿润温热气候，冬温夏热，雨量丰富，全年湿润；北盘江和红水河中上游及都柳江上游北部属湿润温和气候，四季分明，冬暖夏凉，冬、春季半湿润，夏季湿润，秋季绵雨较重；南盘江中上游、北盘江中游南部及红水河支流中上游属夏湿冬干温和气候，冬暖夏凉，气温年差较小，冬、春季干燥，夏季湿润，暴雨多雹灾重；北盘江上游属夏湿冬干的冷凉气候，冬冷夏凉，长冬无夏，冬、春季干旱，夏季湿润，雹灾多，秋雨长，凌冻重。

江西呈典型的亚热带丘陵山区湿润季风气候，具有热量丰富、雨量充沛、阳光充足、四季较分明的特点。常年平均气温18.9℃，极端最高气温为38.6℃，极端最低气温为-7.9℃，无霜期282～293天。降水量1526～1700mm，降水量集中、强度大、年际及月际变化大。

湖南属中亚热带湿润季风气候。受季风交替影响，春旱多变，夏热期长，秋短温凉，冬无严寒，热量丰富，雨水不匀。北江水系湖南所属区域年平均气温 16.8~18.5℃，春早夏热，无霜期长，平均 290 天（60~308 天），多年平均降水量 1503.7mm，多集中在 4~9月，占全年降水总量的 64.7%。西江水系湖南区年日照时数为 1279~1621h，年平均气温为 15.5~18.2℃，无霜期平均为 285 天，年平均降水量 1423mm，多集中在 4~9月，光、热、雨水基本同步。

2.1.4 土壤特征

珠江流域内土壤类型主要为赤红壤、红壤、黄壤、石灰土、紫色土等。

广东境内土壤水平地带性明显，由北而南出现红壤、赤红壤的分布。除了珠江三角洲和六、七百米以上的山地外，其余地区几乎被红壤和赤红壤所覆盖。又因地形地貌的关系，西北江上游山区土壤还有明显垂直地带性和复杂区域性分布的特点。

广西境内地带性土壤有赤红壤、红壤和黄壤；隐域性土壤有石灰土和紫色土。以北回归线附近为界，北部属中亚热带常绿阔叶林红壤带；南部为具有热带和亚热带特色的常绿阔叶林赤红壤带，分布有赤红壤。黄壤是流域主要的垂直带谱性土壤，多分布在海拔700m 以上，土层厚度 60~100cm。

云南境内土壤类型多样，垂直分带明显，从低海拔到高海拔依次出现的地带性土壤有赤红壤、红壤、黄壤、黄棕壤、棕壤、暗棕壤。非地带性土壤有紫色土、石灰土。赤红壤主要分布在南盘江河谷区，石灰土主要分布在东南部岩溶地区。红壤分布广、面积最大，是流域内的主要土壤资源。

贵州境内黄壤分布广泛，主要分布在海拔 750~1400m 处，在柳江流域分布于海拔600m 以下，而在西部北盘江流域分布升至 1900m；石灰土广泛分布于流域内喀斯特地区；红壤-黄红壤主要分布于南盘江、红水河干流、北盘江中下游、都柳江及浔江河谷地带，在柳江流域分布在 600m 以下，在红水河流域分布于 800m 以下，而在西部北盘江中游可提高到 1000m；水稻土多分布在地形平缓、气候温和、雨量丰富的地区，在流域内主要分布在中下游地区；黄棕壤和棕壤主要分布在南、北盘江中上游，黄棕壤一般分布在海拔 1300~1400m 地带，在北盘江上游可升至海拔 1900m，而棕壤分布在 1900m 以上；紫色土主要分布在南、北盘江流域；山地灌丛草甸土主要分布于南、北盘江上游高山地带，在南、北盘江流域大部分分布在 2200m 以上，在红水河及柳江流域分布高度在 1800m以上。

江西境内土壤类型随海拔不同大致划分为 4 个垂直的地带类型：海拔 800m 以上的中低山地带为多有机质的山地黄壤及山地草甸土，成土母质以花岗岩类、石英岩类、泥质岩类风化物为主；海拔 500~800m 低山地带为多有机质的山地黄红壤，成土母质以花岗岩类、石英岩类、泥质岩类风化物为主；海拔 300~500m 的高丘地带为少有机质高丘红壤，成土母质以花岗岩类、石英岩类、泥质岩类、紫红色砂砾岩类、页岩类风化物及第四季红色黏土为主；海拔 300m 以下的低丘地带为少有机质低丘红壤，成土母质为石英岩类、泥质岩类风化物及第四季红色黏土、河流冲积物等。

湖南境内土壤类型以红壤、山地黄壤、山地黄棕壤、水稻土、山地草甸土、黑色石灰土、红色石灰土和紫色土为主，其中以红壤和山地黄壤分布最广。土壤质地以砂壤土和壤土为主。土壤类型按成土母质可划分为三大类，即碳酸盐岩风化而成的灰质黄红壤，砂岩、长石、石英砂岩风化而成的砂质黄红壤，河流冲积物为主的河潮土。

2.1.5　植被概况

广东地处亚热带，天然植被为亚热带常绿季雨林，植物组成种类十分丰富，主要有樟科、壳斗科、大戟科、茜草科、山茶科、金缕梅科、桑科、桃金娘科、苏木科、蝶形花科、芸香科、梧桐科、杜英科、紫金牛科、冬青科、棕榈科、山矾科等热带和亚热带的种属。在鼎湖山自然保护区和黑石顶自然保护区内基本上可以见到该地区天然植物的大部分种属。并且由于受到保护，基本上仍呈现天然林的自然景观。其他地区由于长期人为影响，天然林所剩不多，仅有的也是次生林或灌丛林，大部分丘陵山地为人工林和灌丛草被。

广西天然植被有针叶林、阔叶林、竹林、灌丛、草丛共 5 个植被型组，14 个植被型。此外，广西的人工植被类型丰富，热带、南亚热带和中亚热带的类型均有栽培，其中木本类型植物有 46 科 81 属 116 种，主要有杉木林、桉类林、相思类林、松类林、板栗林、八角林、肉桂林、核桃林、竹类林及各种水果林；主要的草本类型有水稻、玉米、甘蔗、黄豆、木薯、花生及各种蔬菜类等。

云南原生和次生的植被类型十分多样，植物种类丰富，乔木、灌木植物有 100 多科，近 2000 种。高原面上组成植被优势树种有云南松、滇油杉、冲天、旱冬瓜、滇青岗、元江栲等，这些树种以高原分布为中心，并与我国同纬度低海拔的东部植被类型有系列替代关系，如云南松替代马尾松、滇油松替代铁坚杉、滇清岗替代青岗、旱冬瓜替代桤木等。非优势的高原特有种有滇玉兰、滇含笑、滇润楠、滇朴、皮哨子、梁王茶、巴豆藤、昆明山海棠、大黄连、云南泡花树等，高原是其分布多度中心。

贵州植被属亚热带常绿阔叶林带。北盘江干流上游以北是滇黔边缘北部高原山地常绿硬叶栎林云南松林，地带性植被是半湿润常绿林；北盘江中游以南及南盘江干流以北是滇黔边缘南部高原山地常绿栎林松栎混交林区，植被具有西部半湿润常绿阔叶林的特征；南、北盘江红水河河谷是山地季雨林常绿栎林区；红水河支流上游是黔中山原常绿栎林常绿落叶混交林及马松林区，代表植被是石灰岩常绿阔叶林；红水河支流中下游是黔南中山盆谷常绿栎林马尾松林及柏木林区，植物类型以石灰岩植被为主；都柳江上游为黔东低山丘陵常绿樟栎林、松杉林及油桐油茶林区，发育的植被为湿润性常绿阔叶林；都柳江中下游及漳江流域是黔东南中山峡谷具南亚热带成分常绿栎林松杉林区，植被类型为具南亚热带成分的常绿栎林。

江西植物区系保留了大量新近纪、古近纪植被和古近纪植物区系，是我国特有植物珍贵物种较多的地区。现已采集到标本的维管束植物物种有 126 科 384 属，约 1170 种。其中乔木约500种、灌木约650种（含藤本100种）、竹类约20种。区内植被类型属我国东南部原生型常绿叶针叶林、针阔混交林及阔叶林，是我国中亚热带向南亚热带植物区系过渡地带。常绿阔叶类型是该地区的顶极群落。演替的发展次序是荒地、灌木矮林、针叶林、针阔混交林、常绿阔叶林。

湖南规划区：珠江流域湖南区属于亚热带向热带过渡地带，因受气候、土壤和地形等的影响，流域内植物群落类型多样。石灰岩红壤丘岗地带分布着大面积以马尾松为主的常绿针叶林或针阔混交林，花岗岩、板页岩、砂岩红壤、黄红壤丘岗、低山及中低山的山麓地带分布着以杉木为主的常绿针叶林、常绿阔叶针叶混交林。

2.2 河流水系概况

珠江流域是一条复合型流域，由西江、北江、东江及珠江三角洲诸河4个相对独立的水系组成。西江、北江在广东三水县思贤滘以下，东江在广东东莞市石龙以下，汇入珠江三角洲，然后由虎门、蕉门、洪奇沥、横门、磨刀门、鸡啼门、虎跳门及崖门八大口门入注南海。西江是珠江的主干流，发源于云南曲靖市境内乌蒙山脉的马雄山，在广东珠海市的磨刀门企人石进入南海，全长2214km，河道平均坡降0.453‰。

珠江流域内二级以上河流共255条，珠江流域按上游、中游和下游分为三段，南盘江、红水河为上游段，黔江、浔江为中游段，西江梧州以下为下游段（图2-2）。全流域集水面积在10 000km²以上的支流共8条，其中一级支流6条、二级支流2条。1000~10 000km²的支流共119条，其中一级支流49条、二级支流52条、三级支流15条、四级支流3条。100~1000km²的支流1077条，其中一级支流205条、二级支流450条、三级支流314条、四级支流91条、五级支流15条、六级支流2条。全流域集水面积在100km²以上的一级支流共260条，一级支流与干流总河长达37 700余千米。

图2-2 珠江流域二级河流流域分区图

2.3 社会经济概况

2.3.1 人口变化情况

珠江流域汉族居多，但也居住着众多的少数民族，少数民族占全流域总人口的 1/4 左右，其中以壮族最多，瑶族次之，此外尚有苗、布依、哈尼、侗、仫佬、毛南、彝、白、仡佬、水、黎、满、回等族。

按行政区统计，2010 年珠江流域总人口 20 313.06 万人，比 2000 年增加 20%，其中流域非农业人口 5857.43 万人，占总人口的 28.83%。人口增加最快的为云南和广西，分别为 15.2%、9.4%；广东、湖南人口较 2000 年有所下降。

按流域分区，2010 年人口分布空间情况见表 2-2、图 2-3 和图 2-4。十年来，珠江流域各二级流域的人口均增加，东江三角洲区、东江秋香江口以下区及西北江三角洲区等二级流域的人口密度最大。

表 2-2 2000~2010 年珠江流域（行政分区）人口变化统计表 （单位：万人）

项目	2000 年	2001 年	2002 年	2003 年	2004 年	2005 年	2006 年	2007 年	2008 年	2009 年	2010 年
人口	16 923.09	17 125.80	17 593.44	18 294.91	18 502.69	18 720.38	19 086.38	19 405.93	19 769.85	20 123.95	20 313.06

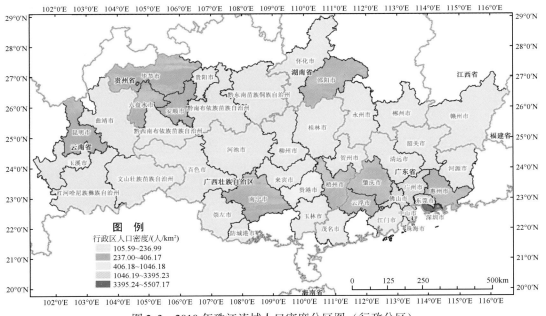

图 2-3 2010 年珠江流域人口密度分区图（行政分区）

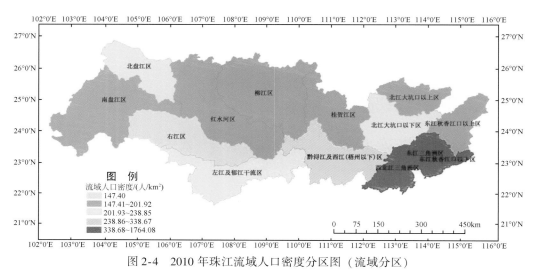

图 2-4　2010 年珠江流域人口密度分区图（流域分区）

2.3.2　社会经济发展概况

2.3.2.1　GDP 概况

按行政分区，2000～2010 年珠江流域国内经济生产总值（gross domestic product，GDP）呈增加趋势（表 2-3）。2000 年 GDP 为 12 559.5 亿元；2005 年 GDP 是 2000 年的 2 倍多，达 29565.01 亿元；2010 年 GDP 为 63 099.57 亿元，比 2000 年翻了两番多，在流域的 6 个省份中，广东子流域的面积占全流域面积的 24.52%，但生产的 GDP 占整个流域 GDP 的 60% 以上，是整个流域内经济最发达、经济密度最高的区域。

表 2-3　2000～2010 年珠江流域（行政分区）GDP 变化统计表　（单位：亿元）

项目	2000 年	2001 年	2002 年	2003 年	2004 年	2005 年	2006 年	2007 年	2008 年	2009 年	2010 年
GDP	12 559.50	15 081.28	16 861.33	19 642.13	23 289.45	29 565.01	34 912.52	41 565.22	48 711.96	53 301.46	63 099.57

珠江流域的 GDP 及经济密度按流域分区，见图 2-5 及表 2-4。各二级流域的 GDP 均呈增加趋势，增速最快的是南盘江、红水河区、右江区、北江大坑口以上区、北江大坑口以下区、东江秋香江口以上区、东江秋香江口以下区、西北江三角洲区、东江三角洲区，2010 年 GDP 较 2000 年至少翻了两番。从 GDP 总量来看，北江大坑口以上区、北江大坑口以下区、西北江三角洲区等二级流域所占份额较大，三个区的 GDP 总和从 2000 年的 9329.54 亿元增加到 2010 年的 28 122.84 亿元，占整个珠江流域比例也从 2000 年的 66.67% 提升到 2010 年的 68.67%。虽然北江大坑口以上区的 GDP 在所有二级流域中最高，但由于其行政面积也大，所以其经济密度并不大，GDP 密度最大的是东江三角洲区、东江秋香江口以下区及西北江三角洲区，在 617.96 万～10916.94 万元/km²，经济较为发达。红水河区及右江区的 GDP 密度最小。

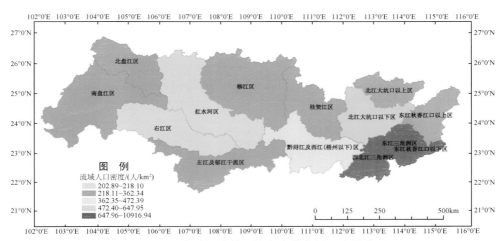

图 2-5　2010 年珠江流域经济密度分布图（流域分区）

表 2-4　2000～2010 年珠江流域（流域分区）GDP 变化统计表　（单位：亿元）

二级流域	2000 年	2001 年	2002 年	2003 年	2004 年	2005 年	2006 年	2007 年	2008 年	2009 年	2010 年
北盘江区	466.74	492.70	492.70	533.54	592.09	703.99	839.47	982.64	1 168.05	1 389.06	1 565.01
南盘江区	151.78	167.46	167.46	186.31	210.16	258.35	331.36	398.38	473.72	585.04	685.79
红水河区	185.37	202.61	202.61	232.20	293.83	356.06	427.09	518.99	626.83	757.15	860.19
左江及郁江干流区	289.37	311.32	311.32	356.39	412.89	492.09	589.53	698.08	851.74	1 003.63	1 113.77
右江区	233.96	272.39	272.39	361.67	443.94	529.60	696.24	790.23	974.47	1 178.31	1 350.50
柳江区	507.89	549.08	549.08	598.65	666.03	801.45	891.25	1 092.85	1 358.67	1 642.39	1 882.14
桂贺江区	507.25	660.59	660.59	723.33	782.58	932.59	978.28	1 096.93	1 279.22	1 533.76	1 700.18
黔浔江及西江（梧州以下）区	161.24	211.63	211.63	229.81	260.65	316.43	343.18	401.23	472.29	544.83	589.97
北江大坑口以上区	3 443.69	3 864.33	3 864.33	4 290.01	4 995.59	5 902.67	7 585.04	9 045.01	10 796.82	12 586.01	13 896.93
北江大坑口以下区	1 246.00	1 440.14	1 440.14	1 645.95	2 085.42	2 467.08	3 601.94	4 243.22	4 994.23	5 770.51	6 061.99
东江秋香江口以上区	118.87	131.58	131.58	147.05	170.63	210.77	249.53	313.29	385.05	460.83	482.38
东江秋香江口以下区	216.63	349.98	349.98	381.61	405.19	482.50	535.84	618.49	759.09	877.63	943.23
西北江三角洲区	1 639.85	1 889.11	1 889.11	2 151.19	2 708.14	3 217.35	4 761.03	5 638.84	6 656.73	7 720.26	8 163.92
东江三角洲区	322.73	417.89	417.89	519.28	578.4	699.5	859.94	1 025.44	1 250.03	1 484.21	1 663.19

2.3.2.2　第一产业产值

从表 2-5 可知，按行政分区，2000～2010 年珠江流域第一产业产值呈增加趋势，2000

年第一产业产值为 1908.97 亿元，2005 年第一产业产值为 2960.56 亿元，2010 年珠江流域第一产业总值为 4708.47 亿元，是 2000 年的 2.5 倍。在流域的 6 个省份中，广东子流域的第一产业产值占 30% 以上，其次是广西、湖南，分别占 30%、10% 左右。

表 2-5　2000～2010 年珠江流域（行政分区）第一产业产值变化统计表（单位：亿元）

项目	2000 年	2001 年	2002 年	2003 年	2004 年	2005 年	2006 年	2007 年	2008 年	2009 年	2010 年
产值	1908.97	2198.51	2356.95	2474.84	2782.81	2960.56	3172.76	3577.85	4034.88	4150.51	4708.47

按流域分区，各二级流域的第一产业产值均不同程度在增加（表 2-6）。十年间增速最快的是右江区和东江三角洲区，较 2000 年翻了两番以上；其次是红水河区、左江及郁江干流区、东江秋香江口以下区，是 2000 年的 3 倍。从第一产业产值的总量来看，右江区和桂贺江区占整个珠江流域的份额较大，两个二级流域的第一产业产值总和从 2000 年的 213.21 亿元增加到 2010 年的 704.95 亿元，占整个珠江流域第一产业产值的比例也从 2000 年的 36.82% 提升到 2010 年的 37.76%。

表 2-6　2000～2010 年珠江流域（流域分区）第一产业产值变化统计表（单位：亿元）

二级流域	2000 年	2001 年	2002 年	2003 年	2004 年	2005 年	2006 年	2007 年	2008 年	2009 年	2010 年
北盘江区	84.07	87.37	91.65	104.64	114.76	133.59	145.23	171.16	205.50	219.78	238.51
南盘江区	39.67	41.03	41.92	55.62	52.72	59.08	64.63	72.71	84.68	90.11	101.26
红水河区	52.01	53.76	58.93	73.66	84.85	95.03	103.82	120.07	143.00	150.06	172.21
左江及郁江干流区	77.16	80.22	93.44	111.86	129.32	142.51	157.39	182.05	199.61	205.54	238.96
右江区	62.05	70.24	99.39	121.98	139.42	170.15	177.10	207.36	241.16	253.11	303.56
柳江区	127.07	132.23	138.12	143.91	157.47	154.25	164.94	172.27	196.17	200.81	233.48
桂贺江区	151.16	211.57	225.45	233.05	266.82	283.98	293.53	307.02	343.84	352.42	401.39
黔浔江及西江（梧州以下）区	53.01	48.17	49.02	50.47	56.81	60.24	63.53	68.79	80.63	81.21	95.30
北江大坑口以上区	210.16	217.07	227.21	236.27	254.11	257.46	272.50	303.01	343.45	348.56	386.02
北江大坑口以下区	57.93	60.79	63.75	61.34	66.23	56.79	54.92	55.07	62.68	63.20	71.04
东江秋香江口以上区	41.68	44.24	46.20	49.14	55.70	53.26	55.79	57.38	67.65	70.44	79.26
东江秋香江口以下区	64.13	118.02	122.71	120.58	138.38	144.66	152.57	176.84	177.28	182.83	208.95
西北江三角洲区	70.38	72.82	75.08	72.99	77.33	71.34	69.37	70.68	78.92	81.69	90.43
东江三角洲区	59.41	91.12	118.16	124.43	147.13	158.77	174.81	204.88	220.54	227.95	268.66

2.3.2.3　第二产业产值

从表 2-7 可知，2000～2010 年珠江流域第二产业产值呈增加趋势。2000 年第二产业产值为 5992.74 亿元；2010 年，珠江流域第二产业总值为 30 039.14 亿元，是 2000 年的 5 倍。在流域的 6 个省份中，广东子流域的第二产业产值占整个流域第二产业产值的 70% 左右，其次是广西、云南，分别占 10%、8% 左右，但广西所占比例有逐年上升趋势。

表 2-7　2000～2010 年珠江流域（行政分区）第二产业产值变化统计表（单位：亿元）

项目	2000 年	2001 年	2002 年	2003 年	2004 年	2005 年	2006 年	2007 年	2008 年	2009 年	2010 年
产值	5 992.74	6 694.31	7 566.2	9 155.5	11 227.94	13 821.21	16 839.9	20 170.82	23 660.67	24 853.67	30 039.14

　　按流域分区，各二级流域的第二产业发展较快，第二产业产值呈快速增加趋势（表 2-8）。十年间，增速最快的是右江区、东江秋香江口以上区和东江三角洲区，2010 年较 2000 年至少翻了三番；其次是红水河区、南盘江区和东江秋香江口以下区，2010 年是 2000 年的 6 倍以上；增长速率较小的是黔浔江及西江（梧州以下）区，2010 年仅为 2000 年的 3.8 倍，但相比第二产业产值来讲，增长速率还是比较快的。从第二产业产值的总量来看，柳江区、北江大坑口以上区、北江大坑口以下区、西北江三角洲区和东江三角洲区第二产业产值占整个珠江流域第二产业值的份额较大，其第二产业产值均超过千亿元以上，5 个二级流域的第二产业产值总和从 2000 年的 3483.94 亿元增加到 2010 年的 18312.28 亿元，但是占整个珠江流域比例从 2000 年的 79.14% 下降到 2010 年的 41.82%，这说明其他二级流域区的第二产业的发展速率很快。

表 2-8　2000～2010 年珠江流域（流域分区）第二产业产值变化统计表（单位：亿元）

二级流域	2000 年	2001 年	2002 年	2003 年	2004 年	2005 年	2006 年	2007 年	2008 年	2009 年	2010 年
北盘江区	225.27	239.14	267.30	292.94	363.33	408.07	500.30	600.95	718.58	770.98	914.81
南盘江区	65.07	73.30	87.39	96.89	130.70	159.65	200.25	242.06	313.96	343.19	399.44
红水河区	59.94	74.18	95.10	94.17	125.16	151.95	204.35	249.96	306.10	337.11	440.29
左江及郁江干流区	105.24	120.54	147.99	144.40	184.00	219.78	276.66	352.28	423.52	452.68	587.45
右江区	83.06	95.18	113.33	128.10	165.69	227.29	281.28	359.12	444.95	510.40	663.87
柳江区	189.62	200.78	220.57	253.16	328.68	322.96	446.75	613.19	773.88	861.82	1096.38
桂贺江区	180.37	224.25	248.75	278.12	346.44	342.27	415.25	534.81	663.19	722.09	965.71
黔浔江及西江（梧州以下）区	84.25	88.82	98.01	117.07	151.00	150.28	188.53	230.82	263.02	255.36	324.82
北江大坑口以上区	1658.30	1842.82	2040.12	2478.68	3023.13	3795.79	4647.02	5599.63	6566.06	6971.84	8166.25
北江大坑口以下区	671.92	789.54	910.24	1223.88	1479.73	1957.14	2303.27	2622.57	2941.87	2927.45	3515.40
东江秋香江口以上区	34.69	40.00	45.68	58.01	81.02	97.60	143.76	195.82	240.95	237.71	279.66
东江秋香江口以下区	80.51	117.09	138.68	139.17	176.33	209.12	258.34	338.82	415.09	419.58	532.79
西北江三角洲区	822.62	947.72	1080.88	1434.00	1746.94	2424.41	2894.12	3326.97	3713.19	3684.31	4379.21
东江三角洲区	141.48	172.63	213.62	247.25	319.82	393.22	500.60	638.58	793.12	887.37	1155.04

2.3.2.4　第三产业产值

　　从表 2-9 可知，2000～2010 年珠江流域第三产业产值呈增加趋势，2000 年第三产业产值为 5395.33 亿元，2010 年第三产业产值为 28 251.97 亿元，较 2000 年翻了两番多。在流域的 6 个省份中，广东子流域的第三产业产值占整个流域第三产业产值的 70% 以上；其次是广西、云南，分别占 10% 以上、7% 左右。

表 2-9　　2000～2010 年珠江流域（行政分区）第三产业产值变化统计表　　（单位：亿元）

项目	2000 年	2001 年	2002 年	2003 年	2004 年	2005 年	2006 年	2007 年	2008 年	2009 年	2010 年
产值	5 395.33	6 261.79	7 068.8	8 032.15	9 152.65	12 783.53	14 899.8	17 845.61	21 016.44	24 329.22	28 251.97

　　按流域分区，各二级流域的第三产业与第二产业一样发展速率较快，第三产业产值呈快速增加趋势（表 2-10）。十年间，增速最快的是南盘江区、右江区、北江大坑口以下区和西北江三角洲区，2010 年第三产业产值是 2000 年的 6 倍以上；其次是红水河区、柳江区、东江秋香江口以上区和东江三角洲区，2010 年是 2000 年的 5 倍左右；其余的二级流域 2010 年的第三产业产值均是 2000 年的 4 倍左右。从第三产业产值的总量来看，北江大坑口以上区、北江大坑口以下区和西北江三角洲区所占整个珠江流域的份额较大，其第三产业产值均超过千亿元以上，3 个二级流域的第三产业产值总和从 2000 年的 2839.19 亿元增加到 2010 年的 16 273.27 亿元，占整个珠江流域比例从 2000 年的 70.54% 上升到 2010 年的 73.51%。

表 2-10　　2000～2010 年珠江流域（流域分区）第三产业产值变化统计表　　（单位：亿元）

二级流域	2000 年	2001 年	2002 年	2003 年	2004 年	2005 年	2006 年	2007 年	2008 年	2009 年	2010 年
北盘江区	158.50	169.81	181.28	194.64	225.89	297.81	337.11	395.94	464.99	574.06	655.89
南盘江区	47.04	53.13	57.00	58.86	74.93	112.64	133.50	158.96	186.42	252.22	291.93
红水河区	79.76	91.76	107.25	126.00	146.05	180.12	210.83	256.80	308.05	373.02	427.63
左江及郁江干流区	109.85	123.00	145.62	156.67	178.77	227.25	264.03	317.42	380.51	470.30	546.89
右江区	105.57	126.79	164.11	193.85	224.49	298.51	331.85	407.98	492.20	587.00	686.60
柳江区	191.20	216.06	239.95	268.96	310.55	414.04	481.15	581.20	672.34	819.50	989.68
桂贺江区	178.94	228.39	252.39	271.41	315.86	352.07	388.12	440.87	526.73	625.67	731.59
黔浔江及西江（梧州以下）区	67.00	74.64	82.78	93.12	108.63	132.66	149.17	186.88	201.18	253.40	292.65
北江大坑口以上区	1576.18	1804.46	2022.66	2280.64	2625.20	3531.79	4125.49	4894.40	5676.50	6576.53	7771.28
北江大坑口以下区	516.15	589.82	671.97	800.20	921.13	1588.01	1885.03	2316.60	2765.96	3071.34	3499.21
东江秋香江口以上区	42.50	47.34	55.17	63.48	63.25	98.68	113.74	133.24	152.22	174.23	208.31
东江秋香江口以下区	83.02	126.18	140.62	145.43	166.25	182.03	207.58	244.88	285.26	340.83	393.36
西北江三角洲区	746.86	868.57	995.23	1201.16	1393.09	2265.28	2675.35	3259.07	3928.14	4397.93	5002.78
东江三角洲区	122.32	158.65	201.10	206.73	232.55	307.96	350.36	406.58	470.57	556.14	641.02

2.3.2.5　城镇化率

　　珠江三角洲城镇化率呈现明显的区域差异，广东城镇化率比较高，珠三角各市均超过 50% 以上，其中广州、深圳、珠海、佛山接近或达到 100%；广西防城港、柳州、南宁的城镇化率相对较高，但都不超过 40%；云南和贵州分别只有昆明和贵阳的城镇化率超过 40%。

2.3.2.6　粮食产量

　　从表 2-11 可知，2000～2010 年珠江流域的粮食产量呈下降趋势。2000 年粮食产量为

50 955 308t,2010 年珠江流域粮食产量为 49 061 341t,比 2000 年下降了 3.71%。年际变化比较大,变化规律不是很明显。粮食产量所占比例最高的省份是广西,占 30% 左右,其次是广东、贵州。

表 2-11　2000～2010 年珠江流域(行政分区)粮食产量变化统计表　(单位:t)

年份	2000 年	2001 年	2002 年	2003 年	2004 年	2005 年	2006 年	2007 年	2008 年	2009 年	2010 年
粮食产量	50 955 308	49 162 109	46 543 287	46 509 376	48 784 751	49 736 001	50 500 476	49 235 675	47 675 244	49 405 079	49 061 341

按流域分区,珠江流域各二级流域区粮食产量增减速率不同(表 2-12)。十年来,北盘江区、南盘江区、红水河区、左江及郁江干流区、右江区和东江三角洲区的粮食产量呈微量增加趋势,其余二级流域区的粮食产量均下降。从粮食产量总量来看,北盘江区和桂贺江区所占整个珠江流域的份额较大,其粮食产量均超过 300 万 t 以上。

表 2-12　2000～2010 年珠江流域(流域分区)粮食产量变化统计表　(单位:t)

二级流域	2000 年	2001 年	2002 年	2003 年	2004 年	2005 年	2006 年	2007 年	2008 年	2009 年	2010 年
北盘江区	2 800 978	2 788 307	2 692 645	2 724 566	2 767 747	2 807 121	2 865 218	2 949 861	3 069 514	3 138 993	3 140 783
南盘江区	1 760 630	1 780 141	1 578 279	1 750 667	1 818 792	1 860 728	1 899 664	1 944 724	2 011 071	2 052 553	1 917 655
红水河区	1 288 402	1 263 173	1 276 145	1 558 684	1 555 105	1 622 173	1 616 772	1 633 035	1 659 273	1 717 000	1 704 690
左江及郁江干流区	2 441 516	2 424 895	2 186 935	2 574 603	2 570 149	2 651 718	2 714 343	2 731 507	2 647 799	2 721 747	2 637 830
右江区	2 027 913	1 959 448	1 962 950	2 296 496	2 283 614	2 350 835	2 299 187	2 340 157	2 194 731	2 311 232	2 260 745
柳江区	2 210 506	2 034 332	1 963 738	1 859 460	1 779 319	1 836 906	1 839 980	1 445 583	1 418 358	1 456 961	1 459 556
桂贺江区	4 195 062	4 045 661	3 878 854	3 743 646	3 777 561	3 756 330	3 877 644	3 513 589	3 206 326	3 366 532	3 309 854
黔浔江及西江(梧州以下)区	1 175 487	1 091 838	1 056 457	1 045 983	1 079 878	1 105 409	1 090 050	1 002 003	9 582 35	9 845 68	1 000 822
北江大坑口以上区	2 161 495	1 940 497	1 589 237	1 355 430	1 368 146	1 321 322	1 397 369	1 098 243	1 042 136	1 131 704	1 132 715
北江大坑口以下区	709 228	610 748	521 322	428 167	467 856	462 642	480 441	342 828	346 387	364 229	364 644
东江秋香江口以上区	1 414 498	1 321 997	1 259 732	1 163 905	1 190 260	1 201 989	1 233 164	1 055 711	1 061 232	1 084 417	1 083 284
东江秋香江口以下区	2 364 957	2 309 414	2 135 522	2 076 251	2 102 746	2 156 958	2 188 516	2 172 011	1 934 525	2 015 423	1 967 175
西北江三角洲区	672 765	550 967	439 034	357 068	370 714	361 028	367 690	274 524	275 681	287 605	288 220
东江三角洲区	2 466 297	2 427 930	2 658 383	2 657 145	2 699 492	2 791 265	2 854 176	2 875 502	2 657 687	2 759 457	2 677 120

2.4　环境质量概况

2.4.1　水环境质量

2.4.1.1　河流水质现状及变化

珠江流域水质断面监测结果（表2-13）显示，2000～2010年珠江流域优于Ⅲ级（含）水体的断面比例保持在67%左右，变化不大，水质保持良好，其中Ⅰ类水体在评价河长内变化较大，由2000年的0.08%增加到2008年的0.87%，但是2008～2009年，在评价河长内Ⅰ类水质河长为零，但在2010年评价河长内Ⅰ类水质河长占1.94%；相应Ⅳ类和Ⅴ类水质河长分别由2000年的18.33%、7.33%降低到17.13%、3.82%，超Ⅴ类水质河长由2000年的7.23%增加到2010年的10.59%。整体而言珠江流域水质变化10年来变化不大，水质呈良好状况。

表 2-13　珠江流域水质历年监测表　　　　　（单位：km）

项目	2000 年	2001 年	2002 年	2003 年	2004 年	2005 年	2006 年	2007 年	2008 年	2009 年	2010 年
评价河长	9 499	10 826	9 634	11 621	11 341	11 812	13 216	13 833	13 886	13 960	14 215
Ⅰ类	8	67	50	152	49	57	115	0	0	0	276
Ⅱ类	3 757	3 260	4 382	4 884	4 358	4 890	4 698	4 277	4 495	4 642	3 735
Ⅲ类	2 607	3 793	2 939	3 306	3 482	2 975	4 055	5 017	4 890	4 752	5 720
Ⅳ类	1 741	1 850	997	1 119	1 043	977	1 335	1 501	1 543	2 287	2 435
Ⅴ类	696	684	154	177	641	638	653	969	980	748	543
超Ⅴ类	690	1 172	1 112	1 983	1 769	2 275	2 360	2 069	1 979	1 532	1 506

2.4.1.2　水库和湖泊水质现状及变化

（1）湖泊水质

珠江流域湖泊断面监测结果（表2-14）显示，珠江流域湖泊以云南南盘江的阳宗海、抚仙湖、星云湖、杞麓湖、异龙湖5个高原湖泊，以及广东西江的星湖、东江的西湖和粤西桂南沿海诸河的湖光岩为代表，2010年Ⅰ～Ⅲ类水质水面积为221km²，占评价面积的58.6%；Ⅳ～Ⅴ类水质水面积33km²，占评价面积的8.7%；劣Ⅴ类水质水面积123.3km²，占评价面积的32.7%。

表 2-14　2010 年珠江流域主要湖泊水质评价表

湖泊名称	水质类别			全年主要超标项目	营养化程度
	全年	汛期	非汛期		
阳宗海	Ⅳ	Ⅳ	Ⅳ	砷	中营养
抚仙湖	Ⅰ、Ⅱ	Ⅰ、Ⅲ	Ⅰ、Ⅱ		中营养

续表

湖泊名称	水质类别			全年主要超标项目	营养化程度
	全年	汛期	非汛期		
星云湖	劣Ⅴ	劣Ⅴ	劣Ⅴ	pH、总氮、高锰酸钾指数、总磷	中度富营养
杞麓湖	劣Ⅴ	劣Ⅴ	劣Ⅴ	pH、总氮、高锰酸钾指数、五日生化需氧量、总磷	中度富营养
异龙湖	劣Ⅴ	劣Ⅴ	劣Ⅴ	pH、总氮、高锰酸钾指数、总磷、氨氮、五日生化需氧量	中度富营养
星湖	Ⅲ	Ⅲ	Ⅲ		轻度富营养
西湖	Ⅳ	Ⅲ	Ⅴ	总氮	轻度富营养
湖光岩	Ⅱ	Ⅱ	Ⅱ		中营养

其中高原湖泊除抚仙湖水质较好外，其他 4 个湖泊水质均劣于Ⅲ类；阳宗海三个水期水质均为Ⅳ类，砷污染；星云湖、杞麓湖和异龙湖三个水期水质均为劣Ⅴ类，主要超标项目为pH、总氮、总磷、氨氮和高锰酸盐指数；广东的 3 个湖泊中湖光岩和星湖水质较好，受污染的为西湖，总氮超标；5 个高原湖泊除阳宗海和抚仙湖处于中营养外，其他 3 个湖泊均处于中度富营养状态；广东的湖光岩处于中营养状态，星湖和西湖均处于轻度富营养状态。

（2）水库水质

珠江流域湖泊断面监测结果（表 2-15）显示，2010 年评价水库 110 座，无Ⅰ类水质的水库；Ⅱ～Ⅲ类水质的水库 71 座，占评价水库总数的 64.6%；Ⅳ～Ⅴ类水质的水库 24 座，占 21.8%；劣Ⅴ类水质的水库 15 座，占 13.6%。其中大（一）型水库龙滩水库、岩滩水库、百色水库、枫树坝水库、新丰江水库、白盆珠水库、棉花滩水库和松涛水库等水库中，枫树坝水库水质为劣Ⅴ类，总氮超标，其他 7 座水库水质为Ⅱ～Ⅲ类；大（二）型水库柴石滩水库、长湖水库和鹤地水库水质为劣Ⅴ类，主要超标项目为总氮；中小型水库以Ⅱ～Ⅲ类水质为主体，部分水库水质劣于Ⅲ类，甚至部分为劣Ⅴ类，主要超标项目为总氮、总磷、高锰酸盐指数、氨氮、溶解氧、五日生化需氧量，个别水库，如大屯海水库受到砷污染和氟污染，但 2010 年珠江流域大型水库水质较好，超标主要由总氮引起，部分中小型水库水质受有机污染影响。

2010 年贫营养和重度富营养水库为零，以中营养为主，比例达 77.3%。富营养水库所占比例为 22.7%，其中鹤地水库、汤溪水库、大王滩水库、长潭水库等 18 座水库为轻度富营养，占评价水库总数的 16.4%；大屯海水库、西河水库、洪秀全水库、东风水库、深步水水库、多宝水库、长青水库 7 座水库为中度富营养，占评价水库总数的 6.3%。

表 2-15　2010 年珠江片水库水质及营养状况评价结果统计表

评价期	评价水库/座	分类水库占评价水库总数比例/%			营养状况/%		
		Ⅰ类～Ⅲ类	Ⅳ类～Ⅴ类	劣Ⅴ类	中营养	轻度富营养	中度富营养
全年	110	65.6	21.8	13.6	77.3	16.4	6.3
汛期	110	65.5	20	14.5			
非汛期	110	61.9	23.6	14.5			

2.4.2 大气环境质量

2.4.2.1 大气环境质量状况

根据本研究搜集的广东、广西、云南、贵州、江西、湖南各省（自治区）所处珠江流域地市的有关环境质量公报，经分析可知以下大气环境质量状况。

1）2000～2010 年，广东属珠江流域的 14 个地级以上市全部达到了国家二级标准，所有城市均未超标，个别城市达到一级标准，但 2010 年深圳市出现了中度以下污染现象。

2）2000～2010 年，广西属珠江流域的 12 个市环境空气质量整体仍保持在二级水平，各年度中均有少量城市，如柳州市等重工业城市未达标。

3）2000～2010 年，云南属珠江流域的 5 个州（市）环境空气质量达到或优于二级水平。各年度中部分州（市）环境空气质量达到或优于二级标准天数占全省的比例为 100%。2010 年，除曲靖市的环境空气质量达到或优于二级标准天数比例为 97.26% 以外，其余 4 个州（市）的比例均高达 100%；城市环境空气二氧化硫年平均浓度为 0.031mg/m³，二氧化氮年平均浓度为 0.017mg/m³，可吸入颗粒物年平均浓度为 0.059mg/m³。与 2005 年相比，呈好转趋势。二氧化硫、二氧化氮和可吸入颗粒物三项污染因子年平均浓度值总体呈下降趋势。

4）2000～2010 年，贵州属珠江流域的 7 个州（市）除了六盘水市空气质量达到或优于二级水平，其余 6 个州（市）都在各年度中曾处于三级或劣于三级。2010 年，贵阳市、六盘水市、安顺市及黔东南州达到国家环境空气质量二级标准，毕节地区、黔南州及黔西南州三座城市空气质量为国家三级标准。在主要检测指标中，二氧化硫是影响贵州空气质量的主要污染物。二氧化硫年平均浓度为 0.048mg/nm³ 左右，除了黔南州城市二氧化硫年平均浓度劣于国家空气质量二级标准，达到三级标准以外，其余 6 个城市二氧化硫年平均浓度均达到国家空气质量二级标准；氮氧化物年平均浓度为 0.018mg/nm³ 左右，所属珠江流域的 7 个州（市）二氧化氮年度平均值均达到国家空气质量一级标准；总悬浮颗粒物日平均浓度值为 0.077mg/nm³ 左右，所属珠江流域的 7 个州（市）二氧化氮年平均值均达到国家空气质量二级标准。

5）2000～2010 年，江西所属珠江流域的赣州市环境空气质量整体仍保持在二级水平。

6）2000～2010 年，湖南所属珠江流域的 4 座城市环境空气质量整体上保持在二级水平，只有邵阳市在 2010 年环境空气质量降为三级。主要污染物为可吸入颗粒物和二氧化硫，可吸入颗粒物年均浓度为 0.063～0.098mg/m³，均值为 0.080mg/m³；二氧化硫年均浓度为 0.029～0.059mg/m³，全省均值为 0.045mg/m³。

总体来讲，珠江流域横跨的几个省份中，云南属珠江流域的 5 个州（市）空气质量最好，环境空气质量达到或优于二级水平；广东、广西均符合国家二级标准，但广东的城市群、广西的重工业区存在污染现象；贵州所属珠江流域的 7 个州（市）环境空气质量相对较差。

2.4.2.2 工业废气排放及变化

由表 2-16 及图 2-6 得知，2000 年珠江流域工业废气排放量达到 121 989 294.8 万 m³，

表 2-16　工业废气排放量

（单位：万 m³）

区域	2000 年	2001 年	2002 年	2003 年	2004 年	2005 年	2006 年	2007 年	2008 年	2009 年	2010 年
北盘江区	7 640 030	10 074 164	10 666 042	14 907 419	24 296 771	19 783 491	24 612 542	29 160 193	29 037 241	33 184 898	37 569 970
南盘江区	4 945 178	8 585 616	8 144 030	8 418 043	11 104 773	9 571 671	15 854 453	16 830 222	16 223 401	19 631 878	21 008 994
红水河区	10 512 866	1 347 419	1 840 948	13 115 482	37 363 679	17 213 875	15 030 520	17 902 347	18 800 456	16 433 410	19 655 191
左江及郁江干流区	10 544 318	6356 092	6336 886	12 205 270	18 900 746	16 643 619	15 879 101	25 887 388	20 378 939	21 540 671	24 962 731
右江区	6574 475	3310 633	3874 323	10 615 502	14 928 295	14 160 832	16 842 151	21 660 363	17 897 142	28 042 175	28 411 474
柳江区	5 657 746	6 633 749	7 098 358	7 373 896	9 081 756	11 002 560	12 094 814	16 128 864	21 842 617	21 273 977	26 775 531
桂贺江区	4 279 066	5 014 558	5 224 528	6 003 616	6 590 428	8 761 077	13 056 996	22 226 525	18 075 206	19 421 548	22 770 575
黔浔江及西江（梧州以下）区	7 089 996	7 151 303	8 894 383	12 640 323	14 025 926	15 886 486	11 940 587	10 770 002	16 828 921	24 649 590	17 109 880
北江大坑口以上区	26 670 718	37 229 422	37 531 207	32 706 540	40 461 448	41 256 452	38 375 012	48 193 907	56 643 574	54 689 664	65 892 764
北江大坑口以下区	7 814 613	6 779 830	9 481 436	11 396 845	12 146 221	13 549 943	14 379 830	20 474 000	20 569 864	23 029 226	22 382 101
东江秋香江口以上区	811 292	1 043 924	1 332 532	1 184 605	1 606 529	1 819 867	2 213 716	2 625 396	3 308 158	4 917 199	4 904 209
东江秋香江口以下区	2 202 673	1 780 378	2 946 153	3 305 239	3 172 419	3 551 060	4 366 904	6 854 294	7 879 961	9 536 018	11 911 344
西北江三角洲区	16 695 504	16 328 354	20 087 861	22 710 131	22 849 869	23 299 465	24 309 264	29 169 890	29 827 285	31 203 233	36 601 911
东江三角洲区	10 550 820	10 839 517	12 026 047	18 672 611	15 972 359	18 134 961	19 455 720	37 890 984	28 187 545	31 329 621	34 671 243
上游	7 640 030	10 074 164	10 666 042	14 907 419	24 296 771	19 783 491	24 612 542	29 160 193	29 037 241	33 184 898	83 541 695.33
中游	4 945 178	8 585 616	8 144 030	8 418 043	11 104 773	9 571 671	15 854 453	16 830 222	16 223 401	19 631 878	94 649 252.89
下游	10 512 866	1 347 419	1 840 948	13 115 482	37 363 679	17 213 875	15 030 520	17 902 347	18 800 456	16 433 410	196 436 971.7
珠江流域	10 544 318	6 356 092	6 336 886	12 205 270	18 900 746	16 643 619	15 879 101	25 887 388	20 378 939	21 540 671	374 627 920

2010 年增长到 374 627 920 万 m^3，十年间增长了 3 倍。

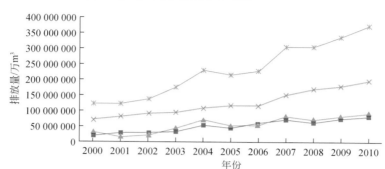

图 2-6　2000～2010 年珠江流域工业废气排放量（流域分区）

　　从上中下游来看，各珠江流域上中下游工业废气排放量均呈增长趋势，上游在 2005 年下降明显，后又继续增长；而中游在 2000 年下降后又增长，在 2005 年又下降，之后又继续增长；下游呈缓慢增长趋势。

　　从珠江流域各子流域来看，各子流域的工业废气排放量均呈增长趋势，增加倍数最多的是南盘江区，从 2000 年的 7 640 030 万 m^3 增加到 2010 年的 37 569 970 万 m^3，十年间增长了约 5 倍。

2.4.2.3　二氧化硫排放及变化

　　由图 2-7 及表 2-17 得知，2000 年，珠江流域二氧化硫排放量达到 1 514 058t，到 2010 年增长到 1 770 225t，呈微弱增加趋势。但是在 2001 年下降比较明显，后继续增长，到 2009 年后出现下降。

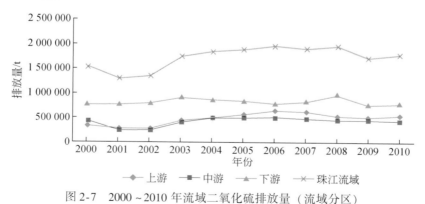

图 2-7　2000～2010 年流域二氧化硫排放量（流域分区）

　　从上、中、下游来看，珠江流域上、中、下游各二氧化硫排放量均稳定中略有增加。上游增加最大，从 2000 年的 334 343.7t 增长到 2010 年的 544 421t，增加了 1 倍。但是上游在这十年来，二氧化硫排放量呈先下降后增加再减少趋势；中游和下游的二氧化硫排放基本稳定。

表2-17 二氧化硫排放量

（单位：t）

区域	2000 年	2001 年	2002 年	2003 年	2004 年	2005 年	2006 年	2007 年	2008 年	2009 年	2010 年
北盘江区	77 935.99	103 220.30	103 684.22	145 297.46	156 904.94	162 978.32	184 349.45	178 359.29	161 859.96	163 974.61	177 468.08
南盘江区	47 491.82	86 443.58	88 000.54	94 331.63	91 297.35	123 131.19	196 435.59	181 530.40	134 319.44	130 197.35	155 321.12
红水河区	40 616.31	10 480.16	12 320.41	42 764.27	82 783.73	86 095.21	87 125.40	84 941.35	80 001.13	76 630.96	72 880.11
左江及郁江干流区	208 915.94	94 108.46	92 807.50	194 026.78	231 681.95	267 868.80	275 832.77	253 519.51	233 049.50	205 473.80	211 631.39
右江区	99 073.58	43 774.32	44 489.78	63 103.80	86 194.86	97 199.62	97 060.32	105 333.82	105 882.56	104 788.14	107 666.57
柳江区	57 584.50	60 922.87	55 356.31	60 853.74	53 689.69	50 747.72	55 766.42	83 592.80	88 215.91	79 981.67	82 899.49
桂贺江区	125 358.56	86 384.90	87 802.63	108 441.66	132 936.83	147 052.36	148 299.60	159 767.51	160 854.89	141 607.75	146 621.67
黔寻江及西江（梧州以下）区	41 514.85	45 859.55	50 931.85	63 050.77	59 004.26	56 087.98	55 969.90	61 196.15	63 961.51	51 009.91	69 409.76
北江大坑口以上区	274 988.10	307 001.45	314 758.29	374 858.99	326 278.37	321 681.85	298 372.22	292 646.06	389 599.84	285 525.96	267 824.00
北江大坑口以下区	72 895.10	74 745.50	83 069.75	88 426.70	83 943.72	77 282.53	75 778.37	73 867.84	82 552.07	77 632.12	82 238.11
东江秋香江口以上区	7 701.93	10 966.46	9 451.99	9 304.37	10 506.90	11 069.55	12 364.37	21 565.70	22 462.61	23 795.38	26 512.17
东江秋香江口以下区	70 499.66	44 884.93	50 898.69	54 255.37	63 414.31	66 833.35	66 938.81	66 632.05	60 440.95	66 394.52	72 971.76
西北江三角洲区	178 239.13	185 392.60	206 670.42	211 836.56	200 478.49	175 894.06	149 424.90	132 597.62	170 045.05	116 200.81	123 114.24
东江三角洲区	211 242.38	138 133.75	131 054.94	224 229.90	244 333.43	240 668.09	237 017.11	220 825.45	198 389.08	187 750.92	173 666.74
上游	334 343.75	283 772.34	284 492.26	433 655.87	479 884.23	553 978.31	656 617.80	613 409.20	529 228.90	499 645.76	544 420.59
中游	421 431.93	237 273.16	238 763.81	384 353.34	476 726.32	490 796.28	488 141.65	477 732.67	444 713.72	435 564.54	427 185.19
下游	758 282.17	771 273.34	808 041.22	916 772.79	866 838.26	839 816.06	795 975.79	825 233.68	977 691.88	775 753.61	798 619.45
珠江流域	1 514 057.85	1 292 318.84	1 331 297.29	1 734 781.99	1 823 448.81	1 884 590.64	1 940 735.24	1 916 375.55	1 951 634.49	1 710 963.91	1 770 225.22

从珠江流域各子流域来看，十年间，除南盘江区、北盘江区、右江区、北江大坑口上区及东江秋香江口以上区5个子流域的二氧化硫排放量增加以外，其余子流域均下降，增长倍数最大的是北盘江区和东江秋香江口以上区，增长了2倍以上。

2.4.2.4 氮氧化物排放及变化

由图2-8及表2-18可知，"十一五"期间，珠江流域氮氧化物总排放量呈先上升后下降又上升趋势，排放量从2006年的882 854.1t增加到2010年的1 037 810t，增长率为17.55%。

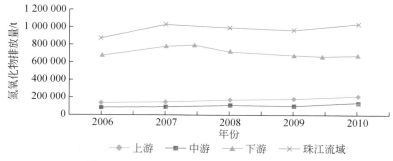

图 2-8 2006～2010年流域氮氧化物排放量

表 2-18 氮氧化物排放量 （单位：t）

区域	2006 年	2007 年	2008 年	2009 年	2010 年
北盘江区	65 382	156 509	98 473	110 450	125 677
南盘江区	47 707	533 543	46 762	46 083	62 135
红水河区	12 795	15 627	24 795	15 848	23 741
左江及郁江干流区	18 134	28 735	25 704	27 228	34 265
右江区	22 816	26 730	37 419	38 495	42 036
柳江区	21 117	29 570	52 191	78 031	90 108
桂贺江区	10 965	33 645	41 519	36 292	34 699
黔浔江及西江（梧州以下）区	42 225	92 504	111 597	97 350	90 327
北江大坑口以上区	230 614	328 428	285 485	251 509	272 081
北江大坑口以下区	161 153	96 153	75 806	70 436	61 965
东江秋香江口以上区	6 252	6 855	5 770	7 085	8 061
东江秋香江口以下区	12 344	14 486	15 001	18 007	30 995
西北江三角洲区	204 990	198 711	144 385	134 319	120 537
东江三角洲区	26 360	32 219	29 182	32 044	41 182
上游	131 223.4	718 786.4	170 939.6	183 760.6	222 077.1
中游	74 315.03	89 062.88	106 395.7	104 393.6	137 954.8
下游	677 315.7	785 865.9	716 754	675 021	677 777.9
珠江流域	882 854.1	1 593 715	994 089.3	963 175.3	1 037 810

从珠江流域上、中、下游排放量对比来看，下游占的份额较大，均达到65%以上，从2007年开始，上游、下游所占份额呈逐渐上升趋势；中游增长最大，从2000年的74 315.03t增长到2010年的137 954.8t，增长率为85.64%。

从珠江流域各子流域来看，十年间，除了东江秋香江口以下区和东江三角洲区等5个子流域的氮氧化物排放量减少以外，其余子流域的氮氧化物排放量均在增加，增长倍数最大的是北江大坑口以下区，增长了约3倍。

第3章 | 珠江流域主要生态环境问题分析

珠江流域面积约占全国国土面积的 4.6%，国民生产总值却达全国的 16% 以上。珠江流域以其不可替代的自然资源优势和区位优势，在我国国民经济和社会发展中扮演着举足轻重的角色。珠江流域水资源丰富，本次调查三个年份森林覆盖率均超过 50%，高于黄河流域与长江流域；根据历年水文资料，珠江流域各河流的平均含沙量为 0.22kg/m³；从水资源公报和监测资料来看，水质总体较好，Ⅰ~Ⅲ类占 70% 以上，但是下游珠江三角洲地区较差，部分站点数据表明水质为 Ⅳ~Ⅴ类和劣Ⅴ类。然而，在流域大规模开发及经济快速发展的同时，由于全球气候变化与人类活动的负面效应相互叠加，导致了流域环境的生态调节和自我恢复功能大幅度降低，引起了日趋严重的流域性生态安全问题。例如，2005 年，咸潮等问题的暴发给珠江三角洲地区饮水安全带来的严重威胁，正是天气连续干旱、咸潮上溯和水环境持续恶化综合作用的结果。这些生态问题如果不能及时控制和解决，将严重制约珠江流域社会经济的可持续发展。经过对前期资料的分析及相关文献调查，珠江流域主要生态环境问题包括以下几方面。

3.1 水资源分布不均匀，人均水资源量下降明显

珠江流域雨量充沛，多年平均年降水量达 1470mm，水资源量在我国各大流域中名列前茅，珠江流域多年平均地表水资源量 3415.43 亿 m³，平均地下水资源量 21.01 亿 m³，占全国水资源总量（2.8 万亿 m³）的 12%。相对全国平均值，珠江流域水资源是比较丰沛的，但水资源在流域时空分布不甚均匀。据调查，2000 年珠江流域年径流量比多年平均值少 9.1%，除北盘江区和柳江区比多年平均值分别多 12.2% 和 13.3% 以外，其余地区都比多年平均值有不同程度的减少。右江、左郁江、西江中下游区年径流量比多年平均径流量少 20% 以上。而到了 2010 年，水资源在流域时空分布更加不均匀。另外，虽然珠江流域地表水资源量比其他流域乃至全国人均地表水资源量都高，但是其人均地表水资源量却明显下降，珠江流域人均地表水资源量由 1980 年的 4694m³/人减少到 2010 年的 2622m³/人，人均减少 2072m³，约降低了 50%。

3.2 经济发展呈逆地理梯度效应，中上游地区生态环境压力大

珠江流域从源头到河口呈现出随海拔降低而下行的"顺地理梯度效应"，但由于流域内人类活动、城市建设和工农业发展，造成珠江流域表现出明显的下游发展程度高、上游

发展程度较低的"逆地理梯度效应"，上、下游之间的不均衡发展状况严重且具有扩大的趋势。据统计，上游山区的地域和人口在广东省分别居绝对多数和相对多数，按说其经济总量应占大头，但与事实相反其本地生产总值只占全省生产总值的 10.7%，仅为面积在其 1/3 的下游珠三角地区生产总值的约 1/8；其非农产业增加值只占全省的 8.6%，仅为珠三角地区的 1/10。改革开放以来，与下游珠三角及其他地区的工业化进程比较，上游山区的工业化虽有所推进甚至提速，但推进远慢于沿海三角洲及其他地区的工业化速率，导致上、下游相关指标逆差加速明显。

上游山区的经济发展，从数量来看，其工业及整个非农产业的规模依然狭小，对山区经济社会发展贡献不足；从质量来看，其工业总体上尚处在粗放式发展阶段，主要依赖资源消耗和资本投放；从结构来看，其工业结构层次整体偏低，城乡二元结构特征突出，生产力空间布局也不尽合理；从效益来看，其工业目前的经济效益低下，而资源环境利用效益更呈失控失察状态。迄今上游山区尚不发达的工业化和十分有限的工业规模即已造成整个水系环境恶化，倘若放开手脚大规模推进工业化，让发达地区曾经经历过的传统工业化阶段在上游地区再完整重演一遍，那么本已极其脆弱的水环境承载力必将不堪重负。因此，流域中上游地区将面临更大的生态环境压力。

3.3 局部水质污染严重，水环境安全形势严峻

当前珠江流域的水污染形势已经发展到非常严重的地步，特别是珠江流域的中下游地区由于经济快速发展、人口不断增长，生活用水量和工业用水量不断增加，伴随着生活污水和工业污水排放不断增多。而目前污水达标排放率低，又缺乏有效的监管机制，造成流域内部分地区水环境严重恶化，特别是珠江三角洲等经济发展较快的地区，废污水排放非常突出，水质污染恶化趋势严重，水质恶化比例均在 80% 以上，用水安全仍受到严重威胁。根据珠江流域水资源公报资料统计显示：2000 年珠江流域全年污水排放量为 161.90 亿 t，超Ⅳ类水质河段占总评价河段的 23% 左右，经济发达的珠江三角洲废污水排放量占总废污水排放量的 21.34%；而到 2010 年珠江流域废污水年排放总量达 190.45 亿 t，超Ⅳ类水质河段占总评价河段的 30% 左右，其中仅珠江三角洲废污水年排放总量达 67.99 亿 t，占流域废污水排放量的 35.70%，是水环境污染最严重的地区之一。有些城市已出现水质性缺水，如广州市、东莞市等。流域内的南盘江、北盘江和红水河等地区，近几年来水环境问题也非常突出，超Ⅳ类水质河段占总评价河段的 45% 以上。有报道指出，珠江污染甚至造成沿江地区严重的水质性缺水。珠江流域的水污染主要包括以下特征。

1）复合型污染已经形成。近年来，珠江流域范围内已经出现了大气、水体、土壤污染相互影响的格局，点源污染和面源污染日益加剧、生活污染和工业污染相互叠加、新旧污染与二次污染问题突出，逐渐形成了复合型污染，对人体健康及食品安全构成了严重的威胁。

2）生活污染日益严重。政府通过调整和优化工业结构，使工业污染逐渐得到控制。但是，随着城市的扩张、人口的增加、城市生活水平的提高，生活污染越来越严重，生活污水的排放数量和污染负荷迅速上升，甚至已经超过了工业污染。

3）面源污染问题日益突出。来自于农业方面的面源污染已经成为珠江流域水污染的一个重要特征，农业面源污染在各类环境污染中所占的比例已经达到30%~60%，污水中化学需氧量排放超过了城市和工业污染的排放总量。由于传统的施肥和灌水技术相当落后，导致化肥的利用率偏低，造成大量化肥通过不同的途径进入水环境，使农田中的水域富营养化或饮用水源硝酸盐含量超标，这种面源污染已经成为危害水质的"第一隐形杀手"。

4）流域性水污染问题日益严重。近年来，珠江流域从局部的点污染逐渐变成全流域污染，并且污染从河流下游向上游转移，从干流向支流转移，水污染问题早已超越局部和"点源"的范围，发展成为越来越严重的流域性问题。南北盘江、珠江三角洲、云南星云湖等局部地区水污染十分严重。

5）水污染引发珠江流域水资源短缺和水生态问题。由于水污染程度的加剧，导致珠江流域内区域水质性缺水，引发水资源短缺。不仅如此，日益严重的水污染还导致水体中和周围地区的动物、植物大量死亡，使水域的生态物种退化、生物多样性减少，并引发了一系列的水生态问题，导致了严重的生态系统健康风险。

3.4　水利建设工程破坏生态环境，水资源开发利用程度低

1）水资源开发程度不高，供需矛盾问题突出。珠江流域供水能力902亿 m^3，但珠江平均水资源开发利用率仅为18%左右。据相关资料显示，珠江三角洲地区工业化和城市化程度高，经济发达，近几年农业、林业、牧业、渔业用水量仅占总用水量的35%左右，远低于流域平均水平，而工业用水量和城乡生活用水量占总用水量的比例分别为50%左右和15%左右，高于流域平均水平。上中游地区以发展农业为主，经济发展较慢，大部分地区的农业、林业、牧业、渔业用水量高于流域平均水平，而工业用水量和城乡生活用水量则低于流域平均水平。由于水资源在地区上的分布不均匀，造成局部地区出现缺水。云贵高原主要是资源型缺水和工程型缺水；广东等经济发展较快的地区水质污染严重，造成水质性缺水。

2）水力建设工程造成珠江河网系统变异。珠江流域各类蓄水工程（包括纯发电大型水库）的总调节库容为514亿 m^3，占水资源总量的10.9%。大、中型蓄水工程供水能力占总供水能力的25%，供水保证率不高。一系列大型基本水利建设工程是引起珠江河网系统变异的主要因素之一。新中国成立以来，为解决河网防洪防潮问题，开展了大规模的联围筑闸工程，阻断了河网水域之间水生生物的正常流动；江河堤防、港口码头等大量混凝土工程使水生植物难以生长，水生动物难以栖息；大型水电站和枢纽工程阻断了洄游鱼类到内河产卵水域的路径，对鱼类资源影响深远。

3.5　沿海开发对河口地区滩涂湿地的影响

珠江河口环境对粤港澳地区的可持续发展影响重大，而且直接关系着流域防洪安全、水

资源综合利用和生态安全等全局性问题。因此，研究河口地区水环境变异对保护河口生态环境和协调区域经济发展都较为关键。近年来，经济的迅猛发展带动了更大范围的农业垦殖，以及开发区、港口码头建设，滩涂资源开发利用速率加快。滩涂湿地面积的锐减．不仅对河口水生物栖息繁育的生存空间破坏很大，而且严重影响到区域的生物多样性和生态平衡。

珠江河口湿地资源十分丰富，类型多样，其中的红树林沼泽地不但是国家级保护区，也是调节河口生态平衡的重要因素。过去，珠江河口滩涂的开发利用使红树林面积锐减了75%，现约存 1.2 万 km²，仅湛江仍有较大面积的成林树。

红树林的锐减使以红树植物为主体，包括鸟类、水生动物、藻类等的红树林湿地系统遭受破坏，特别是栖底生物的减少和消亡对河口生态系统的影响巨大。此外，红树林湿地具有去除水中磷和吸收环境中重金属的作用，成为沿海的一道绿色屏障。红树林的严重破坏加剧了海岸侵蚀的趋势。

3.6 海平面上升和咸潮入侵等自然因素变化对流域生态环境的影响

受世界性海平面上升、区域构造沉降和河流水位上升等因素的综合影响，珠江三角洲海平面正在持续上升。海平面上升导致了海岸线后退、沿海侵蚀、风暴潮加强、生物栖息地改变、湿地变迁、改变水生生态现状等，引起了近海域各生态系统的变化。海平面上升对珠江流域沿海生态系统有以下几个方面的影响。

1）对红树林生态系统的影响。海平面上升会导致红树林生态系统的退化。据相关资料，20 世纪 50 年代广东全省红树林面积曾超过 2 万 hm²，目前已减少一半以上。1980～2000 年，广东红树林面积减少了 7912.2 hm²，其中毁林养殖占用了 7767.5 hm²，占红树林减少总面积的 98.2%；基础设施建设占用 139.4 hm²，占红树林减少总面积的 1.76%；其他如海平面上升造成 5.3 hm² 损失，占红树林减少总面积的 0.04%。根据 1980～2000 年海平面上升速率，以及由海平面上升造成的红树林损失情况，可以推测到 2040 年海平面上升 12cm 和到 2090 年海平面上升 40cm 后，由于淹没与侵蚀造成的红树林损失大约分别为 12.7hm² 和 42.34hm²。

2）对广东沿海海草生态系统的影响。广东沿海的海草床由于人为污染、不当活动等原因也面临着大面积衰落和消失的境况。根据相关预测得知，到 2040 年海平面上升 12cm 和到 2090 年海平面上升 40cm 后，由于淹没与侵蚀造成的海草损失量大约分别为 2.13hm² 和 7.09hm²。广东沿海的海草床将面临着大面积衰落和消失的境况。

3）对广东沿海湿地生态系统的影响。广东海岸湿地面积分布广泛，共有 10 553.55hm²，主要类型是河口水域和浅海水域，分布在珠江口及粤西沿岸海域。根据相关预测得知，到 2040 年海平面上升 12cm 和到 2090 年海平面上升 40cm 后，由于淹没与侵蚀造成的湿地损失面积大约分别是 21.19hm² 和 70.63hm²。

海平面上升对广东沿海海岸侵蚀和生态系统的影响比较严重，即使很小的海平面上升也会造成大量的海滩损失，以及红树林、海草和湿地生态系统的损失。同时海平面上升还会加重咸潮上溯和水质污染，影响农业生产和水生生态。珠江三角洲有八大口门入海，常年受咸水影响的土地面积约 46 000km²。咸潮入侵一方面会使水质恶化，影响水生生态和农业生态，引起土壤盐碱化，造成灾害，同时该地区石灰土质的特点也使植被恢复较为困难；另一方面会造成汇潮点和盐水楔的上移，引起河道泥沙沉积的变化，也会改变水生生态。

3.7　水土流失、石漠化现象突出

流域内多为山地和丘陵，占总面积的 44.5%，平原面积小而分散，仅占 55%。珠江流域水土流失、石漠化等威胁生态环境安全，并构成对流域经济社会可持续发展的压力。珠江流域喀斯特峰丛洼地主要分布于桂西、黔南、云南一带，裸露岩溶区总面积达 177 600 km²。根据 2004 年全国第二次土壤侵蚀遥感调查，珠江上游喀斯特地区有水土流失面积 5.02 万 km²（含轻、中、强、极强、剧烈流失多种类型）。目前南、北盘江流域水土流失已经成为珠江水系中水土流失的重灾区，其水土流失率已经超过珠江全流域水土流失率 30.63% 的 20 个百分点，超过贵州平均水土流失率的 7.5 个百分点。从南、北盘江流域土壤侵蚀分布情况看，土壤侵蚀的生态现状也十分严重，平均土壤侵蚀面积发生率都达到了 51.13%，最高的威宁、六枝、盘县、水城 4 个县市都超过了 60%。南、北盘江流域平均侵蚀模数达到 2542.2 t/（km²·a），均高于川江流域和乌江流域的 2309.0 t/（km²·a）、2206.5t/（km²·a），而流失区内平均侵蚀模数更高达 4971.6t/（km²·a）。

珠江流域因人口激增导致石漠化问题凸显。石漠化造成水土流失、地表漏水、植被破坏、生物物种多样性降低、生态系统脆弱等一系列问题。长期的水土流失不仅造成土地破坏、水旱灾害频繁，同时也使流域内氨氮、总铁、悬浮物大量增加，下游水质变差，水库、河道泥沙淤积等。据调查资料显示，目前珠江上游石灰岩地区石漠化土地面积已达 4.0 万 km²，占土地面积的 16.3%，另有潜在石漠化面积 3.60 万 km²。南、北盘江地区石漠化土地面积 1.2 万 km²，占土地面积的 21.3%。珠江上游石灰岩地区石漠化土地面积占县域土地面积 15% 以上的县（市）已有 52 个，占县（市）总数的 49%。在贵州各地州市中，六盘水、安顺石漠化最为强烈，分别达到 25.98%、15.23%，黔西南、黔南石漠化也达到 8.02% 和 10.61%。

第4章 珠江流域生态系统类型、格局及变化

珠江流域生态系统是在人类活动和自然条件影响之下的复合生态系统，人为的开发利用活动和局部地区的自然理生物条件形成了珠江流域特有的景观格局。近年来人类活动和自然灾害对生态系统的发展产生了重大且深远的影响，社会经济的发展不仅影响了生物的生存环境，也从根本上改变了生态系统的结构、过程、功能以及所提供的各种服务。客观地认识和评价珠江流域生态系统结构和格局的变化，对珠江流域经济、社会、资源和环境保护的协调和可持续发展具有重要的意义。

生态系统构成是指不同类型区域森林、灌丛、草地、湿地、农田、城镇和裸地等生态系统的面积和比例。生态系统格局是指生态系统空间格局，即不同生态系统在空间上的配置。生态系统构成与格局分析的目的是了解分析不同生态系统类型在空间上的分布与配置、数量上比例等状况，为揭示生态状况提供基本数据。珠江流域生态系统构成与格局评估的主要内容包括：生态系统类型与分布、各类型生态系统构成与比例、生态系统类型转换特征、生态系统格局特征等。

4.1 生态系统类型构成

4.1.1 全流域生态系统类型构成特征

由表4-1和图4-1可知，珠江流域以森林分布为主，超过总面积的一半，其次为农田，其他如灌丛、草地、湿地、城镇所占面积相对较少，裸地所占比例极少，并且没有荒漠、冰川/永久积雪。珠江流域2010年Ⅰ级生态系统构成比例为森林51.59%、灌丛11.51%、草地6.07%、湿地2.29%、农田24.76%、城镇3.64%、裸地0.15%。具体空间分布如图4-2所示。

表4-1 珠江流域Ⅰ级生态系统构成特征

类型	2000 年		2005 年		2010 年	
	面积/km²	比例/%	面积/km²	比例/%	面积/km²	比例/%
森林	227 038.19	51.41	227 690.33	51.55	227 870.31	51.59
灌丛	51 451.52	11.65	51 084.58	11.57	50 819.66	11.51
草地	26 625.47	6.03	26 976.20	6.11	26 790.94	6.07
湿地	10 094.96	2.29	9 987.49	2.26	10 106.32	2.29
农田	112 372.93	25.44	110 509.27	25.02	109 359.62	24.76
城镇	13 278.40	3.01	14 574.87	3.30	16 063.03	3.64
裸地	803.49	0.18	843.76	0.19	656.65	0.15

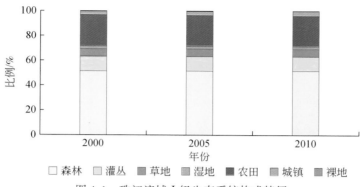

图 4-1 珠江流域 I 级生态系统构成特征

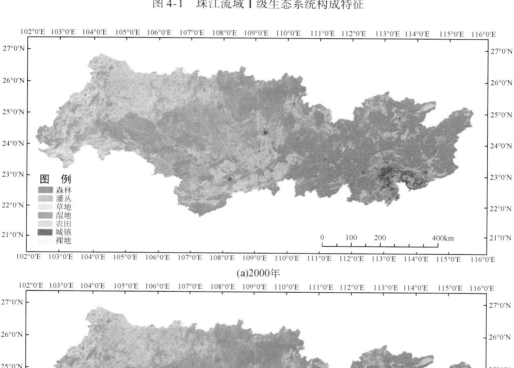

(a)2000年

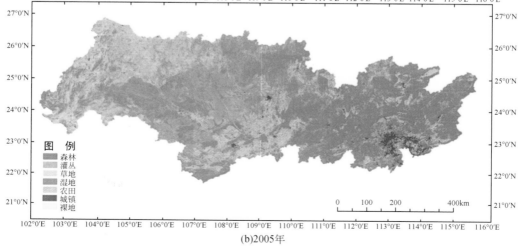

(b)2005年

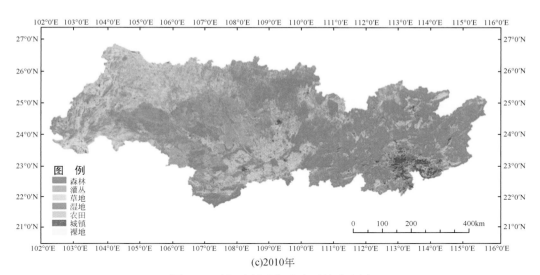

(c)2010年

图 4-2 珠江流域 I 级生态系统分布图

如表 4-2 和图 4-3 所示，按 II 级生态系统类型统计，珠江流域森林生态系统主要以阔叶林和针叶林为主，2010 年分别占流域总面积的 25.80％ 和 23.30％，其他类型林地相对较少；灌丛生态系统主要以落叶灌丛为主，占灌丛总面积的 95％ 以上；农田生态系统主要为耕地，2010 年面积为 101 821.90km²；城镇用地主要由居住地和工矿交通用地组成，城市绿地面积较少，2010 年仅占城镇用地的 3.06％。具体空间分布如图 4-4 所示。

表 4-2 珠江流域 II 级生态系统构成特征

类型	2000 年		2005 年		2010 年	
	面积/km²	比例/%	面积/km²	比例/%	面积/km²	比例/%
阔叶林	112 914.94	25.57	113 397.91	25.68	113 942.92	25.80
针叶林	102 978.54	23.32	103 258.28	23.38	102 913.36	23.30
针阔混交林	11 014.33	2.49	11 033.46	2.50	11 013.35	2.49
稀疏林	130.38	0.03	0.68	0.00	0.68	0.00
阔叶灌丛	50 431.79	11.42	50 064.84	11.34	49 799.92	11.28
针叶灌丛	1.14	0.00	1.14	0.00	1.14	0.00
稀疏灌丛	1 018.59	0.23	1 018.60	0.23	1 018.60	0.23
草地	26 625.47	6.03	26 976.20	6.11	26 790.94	6.07
沼泽	29.51	0.01	31.13	0.01	28.48	0.01
湖泊	5 930.65	1.34	5 817.11	1.32	5 967.42	1.35
河流	4 134.80	0.94	4 139.25	0.94	4 110.42	0.93
耕地	105 020.38	23.78	103 019.07	23.33	101 821.90	23.05
园地	7 352.54	1.66	7 490.19	1.70	7 537.72	1.71
居住地	11 375.14	2.58	12 494.83	2.83	13 469.17	3.05

类型	2000 年		2005 年		2010 年	
	面积/km²	比例/%	面积/km²	比例/%	面积/km²	比例/%
城市绿地	468.80	0.11	485.72	0.11	491.29	0.11
工矿交通	1 434.47	0.32	1 594.33	0.36	2 102.57	0.48
裸地	803.49	0.18	843.76	0.19	656.65	0.15

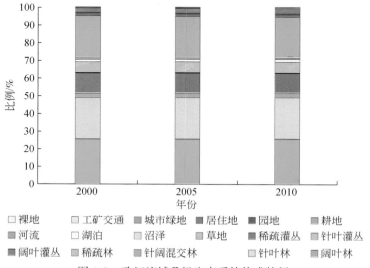

图 4-3 珠江流域 Ⅱ 级生态系统构成特征

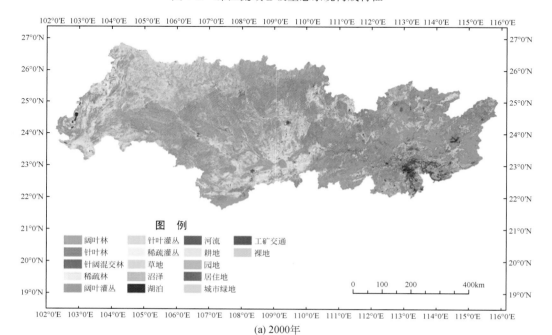

(a) 2000年

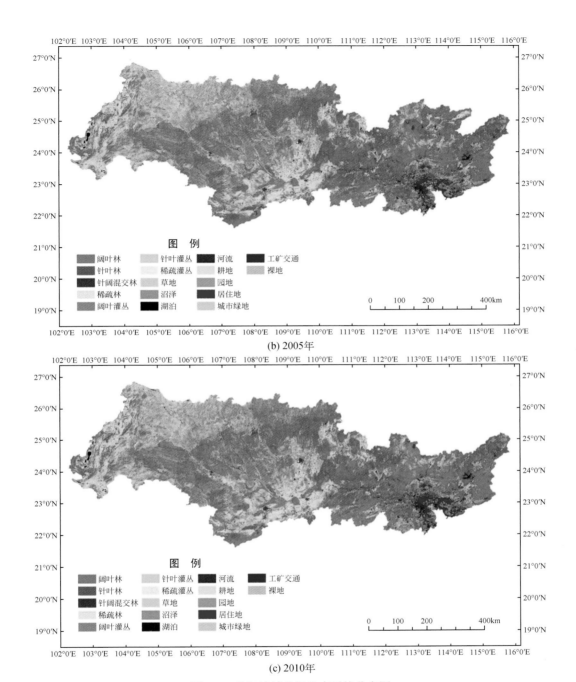

(b) 2005年

(c) 2010年

图 4-4　珠江流域 II 级生态系统分布图

　　如表 4-3 所示，按 III 级生态系统类型统计，珠江流域森林生态系统以常绿阔叶林和常绿针叶林为主，2010 年分别占流域总面积的 23.83% 和 23.30%，其他类型林地所占比例不到 5%；灌丛生态系统主要为常绿阔叶灌木林，其他类型灌丛所占比例相对较少；湿地类型主要由水库/坑塘和河流组成；农田生态系统以旱地和水田为主，占农田总面积的

90%以上。具体空间分布如图4-5所示。

表4-3 珠江流域Ⅲ级生态系统构成特征

类型	2000 年		2005 年		2010 年	
	面积/km²	比例/%	面积/km²	比例/%	面积/km²	比例/%
常绿阔叶林	104 527.96	23.67	104 887.40	23.75	105 235.41	23.83
落叶阔叶林	8 386.97	1.90	8 510.51	1.93	8 707.51	1.97
常绿针叶林	102 970.33	23.31	103 249.90	23.38	102 904.99	23.30
落叶针叶林	8.21	0.00	8.38	0.00	8.38	0.00
针阔混交林	11 014.33	2.49	11 033.46	2.50	11 013.35	2.49
稀疏林	130.38	0.03	0.68	0.00	0.68	0.00
常绿阔叶灌木林	44 188.24	10.00	43 831.15	9.92	43 595.59	9.87
落叶阔叶灌木林	6 243.54	1.41	6 233.69	1.41	6 204.34	1.40
常绿针叶灌木林	1.14	0.00	1.14	0.00	1.14	0.00
稀疏灌木林	1 018.59	0.23	1 018.60	0.23	1 018.60	0.23
草甸	0.74	0.00	0.89	0.00	0.00	0.00
草原	0.00	0.00	0.00	0.00	0.00	0.00
草丛	26 581.70	6.02	26 929.78	6.10	26 740.09	6.05
稀疏草地	43.02	0.01	45.52	0.01	50.85	0.01
森林沼泽	13.81	0.00	14.05	0.00	14.48	0.00
灌丛沼泽	1.98	0.00	2.14	0.00	1.43	0.00
草本沼泽	13.71	0.00	14.94	0.00	12.57	0.00
湖泊	575.58	0.13	577.22	0.13	585.34	0.13
水库/坑塘	5 355.07	1.21	5 239.89	1.19	5 382.08	1.22
河流	4 127.85	0.93	4 132.23	0.94	4 103.09	0.93
运河/水渠	6.95	0.00	7.02	0.00	7.34	0.00
水田	38 467.07	8.71	38 059.46	8.62	37 456.79	8.48
旱地	66 553.31	15.07	64 959.61	14.71	64 365.10	14.57
乔木园地	5 919.69	1.34	6 040.10	1.37	6 051.13	1.37
灌木园地	1 432.85	0.32	1 450.09	0.33	1 486.59	0.34
居住地	11 375.14	2.58	12 494.83	2.83%	13 469.17	3.05
乔木绿地	382.97	0.09	401.23	0.09	405.07	0.09
灌木绿地	37.41	0.01	35.95	0.01	35.80	0.01
草本绿地	48.42	0.01	48.53	0.01	50.42	0.01
工业用地	517.69	0.12	577.60	0.13	968.34	0.22
交通用地	753.39	0.17	815.46	0.18	894.60	0.20
采矿场	163.38	0.04	201.28	0.05	239.63	0.05
沙漠/沙地	2.96	0.00	2.93	0.00	2.93	0.00
裸岩	260.53	0.06	261.29	0.06	261.97	0.06
裸土	540.00	0.12	579.54	0.13	391.75	0.09

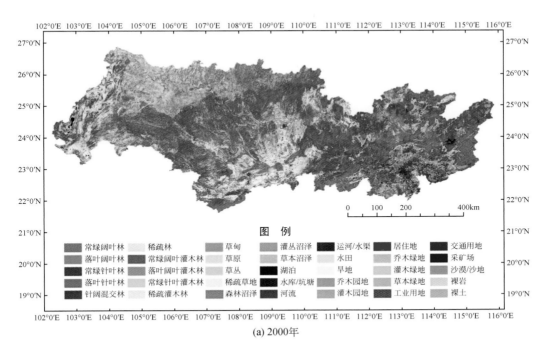

图 例

常绿阔叶林	稀疏林	草甸	灌丛沼泽	运河/水渠	居住地	交通用地
落叶阔叶林	常绿阔叶灌木林	草原	草本沼泽	水田	乔木绿地	采矿场
常绿针叶林	落叶阔叶灌木林	草丛	湖泊	旱地	灌木绿地	沙漠/沙地
落叶针叶林	常绿针叶灌木林	稀疏草地	水库/坑塘	乔木园地	草本绿地	裸岩
针阔混交林	稀疏灌木林	森林沼泽	河流	灌木园地	工业用地	裸土

(a) 2000年

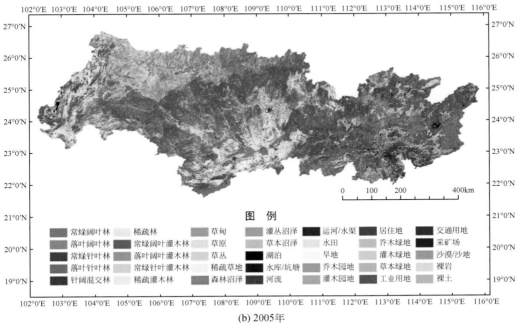

图 例

常绿阔叶林	稀疏林	草甸	灌丛沼泽	运河/水渠	居住地	交通用地
落叶阔叶林	常绿阔叶灌木林	草原	草本沼泽	水田	乔木绿地	采矿场
常绿针叶林	落叶阔叶灌木林	草丛	湖泊	旱地	灌木绿地	沙漠/沙地
落叶针叶林	常绿针叶灌木林	稀疏草地	水库/坑塘	乔木园地	草本绿地	裸岩
针阔混交林	稀疏灌木林	森林沼泽	河流	灌木园地	工业用地	裸土

(b) 2005年

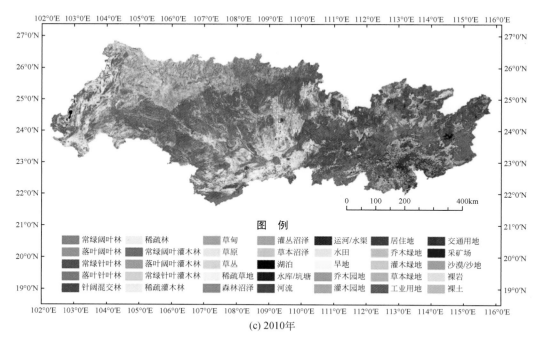

(c) 2010年

图4-5　珠江流域Ⅲ级生态系统分布图

4.1.2　子流域生态系统类型构成特征

（1）北盘江区

如表4-4和图4-6所示，2010年北盘江区Ⅰ级生态系统由森林（24.84%）、灌丛（21.10%）、草地（22.82%）、湿地（0.46%）、农田（28.83%）、城镇（1.57%）和裸地（0.38%）等构成。2000～2010年，北盘江区主要以农田、森林、灌丛和草地为主，其中农田所占比例最高，森林、灌丛与草地所占比例都超过20%，湿地和裸地的面积最小。

表4-4　北盘江区Ⅰ级生态系统构成特征

类型	2000年		2005年		2010年	
	面积/km²	比例/%	面积/km²	比例/%	面积/km²	比例/%
森林	6206.73	23.37	6393.68	24.08	6595.65	24.84
灌丛	5590.88	21.06	5590.78	21.06	5603.50	21.10
草地	5651.37	21.28	5871.68	22.11	6058.20	22.82
湿地	95.09	0.36	97.35	0.37	121.78	0.46
农田	8575.66	32.30	8130.55	30.62	7656.49	28.83
城镇	331.98	1.25	367.68	1.38	416.09	1.57
裸地	101.33	0.38	101.33	0.38	101.33	0.38

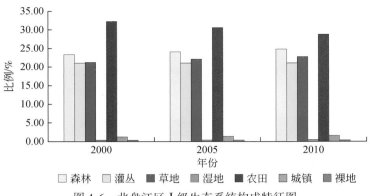

图 4-6 北盘江区 I 级生态系统构成特征图

(2) 南盘江区

由表 4-5 和图 4-7 可知，2010 年南盘江区 I 级生态系统由森林（36.13%）、灌丛（15.58%）、草地（19.98%）、湿地（1.47%）、农田（24.77%）、城镇（1.84%）和裸地（0.22%）等构成。2000～2010 年南盘江区 I 级生态系统主要以森林、灌丛、草地和农田为主，其中森林所占比例最高，灌丛、草地和农田所占比例都超过 15%，所占比例最少的是裸地，为 0.22%。

表 4-5 南盘江区 I 级生态系统构成特征

类型	2000 年		2005 年		2010 年	
	面积/km²	比例/%	面积/km²	比例/%	面积/km²	比例/%
森林	20 523.30	35.73	20 647.84	35.94	20 755.96	36.13
灌丛	8 998.97	15.66	8 976.97	15.63	8 952.30	15.58
草地	11 415.83	19.87	11 467.43	19.96	11 475.66	19.98
湿地	840.71	1.46	849.98	1.48	846.14	1.47
农田	14 739.80	25.66	14 450.05	25.15	14 231.73	24.77
城镇	801.59	1.40	928.63	1.62	1 059.10	1.84
裸地	127.74	0.22	127.03	0.22	127.05	0.22

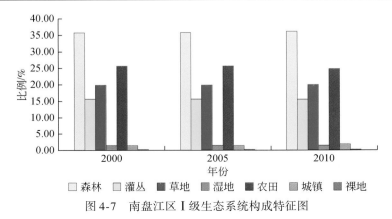

图 4-7 南盘江区 I 级生态系统构成特征图

（3）红水河区

由表4-6和图4-8可知，2010年红水河区Ⅰ级生态系统由森林（38.10%）、灌丛（23.46%）、草地（7.20%）、湿地（1.14%）、农田（27.89%）、城镇（2.17%）和裸地（0.04%）等构成。2000~2010年红水河区Ⅰ级生态系统主要以森林、灌丛和农田为主，其中森林所占比例最高，灌丛、草地和农田所占比例都超过20%，所占比例最小的是裸地。

表4-6 红水河区Ⅰ级生态系统构成特征

类型	2000年		2005年		2010年	
	面积/km²	比例/%	面积/km²	比例/%	面积/km²	比例/%
森林	20 647.76	37.70	20 789.23	37.96	20 863.52	38.10
灌丛	12 968.43	23.68	12 952.26	23.65	12 849.01	23.46
草地	3 844.60	7.02	3 944.06	7.20	3 944.51	7.20
湿地	548.51	1.00	548.54	1.00	623.58	1.14
农田	15 605.93	28.50	15 361.30	28.05	15 272.63	27.89
城镇	1 123.90	2.05	1 145.96	2.09	1 188.21	2.17
裸地	24.36	0.04	22.13	0.04	22.03	0.04

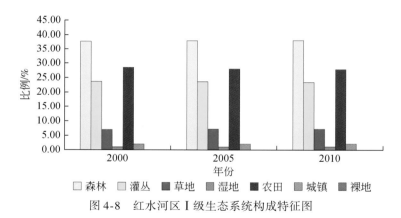

图4-8 红水河区Ⅰ级生态系统构成特征图

（4）左江及郁江干流区

由表4-7和图4-9可知，2010年左江及郁江干流区的Ⅰ级生态系统由森林42.69%、灌丛9.44%、草地0.27%、湿地2.00%、农田42.35%、城镇3.24%和裸地0.01%比例构成。十年来，左江及郁江干流区主要以森林和农田为主，一共占区域总面积80%以上，其中森林比例为42.5%左右，农田占有比例为42.3%，最少的是裸地。

表4-7 左江及郁江干流区Ⅰ级生态系统构成特征

类型	2000年		2005年		2010年	
	面积/km²	比例/%	面积/km²	比例/%	面积/km²	比例/%
森林	16 414.36	42.51	16 413.68	42.51	16 480.57	42.69
灌丛	3 694.83	9.57	3 653.84	9.46	3 643.12	9.44

续表

类型	2000 年		2005 年		2010 年	
	面积/km²	比例/%	面积/km²	比例/%	面积/km²	比例/%
草地	266.78	0.69	246.76	0.64	105.89	0.27
湿地	769.57	1.99	771.72	2.00	772.82	2.00
农田	16 319.08	42.27	16 321.61	42.27	16 352.41	42.35
城镇	1 142.24	2.96	1 199.47	3.11	1 251.81	3.24
裸地	2.53	0.01	2.31	0.01	2.78	0.01

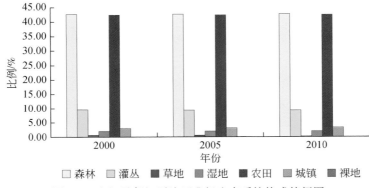

图 4-9 左江及郁江干流区 I 级生态系统构成特征图

(5) 右江区

由表 4-8 和图 4-10 可知,2010 年右江区 I 级生态系统的构成比例为森林(51.27%)、灌丛(18.38%)、草地(5.05%)、湿地(0.97%)、农田(23.08%)、城镇(1.24%)和裸地(0.02%)。十年来流域主要以森林、灌丛和农田为主,其中森林所占比例最高,占区域总面积的 50% 以上;其次是农田,所占比例为 23% 左右;再次是灌丛,所占比例为 18.5% 左右;最小的是裸地,所占比例为 0.02% 左右。

表 4-8 右江区 I 级生态系统构成特征

类型	2000 年		2005 年		2010 年	
	面积/km²	比例/%	面积/km²	比例/%	面积/km²	比例/%
森林	20 161.73	51.16	20 154.94	51.14	20 207.07	51.27
灌丛	7 351.17	18.65	7 332.14	18.60	7 243.21	18.38
草地	2 056.55	5.22	2 056.66	5.22	1 988.50	5.05
湿地	335.41	0.85	351.10	0.89	381.91	0.97
农田	9 052.82	22.97	9 044.34	22.95	9 094.82	23.08
城镇	440.08	1.12	463.22	1.18	489.12	1.24
裸地	13.28	0.03	8.65	0.02	6.43	0.02

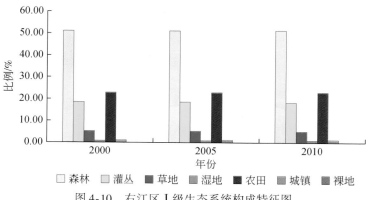

图 4-10　右江区 I 级生态系统构成特征图

（6）柳江区

由表 4-9 和图 4-11 可知，2010 年柳江区 I 级生态系统的构成比例为森林（59.33%）、灌丛（11.57%）、草地（5.01%）、湿地（1.25%）、农田（21.18%）、城镇（1.63%）和裸地（0.04%）。十年来柳江区生态系统主要由森林、灌丛和农田构成，其中森林所占比例最高，占区域总面积约 60%；其次为农田，占区域总面积的 21.00% 左右；最少的是裸地。

表 4-9　柳江区 I 级生态系统构成特征

类型	2000 年		2005 年		2010 年	
	面积/km²	比例/%	面积/km²	比例/%	面积/km²	比例/%
森林	34 532.46	58.98	34 647.74	59.18	34 735.22	59.33
灌丛	6 818.02	11.65	6 773.84	11.57	6 772.06	11.57
草地	2 974.91	5.08	2 971.90	5.08	2 931.01	5.01
湿地	728.80	1.24	729.85	1.25	731.02	1.25
农田	12 581.02	21.49	12 483.83	21.32	12 399.40	21.18
城镇	885.38	1.51	912.04	1.56	952.97	1.63
裸地	25.36	0.04	26.74	0.05	24.27	0.04

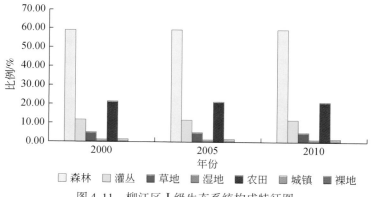

图 4-11　柳江区 I 级生态系统构成特征图

（7）桂贺江区

由表4-10和图4-12可知，2010年桂贺江区 I 级生态系统的构成比例为森林（65.49%）、灌丛（7.68%）、草地（0.11%）、湿地（1.49%）、农田（22.64%）、城镇（2.58%）。十年来桂贺江区的 I 级生态系统主要以森林、灌丛和农田为主，其中森林所占比例最高，占区域总面积65%以上；其次是农田，占22.5%左右；所占比例最小的是草地。与其他二级流域相比，桂贺江区内没有裸地分布。

表4-10　桂贺江区 I 级生态系统构成特征

类型	2000 年		2005 年		2010 年	
	面积/km²	比例/%	面积/km²	比例/%	面积/km²	比例/%
森林	19 741.88	65.42	19 760.50	65.48	19 762.05	65.49
灌丛	2 376.91	7.88	2 331.72	7.73	2 316.82	7.68
草地	64.97	0.22	69.25	0.23	31.99	0.11
湿地	458.90	1.52	459.31	1.52	449.27	1.49
农田	6 791.96	22.51	6 791.93	22.51	6 831.51	22.64
城镇	731.43	2.42	756.15	2.51	777.18	2.58

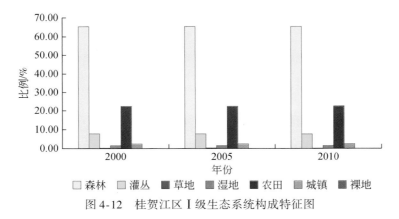

图4-12　桂贺江区 I 级生态系统构成特征图

（8）黔浔江及西江（梧州以下）区

由表4-11和图4-13可知，2000～2010年，黔浔江及西江（梧州以下）区主要由森林和农田构成，其中森林所占比例最高，约占区域总面积的70%；其次是农田，占区域总面积的19.77%；最小比例是裸地。黔浔江及西江（梧州以下）区2010年 I 级生态系统的构成比例为森林（69.48%）、灌丛（4.67%）、草地（0.04%）、湿地（3.10%）、农田（19.77%）、城镇（2.86%）和裸地（0.08%）。

表4-11　黔浔江及西江（梧州以下）区 I 级生态系统构成特征

类型	2000 年		2005 年		2010 年	
	面积/km²	比例/%	面积/km²	比例/%	面积/km²	比例/%
森林	25 046.03	69.33	25 081.17	69.43	25 100.09	69.48
灌丛	1 769.45	4.90	1 712.58	4.74	1 687.50	4.67

续表

类型	2000 年		2005 年		2010 年	
	面积/km²	比例/%	面积/km²	比例/%	面积/km²	比例/%
草地	101.04	0.28	101.42	0.28	14.15	0.04
湿地	1 111.16	3.08	1 123.01	3.11	1 121.51	3.10
农田	7 130.47	19.74	7 117.89	19.70	7 140.82	19.77
城镇	916.94	2.54	943.96	2.61	1 032.45	2.86
裸地	48.57	0.13	43.64	0.12	27.15	0.08

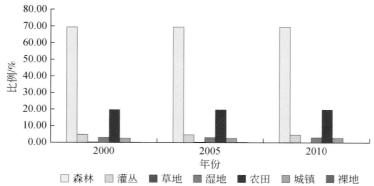

图 4-13　黔浔江及西江（梧州以下）区 I 级生态系统构成特征图

（9）北江大坑口以上区

由表 4-12 和图 4-14 可知，北江大坑口以上区 2010 年 I 级生态系统构成比例为森林（69.40%）、灌丛（4.50%）、草地（0.22%）、湿地（1.38%）、农田（21.79%）、城镇（2.02%）和裸地（0.68%）。总的来说，十年来该子流域主要由森林和农田构成，其中森林所占比例最高，约占区域总面积的70%；其次是农田，占区域总面积的21%以上；其余生态系统分类所占比例较少，面积总和不超区域总面积的10%；所占比例最小的是裸地。

表 4-12　北江大坑口以上区 I 级生态系统构成特征

类型	2000 年		2005 年		2010 年	
	面积/km²	比例/%	面积/km²	比例/%	面积/km²	比例/%
森林	12 149.71	69.87	12 148.58	69.86	12 069.28	69.40
灌丛	813.52	4.68	781.18	4.49	782.03	4.50
草地	43.31	0.25	43.21	0.25	38.53	0.22
湿地	232.79	1.34	235.99	1.36	240.22	1.38
农田	3 812.15	21.92	3 790.95	21.80	3 789.91	21.79
城镇	267.33	1.54	317.68	1.83	350.83	2.02
裸地	71.07	0.41	72.28	0.42	119.07	0.68

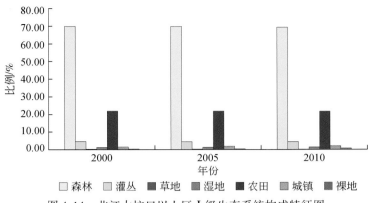

图 4-14　北江大坑口以上区 I 级生态系统构成特征图

（10）北江大坑口以下区

由表 4-13 和图 4-15 可知，北江大坑口以下区 2010 年 I 级生态系统构成比例为森林71.43%、灌丛 2.35%、草地 0.28%、湿地 2.47%、农田 20.14%、城镇 2.81% 和裸地0.51%。总的来讲，十年来流域主要由森林和农田构成，其中森林所占比例最高，占区域总面积 70% 以上；其次是农田，占区域总面积的比例为 20% 以上；最小的是裸地。

表 4-13　北江大坑口以下区 I 级生态系统构成特征

类型	2000 年		2005 年		2010 年	
	面积/km²	比例/%	面积/km²	比例/%	面积/km²	比例/%
森林	21 021.81	71.83	21 079.57	72.03	20 905.13	71.43
灌丛	761.92	2.60	697.38	2.38	687.79	2.35
草地	87.81	0.30	86.28	0.29	81.74	0.28
湿地	700.25	2.39	727.51	2.49	723.67	2.47
农田	5 935.06	20.28	5 853.18	20.00	5 895.23	20.14
城镇	622.90	2.13	696.28	2.38	821.64	2.81
裸地	135.78	0.46	125.34	0.43	150.34	0.51

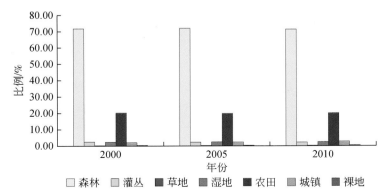

图 4-15　北江大坑口以上区 I 级生态系统构成特征图

（11）东江秋香江口以上区

由表4-14和图4-16可知，东江秋香江口以上区的Ⅰ级生态系统主要以森林和农田构成为主。其中森林所占比例最高，占区域总面积的80%以上；其次是农田，占区域总面积比例为12%左右。东江秋香江口以上区2010年Ⅰ级生态系统的构成比例为森林81.93%、灌丛0.43%、草地0.56%、湿地2.50%、农田11.97%、城镇2.45%和裸地0.16%。

表4-14　东江秋香江口以上区Ⅰ级生态系统构成特征

类型	2000 年		2005 年		2010 年	
	面积/km²	比例/%	面积/km²	比例/%	面积/km²	比例/%
森林	15 439.13	81.84	15 460.31	81.95	15 455.52	81.93
灌丛	87.22	0.46	82.19	0.44	80.41	0.43
草地	98.63	0.52	97.99	0.52	106.00	0.56
湿地	465.02	2.47	468.92	2.49	471.45	2.50
农田	2 306.61	12.23	2 232.05	11.83	2 258.66	11.97
城镇	355.82	1.89	401.55	2.13	462.64	2.45
裸地	112.17	0.59	121.88	0.65	30.19	0.16

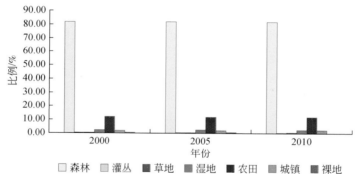

图4-16　东江秋香江口以上区Ⅰ级生态系统构成特征图

（12）东江秋香江口以下区

由表4-15和图4-17可知，东江秋香江口以下区2010年Ⅰ级生态系统构成比例为森林52.50%、灌丛1.55%、草地0.10%、湿地4.50%、农田25.63%、城镇15.55%和裸地0.17%。从2000~2010年来看，东江秋香江口以下区子流域十年来生态系统主要由森林和农田构成，其中森林所占比例最高，占区域总面积的50%以上；其次是农田，所占比例为25%以上；其余生态系统类型较少，面积总和不及区域总面积的20%。

表4-15　东江秋香江口以下区Ⅰ级生态系统构成特征

类型	2000 年		2005 年		2010 年	
	面积/km²	比例/%	面积/km²	比例/%	面积/km²	比例/%
森林	4 581.13	53.06	4 565.12	52.87	4 532.61	52.50
灌丛	136.85	1.58	130.35	1.51	133.70	1.55

续表

类型	2000 年		2005 年		2010 年	
	面积/km²	比例/%	面积/km²	比例/%	面积/km²	比例/%
草地	11.01	0.13	10.43	0.12	8.43	0.10
湿地	390.77	4.53	387.82	4.49	388.69	4.50
农田	2 375.69	27.52	2 312.67	26.79	2 213.18	25.63
城镇	1 084.99	12.57	1 160.52	13.44	1 342.73	15.55
裸地	53.65	0.62	67.20	0.78	14.74	0.17

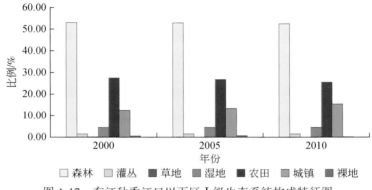

图 4-17 东江秋香江口以下区 I 级生态系统构成特征图

（13）西北江三角洲区

由表 4-16 和图 4-18 可知，西北江三角洲区 2010 年 I 级生态系统构成比例为森林
37.10%、灌丛 0.16%、草地 0.03%、湿地 15.26%、农田 24.55%、城镇 22.79% 和裸地
0.11%。从整体上看，十年来该二级流域的 I 级生态系统主要以森林、湿地、农田和城镇
构成为主，其中森林所占比例最高，占区域总面积的 35% 以上；城镇用地占 20% 以上，
最小的是裸地及草地，两者的面积总和不超过区域总面积的 10%。

表 4-16 西北江三角洲区 I 级生态系统构成特征

类型	2000 年		2005 年		2010 年	
	面积/km²	比例/%	面积/km²	比例/%	面积/km²	比例/%
森林	6958.23	37.81	6943.32	37.72	6829.06	37.10
灌丛	42.73	0.23	30.84	0.17	29.45	0.16
草地	7.45	0.04	7.46	0.04	5.17	0.03
湿地	2957.91	16.07	2807.90	15.26	2808.68	15.26
农田	5205.32	28.28	4804.64	26.10	4518.73	24.55
城镇	3180.84	17.28	3734.34	20.29	4194.69	22.79
裸地	52.69	0.29	76.78	0.42	19.52	0.11

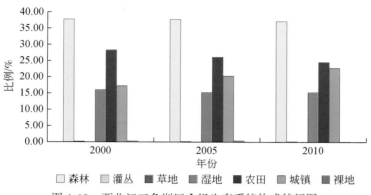

图 4-18　西北江三角洲区 I 级生态系统构成特征图

（14）东江三角洲区

由表 4-17 和图 4-19 可知，东江三角洲区 2010 年 I 级生态系统构成比例为森林 47.87%、灌丛 0.52%、草地 0.02%、湿地 5.69%、农田 22.80%、城镇 23.06% 和裸地 0.05%。整体上来看，流域主要由森林、农田和城镇构成，其中森林所占比例最高，占区域总面积的 45% 以上，城镇用地占 20% 以上。

表 4-17　东江三角洲区 I 级生态系统构成特征

类型	2000 年		2005 年		2010 年	
	面积/km²	比例/%	面积/km²	比例/%	面积/km²	比例/%
森林	3613.93	48.35	3604.65	48.22	3578.59	47.87
灌丛	40.63	0.54	38.53	0.52	38.76	0.52
草地	1.20	0.02	1.68	0.02	1.16	0.02
湿地	460.09	6.16	428.49	5.73	425.59	5.69
农田	1941.34	25.97	1814.27	24.27	1704.10	22.80
城镇	1392.97	18.64	1547.38	20.70	1723.59	23.06
裸地	24.01	0.32	40.32	0.54	3.55	0.05

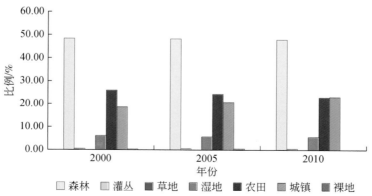

图 4-19　东江三角洲区 I 级生态系统构成特征图

4.1.3 各河段生态系统类型构成特征

（1）珠江流域上游

从表 4-18 和图 4-20 可知，珠江流域上游 2010 年 I 级生态系统构成比例为森林 34.75%、灌丛 19.75%、草地 15.48%、湿地 1.15%、农田 26.78%、城镇 1.92% 和裸地 0.18%。从整体上看，十年来珠江流域上游区域的 I 级生态系统类型主要以森林、灌丛、草地和农田为主，其中森林面积最大，所占比例最高，占区域总面积 30% 以上；其次是农田用地，占 25% 以上。

表 4-18 珠江流域上游一级生态系统构成特征

类型	2000 年		2005 年		2010 年	
	面积/km²	比例/%	面积/km²	比例/%	面积/km²	比例/%
森林	47 377.79	34.14	47 830.75	34.47	48 215.13	34.75
灌丛	27 558.28	19.86	27 520.01	19.83	27 404.81	19.75
草地	20 911.8	15.07	21 283.17	15.34	21 478.37	15.48
湿地	1 484.31	1.07	1 495.87	1.08	1 591.50	1.15
农田	38 921.39	28.05	37 941.9	27.34	37 160.85	26.78
城镇	2 257.47	1.63	2 442.27	1.76	2 663.40	1.92
裸地	253.43	0.18	250.49	0.18	250.41	0.18

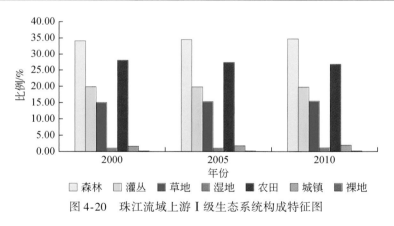

图 4-20 珠江流域上游 I 级生态系统构成特征图

（2）珠江流域中游

由表 4-19 和图 4-21 可知，珠江流域中游 2010 年 I 级生态系统构成比例为森林 54.69%、灌丛 11.98%、草地 3.03%、湿地 1.40%、农田 26.79%、城镇 2.08% 和裸地 0.02%。从整体上看，珠江流域下游的 I 级生态系统构成主要以森林、灌丛和农田为主，其中森林所占比例最高，占区域总面积的 50% 以上；其次是农田用地，占 25% 以上；其余生态系统类型较少，最少的是裸地，所占面积不超过区域总面积的 0.03%。

表 4-19　珠江流域中游 I 级生态系统构成特征

类型	2000 年		2005 年		2010 年	
	面积/km²	比例/%	面积/km²	比例/%	面积/km²	比例/%
森林	90 850.43	54.49	90 976.86	54.56	91 184.91	54.69
灌丛	20 240.93	12.14	20 091.54	12.05	19 975.21	11.98
草地	5 363.21	3.22	5 344.57	3.21	5 057.39	3.03
湿地	2 292.68	1.37	2 311.98	1.39	2 335.02	1.40
农田	44 744.88	26.83	44 641.71	26.77	44 678.14	26.79
城镇	3 199.13	1.92	3 330.88	2.00	3 471.08	2.08
裸地	52.11	0.03	45.83	0.03	41.66	0.02

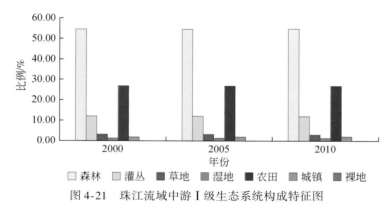

图 4-21　珠江流域中游 I 级生态系统构成特征图

（3）珠江流域下游

由表 4-20 和图 4-22 可知，珠江流域下游 2010 年 I 级生态系统构成比例为森林 64.98%、灌丛 2.53%、草地 0.19%、湿地 4.54%、农田 20.21%、城镇 7.29% 和裸地 0.27%。从总体上看，十年来珠江流域下游区域主要由森林和农田构成，其中森林所占比例最高，占区域总面积的 60% 以上，农田用地占 20% 以上。

表 4-20　珠江流域下游 I 级生态系统构成特征

类型	2000 年		2005 年		2010 年	
	面积/km²	比例/%	面积/km²	比例/%	面积/km²	比例/%
森林	88 809.97	65.23	88 882.72	65.28	88 470.28	64.98
灌丛	3 652.32	2.68	3 473.05	2.55	3 439.64	2.53
草地	350.45	0.26	348.47	0.26	255.18	0.19
湿地	6 317.99	4.64	6 179.64	4.54	6 179.81	4.54
农田	28 706.64	21.08	27 925.65	20.51	27 520.63	20.21
城镇	7 821.79	5.74	8 801.71	6.46	9 928.57	7.29
裸地	497.94	0.37	547.44	0.40	364.56	0.27

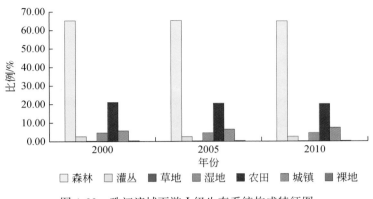

图 4-22　珠江流域下游 I 级生态系统构成特征图

（4）珠江流域上、中、下游主要生态类型构成

1）森林。如图 4-23 所示，珠江流域上游森林覆盖率下游>中游>上游，2010 年上游的森林覆盖率为 34.75%，虽然远低于中游及下游，但对比 1988 年的 12.6% 已经有明显提高，但主要以次生林和人工林为主，结构单一，林地生态功能较弱。造成这一问题的根本人为因素在于区域内的人口增长和人地矛盾。自新中国成立以来，该区域人口不断增长，为解决温饱问题从而驱动了毁林开荒，继而导致区域内土壤侵蚀、水土流失、石漠化和自然灾害加剧等一系列生态问题。

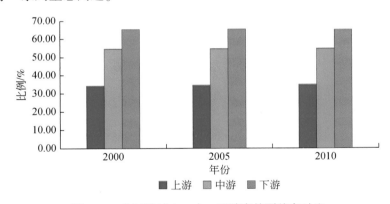

图 4-23　珠江流域上、中、下游森林覆盖率对比

2）城镇用地。如图 4-24 所示，珠江流域的城镇用地下游>中游>上游，珠江流域下游城镇用地所占比例远高于上游及中游，经调查分析珠江流域下游的建设用地中很大比例集中在专业镇，并且其大部分新增城建用地为工业和住宅（房地产投资）用地，绿化、生态等投资不足，导致生态脆弱、环境污染加剧，不利于整体长远的社会经济发展。

3）农田用地。如图 4-25 所示，珠江流域的农田上游>中游>下游，珠江流域上游和中游 2010 年的农田用地比例大致相同，均高于 25%，但是下游地区仅为 20% 左右。

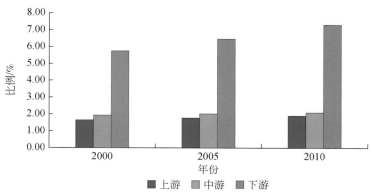

图 4-24 流域上、中、下游城镇用地比例对比

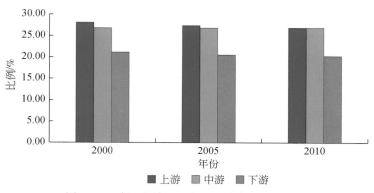

图 4-25 珠江流域上、中、下游农田比例对比

（5）小结

1）珠江流域的Ⅰ级生态系统类型主要有森林、灌丛、草地、湿地、农田、城镇、裸地七大类型，除了桂贺江区生态类型无裸地以外，其余二级流域均含有裸地。

2）珠江流域的Ⅰ级生态类型主要以森林和农田为主。按森林面积来看，珠江流域上游森林覆盖率下游>中游>上游；按农田面积来看，珠江流域的农田上游>中游>下游。

4.2　生态系统类型变化

生态系统类型面积变化率是指研究区一定时间范围内某种生态系统类型的数量变化情况，目的在于分析每一类生态系统在研究时期内面积变化量。计算方法如下：

$$E_V = \frac{EU_b - EU_a}{EU_a} \times 100\%$$

式中，E_V 为研究时段内某一生态系统类型的变化率；EU_a、EU_b 为研究期初及研究期末某一种生态系统类型的数量（如可以是面积、斑块数等，本书选择的是面积）。

珠江流域生态系统面积变化情况见表 4-21。各类型生态系统变化如下所述。

表 4-21 珠江流域及子流域 I 级生态系统变化

区域		森林						灌丛					
		2000~2005年		2005~2010年		2000~2010年		2000~2005年		2005~2010年		2000~2010年	
		变化面积/km²	变化率/%	变化面积/km²	变化率/%	变化面积/km²	变化率/%	变化面积/km²	变化率/%	变化面积/km²	变化率/%	变化面积/km²	变化率/%
珠江流域		652.14	0.29	179.99	0.08	832.13	0.37	-366.94	-0.71	-264.92	-0.52	-631.86	-1.23
上游	北盘江区	186.94	3.01	201.97	3.16	388.92	6.27	-0.10	0.00	12.73	0.23	12.62	0.23
	南盘江区	124.55	0.61	108.12	0.52	232.66	1.13	-21.99	-0.24	-24.67	-0.27	-46.67	-0.52
	红水河区	141.47	0.69	74.29	0.36	215.76	1.04	-16.17	-0.12	-103.26	-0.80	-119.43	-0.92
	小计	452.96	0.96	384.38	0.80	837.34	1.77	-38.27	-0.14	-115.20	-0.42	-153.47	-0.56
中游	左江及郁江干流区	-0.69	0.00	66.89	0.41	66.20	0.40	-40.99	-1.11	-10.72	-0.29	-51.71	-1.40
	右江区	-6.80	-0.03	52.13	0.26	45.33	0.22	-19.03	-0.26	-88.94	-1.21	-107.97	-1.47
	柳江区	115.28	0.33	87.48	0.25	202.76	0.59	-44.18	-0.65	-1.78	-0.03	-45.96	-0.67
	桂贺江区	18.62	0.09	1.55	0.01	20.17	0.10	-45.19	-1.90	-14.90	-0.64	-60.09	-2.53
	小计	126.42	0.14	208.05	0.23	334.47	0.37	-149.38	-0.74	-116.33	-0.58	-265.72	-1.31
下游	黔浔江及西江（梧州以下）区	35.14	0.14	18.91	0.08	54.06	0.22	-56.88	-3.21	-25.07	-1.46	-81.95	-4.63
	北江大坑口以上区	-1.12	-0.01	-79.30	-0.65	-80.42	-0.66	-32.35	-3.98	0.85	0.11	-31.49	-3.87
	北江大坑口以下区	57.76	0.27	-174.45	-0.83	-116.68	-0.56	-64.55	-8.47	-9.59	-1.37	-74.13	-9.73
	东江秋香江口以上区	21.18	0.14	-4.78	-0.03	16.40	0.11	-5.03	-5.77	-1.77	-2.16	-6.81	-7.80
	东江秋香江口以下区	-16.02	-0.35	-32.51	-0.71	-48.52	-1.06	-6.50	-4.75	3.35	2.57	-3.15	-2.30
	西北江三角洲区	-14.91	-0.21	-114.25	-1.65	-129.17	-1.86	-11.89	-27.83	-1.38	-4.49	-13.28	-31.07
	东江三角洲区	-9.28	-0.26	-26.07	-0.72	-35.34	-0.98	-2.09	-5.15	0.23	0.60	-1.86	-4.59
	小计	72.76	0.08	-412.44	-0.46	-339.68	-0.38	-179.29	-4.91	-33.38	-0.96	-212.67	-5.82

续表

区域		草地 2000~2005年 变化面积/km²	变化率/%	2005~2010年 变化面积/km²	变化率/%	2000~2010年 变化面积/km²	变化率/%	湿地 2000~2005年 变化面积/km²	变化率/%	2005~2010年 变化面积/km²	变化率/%	2000~2010年 变化面积/km²	变化率/%
珠江流域		350.73	1.32	-185.26	-0.69	165.47	0.62	-107.47	-1.06	118.83	1.19	11.37	0.11
上游	北盘江区	220.31	3.90	186.53	3.18	406.83	7.20	2.26	2.38	24.43	25.10	26.69	28.07
	南盘江区	51.60	0.45	8.23	0.07	59.83	0.52	9.27	1.10	-3.84	-0.45	5.43	0.65
	红水河区	99.46	2.59	0.44	0.01	99.91	2.60	0.03	0.01	75.04	13.68	75.07	13.69
	小计	371.36	1.78	195.20	0.92	566.57	2.71	11.56	0.78	95.63	6.39	107.20	7.22
中游	左江及郁江干流区	-20.02	-7.50	-140.87	-57.09	-160.89	-60.31	2.16	0.28	1.09	0.14	3.25	0.42
	右江区	0.11	0.01	-68.16	-3.31	-68.05	-3.31	15.69	4.68	30.81	8.77	46.50	13.86
	柳江区	-3.01	-0.10	-40.89	-1.38	-43.90	-1.48	1.05	0.14	1.17	0.16	2.22	0.31
	桂贺江区	4.28	6.58	-37.26	-53.81	-32.99	-50.77	0.41	0.09	-10.04	-2.19	-9.63	-2.10
	小计	-18.64	-0.35	-287.18	-5.37	-305.82	-5.70	19.31	0.84	23.04	1.00	42.35	1.85
下游	黔浔江及西江（梧州以下）区	0.38	0.37	-87.27	-86.05	-86.89	-85.99	11.85	1.07	-1.50	-0.13	10.35	0.93
	北江大坑口以上区	-0.10	-0.24	-4.68	-10.82	-4.78	-11.03	3.20	1.38	4.23	1.79	7.43	3.19
	北江大坑口以下区	-1.53	-1.74	-4.54	-5.26	-6.07	-6.91	27.26	3.89	-3.84	-0.53	23.42	3.34
	东江秋香江口以上区	-0.64	-0.65	8.01	8.17	7.37	7.47	3.90	0.84	2.53	0.54	6.43	1.38
	东江秋香江口以下区	-0.58	-5.29	-1.99	-19.11	-2.58	-23.39	-2.95	-0.75	0.87	0.22	-2.08	-0.53
	西北江三角洲区	0.01	0.11	-2.29	-30.72	-2.28	-30.64	-150.01	-5.07	0.78	0.03	-149.23	-5.05
	东江三角洲区	0.48	39.67	-0.52	-31.06	-0.04	-3.72	-31.60	-6.87	-2.91	-0.68	-34.50	-7.50
	小计	-1.99	-0.57	-93.28	-26.77	-95.27	-27.19	-138.35	-2.19	0.16	0.00	-138.18	-2.19

续表

	区域	农田						城镇					
		2000~2005 年		2005~2010 年		2000~2010 年		2000~2005 年		2005~2010 年		2000~2010 年	
		变化面积/km²	变化率/%	变化面积/km²	变化率/%	变化面积/km²	变化率/%	变化面积/km²	变化率/%	变化面积/km²	变化率/%	变化面积/km²	变化率/%
	珠江流域	-1863.66	-1.66	-1149.65	-1.04	-3013.31	-2.68	1296.47	9.76	1488.16	10.21	2784.63	20.97
上游	北盘江区	-445.10	-5.19	-474.06	-5.83	-919.17	-10.72	35.70	10.75	48.40	13.16	84.10	25.33
	南盘江区	-289.75	-1.97	-218.32	-1.51	-508.07	-3.45	127.04	15.85	130.47	14.05	257.51	32.12
	红水河区	-244.62	-1.57	-88.67	-0.58	-333.29	-2.14	22.06	1.96	42.25	3.69	64.31	5.72
	小计	-979.48	-2.52	-781.06	-2.06	-1760.54	-4.52	184.8	8.19	221.11	9.05	405.92	17.98
中游	左江及郁江干流区	2.52	0.02	30.80	0.19	33.32	0.20	57.23	5.01	52.34	4.36	109.57	9.59
	右江区	-8.48	-0.09	50.48	0.56	42.00	0.46	23.14	5.26	25.90	5.59	49.04	11.14
	柳江区	-97.19	-0.77	-84.44	-0.68	-181.62	-1.44	26.66	3.01	40.93	4.49	67.59	7.63
	桂贺江区	-0.03	0.00	39.58	0.58	39.55	0.58	24.72	3.38	21.02	2.78	45.74	6.25
	小计	-103.17	-0.23	36.42	0.08	-66.76	-0.15	131.75	4.12	140.19	4.21	271.93	8.50
下游	黔浔江及西江（梧州以下）区	-12.58	-0.18	22.93	0.32	10.35	0.15	27.02	2.95	88.48	9.37	115.50	12.60
	北江大坑口以上区	-21.19	-0.56	-1.05	-0.03	-22.24	-0.58	50.35	18.83	33.15	10.43	83.50	31.23
	北江大坑口以下区	-81.89	-1.38	42.05	0.72	-39.84	-0.67	73.38	11.78	125.36	18.00	198.74	31.91
	东江秋香江口以上区	-74.57	-3.23	26.61	1.19	-47.95	-2.08	45.73	12.85	61.09	15.21	106.82	30.02
	东江秋香江口以下区	-63.02	-2.65	-99.48	-4.30	-162.51	-6.84	75.53	6.96	182.22	15.70	257.74	23.76
	西北江三角洲区	-400.69	-7.70	-285.91	-5.95	-686.59	-13.19	553.50	17.40	460.35	12.33	1013.85	31.87
	东江三角洲区	-127.07	-6.55	-110.17	-6.07	-237.24	-12.22	154.41	11.09	176.21	11.39	330.62	23.74
	小计	-781.01	-2.72	-405.01	-1.45	-1186.02	-4.13	979.92	12.53	1126.85	12.80	2106.77	26.93

续表

区域		裸地					
		2000~2005年		2005~2010年		2000~2010年	
		变化面积/km²	变化率/%	变化面积/km²	变化率/%	变化面积/km²	变化率/%
珠江流域		40.27	5.01	-187.11	-22.18	-146.84	-18.28
上游	北盘江区	0	0.00	0	0.00	0	0.00
	南盘江区	-0.72	-0.56	0.02	0.02	-0.69	-0.54
	红水河区	-2.23	-9.17	-0.09	-0.42	-2.33	-9.55
	小计	-2.95	-1.16	-0.07	-0.03	-3.02	-1.19
中游	左江及郁江干流区	-0.22	-8.54	0.47	20.17	0.25	9.91
	右江区	-4.64	-34.91	-2.21	-25.60	-6.85	-51.58
	柳江区	1.38	5.45	-2.47	-9.25	-1.09	-4.31
	桂贺江区	-2.80	-25.64	0.05	0.56	-2.76	-25.23
	小计	-6.28	-12.05	-4.18	-9.11	-10.45	-20.06
下游	黔浔江及西江（梧州以下）区	-4.93	-10.15	-16.49	-37.79	-21.42	-44.11
	北江大坑口以上区	1.22	1.71	46.79	64.74	48.01	67.55
	北江大坑口以下区	-10.44	-7.69	25.00	19.95	14.56	10.72
	东江秋香江口以上区	9.71	8.65	-91.68	-75.22	-81.97	-73.08
	东江秋香江口以下区	13.55	25.25	-52.45	-78.06	-38.91	-72.52
	西江三角洲区	24.09	45.71	-57.26	-74.58	-33.17	-62.95
	东江三角洲区	16.31	67.92	-36.78	-91.20	-20.47	-85.22
	小计	49.50	9.94	-182.87	-33.40	-133.37	-26.78

4.2.1 森林生态系统

由表4-21及图4-26可知，2000～2010年十年间珠江流域森林生态系统面积呈增加趋势，珠江流域森林生态系统面积由2000年的227 038.19km² 增加到2010年的227 870.31km²，净增加832.12km²，面积变化率总体上升0.37%。按河段分析，珠江流域上游、中游森林生态系统面积变化率分别上升1.77%和0.37%，下游则下降0.38%。按子流域分析，上游、中游各子流域森林生态系统面积变化率均有所上升，特别是北盘江区变化最大，达到6.27%；下游除黔浔江及西江（梧州以下）区和东江秋香江口以上区外，其余区域有所下降，特别是西北江三角洲区，下降1.86%。从不同的森林类型来看，除阔叶林外，其他类型变化较少。阔叶林由112 914.94 km² 增加到113 942.92km²，净增加1027.98km²，增加幅度为0.23%。

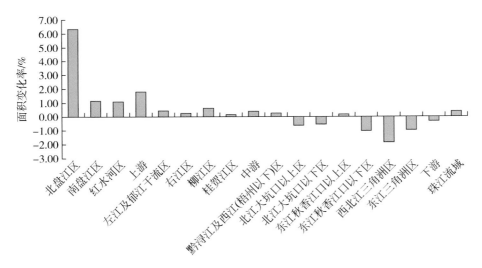

图4-26　2000～2010年珠江流域森林生态系统变化率

4.2.2 灌丛生态系统

由表4-21及图4-27可知，2000～2010年十年间珠江流域灌丛生态系统面积逐渐减少，由2000年的51 451.52km² 减少到2010年的50 819.66km²，净减631.86km²，面积变化率总体下降1.23%。按河段分析，珠江流域上、中、下游灌丛生态系统面积变化率分别下降0.56%、1.31%和5.82%。按子流域分析，灌丛面积变化率除上游的北盘江区上升0.23%外，其余子流域都有不同程度的下降，特别是西北江三角洲区，下降了31.07%。从不同的灌丛类型来看，除阔叶灌丛外，其他类型变化较少。阔叶灌丛由50 431.79 km² 减少到49 799.92km²，净减少631.87km²，减少幅度为0.14%。

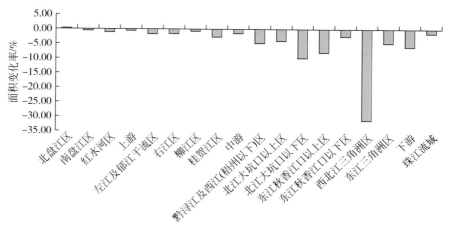

图 4-27　2000～2010 年珠江流域灌丛生态系统变化率

4.2.3　草地生态系统

由表 4-21 及图 4-28 可知，2000～2010 年十年间草地生态系统面积呈轻微增加趋势。珠江流域草地生态系统面积由 2000 年的 26 625.47km^2 增加到 2010 年的 26 790.94km^2，净增加 165.47km^2，面积变化率总体上升 0.62%。按河段分析，珠江流域上游草地生态系统面积变化率上升 2.71%，中游、下游则分别下降 5.70%% 和 27.19%。按子流域分析，草地面积变化率除上游的北盘江区、南盘江区、红水河区及下游的东江秋香江口以上区有所上升外，其余子流域都有不同程度的下降，特别是黔浔江及西江（梧州以下）区，下降了 85.99%。从不同的灌丛类型来看，除草丛外，其他类型变化较少。草丛面积由 26 581.70km^2 增加到 26 740.09km^2，净增加 158.39km^2，增加幅度为 0.03%。

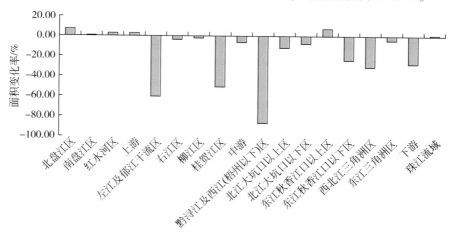

图 4-28　2000～2010 年珠江流域草地生态系统变化率

4.2.4　湿地生态系统

由表 4-21 及图 4-29 可知，2000～2010 年十年间湿地生态系统面积略有增加。珠江流域湿地生态系统面积由 10 094.96km² 增加到 10 106.32km²，净增加 11.36km²，面积变化率总体上升 0.11%。按河段分析，珠江流域上游、中游湿地生态系统面积变化率分别上升 7.22% 和 1.85%，下游则下降 2.19%。按子流域分析，湿地面积变化率除中游的桂贺江区及下游的东江秋香江口以下区、西北江三角洲区和东江三角洲区有所下降外，其余子流域都有不同程度的上升，特别是北盘江区，上升了 28.07%；从不同的湿地类型来看，沼泽、湖泊和河流的面积变化都不大。

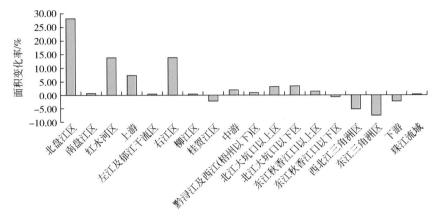

图 4-29　2000～2010 年珠江流域湿地生态系统变化率

4.2.5　农田生态系统

由表 4-21 及图 4-30 可知，2000～2010 年十年间，珠江流域农田生态系统面积由 112 372.93km² 减少到 109 359.62km²，净减少 3013.31km²，面积变化率总体下降 2.68%。按河段分析，珠江流域上、中、下游农田生态系统面积变化率分别下降 4.52%、0.15% 和 4.13%。按子流域分析，农田面积变化率除中游的左江及郁江干流区、右江区和桂贺江区略有上升外，其余子流域都有不同程度的下降，特别是北盘江区、西北江三角洲区和东江三角洲区，均下降超过 10%。从不同的农田类型来看，除园地略增加 185.18km² 外，水田和旱地退化明显。水田由 38 467.07km² 减少到 37 456.79km²，净减少 1010.28km²，减少幅度为 0.23%；旱地由 66 553.31km² 减少到 64 365.10km²，净减少 2188.21km²，减少幅度为 0.50%。

4.2.6　城镇生态系统

由表 4-21 及图 4-31 可知，2000～2010 年十年间城镇生态系统面积增加明显。珠江流

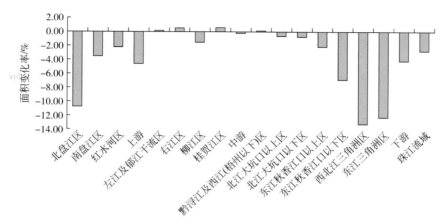

图 4-30　2000～2010 年珠江流域农田生态系统变化率

域城镇用地面积由 2000 年的 13 278.40km² 增加到 2010 年的 16 063.03km²，净增加 2784.63km²，面积变化率总体上升 20.97%。按河段分析，珠江流域上游和下游城镇用地面积变化率上升显著，分别达到 17.98% 和 26.93%，中游则上升 8.50%。按子流域分析，上游及下游各子流域城镇用地面积扩张迅速，除红水河区和黔浔江及西江（梧州以下）区外，其他区域城镇面积变化率均超过 20%。从不同的城镇类型来看，增加面积最大的是居住地，由 11 375.14km² 增加到 13 469.17km²，净增加 2094.03km²，同期城市绿地面积变化并不明显。

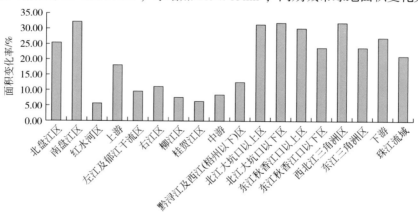

图 4-31　2000～2010 年珠江流域城镇生态系统变化率

4.2.7　裸地生态系统

由表 4-21 及图 4-32 可知，2000～2010 年十年间裸地生态系统面积略有减少。珠江流域裸地生态系统面积由 2000 年的 803.49km² 减少到 2010 年的 656.65km²，净减少 146.84km²，面积变化率总体下降 18.28%。按河段分析，珠江流域上、中、下游的裸地生态系统面积均下降，但珠江流域的中游和下游裸地生态系统下降速率明显大于上游。

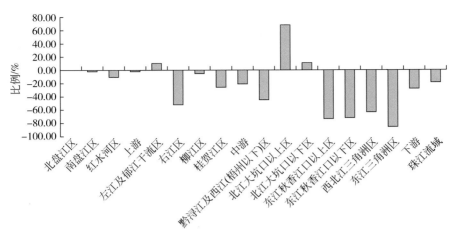

图 4-32　2000～2010 年珠江流域裸地生态系统变化率图

按子流域分析，除了左江及郁江干流区及北江大坑口以上区及北江大坑口以下区 3 个二级流域区的裸地生态系统面积有所上升以外，其余的二级流域裸地面积均有所下降。

4.3　生态系统类型转换

4.3.1　全流域生态系统类型转换特征分析与评价

珠江流域Ⅰ级生态系统转化情况见表 4-22 和图 4-33。

表 4-22　珠江流域Ⅰ级生态系统分布与构成转移矩阵　　（单位：km²）

年份	类型	森林	灌丛	草地	湿地	农田	城镇	裸地
2000～2005	森林	362 111.88	82.47	273.96	52.62	510.60	213.49	230.09
	灌丛	316.89	96 802.40	80.87	20.84	145.84	60.99	12.56
	草地	297.12	39.83	52 078.42	2.12	63.12	2.93	2.38
	湿地	20.76	3.87	4.84	13 945.17	138.09	237.59	9.47
	农田	1 757.68	79.09	754.84	294.70	175 258.07	1 273.68	84.35
	城镇	5.57	0.12	0.11	2.70	11.59	18 717.94	10.26
	裸地	254.76	14.92	3.83	3.57	37.29	27.47	907.11
2005～2010	森林	363 196.22	126.32	166.40	67.89	805.44	418.86	157.67
	灌丛	273.34	96 378.62	17.19	98.73	179.08	61.95	3.61
	草地	681.85	60.14	52 291.64	6.03	150.25	31.41	5.39
	湿地	13.96	12.19	3.41	14 046.48	119.71	151.33	6.78
	农田	1 008.86	140.14	606.28	202.78	172 397.77	1 591.11	19.64
	城镇	1.80	0.12	7.73	1.65	30.70	20 473.27	0.03
	裸地	260.40	7.68	11.20	12.30	59.76	94.02	803.81

年份	类型	森林	灌丛	草地	湿地	农田	城镇	裸地
2000 ~ 2010	森林	361 257.99	176.83	210.54	110.99	944.44	605.48	168.86
	灌丛	600.01	96 242.53	26.86	127.78	295.57	143.60	4.01
	草地	530.40	64.75	51 734.24	6.27	95.37	49.62	5.28
	湿地	24.13	4.44	6.11	13 823.42	116.37	376.53	8.62
	农田	2 869.56	211.64	1 145.18	367.84	172 006.13	2 874.30	26.93
	城镇	1.16	0.11	0.15	3.44	5.09	18 737.88	0.47
	裸地	310.52	13.58	10.56	10.67	49.54	71.42	782.67

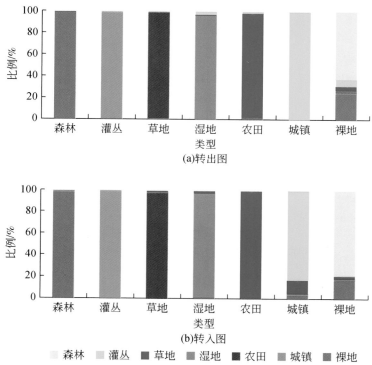

图 4-33　2000 ~ 2010 年珠江流域 I 级生态系统分布与构成转移特征

　　从 I 级生态系统看，珠江流域 2000 ~ 2005 年共有占总面积 1.02% 的生态系统类型发生了变化（表 4-23）。其中，裸地转出比例最高，为 27.37%；森林共转出 0.38% 的面积，主要向农田、草地、城镇及裸地转化；湿地共转出 2.89% 的面积，0.96% 变化为农田，1.65% 变化为城镇；农田共转出 2.36% 的面积，0.98% 变化为森林，0.42% 变化为草地，0.71% 变化为城镇；城镇用地极少向其他用地类型转化。

表 4-23　2000～2005 年珠江流域 I 级生态系统转移矩阵　　　（单位:%）

	森林	灌丛	草地	湿地	农田	城镇	裸地
森林	99.62	0.02	0.08	0.01	0.14	0.06	0.06
灌丛	0.33	99.35	0.08	0.02	0.15	0.06	0.01
草地	0.57	0.08	99.22	0.00	0.12	0.01	0.00
湿地	0.14	0.03	0.03	97.11	0.96	1.65	0.07
农田	0.98	0.04	0.42	0.16	97.64	0.71	0.05
城镇	0.03	0.00	0.00	0.01	0.06	99.84	0.05
裸地	20.40	1.19	0.31	0.29	2.99	2.20	72.63

　　珠江流域 2005～2010 年共有总面积的 1.06% 的生态系统类型发生变化（表 4-24）。其中，裸地转出比例最高，为 35.65%；森林共转出 0.48% 的面积，主要向农田和城镇转化；湿地共转出 2.14% 的面积，0.83% 变化为农田、1.05% 变化为城镇；农田共转出 2.03% 的面积，0.57% 变化为森林、0.34% 变化为草地、0.90% 变化为城镇；城镇用地极少向其他用地类型转化。

表 4-24　2005～2010 年珠江流域 I 级生态系统转移矩阵　　　（单位:%）

	森林	灌丛	草地	湿地	农田	城镇	裸地
森林	99.52	0.03	0.05	0.02	0.22	0.11	0.04
灌丛	0.28	99.35	0.02	0.10	0.18	0.06	0.00
草地	1.28	0.11	98.24	0.01	0.28	0.06	0.01
湿地	0.10	0.08	0.02	97.86	0.83	1.05	0.05
农田	0.57	0.08	0.34	0.12	97.97	0.90	0.01
城镇	0.01	0.00	0.04	0.01	0.15	99.80	0.00
裸地	20.85	0.61	0.90	0.98	4.78	7.53	64.35

　　珠江流域 2000～2010 年十年间，共有总面积的 1.74% 的生态系统类型发生变化（表 4-25）。其中，裸地转出比例最高，为 37.33%，主要原因是裸地面积较少；森林共转出 0.61% 的面积，主要向农田和城镇转化；湿地共转出 3.73% 的面积，0.81% 变化为农田、2.62% 变化为城镇；农田转出 4.18% 的面积，共转出 7495.45km^2，是流域内转出面积最大的生态系统类型，1.60% 变化为森林、0.64% 变化为草地、1.60% 变化为城镇，主要原因是流域上游地区的退耕还林、还草，以及城镇用地扩张，大量占用农田用地；新增城镇用地主要来源于森林、湿地及农田，但城镇用地极少向其他用地类型转化。

表 4-25　2000～2010 年珠江流域 I 级生态系统转移矩阵

	森林	灌丛	草地	湿地	农田	城镇	裸地
森林	99.39	0.05	0.06	0.03	0.26	0.17	0.05
灌丛	0.62	98.77	0.03	0.13	0.30	0.15	0.00

	森林	灌丛	草地	湿地	农田	城镇	裸地
草地	1.01	0.12	98.57	0.01	0.18	0.09	0.01
湿地	0.17	0.03	0.04	96.27	0.81	2.62	0.06
农田	1.60	0.12	0.64	0.20	95.82	1.60	0.02
城镇	0.01	0.00	0.00	0.02	0.03	99.94	0.00
裸地	24.86	1.09	0.85	0.85	3.97	5.72	62.67

（1）珠江上游

如表4-26和图4-34所示，珠江流域上游各类型比较稳定，森林主要向农田、灌丛、城镇及草地转化，新增城镇用地主要来源为农田，但城镇用地主要向农田转化；农田大量向森林、草地和建设用地等转化。

表4-26 流域上游Ⅰ级生态系统分布与构成转移矩阵 （单位：km²）

年份	类型	森林	灌丛	草地	湿地	农田	城镇	裸地
2000 ～ 2005	森林	47 311.98	15.10	22.39	7.94	14.55	5.80	0.02
	灌丛	38.39	27 480.33	10.07	4.05	15.82	7.22	2.38
	草地	34.76	12.29	20 847.61	0.08	16.39	0.57	0.12
	湿地	0.53	0.38	1.38	1 475.14	6.31	0.37	0.21
	农田	441.93	10.55	401.31	8.64	37 887.81	170.91	0.23
	城镇	0.01	0.00	0.02	0.00	0.08	2 257.37	0.00
	裸地	3.15	1.37	0.39	0.01	0.94	0.04	247.53
2005 ～ 2010	森林	47 757.61	13.80	3.51	0.88	43.47	11.48	0.02
	灌丛	44.56	27 360.40	7.56	74.12	27.81	5.55	0.00
	草地	131.35	6.97	21 121.61	0.43	13.40	7.63	1.78
	湿地	1.53	0.46	2.09	1 479.92	9.70	1.32	0.85
	农田	278.03	22.69	343.57	36.15	37 066.01	195.25	0.21
	城镇	0.02	0.00	0.02	0.00	0.07	2 442.16	0.00
	裸地	2.04	0.48	0.01	0.00	0.39	0.00	247.57
2000 ～ 2010	森林	47 254.12	26.04	10.49	9.46	59.75	17.90	0.04
	灌丛	85.98	27 328.48	9.11	77.41	44.20	12.87	0.23
	草地	53.83	15.16	20 806.52	0.52	26.53	7.35	1.89
	湿地	2.04	0.82	2.81	1 462.08	13.94	1.57	1.05
	农田	815.43	32.81	649.17	42.02	37 015.13	366.39	0.43
	城镇	0.02	0.01	0.03	0.00	0.14	2 257.27	0.00
	裸地	3.72	1.48	0.24	0.01	1.17	0.05	246.78

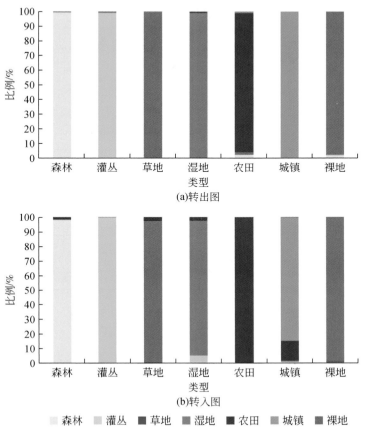

图 4-34 2000~2010 年珠江流域上游 I 级生态系统分类变化

（2）珠江中游

如表 4-27 和图 4-35 所示，珠江流域中游裸地转化成其他类型较多，森林主要向农田、灌丛、城镇转化，新增城镇用地主要来源为农田，城镇主要向农田转化，农田主要向森林和建设用地等转化。

表 4-27 流域中游 I 级生态系统分布与构成转移矩阵　　　　（单位：km²）

年份	类型	森林	灌丛	草地	湿地	农田	城镇	裸地
2000~2005	森林	90 565.23	37.25	132.16	3.94	70.19	19.44	5.97
	灌丛	119.66	20 028.48	31.46	7.19	27.92	25.02	0.06
	草地	169.22	17.67	5 153.00	1.07	20.50	1.13	0.00
	湿地	1.57	0.37	0.16	2 288.35	0.99	1.16	0.00
	农田	100.50	5.14	26.92	11.31	44 517.33	82.57	0.01
	城镇	0.04	0.00	0.01	0.02	0.34	3 198.50	0.00
	裸地	4.35	1.48	0.25	0.06	3.36	2.84	39.78

年份	类型	森林	灌丛	草地	湿地	农田	城镇	裸地
2005～2010	森林	90 697.87	66.85	8.93	13.68	152.95	18.70	1.60
	灌丛	131.26	19 876.28	3.44	19.76	43.25	16.26	0.15
	草地	259.83	25.79	5 013.11	0.94	41.36	2.44	0.47
	湿地	1.13	0.17	0.08	2 296.27	13.41	0.85	0.02
	农田	74.73	4.89	31.16	4.06	44 423.89	101.89	0.00
	城镇	0.04	0.01	0.00	0.03	0.42	3 330.15	0.00
	裸地	3.77	0.06	0.00	0.21	1.82	0.56	39.41
2000～2010	森林	90 428.80	97.62	13.37	16.88	235.57	40.13	1.81
	灌丛	256.18	19 839.20	4.78	26.88	70.49	42.10	0.15
	草地	298.28	26.03	4 989.21	1.79	44.59	2.68	0.02
	湿地	1.75	0.42	0.26	2 273.87	14.30	1.99	0.02
	农田	179.83	9.38	48.97	15.23	44 307.49	182.84	0.00
	城镇	0.07	0.01	0.00	0.05	0.71	3 198.06	0.00
	裸地	3.68	1.39	0.14	0.27	3.93	3.04	39.65

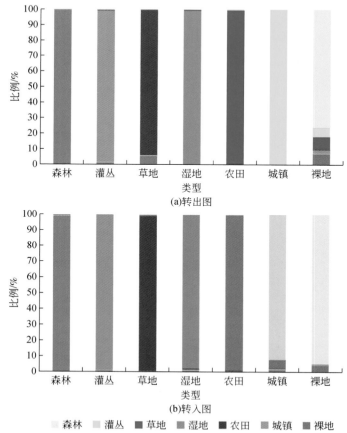

图 4-35 2000～2010 年珠江流域中游Ⅰ级生态系统分类变化

（3）珠江下游

如表4-28和图4-36所示，珠江流域下游裸地和草地转化成其他类型较多，森林主要向农田、城镇和裸地转化，新增城镇用地主要来源为农田、森林和湿地，城镇主要向农田转化，农田主要向建设用地和森林等转化。

表4-28　流域下游Ⅰ级生态系统分布与构成转移矩阵 （单位：km²）

年份	类型	森林	灌丛	草地	湿地	农田	城镇	裸地
2000~2005	森林	88 178.17	13.03	25.98	15.53	263.89	136.65	176.71
	灌丛	114.52	3 433.19	22.85	2.95	54.63	17.03	7.15
	草地	45.32	3.36	296.11	0.15	4.66	0.28	0.57
	湿地	10.39	0.17	0.55	5 982.12	101.49	215.80	7.47
	农田	359.17	15.79	1.82	175.06	27 470.24	623.47	61.10
	城镇	3.03	0.08	0.01	2.42	9.65	7 797.06	9.53
	裸地	171.85	7.40	1.15	1.29	20.98	10.44	284.83
2005~2010	森林	88 028.41	31.22	12.59	32.08	359.94	279.23	139.25
	灌丛	34.19	3 388.69	0.34	1.09	31.50	15.13	2.09
	草地	79.30	8.81	241.09	1.20	12.55	2.40	3.10
	湿地	9.76	0.12	0.00	6 013.57	49.04	106.09	1.06
	农田	132.03	5.88	0.08	124.90	27 028.12	629.58	5.05
	城镇	0.18	0.01	0.00	1.47	0.96	8 799.08	0.01
	荒漠	0.00	0.00	0.00	0.00	0.00	0.00	0.00
	冰川/积雪	0.00	0.00	0.00	0.00	0.00	0.00	0.00
	裸地	186.40	4.91	1.07	5.49	38.52	97.02	214.02
2000~2010	森林	87 731.70	34.70	21.40	38.25	435.34	403.80	144.77
	灌丛	157.98	3 365.20	0.72	3.84	77.54	45.08	1.96
	草地	88.08	8.26	230.72	1.04	14.75	4.64	2.96
	湿地	11.63	0.14	0.23	5 910.27	64.44	330.02	1.26
	农田	281.07	25.57	1.04	219.16	26 892.19	1 279.75	7.87
	城镇	0.87	0.03	0.00	3.11	3.53	7 813.84	0.42
	裸地	198.69	5.74	1.07	4.14	32.79	50.20	205.33

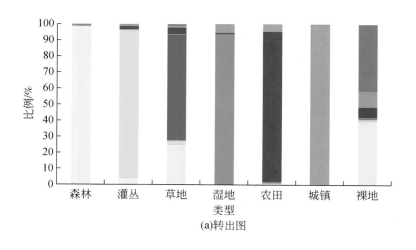

(a)转出图

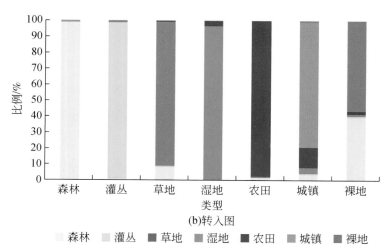

(b)转入图

图例 ▢ 森林 ▢ 灌丛 ■ 草地 ▨ 湿地 ■ 农田 ▨ 城镇 ■ 裸地

图 4-36　2000～2010 年珠江流域下游Ⅰ级生态系统分类变化

　　从Ⅱ级生态系统看，居住地主要由耕地转化而来，新增裸地主要由阔叶林和针叶林转化而来，耕地大量向居住地、针叶林、草地、阔叶林等转化。珠江流域Ⅱ级生态系统转化情况见表 4-29。

4.3.2　子流域生态系统类型转换特征分析与评价

（1）北盘江区

　　北盘江区农田转化成其他生态类型较多，森林主要向城镇转化，新增城镇用地主要来源为农田，城镇极少转出，农田主要向森林和建设用地等转化。北盘江区一级生态系统转化情况见表 4-30、图 4-37。

表 4-29 珠江流域二级生态系统分布与构成转移矩阵

(单位：km²)

年份	类型	阔叶林	针叶林	针阔混交林	稀疏林	阔叶灌丛	针叶灌丛	稀疏灌丛	草地	沼泽	湖泊	河流	耕地	园地	居住地	城市绿地	工矿交通	裸地
2000~2005	阔叶林	157 561.39	147.23	21.56	0.00	28.14	0.00	0.00	113.15	0.07	31.81	4.56	140.84	107.52	86.04	0.64	43.97	156.10
	针叶林	305.60	185 492.94	14.81	0.01	61.67	0.00	0.00	187.85	0.33	12.23	1.79	116.18	116.90	44.15	0.22	15.61	59.76
	针阔混交林	38.21	13.95	14 009.78	0.00	3.27	0.00	0.00	9.76	0.00	0.55	0.08	5.42	3.14	1.13	0.00	0.52	9.19
	稀疏林	47.98	8.97	2.13	3.64	1.44	0.00	0.00	0.03	0.00	4.15	0.20	26.93	10.23	25.09	0.40	9.51	5.06
	阔叶灌丛	223.70	107.45	10.35	0.00	90 483.48	0.00	0.00	87.16	0.61	13.78	6.67	121.77	24.14	42.93	0.46	25.98	11.99
	针叶灌丛	0.00	0.00	0.00	0.00	0.00	14.68	0.00	0.00	0.00	0.00	0.00	0.00	0.00	0.00	0.00	0.00	0.00
	稀疏灌丛	0.00	0.00	0.00	0.00	0.00	0.00	2 541.04	0.00	0.00	0.00	0.00	0.00	0.00	0.00	0.00	0.00	0.00
	草地	200.50	103.91	19.44	0.00	44.45	0.00	0.00	52 585.74	0.06	1.71	0.52	51.68	10.43	1.81	0.48	0.63	1.87
	沼泽	0.07	0.24	0.00	0.00	0.03	0.00	0.00	0.03	141.23	0.96	1.60	0.69	0.01	0.80	0.00	0.18	0.02
	湖泊	13.55	7.84	0.12	0.00	4.60	0.00	0.00	3.38	0.45	7 460.41	9.41	132.84	7.91	195.41	8.67	36.05	8.57
	河流	1.11	0.92	0.52	0.00	0.57	0.00	0.00	1.56	5.51	13.10	6 241.53	1.65	0.08	1.31	0.00	2.33	1.01
	耕地	737.45	986.44	9.87	0.00	80.04	0.00	1.19	753.98	12.13	249.37	20.13	168 118.29	172.11	1 044.71	10.88	245.46	64.59
	园地	13.23	2.55	0.84	0.00	0.14	0.00	0.00	0.43	0.00	8.89	0.12	56.80	13 590.43	56.82	0.69	10.96	15.08
	居住地	0.90	3.16	0.04	0.00	0.06	0.00	0.00	0.09	0.02	0.98	0.17	5.51	0.53	16 135.76	0.23	26.35	8.05
	城市绿地	0.03	0.00	0.00	3.64	0.07	0.00	0.00	0.00	0.00	0.13	0.09	0.93	0.15	1.22	648.12	0.69	1.61
	工矿交通	1.03	0.35	0.06	0.00	0.07	0.00	0.00	0.02	0.36	1.10	0.20	4.32	0.53	128.02	0.17	2 346.66	0.48
	裸地	171.31	69.26	21.17	0.00	17.39	0.00	0.00	4.45	0.01	3.21	0.34	28.94	9.89	21.49	0.43	4.73	996.02
2005~2010	阔叶林	158 264.26	162.07	24.06	0.00	47.06	0.00	0.00	72.41	0.01	32.74	3.86	326.37	50.98	109.71	0.46	132.08	90.50
	针叶林	510.84	185 694.28	24.14	0.00	88.72	0.00	0.00	56.80	0.12	29.41	2.28	282.55	46.82	84.74	0.65	67.24	56.61
	针阔混交林	29.72	8.67	14 004.08	0.00	2.22	0.00	0.00	0.17	0.00	1.11	0.15	41.36	0.30	5.84	0.00	9.02	8.05
	稀疏林	0.00	0.00	0.00	3.64	0.00	0.00	0.00	0.02	0.00	0.00	0.00	0.00	0.00	0.00	0.00	0.00	0.00
	阔叶灌丛	191.41	104.26	11.26	0.00	89 984.43	0.00	0.00	17.47	0.09	109.93	1.39	185.26	22.20	59.13	0.03	35.44	3.09
	针叶灌丛	0.00	0.00	0.00	0.00	0.00	14.51	0.00	0.00	0.00	0.00	0.00	0.00	0.00	0.00	0.00	0.00	0.00
	稀疏灌丛	0.00	0.00	0.00	0.00	0.00	0.00	2 542.20	0.00	0.00	0.02	0.00	0.00	0.00	0.00	0.00	0.00	0.17
	草地	579.32	158.04	28.42	0.00	69.58	0.00	0.01	52 767.67	1.87	5.23	0.43	69.27	24.78	32.70	0.73	4.16	5.39

续表

年份	类型	阔叶林	针叶林	针阔混交林	稀疏林	阔叶灌丛	针叶灌丛	稀疏灌丛	草地	沼泽	湖泊	河流	耕地	园地	居住地	城市绿地	工矿交通	裸地
2000~2005	沼泽	0.03	0.10	0.00	0.00	0.06	0.00	0.00	0.06	127.99	10.44	8.50	11.57	0.00	1.61	0.00	0.39	0.00
	湖泊	5.06	5.58	0.73	0.00	0.92	0.00	0.00	2.47	0.66	7 564.56	1.37	91.73	2.00	76.74	0.87	49.14	2.04
	河流	1.13	1.48	0.06	0.00	0.42	0.00	0.00	0.83	0.15	52.53	6 212.53	7.32	0.08	4.04	0.00	2.11	4.73
	耕地	325.59	839.18	4.91	0.00	104.32	3.42	15.39	676.36	0.66	194.10	23.36	164 943.54	133.75	1 095.88	5.41	431.03	16.49
	园地	6.23	2.60	0.47	0.00	0.31	0.00	0.00	0.28	0.01	3.17	0.14	23.63	13 925.55	40.60	4.62	42.03	4.33
	居住地	0.11	0.13	0.01	0.00	0.08	0.00	0.00	0.07	0.01	0.55	0.03	1.37	0.11	17 707.04	0.09	79.23	0.02
	城市绿地	0.00	0.00	0.00	0.00	0.00	0.00	0.00	0.00	0.00	0.16	0.00	0.07	0.00	4.33	665.14	1.69	0.00
	工矿交通	0.05	0.04	0.01	0.00	0.02	0.00	0.00	0.12	0.01	0.80	0.05	0.58	0.03	58.26	0.00	2 711.09	0.01
	裸地	154.04	90.39	10.87	0.00	7.00	0.00	0.00	6.77	0.01	12.64	0.31	41.56	13.77	75.71	3.80	20.99	901.76
2000~2010	阔叶林	157 025.85	278.50	30.62	0.00	59.35	0.00	0.00	75.20	0.01	56.16	7.62	309.32	147.31	195.55	1.24	154.42	101.89
	针叶林	824.79	184 476.98	48.40	0.00	135.49	0.00	0.00	135.67	0.34	41.23	4.08	335.43	178.92	126.03	1.08	67.43	54.16
	针阔混交林	55.22	22.31	13 946.45	0.00	3.30	0.00	0.00	5.85	0.00	2.18	0.21	35.23	4.28	7.10	0.00	6.36	6.55
	稀疏林	26.43	6.68	1.00	3.64	1.81	0.00	0.00	0.01	0.00	4.15	0.25	26.81	7.41	36.32	0.42	27.08	3.75
	阔叶灌丛	423.19	211.60	21.10	0.00	89 828.87	0.00	0.00	32.53	0.20	122.42	8.08	283.54	41.01	106.80	0.52	76.55	4.03
	针叶灌丛	0.00	0.00	0.00	0.00	0.00	14.51	0.00	0.00	0.00	0.00	0.00	0.00	0.00	0.00	0.00	0.00	0.17
	稀疏灌丛	0.00	0.00	0.00	0.00	0.00	0.00	2 541.01	0.00	0.00	0.02	0.00	0.00	0.03	0.00	0.00	0.00	0.00
	草地	385.46	168.09	32.28	0.00	77.38	0.00	0.00	52 192.53	1.87	5.17	0.90	84.52	25.49	33.61	1.07	9.47	5.36
	沼泽	0.13	0.33	0.00	0.00	0.05	0.00	0.00	0.01	126.06	10.38	4.56	1.64	0.00	2.05	0.00	0.65	0.01
	湖泊	11.00	11.27	0.69	0.00	4.49	0.00	0.00	4.75	0.33	7 355.28	9.26	111.40	5.92	278.38	9.53	83.87	2.87
	河流	1.53	2.38	0.58	0.00	0.66	0.00	0.00	1.51	0.23	66.55	6 176.06	5.98	0.15	5.38	0.00	4.46	5.75
	耕地	1 108.78	1 774.70	8.48	0.00	175.87	3.42	16.59	1 144.71	2.48	329.96	41.97	164 741.99	275.23	2 134.99	16.19	705.29	25.14
	园地	17.16	5.34	0.36	0.00	0.43	0.00	0.00	0.56	0.01	9.23	0.37	53.35	13 516.79	100.21	4.75	44.25	4.15
	居住地	0.37	0.47	0.04	0.00	0.06	0.00	0.00	0.06	0.02	1.32	0.21	2.92	0.48	16 125.54	0.27	50.02	0.05
	城市绿地	0.00	0.00	0.00	0.00	0.03	0.00	0.00	0.00	0.00	0.27	0.10	0.22	0.08	5.49	643.86	2.55	0.39
	工矿交通	0.16	0.10	0.03	0.00	0.03	0.00	0.00	0.08	0.01	1.26	0.24	1.33	0.16	143.51	0.12	2 335.97	0.02
	裸地	186.49	108.04	19.00	0.00	17.32	0.00	0.00	8.04	0.02	11.00	0.51	31.86	17.13	53.30	2.76	14.74	878.78

表 4-30　北盘江区Ⅰ级生态系统分布与构成转移矩阵　　　（单位：km²）

年份	类型	森林	灌丛	草地	湿地	农田	城镇	裸地
2000 ～ 2005	森林	6 203.22	0.16	0.38	1.30	0.32	1.34	0.00
	灌丛	0.05	5 587.34	0.58	0.00	1.77	1.13	0.00
	草地	0.00	0.02	5 651.31	0.00	0.02	0.02	0.00
	湿地	0.05	0.21	0.19	94.45	0.18	0.00	0.00
	农田	190.35	3.04	219.22	1.59	8 128.26	33.20	0.00
	城镇	0.00	0.00	0.00	0.00	0.00	331.98	0.00
	裸地	0.00	0.00	0.00	0.00	0.00	0.00	101.33
2005 ～ 2010	森林	6 392.42	0.04	0.07	0.02	0.01	1.11	0.00
	灌丛	0.02	5 588.99	0.14	0.02	0.67	0.93	0.00
	草地	57.55	0.06	5 813.86	0.04	0.02	0.15	0.00
	湿地	0.01	0.00	0.03	96.52	0.39	0.39	0.00
	农田	145.65	14.40	244.09	25.18	7 655.40	45.83	0.00
	城镇	0.00	0.00	0.01	0.00	0.00	367.67	0.00
	裸地	0.00	0.00	0.00	0.00	0.00	0.00	101.33
2000 ～ 2010	森林	6 201.97	0.21	0.46	1.32	0.28	2.50	0.00
	灌丛	0.07	5 585.58	0.72	0.02	2.29	2.19	0.00
	草地	0.01	0.06	5 651.16	0.04	0.04	0.06	0.00
	湿地	0.05	0.21	0.19	93.93	0.41	0.30	0.00
	农田	393.55	17.45	405.65	26.47	7 653.47	79.07	0.00
	城镇	0.00	0.00	0.01	0.00	0.00	331.98	0.00
	裸地	0.00	0.00	0.00	0.00	0.00	0.00	101.33

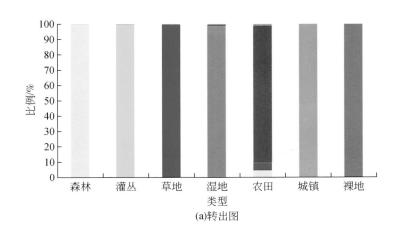

(a)转出图

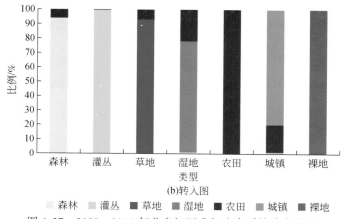

(b)转入图

森林 灌丛 草地 湿地 农田 城镇 裸地

图 4-37　2000~2010 年北盘江区 I 级生态系统分类变化

（2）南盘江区

　　南盘江区森林主要向农田、湿地、灌丛、草地和城镇转化，新增城镇用地主要来源为农田，城镇极少转出，农田主要向建设用地和森林等转化。南盘江区 I 级生态系统转化情况见表 4-31、图 4-38。

表 4-31　南盘江区 I 级生态系统分布与构成转移矩阵　　　　　（单位：km²）

年份	类型	森林	灌丛	草地	湿地	农田	城镇	裸地
2000~2005	森林	20 505.11	3.57	4.37	6.00	3.40	0.83	0.02
	灌丛	21.26	8 962.37	2.56	3.41	5.28	1.80	2.29
	草地	14.31	3.75	11 394.49	0.04	2.96	0.17	0.12
	湿地	0.43	0.15	1.18	833.92	4.56	0.27	0.21
	农田	104.73	6.38	64.60	6.61	14 433.29	123.97	0.23
	城镇	0.00	0.00	0.01	0.00	0.01	801.56	0.00
	裸地	2.01	0.76	0.23	0.01	0.55	0.03	124.16
2005~2010	森林	20 629.06	2.88	2.39	0.61	8.81	4.09	0.02
	灌丛	19.14	8 938.68	1.97	3.26	10.39	3.52	0.00
	草地	29.16	2.00	11 431.89	0.04	1.61	0.94	1.78
	湿地	0.57	0.28	1.95	838.25	7.40	0.69	0.85
	农田	76.07	7.98	37.44	3.97	14 203.10	121.28	0.21
	城镇	0.01	0.00	0.01	0.00	0.03	928.57	0.00
	裸地	1.95	0.48	0.01	0.00	0.39	0.00	124.20
2000~2010	森林	20 489.17	6.09	5.02	6.50	11.62	4.86	0.04
	灌丛	42.07	8 926.58	2.45	6.67	15.67	5.29	0.23
	草地	22.27	4.42	11 381.69	0.08	4.47	1.01	1.89
	湿地	0.98	0.43	2.49	824.78	10.06	0.93	1.05
	农田	199.01	13.93	83.75	8.11	14 189.10	245.47	0.43
	城镇	0.00	0.00	0.02	0.00	0.04	801.51	0.00
	裸地	2.46	0.84	0.24	0.01	0.76	0.03	123.41

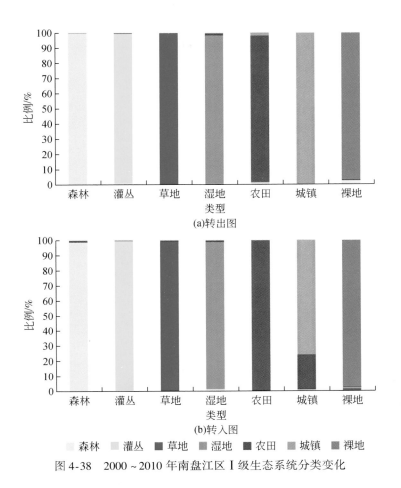

图 4-38　2000~2010 年南盘江区 Ⅰ 级生态系统分类变化

（3）红水河区

红水河区森林主要向农田、湿地、灌丛、草地和城镇转化，新增城镇用地主要来源为农田，城镇极少转出，农田主要向建设用地和森林等转化。红水河区 Ⅰ 级生态系统转化情况见表 4-32、图 4-39。

表 4-32　红水河区 Ⅰ 级生态系统分布与构成转移矩阵　（单位：km²）

年份	类型	森林	灌丛	草地	湿地	农田	城镇	裸地
2000~2005	森林	20 603.65	11.36	17.64	0.64	10.83	3.63	0.00
	灌丛	17.08	12 930.62	6.93	0.64	8.78	4.29	0.09
	草地	20.44	8.52	3 801.81	0.04	13.41	0.37	0.00
	湿地	0.06	0.02	0.01	546.77	1.56	0.10	0.00
	农田	146.86	1.13	117.50	0.44	15 326.26	13.74	0.00
	城镇	0.01	0.00	0.00	0.00	0.06	1 123.82	0.00
	裸地	1.14	0.61	0.16	0.00	0.40	0.02	22.03

年份	类型	森林	灌丛	草地	湿地	农田	城镇	裸地
2005~2010	森林	20 736.12	10.88	1.05	0.25	34.66	6.27	0.00
	灌丛	25.40	12 832.73	5.44	70.84	16.75	1.11	0.00
	草地	44.64	4.91	3 875.86	0.35	11.76	6.54	0.00
	湿地	0.95	0.18	0.12	545.14	1.91	0.24	0.00
	农田	56.31	0.31	62.04	6.99	15 207.52	28.13	0.00
	城镇	0.01	0.00	0.00	0.00	0.03	1 145.92	0.00
	裸地	0.09	0.00	0.00	0.00	0.00	0.00	22.03
2000~2010	森林	20 562.98	19.74	5.01	1.64	47.84	10.55	0.00
	灌丛	43.84	12 816.32	5.94	70.72	26.24	5.39	0.00
	草地	31.55	10.68	3 773.67	0.39	22.02	6.29	0.00
	湿地	1.01	0.19	0.12	543.38	3.47	0.34	0.00
	农田	222.88	1.43	159.77	7.44	15 172.55	41.86	0.00
	城镇	0.02	0.01	0.00	0.00	0.10	1 123.78	0.00
	裸地	1.25	0.64	0.00	0.00	0.41	0.02	22.03

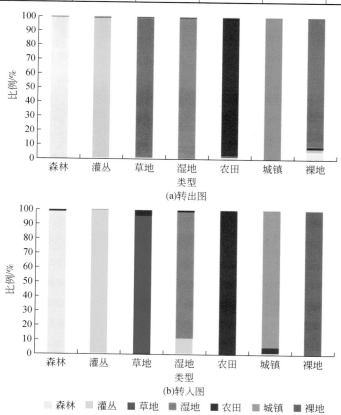

图 4-39　2000~2010 年红水河区 I 级生态系统分类变化

（4）左江及郁江干流区

左江及郁江干流区森林主要向农田转化，新增城镇用地主要来源为农田，城镇极少转出，农田主要向建设用地转化。左江及郁江干流区Ⅰ级生态系统转化情况见表4-33、图4-40。

表 4-33   左江及郁江干流区Ⅰ级生态系统分布与构成转移矩阵   （单位：km²）

年份	类型	森林	灌丛	草地	湿地	农田	城镇	裸地
2000～2005	森林	16 296.29	14.11	65.12	1.34	25.91	11.56	0.03
	灌丛	38.77	3 632.45	6.00	0.45	8.04	9.10	0.00
	草地	74.25	6.89	175.39	0.46	9.57	0.21	0.00
	湿地	0.01	0.00	0.00	768.62	0.24	0.70	0.00
	农田	4.22	0.38	0.12	0.84	16 277.71	35.81	0.00
	城镇	0.00	0.00	0.01	0.00	0.14	1 142.09	0.00
	裸地	0.13	0.00	0.11	0.00	0.00	0.00	2.28
2005～2010	森林	16 342.29	18.63	1.03	0.37	47.21	4.15	0.00
	灌丛	25.30	3 612.89	0.01	0.34	9.72	5.59	0.00
	草地	109.97	11.44	104.85	0.89	17.84	1.30	0.47
	湿地	0.25	0.00	0.00	769.59	1.55	0.33	0.00
	农田	2.74	0.16	0.00	1.63	16 276.01	41.06	0.00
	城镇	0.02	0.00	0.00	0.01	0.07	1 199.38	0.00
	裸地	0.00	0.00	0.00	0.00	0.00	0.00	2.31
2000～2010	森林	16 279.58	33.16	1.27	1.89	81.20	16.79	0.48
	灌丛	63.74	3 598.04	0.06	0.82	17.14	15.02	0.00
	草地	129.79	11.42	104.47	1.15	18.99	0.95	0.02
	湿地	0.26	0.00	0.00	766.49	1.79	1.03	0.00
	农田	6.94	0.49	0.10	2.47	16 233.10	75.98	0.00
	城镇	0.02	0.00	0.00	0.01	0.18	1 142.04	0.00
	裸地	0.24	0.00	0.00	0.00	0.00	0.00	2.28

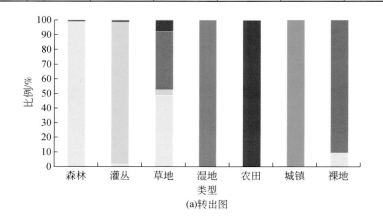

(a)转出图

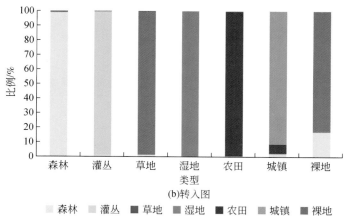

(b)转入图

■ 森林 ■ 灌丛 ■ 草地 ■ 湿地 ■ 农田 ■ 城镇 ■ 裸地

图 4-40 2000～2010 年左江及郁江干流区 I 级生态系统分类变化

（5）右江区

右江区森林主要向农田转化，新增城镇用地主要来源为农田，城镇极少转出，农田主要向建设用地和森林转化。右江区 I 级生态系统转化情况见表 4-34、图 4-41。

表 4-34 右江区 I 级生态系统分布与构成转移矩阵 （单位：km²）

年份	类型	森林	灌丛	草地	湿地	农田	城镇	裸地
2000～2005	森林	20 082.85	9.26	35.31	1.86	26.06	4.43	1.98
	灌丛	12.05	7 311.51	13.60	6.31	6.04	1.60	0.06
	草地	43.71	5.25	2 003.52	0.28	3.70	0.09	0.00
	湿地	1.01	0.28	0.13	333.72	0.26	0.01	0.00
	农田	13.28	4.39	3.97	8.89	9 005.28	17.02	0.00
	城镇	0.00	0.00	0.00	0.01	0.04	440.03	0.00
	裸地	2.04	1.45	0.14	0.04	2.97	0.04	6.60
2005～2010	森林	20 070.99	10.18	6.00	12.40	53.00	2.35	0.02
	灌丛	59.40	7 222.22	3.38	19.22	22.48	5.30	0.15
	草地	66.37	6.25	1 973.63	0.02	10.27	0.11	0.00
	湿地	0.63	0.14	0.08	348.84	1.16	0.24	0.02
	农田	7.63	4.35	5.41	1.37	9 007.38	18.20	0.00
	城镇	0.01	0.01	0.00	0.02	0.26	462.92	0.00
	裸地	2.04	0.05	0.00	0.04	0.26	0.00	6.24
2000～2010	森林	20 033.69	16.56	10.01	13.40	80.83	7.03	0.21
	灌丛	76.52	7 209.57	4.33	25.39	27.88	7.32	0.15
	草地	73.56	7.18	1 965.99	0.30	9.37	0.15	0.00
	湿地	0.81	0.32	0.22	332.42	1.36	0.24	0.02
	农田	20.06	8.23	7.80	10.28	8 971.93	34.53	0.00
	城镇	0.02	0.01	0.00	0.02	0.30	439.74	0.00
	裸地	2.41	1.36	0.14	0.09	3.14	0.10	6.05

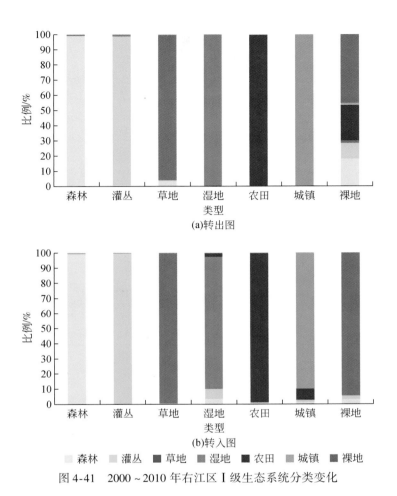

图 4-41 2000~2010 年右江区 I 级生态系统分类变化

（6）柳江区

柳江区森林主要向农田和灌丛转化，新增城镇用地主要来源为农田，城镇极少转出，农田主要向森林和建设用地转化。柳江区 I 级生态系统转化情况见表 4-35 和图 4-42。

表 4-35 柳江区 I 级生态系统分布与构成转移矩阵 　　　（单位：km²）

年份	类型	森林	灌丛	草地	湿地	农田	城镇	裸地
2000~ 2005	森林	34 490.20	4.67	14.44	0.30	12.54	2.25	1.88
	灌丛	32.71	6 764.05	8.69	0.34	7.10	4.52	0.00
	草地	37.22	4.20	2 925.45	0.30	6.84	0.37	0.00
	湿地	0.08	0.04	0.01	728.28	0.08	0.25	0.00
	农田	81.03	0.24	22.78	0.58	12 456.93	19.33	0.01
	城镇	0.01	0.00	0.00	0.00	0.05	885.32	0.00
	裸地	0.31	0.03	0.00	0.00	0.17	0.00	24.85

年份	类型	森林	灌丛	草地	湿地	农田	城镇	裸地
2005 ~ 2010	森林	34 594.24	18.72	1.85	0.58	22.94	3.23	0.00
	灌丛	22.59	6 745.71	0.05	0.02	4.44	0.41	0.00
	草地	49.61	6.76	2 903.13	0.01	11.17	0.69	0.00
	湿地	0.01	0.00	0.00	729.73	0.05	0.01	0.00
	农田	62.03	0.25	25.40	0.62	12 359.24	36.19	0.00
	城镇	0.00	0.00	0.00	0.00	0.04	911.99	0.00
	裸地	0.56	0.00	0.00	0.00	1.46	0.46	24.27
2000 ~ 2010	森林	34 454.30	23.18	1.87	0.87	40.13	5.93	0.00
	灌丛	57.77	6 742.11	0.15	0.35	12.03	4.99	0.00
	草地	65.86	5.60	2 887.71	0.31	13.94	0.97	0.00
	湿地	0.08	0.04	0.01	728.25	0.10	0.26	0.00
	农田	150.49	0.49	40.70	1.18	12 332.55	55.50	0.00
	城镇	0.01	0.00	0.00	0.00	0.08	885.28	0.00
	裸地	0.53	0.03	0.00	0.00	0.49	0.05	24.27

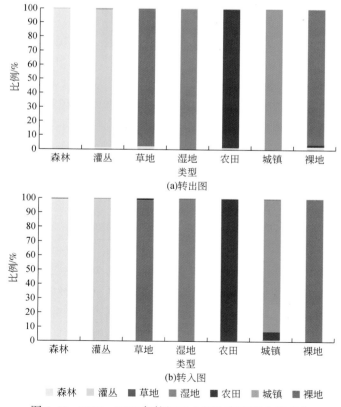

图 4-42　2000 ~ 2010 年柳江区 I 级生态系统分类变化

（7）桂贺江区

桂贺江区森林主要向农田和灌丛转化，新增城镇用地主要来源为农田，城镇极少转出，农田主要向建设用地转化。桂贺江区 I 级生态系统转化情况见表 4-36、图 4-43。

表 4-36　桂贺江区 I 级生态系统分布与构成转移矩阵　（单位：km²）

年份	类型	森林	灌丛	草地	湿地	农田	城镇	裸地
2000～2005	森林	19 695.90	9.21	17.29	0.44	5.68	1.19	2.09
	灌丛	36.14	2 320.47	3.16	0.09	6.74	9.79	0.00
	草地	14.04	1.34	48.63	0.03	0.39	0.46	0.00
	湿地	0.47	0.05	0.03	457.73	0.42	0.20	0.00
	农田	1.97	0.12	0.05	0.99	6 777.41	10.42	0.00
	城镇	0.02	0.00	0.00	0.01	0.11	731.06	0.00
	裸地	1.86	0.00	0.00	0.01	0.22	2.80	6.04
2005～2010	森林	19 690.35	19.32	0.05	0.34	29.79	8.97	1.58
	灌丛	23.97	2 295.46	0.00	0.18	6.61	4.96	0.00
	草地	33.89	1.34	31.49	0.02	2.07	0.34	0.00
	湿地	0.24	0.02	0.00	448.12	10.65	0.27	0.00
	农田	2.33	0.14	0.35	0.44	6 781.27	6.43	0.00
	城镇	0.00	0.00	0.00	0.00	0.04	755.87	0.00
	裸地	1.16	0.01	0.00	0.17	0.10	0.10	6.60
2000～2010	森林	19 661.23	24.73	0.22	0.72	33.42	10.37	1.12
	灌丛	58.16	2 289.48	0.24	0.32	13.43	14.77	0.00
	草地	29.08	1.83	31.04	0.03	2.29	0.61	0.00
	湿地	0.59	0.06	0.03	446.71	11.04	0.47	0.00
	农田	2.34	0.18	0.37	1.30	6 769.91	16.83	0.00
	城镇	0.03	0.00	0.00	0.01	0.15	731.01	0.00
	裸地	0.50	0.01	0.00	0.18	0.30	2.90	7.05

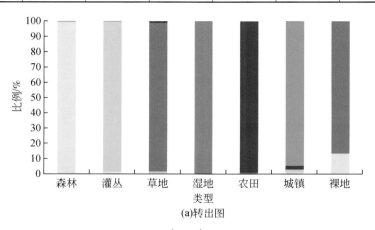

(a)转出图

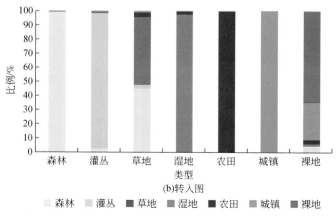

图 4-43　2000～2010 年桂贺江区Ⅰ级生态系统分类变化

（8）西江（梧州以下）区

西江（梧州以下）区森林主要向农田、城镇和灌丛转化，新增城镇主要来源为农田、森林和灌丛，城镇极少转出，农田主要向森林和城镇转化。西江（梧州以下）区Ⅰ级生态系统转化情况见表 4-37 和图 4-44。

表 4-37　西江（梧州以下）区Ⅰ级生态系统分布与构成转移矩阵　（单位：km²）

年份	类型	森林	灌丛	草地	湿地	农田	城镇	裸地
2000～2005	森林	24 983.45	9.32	15.54	1.85	25.01	6.56	4.30
	灌丛	35.49	1 699.61	22.21	0.24	6.56	5.35	0.00
	草地	31.71	3.31	63.38	0.11	2.36	0.16	0.01
	湿地	0.74	0.03	0.22	1 103.67	4.62	1.87	0.00
	农田	20.36	0.30	0.03	16.86	7 079.05	13.76	0.12
	城镇	0.13	0.01	0.01	0.27	0.30	916.24	0.00
	裸地	9.29	0.00	0.03	0.01	0.01	0.03	39.22
2005～2010	森林	24 923.31	21.05	0.48	7.03	81.31	37.49	10.50
	灌丛	31.43	1 658.34	0.27	0.46	9.29	12.79	0.00
	草地	73.71	7.76	13.40	0.70	5.40	0.41	0.04
	湿地	2.51	0.04	0.00	1 102.16	8.98	9.32	0.00
	农田	43.00	0.31	0.00	10.99	7 035.07	28.53	0.00
	城镇	0.02	0.00	0.00	0.05	0.11	943.78	0.00
	裸地	26.10	0.00	0.00	0.12	0.67	0.14	16.61
2000～2010	森林	24 872.94	26.92	0.52	7.57	86.21	43.45	8.41
	灌丛	79.77	1 653.16	0.27	0.65	17.11	18.50	0.00
	草地	74.37	7.16	13.36	0.58	5.22	0.34	0.02
	湿地	1.52	0.00	0.00	1 097.30	3.13	9.21	0.00
	农田	42.27	0.24	0.01	15.02	7 028.24	44.57	0.12
	城镇	0.11	0.01	0.00	0.28	0.32	916.23	0.00
	裸地	29.11	0.00	0.00	0.12	0.60	0.15	18.59

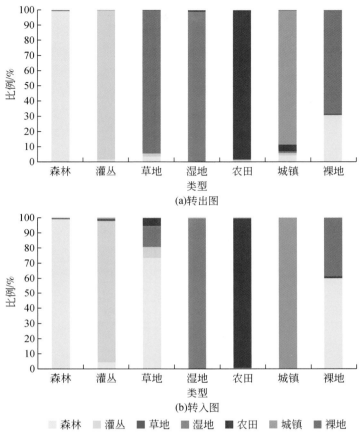

图 4-44　2000～2010 年西江（梧州以下）区 I 级生态系统分类变化

（9）北江大坑口以上区

北江大坑口以上区森林主要向农田和裸地转化，新增城镇主要来源为农田，城镇极少转出，农田主要向城镇和森林转化。北江大坑口以上区 I 级生态系统转化情况见表 4-38 和图 4-45。

表 4-38　北江大坑口以上区 I 级生态系统分布与构成转移矩阵　（单位：km²）

年份	类型	森林	灌丛	草地	湿地	农田	城镇	裸地
2000～2005	森林	12 065.73	2.25	0.32	1.90	62.10	5.18	12.23
	灌丛	21.39	770.09	0.12	0.71	17.69	2.08	1.44
	草地	1.52	0.02	41.59	0.00	0.15	0.01	0.00
	湿地	1.67	0.13	0.00	228.67	1.70	0.61	0.01
	农田	47.03	8.51	0.64	4.30	3 705.78	41.31	4.59
	城镇	0.06	0.00	0.00	0.03	0.09	267.15	0.00
	裸地	11.19	0.17	0.53	0.38	3.44	1.34	54.01

续表

年份	类型	森林	灌丛	草地	湿地	农田	城镇	裸地
2005～2010	森林	12 034.95	3.32	0.10	2.16	38.69	8.42	60.95
	灌丛	0.29	771.33	0.00	0.15	9.32	0.03	0.06
	草地	0.42	1.05	38.44	0.14	2.98	0.15	0.03
	湿地	0.01	0.01	0.00	232.74	2.28	0.95	0.00
	农田	23.93	5.09	0.00	5.02	3 732.09	22.95	1.87
	城镇	0.01	0.00	0.00	0.01	0.03	317.64	0.00
	裸地	9.67	1.24	0.00	0.00	4.53	0.69	56.15
2000～2010	森林	12 002.45	3.05	0.27	2.68	73.18	9.43	58.65
	灌丛	20.99	761.87	0.02	0.99	25.45	3.87	0.33
	草地	1.32	1.07	37.40	0.14	2.67	0.67	0.04
	湿地	0.51	0.14	0.00	226.90	2.95	2.28	0.01
	农田	37.49	15.73	0.32	9.09	3 681.72	65.71	2.09
	城镇	0.04	0.01	0.00	0.03	0.10	267.16	0.00
	裸地	6.49	0.17	0.52	0.38	3.84	1.70	57.95

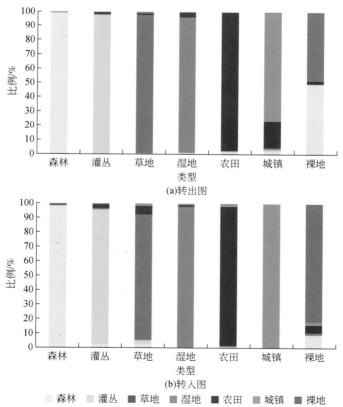

图4-45 2000～2010年北江大坑口以上区 I 级生态系统分类变化

（10）北江大坑口以下区

北江大坑口以下区森林主要向农田、城镇和裸地转化，新增城镇主要来源为农田和森林，城镇极少转出，农田主要向城镇、森林和湿地转化。北江大坑口以下区Ⅰ级生态系统转化情况见表4-39和图4-46。

表4-39　北江大坑口以下区Ⅰ级生态系统分布与构成转移矩阵 （单位：km²）

年份	类型	森林	灌丛	草地	湿地	农田	城镇	裸地
2000~2005	森林	20 892.67	1.08	3.33	2.57	77.96	16.29	27.91
	灌丛	48.11	688.44	0.42	0.92	19.61	2.67	1.75
	草地	5.73	0.02	81.83	0.02	0.17	0.02	0.01
	湿地	1.89	0.01	0.24	688.07	6.71	3.07	0.26
	农田	96.57	4.58	0.03	35.48	5 743.77	51.58	3.06
	城镇	0.30	0.01	0.00	0.25	0.62	621.45	0.27
	裸地	34.31	3.23	0.43	0.19	4.34	1.19	92.08
2005~2010	森林	20 854.79	5.83	2.03	9.99	120.49	46.08	40.36
	灌丛	2.25	681.51	0.00	0.38	10.36	0.87	2.01
	草地	3.21	0.00	79.71	0.06	0.25	0.23	2.81
	湿地	1.88	0.07	0.00	697.06	14.04	14.34	0.12
	农田	28.92	0.22	0.00	15.63	5 747.83	60.02	0.55
	城镇	0.02	0.00	0.00	0.06	0.15	696.05	0.00
	裸地	14.06	0.16	0.00	0.48	2.11	4.05	104.49
2000~2010	森林	20 778.93	3.59	4.26	9.35	122.83	55.49	47.36
	灌丛	49.67	675.71	0.33	1.00	26.47	7.16	1.58
	草地	6.95	0.03	76.66	0.08	0.86	0.45	2.78
	湿地	1.48	0.00	0.23	680.94	6.52	10.86	0.23
	农田	39.41	7.08	0.01	31.53	5 733.28	122.70	1.06
	城镇	0.19	0.02	0.00	0.29	0.59	621.80	0.01
	裸地	28.49	1.37	0.25	0.49	4.68	3.17	97.33

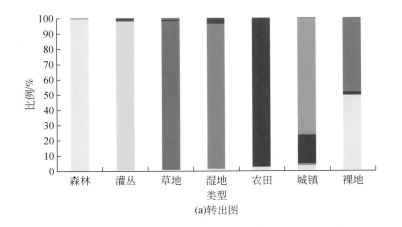

(a)转出图

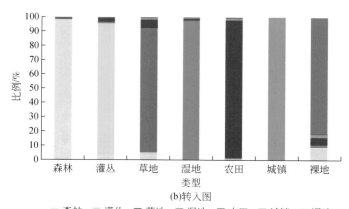

(b)转入图

森林　灌丛　草地　湿地　农田　城镇　裸地

图 4-46　2000～2010 年北江大坑口以下区 I 级生态系统分类变化

（11）东江秋香江口以上区

东江秋香江口以上区森林主要向农田、城镇和裸地转化，新增城镇主要来源为农田和森林，城镇极少转出，农田主要向城镇、森林和湿地转化。东江秋香江口以上区 I 级生态系统转化情况见表 4-40 和图 4-47。

表 4-40　东江秋香江口以上区 I 级生态系统分布与构成转移矩阵　（单位：km²）

年份	类型	森林	灌丛	草地	湿地	农田	城镇	裸地
2000～2005	森林	15 294.66	0.22	5.81	1.42	32.02	15.91	89.09
	灌丛	4.35	79.45	0.09	0.25	2.59	0.48	0.01
	草地	4.56	0.00	91.50	0.00	1.97	0.05	0.54
	湿地	0.30	0.00	0.00	464.25	0.32	0.09	0.06
	农田	70.71	2.28	0.56	2.73	2 187.12	29.11	14.10
	城镇	0.25	0.00	0.01	0.07	0.13	355.25	0.11
	裸地	85.21	0.23	0.03	0.19	7.90	0.65	17.96
2005～2010	森林	15 347.92	0.05	7.32	1.51	61.53	23.17	18.80
	灌丛	0.06	80.26	0.07	0.00	1.59	0.18	0.03
	草地	0.11	0.00	97.44	0.01	0.16	0.22	0.04
	湿地	0.42	0.00	0.00	467.07	1.00	0.33	0.10
	农田	11.26	0.01	0.08	2.67	2 182.09	35.83	0.11
	城镇	0.03	0.00	0.01	0.02	0.18	401.31	0.01
	裸地	95.72	0.09	1.07	0.18	12.11	1.59	11.11
2000～2010	森林	15 297.89	0.11	13.37	2.74	65.38	39.76	19.89
	灌丛	4.39	77.74	0.10	0.26	3.60	1.11	0.01
	草地	3.36	0.00	91.75	0.01	2.22	1.24	0.05
	湿地	0.64	0.00	0.00	463.17	0.63	0.49	0.10
	农田	57.15	2.27	0.58	4.87	2 177.12	63.39	1.23
	城镇	0.07	0.00	0.00	0.09	0.20	355.45	0.01
	裸地	91.77	0.29	0.19	0.30	9.51	1.20	8.91

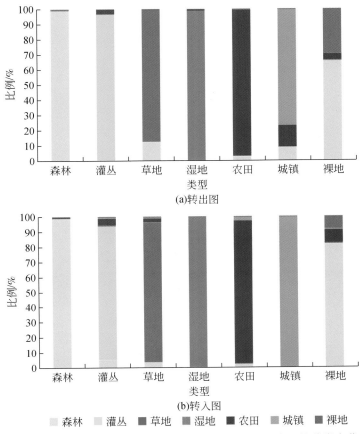

图 4-47　2000～2010 年东江秋香江口以上区 I 级生态系统分类变化

（12）东江秋香江口以下区

东江秋香江口以下区森林主要向城镇转化，新增城镇主要来源为农田和森林，城镇极少转出，农田主要向城镇转化。东江秋香江口以下区 I 级生态系统转化情况见表 4-41 和图 4-48。

表 4-41　东江秋香江口以下区 I 级生态系统分布与构成转移矩阵　（单位：km²）

年份	类型	森林	灌丛	草地	湿地	农田	城镇	裸地
2000～2005	森林	4521.83	0.05	0.12	2.18	14.26	17.96	24.73
	灌丛	1.12	126.48	0.00	0.20	4.18	1.50	3.36
	草地	0.91	0.00	10.07	0.00	0.00	0.02	0.00
	湿地	0.53	0.00	0.01	376.46	6.32	6.09	1.35
	农田	20.43	0.05	0.09	8.67	2285.12	54.21	7.12
	城镇	0.36	0.00	0.00	0.24	1.69	1080.53	2.18
	裸地	19.93	3.76	0.13	0.07	1.10	0.21	28.44

年份	类型	森林	灌丛	草地	湿地	农田	城镇	裸地
2005～2010	森林	4498.89	0.66	1.78	2.59	6.40	51.20	3.59
	灌丛	0.11	129.54	0.00	0.01	0.04	0.64	0.00
	草地	0.00	0.00	6.65	0.04	3.54	0.13	0.06
	湿地	2.62	0.00	0.00	374.13	3.20	7.07	0.80
	农田	6.67	0.08	0.00	10.42	2195.07	99.87	0.57
	城镇	0.03	0.00	0.00	0.18	0.10	1160.22	0.00
	裸地	24.29	3.43	0.00	1.32	4.82	23.61	9.73
2000～2010	森林	4490.78	0.68	1.89	2.79	14.04	66.74	4.21
	灌丛	0.97	129.05	0.00	0.17	1.34	5.28	0.04
	草地	0.08	0.00	6.35	0.04	3.55	0.97	0.02
	湿地	2.18	0.00	0.00	367.59	6.32	13.87	0.81
	农田	16.06	0.05	0.09	16.79	2184.18	157.80	0.71
	城镇	0.08	0.00	0.00	0.37	0.66	1083.48	0.40
	裸地	22.46	3.91	0.11	0.94	3.09	14.60	8.55

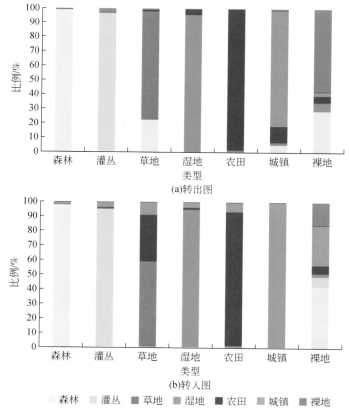

图 4-48　2000～2010 年东江秋香江口以下区 Ⅰ 级生态系统分类变化

（13）西北江三角洲区

西北江三角洲区森林主要向城镇和农田转化，新增城镇主要来源为农田、湿地和森林，城镇极少转出，农田主要向城镇、湿地和森林转化。西北江三角洲区Ⅰ级生态系统转化情况见表4-42和图4-49。

表 4-42　西北江三角洲区Ⅰ级生态系统分布与构成转移矩阵　　（单位：km²）

年份	类型	森林	灌丛	草地	湿地	农田	城镇	裸地
2000~2005	森林	6 844.95	0.11	0.47	4.69	42.58	54.77	10.66
	灌丛	2.80	30.65	0.00	0.48	3.91	4.37	0.51
	草地	0.88	0.00	6.54	0.02	0.01	0.01	0.00
	湿地	4.32	0.00	0.07	2 708.35	68.93	172.00	4.25
	农田	83.51	0.07	0.38	92.82	4 680.57	329.34	18.64
	城镇	1.60	0.00	0.00	1.23	5.40	3 169.46	3.14
	裸地	5.26	0.00	0.01	0.30	3.25	4.38	39.50
2005~2010	森林	6 799.61	0.15	0.74	7.91	46.76	83.82	4.32
	灌丛	0.04	29.30	0.00	0.09	0.90	0.50	0.00
	草地	1.84	0.00	4.42	0.18	0.10	0.85	0.07
	湿地	1.79	0.00	0.00	2 731.01	17.70	57.35	0.05
	农田	15.04	0.01	0.00	66.54	4 442.91	278.20	1.94
	城镇	0.04	0.00	0.00	0.72	0.30	3 733.28	0.00
	裸地	10.69	0.00	0.00	2.24	10.06	40.66	13.13
2000~2010	森林	6 737.26	0.18	0.77	11.40	63.63	139.48	5.50
	灌丛	1.16	29.25	0.00	0.67	3.54	8.11	0.00
	草地	1.99	0.00	4.38	0.12	0.12	0.77	0.07
	湿地	4.52	0.00	0.00	2 672.26	39.23	241.80	0.09
	农田	71.97	0.03	0.02	121.37	4 402.31	608.35	1.27
	城镇	0.29	0.00	0.00	1.46	1.35	3 177.74	0.00
	裸地	11.86	0.00	0.00	1.40	8.52	18.33	12.59

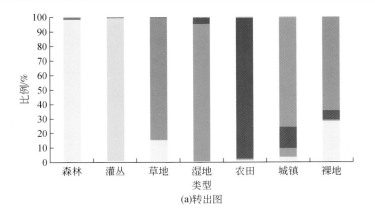
(a)转出图

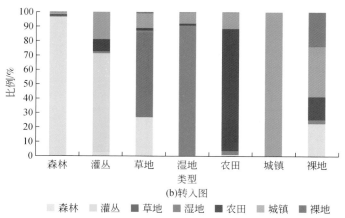

(b)转入图

森林　灌丛　草地　湿地　农田　城镇　裸地

图4-49　2000~2010年西北江三角洲区Ⅰ级生态系统分类变化

（14）东江三角洲区

东江三角洲区森林主要向城镇和农田转化，新增城镇主要来源为农田、湿地和森林，城镇极少转出，农田主要向城镇转化。东江三角洲区Ⅰ级生态系统转化情况见表4-43和图4-50。

表4-43　东江三角洲区Ⅰ级生态系统分布与构成转移矩阵　（单位：km²）

年份	类型	森林	灌丛	草地	湿地	农田	城镇	裸地
2000~2005	森林	3 574.88	0.01	0.38	0.92	9.97	19.98	7.79
	灌丛	1.25	38.47	0.01	0.15	0.10	0.58	0.07
	草地	0.01	0.00	1.19	0.00	0.00	0.00	0.01
	湿地	0.94	0.00	0.01	412.64	12.90	32.07	1.53
	农田	20.56	0.00	0.10	14.21	1 788.84	104.16	13.47
	城镇	0.34	0.05	0.00	0.33	1.43	1 386.99	3.83
	裸地	6.65	0.00	0.00	0.15	0.94	2.64	13.63
2005~2010	森林	3 568.94	0.16	0.13	0.89	4.76	29.07	0.71
	灌丛	0.00	38.42	0.00	0.00	0.00	0.11	0.00
	草地	0.01	0.00	1.03	0.07	0.12	0.42	0.04
	湿地	0.54	0.00	0.00	409.39	1.84	16.72	0.00
	农田	3.20	0.18	0.00	13.64	1 693.07	104.17	0.00
	城镇	0.03	0.00	0.00	0.45	0.09	1 546.82	0.00
	裸地	5.88	0.00	0.00	1.16	4.22	26.28	2.79
2000~2010	森林	3 551.45	0.17	0.33	1.71	10.07	49.44	0.74
	灌丛	1.03	38.41	0.00	0.10	0.04	1.05	0.00
	草地	0.01	0.00	0.83	0.07	0.10	0.19	0.00
	湿地	0.79	0.00	0.00	402.11	5.66	51.51	0.02
	农田	16.72	0.17	0.00	20.49	1 685.35	217.23	1.38
	城镇	0.08	0.00	0.00	0.60	0.30	1 391.99	0.00
	裸地	8.51	0.00	0.00	0.51	2.54	11.05	1.41

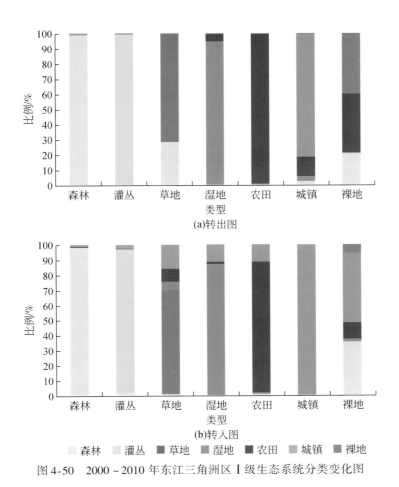

图 4-50　2000 ~ 2010 年东江三角洲区 I 级生态系统分类变化图

4.3.3　生态系统类型综合变化率

根据珠江流域生态系统变化的态势，进一步通过生态系统综合变化率（EC）和类型相互转化强度（LCCI$_{ij}$）来反映流域生态系统格局变化的剧烈程度和方向。

EC 定量描述生态系统的变化速率。生态系统综合变化率综合考虑了研究时段内生态系统类型间的转移，着眼于变化的过程而非变化结果，反映研究区生态系统类型变化的剧烈程度，便于在不同空间尺度上找出生态系统类型变化的热点区域。计算方法如下。

$$EC = \frac{\sum_{i=1}^{n} \Delta ECO_{i-j}}{\sum_{i=1}^{n} ECO_i} \times 100\%$$

式中，ECO$_i$ 为监测起始时间第 i 类生态系统类型面积，ECO$_i$ 根据全国生态系统类型图矢量数据在 ArcGIS 平台下进行统计获取；ΔECO_{i-j} 为监测时段内第 i 类生态系统类型转为非 i 类生态系统类型面积的绝对值，ΔECO_{i-j}根据生态系统转移矩阵模型获取。

$LCCI_{ij}$反映土地覆被类型在特定时间内变化的总体趋势。$LCCI_{ij}$值为正，表示此研究区总体上土地覆被类型转好；$LCCI_{ij}$值为负，表示此研究区总体上土地覆被类型转差。计算方法如下。

$$LCCI_{ij} = \frac{\sum \left[A_{ij} \times (D_a - D_b) \right]}{\sum A_{ij}} \times 100\%$$

式中，$LCCI_{ij}$为某研究区土地覆被转类指数；i为研究区；j为土地覆被类型，$j=1, \cdots, n$；A_{ij}为某研究区土地覆被一次转类的面积；D_a为转类前级别；D_b为转类后级别。

珠江流域"十五"及"十一五"生态格局转化剧烈程度大致相同，十年来全流域综合变化率为1.82%。从区域看，珠江三角洲地区变化最为剧烈，其中西江三角洲区达7.44%，超过流域平均2倍以上，比较而言下游>上游>中游。广东省内区域生态系统格局变化较剧烈，广西变化最平和，云南、贵州等省相对活跃。北盘江流域变化剧烈，这可能与当地矿山等活动活跃及西部大开发等有关。

珠江流域各子流域生态系统综合变化率情况见表4-44和图4-51。

表4-44　珠江流域生态系统综合变化率　　　　　　（单位：%）

区域名称	2000~2005年	2005~2010年	2000~2010年
北盘江区	1.71	2.02	3.52
南盘江区	0.68	0.62	1.24
红水河区	0.75	0.73	1.37
上游	0.91	0.93	1.73
左江及郁江干流区	0.81	0.78	1.25
右江区	0.58	0.81	1.15
柳江区	0.45	0.46	0.83
桂贺江区	0.42	0.52	0.76
中游	0.56	0.63	0.99
黔浔江及西江（梧州以下）区	0.66	1.19	1.45
北江大坑口以上区	1.48	1.19	2.04
北江大坑口以下区	1.56	1.38	2.05
东江秋香江口以上区	1.98	1.47	2.08
东江秋香江口以下区	2.38	3.01	4.22
西北江三角洲区	5.03	3.54	7.44
东江三角洲区	3.45	2.87	5.39
下游	1.99	1.80	2.94
珠江流域	1.11	1.08	1.82

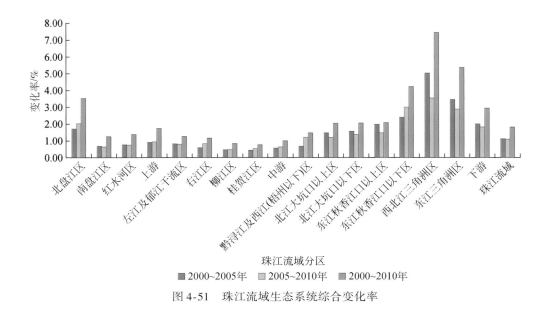

图 4-51 珠江流域生态系统综合变化率

4.4 生态系统格局变化分析

4.4.1 景观格局评价指标及评价模型

景观格局通常是指景观的空间结构特征，具体是指由自然或人为形成的，一系列大小、形状各异，排列不同的景观镶嵌体在景观空间的排列。通过定量分析景观空间格局的特征指数，可以从宏观角度分析区域生态环境变化情况。景观格局指数是指能够高度浓缩景观空间格局信息，反映其结构组成和空间配置等方面特征的简单定量指标（张秋菊等，2007），景观格局指数可以用于景观格局特征和变化的分析，可以实现景观空间格局同时异地、同地异时和异地异时的比较研究（吕一河等，2007）。目前，反映景观格局变化的特征指数已有 200 个左右，这些指数中有些具有相同的生态学意义，如均匀度和优势度指数与多样性指数差不多，只是前两者增加了对类型数目的不敏感性；有些指数不具有明确的生态学意义，甚至有些指数之间相互矛盾，如平均斑块周长/面积值有时与形状指数通用，但后者已被证明现实意义不大；有时甚至自相矛盾（李秀珍等，2004）。因此，在选用景观格局指数时，应充分了解所选指数的特点和各指数之间的相互独立性，根据研究内容和目的，以及指数对景观格局的敏感度，选取能说明问题并尽量简单的指数，综合运用RS 和 GIS 技术对景观格局指数进行筛选。

本章选取包括斑块数（NP）、平均斑块面积（mean patch size，MPS）、边界密度（edge density，ED）、蔓延度（contag）和聚集度指数（contagion index）等来描述在类型和景观层次上的景观格局变化情况。景观格局指数只针对Ⅰ级生态系统类型在景观和类型水平上开展计算。

（1）平均斑块面积

评价范围内平均斑块面积。该指标可以用于衡量景观总体完整性和破碎化程度，平均斑块面积越大说明景观较完整，破碎化程度较低。

应用 GIS 技术及景观结构分析软件 Fragstats 3.3 分析平均斑块面积。计算方法如下。

$$MPS = \frac{TS}{NP}$$

式中，MPS 为平均斑块面积；TS 为评价区域总面积；NP 为斑块数量。

（2）边界密度

边界密度也称为边缘密度，边缘密度包括景观总体边缘密度（或称为景观边缘密度）和景观要素边缘密度（简称为类斑边缘密度）。景观边缘密度是指景观总体单位面积异质景观要素斑块间的边缘长度。景观要素边缘密度（ED_i）是指单位面积某类景观要素斑块与其相邻异质斑块间的边缘长度。

它是从边形特征描述景观破碎化程度，边界密度越高说明斑块破碎化程度越高。计算方法如下。

$$ED = \frac{1}{A} \sum_{i=1}^{M} \sum_{j=1}^{M} P_{ij}$$

$$ED_i = \frac{1}{A_i} \sum_{j=1}^{M} P_{ij}$$

式中，ED 为景观边界密度（边缘密度），边界长度之和与景观总面积之比；ED_i 为景观中第 i 类景观要素斑块密度；A_i 为景观中第 i 类景观要素斑块面积；P_{ij} 为景观中第 i 类景观要素斑块与相邻第 j 类景观要素斑块间的边界长度。

（3）蔓延度

蔓延度可描述景观里斑块类型的团聚程度或延展趋势，包含了空间信息。蔓延度较大，表明景观中的优势斑块类型形成了良好的连接；反之，则表明景观是具有多种要素的散布格局，景观的破碎化程度较高。蔓延度与边缘密度呈负相关，与优势度和多样性指数高度相关。计算方法如下。

$$CONTAG = \left[1 + \frac{\sum_{i=1}^{m} \sum_{k=1}^{m} \left[P_i \left(\frac{g_{ik}}{\sum_{k=1}^{m} g_{ik}} \right) \right] \left[\ln P_i \left(\frac{g_{ik}}{\sum_{k=1}^{m} g_{ik}} \right) \right]}{2\ln m} \right] (100)$$

式中，P_i 为 i 类型斑块所占的面积比例；g_{ik} 为 i 类型斑块和 k 类型斑块毗邻的数目；m 为景观中的斑块类型总数目。

（4）聚集度指数

反映景观中不同斑块类型的非随机性或聚集程度。聚集度指数越高说明景观完整性较好，相对的破碎化程度较低。计算方法如下。

$$C = C_{\max} + \sum_{i=1}^{n} \sum_{j=1}^{n} P_{ij} \ln P_{ij}$$

式中，$C_{\max}$ 为 $P_{ij} = P_i P_{j/i}$ 指数的最大值；n 为景观中斑块类型总数；P_{ij} 为斑块类型 i 与 j 相邻的概率。

比较不同景观时，相对聚集度 C' 更为合理。

$$C' = C/C_{\max} = 1 + \frac{\sum_{i=1}^{n} \sum_{j=1}^{n} P_{ij} \ln P_{ij}}{2 \ln n}$$

式中，$C_{\max}$ 为聚集度指数的最大值；n 为景观中斑块类型总数；P_{ij} 为斑块类型 i 与 j 相邻的概率。

景观指数的计算采用常用景观指数计算软件 Frgastats。操作中使用 ArcMap 软件分别将各级生态系统数据转换为 GRID 格式，再分别将数据导入 Fragstat 3.3 软件。打开 Fragstats 3.3 软件，启动 Fragstats → SetRunParameters，选择输入文件的格式类型为 ArcGRID。单击 Gridname，打开需要分析的文件夹，并选取相应的景观指数，便可以得到计算结果。

4.4.2 全流域生态系统格局变化

4.4.2.1 景观水平格局变化

如表 4-45 所示，在景观水平上，珠江流域 I 级生态系统类型斑块密度（PD）和边界密度总体呈下降趋势，最大斑块数（LPI）和平均斑块面积呈上升趋势，蔓延度指数（CONTAG）总体呈下降趋势，聚集度指数（AI）总体呈上升趋势。斑块密度下降和平均斑块面积上升表明珠江流域景观破碎化趋势降低。蔓延度指数的变化表明景观中斑块类型有一个聚集的过程。

表 4-45　珠江流域 I 级生态系统景观水平格局特征及其变化

年份	斑块密度 /个	最大斑块指数	平均斑块面积 /hm²	边界密度 /（m/hm²）	蔓延度指数 /%	聚集度指数
2000	2.9844	8.1935	33.5079	44.7422	55.2656	86.5663
2005	2.9381	8.2727	34.0355	44.3753	55.2179	86.6764
2010	2.8930	8.2833	34.5665	44.0638	55.2035	86.7699

4.4.2.2 类型水平格局变化

类型水平上的 I 级生态系统格局变化见表 4-46。森林生态系统类型的斑块数逐渐下降，但平均斑块面积总体上升，结合主斑块结合度（COHENSION）的逐渐下降，说明森林生态系统类型的斑块连接度逐渐降低，被其他斑块类型分割的趋势增加。农田也表现出同样的变化趋势。城镇生态系统类型随着 COHESION 和聚集度指数的不断升高，以及斑块数的减少，说明城镇斑块在进一步聚集的同时，其斑块间连通性也增加，反映了城市不断扩张的一个趋势。

表 4-46　珠江流域 I 级生态系统类型水平格局特征及其变化

景观指数	年份	森林	农田	城镇
斑块数/个	2000	232 383	65 547	203 785
	2005	229 655	64 157	201 438
	2010	224 537	63 986	198 894
边界密度/(m/hm²)	2000	10.715 5	3.332 6	27.986 9
	2005	10.765 5	3.270 1	27.833 4
	2010	10.638 8	3.277 1	27.709 7
景观形状指数（LSI）	2000	725.636 4	367.467 5	651.767 6
	2005	724.294 6	362.581 9	647.410 4
	2010	718.137 8	361.169 6	644.278 9
平均斑块面积/hm²	2000	11.5439	15.4239	111.6553
	2005	11.8356	15.5892	113.2881
	2010	12.0241	15.8183	114.8317
聚集度指数	2000	73.4425	78.1161	91.813
	2005	73.6655	78.2911	91.8799
	2010	73.7992	78.5041	91.9223

4.4.3 各河段生态系统格局变化

4.4.3.1 珠江流域上游生态系统格局变化

（1）景观水平格局变化

在景观水平上，珠江流域上游 I 级生态系统景观指数变化见表 4-47。斑块密度逐渐下降，但平均斑块面积则逐年上升，说明各类型斑块逐渐发生聚合，小的斑块逐渐消失，这也可以从聚集度指数的逐渐上升和边界密度反映出来，即珠江流域上游 I 级生态系统总体较完整，破碎程度低。

表 4-47　珠江流域上游 I 级生态系统景观水平格局特征及其变化

年份	斑块密度 /个	最大斑块指数	平均斑块面积 /hm²	边界密度 /(m/hm²)	蔓延度指数 /%	聚集度指数
2000	4.7247	4.1374	21.1653	62.1454	48.0858	81.3406
2005	4.7151	4.1473	21.2083	62.1091	47.9750	81.3516
2010	4.6932	4.1716	21.3074	62.0180	47.8285	81.3790

（2）类型水平格局变化

在类型水平上，珠江流域上游 I 级生态系统格局变化见表 4-48，农田生态系统类型的斑块数、景观形状指数、边界密度都呈下降趋势，而平均斑块面积和聚集度指数却呈上升趋势，说明珠江流域上游随着人类活动的影响，小斑块消失，边界变得更加规则。

表 4-48　珠江流域上游 I 级生态系统类型水平格局特征及其变化

景观指数	年份	森林	农田	城镇
斑块数	2000	174 659	7 862	106 922
	2005	173 858	7 717	106 922
	2010	171 145	7 084	107 382
边界密度	2000	26.451 8	1.333 4	32.685 9
	2005	26.718 8	1.330 0	32.856 0
	2010	26.696 1	1.324 0	33.069 8
景观形状指数	2000	637.243 7	120.500 8	524.693 9
	2005	638.012 1	119.724 3	524.907 7
	2010	634.478 4	115.527 7	526.237 8
平均斑块面积	2000	12.080 8	19.039 4	44.631 8
	2005	12.352 3	19.548 4	45.058 9
	2010	12.663 8	22.653 7	45.227 1
聚集度数	2000	73.708 6	81.433 9	85.611 7
	2005	73.907 2	81.626 4	85.673 8
	2010	74.168 1	82.812 1	85.695 7

森林和城镇的平均斑块面积总体呈上升趋势，COHESION 都呈下降趋势，说明二者在分布上更加分散，物理连通性降低。城镇斑块数量不断减少，平均面积增加，说明城镇斑块呈不断聚集、融合的趋势，其连通性也不断增加。

4.4.3.2　珠江流域中游生态系统格局变化

（1）景观水平格局变化

在景观水平上，珠江流域中游 I 级生态系统景观指数变化见表 4-49。斑块密度逐渐下降，但平均斑块面积和最大斑块指数则逐年上升，说明各类型斑块逐渐发生聚合，小的斑块逐渐消失，这也可以从蔓延度指数、聚集度指数的逐渐上升上反映出来。

表 4-49　珠江流域中游 I 级生态系统景观水平格局特征及其变化

年份	斑块密度/个	最大斑块指数	平均斑块面积/hm²	边界密度/（m/hm²）	蔓延度指数/%	聚集度指数
2000	2.5192	8.5135	39.6957	42.3285	59.3275	87.2742
2005	2.4744	8.5696	40.4139	42.0978	59.3817	87.3434
2010	2.4400	8.5914	40.9840	41.8365	59.5181	87.4218

（2）类型水平格局变化

在类型水平上，珠江流域中游 I 级生态系统格局变化见表 4-50。森林、农田和城镇生态系统类型的斑块数和景观形状指数都呈下降趋势，说明随着人类活动的影响，小斑块消失，边界变得更加规则。

表 4-50　珠江流域中游 I 级生态系统类型水平格局特征及其变化

景观指数	年份	森林	农田	城镇
斑块数	2000	73 200	108 195	35 872
	2005	52 422	106 657	34 382
	2010	51 197	105 007	33 236
边界密度/（m/hm²）	2000	31.979 9	22.179 4	3.472 3
	2005	5.812 3	22.061 3	3.503 0
	2010	5.614 3	21.995 6	3.543 4
景观形状指数	2000	445.396 9	438.382 7	256.626 0
	2005	332.435 7	436.588 2	253.665 8
	2010	330.023 6	435.166 1	251.387 0
平均斑块面积	2000	124.264 0	41.394 1	8.909 4
	2005	10.220 1	41.893 7	9.681 8
	2010	9.903 2	42.586 0	10.440 4
聚集度指数	2000	91.156 7	87.594 7	72.832 7
	2005	72.807 6	87.630 9	73.685 9
	2010	72.246	87.677 6	74.464 5

农田和城镇的平均斑块面积总体呈上升趋势，COHESION 都呈下降趋势，说明二者在

分布上更加分散，物理连通性降低。而农田和城镇的评价斑块面积均在下降，说明农田和城镇斑块数量不断减少，平均面积增加，说明城镇斑块呈不断聚集、融合的趋势，其连通性也不断增加。

4.4.3.3　珠江流域下游生态系统格局变化

（1）景观水平格局变化

在景观水平上，珠江流域下游Ⅰ级生态系统景观指数变化见表4-51。斑块密度逐渐下降，但平均斑块面积则逐年上升，说明各类型斑块逐渐发生聚合，小的斑块逐渐消失，这也可以从蔓延度指数和聚集度指数的逐渐上升上反映出来。说明珠江流域下游景观程度越来越完整性，景观破碎化程度低。

表 4-51　珠江流域下游Ⅰ级生态系统景观水平格局特征及其变化

年份	斑块密度/个	最大斑块指数	平均斑块面积/hm²	边界密度/（m/hm²）	蔓延度指数/%	聚集度指数
2000	1.7916	22.3431	55.8151	29.766	65.7357	91.0504
2005	1.6950	22.1983	58.9959	28.8856	65.8084	91.3147
2010	1.6109	22.1260	62.0778	28.2864	65.8981	91.4945

（2）类型水平格局变化

在类型水平上，珠江流域中游Ⅰ级生态系统格局变化见表4-52。农田和城镇的斑块数量呈下降趋势，而平均斑块面积和边界密度总体呈上升趋势，说明随着人类活动的影响，小斑块消失，边界变得更加规则，城镇斑块呈不断聚集、融合的趋势，其连通性也不断增加。

表 4-52　珠江流域下游Ⅰ级生态系统类型水平格局特征及其变化

景观指数	年份	森林	农田	城镇
斑块数	2000	3 922	74 294	53 550
	2005	3 602	72 543	50 604
	2010	2 412	69 615	47 503
边界密度	2000	0.461 0	21.406 9	7.661 9
	2005	0.468 1	20.696 7	7.628 7
	2010	0.322 3	20.306 6	7.662 2
景观形状指数	2000	84.791 3	430.852 5	295.398 4
	2005	86.379 4	422.344 6	277.376 6
	2010	69.821 8	417.387 0	262.402 2
平均斑块面积	2000	8.897 3	38.654 0	14.609 4
	2005	9.660 1	38.514 4	17.398 1
	2010	10.568 4	39.553 8	20.906 7

景观指数	年份	森林	农田	城镇
聚集度指数	2000	72.985 8	84.774 6	77.876 7
	2005	72.439 4	84.869 3	78.065 5
	2010	73.999 7	84.936 8	77.950 6

森林的斑块数和边界密度呈下降趋势，而景观形状指数、平均斑块面积及聚集度指数均呈上升趋势，说明珠江流域下游森林生态系统类型的斑块连接度逐渐增加，呈向其他生态系统类型扩张的趋势。

4.4.4　子流域生态系统格局变化

珠江流域各子流域的Ⅰ级生态系统景观水平格局见表4-53。

表4-53　子流域Ⅰ级生态系统景观水平格局特征及其变化

(1) 北盘江区					
年份	斑块密度/个	最大斑块指数	平均斑块面积/hm²	边界密度/(m/hm²)	聚集度指数
2000	4.1494	4.5037	24.1000	59.1974	45.0210
2005	4.1494	4.5037	24.1000	59.1974	45.0210
2010	4.1022	2.8102	24.3769	58.9847	44.4009

(2) 南盘江区					
年份	斑块密度/个	最大斑块指数	平均斑块面积/hm²	边界密度/(m/hm²)	聚集度指数
2000	6.7137	6.7935	14.8949	68.6417	43.5959
2005	6.7227	6.8298	14.8751	68.8011	43.4046
2010	6.7150	6.9302	14.8921	68.8579	43.2516

(3) 红水河区					
年份	斑块密度/个	最大斑块指数	平均斑块面积/hm²	边界密度/(m/hm²)	聚集度指数
2000	2.7756	9.4915	36.0281	51.2269	49.1777
2005	2.7481	9.5070	36.3893	50.9882	49.1630
2010	2.7244	9.5571	36.7048	50.8107	49.0514

(4) 左江及郁江干流区					
年份	斑块密度/个	最大斑块指数	平均斑块面积/hm²	边界密度/(m/hm²)	聚集度指数
2000	1.8247	29.6045	54.8032	36.2521	58.7613
2005	1.7846	19.8220	56.0339	35.9977	58.8257
2010	1.7483	19.7552	57.1990	35.7280	59.2891

（5）右江区

年份	斑块密度/个	最大斑块指数	平均斑块面积/hm²	边界密度/（m/hm²）	聚集度指数
2000	4.1642	28.5109	24.0143	54.6016	52.5189
2005	4.1481	28.6034	24.1075	54.5407	52.4658
2010	4.1137	28.6017	24.3088	54.2026	52.5567

（6）柳江区

年份	斑块密度/个	最大斑块指数	平均斑块面积/hm²	边界密度/（m/hm²）	聚集度指数
2000	2.3467	24.0582	42.6124	41.6400	57.4257
2005	2.3089	24.1712	43.3099	41.3329	57.5285
2010	2.2794	24.2318	43.8715	41.1306	57.6060

（7）桂贺江区

年份	斑块密度/个	最大斑块指数	平均斑块面积/hm²	边界密度/（m/hm²）	聚集度指数
2000	1.3496	33.8308	74.0940	28.3910	65.7310
2005	1.3160	33.8926	75.9881	28.3061	65.7653
2010	1.2823	33.9249	77.9856	28.1294	65.9904

（8）黔浔江及西江（梧州以下）区

年份	斑块密度/个	最大斑块指数	平均斑块面积/hm²	边界密度/（m/hm²）	聚集度指数
2000	1.8239	33.9725	54.8265	30.4668	66.1298
2005	1.7986	34.0482	55.6000	30.3133	66.2125
2010	1.7240	33.8466	58.0050	29.7308	66.7180

（9）北江大坑口以上区

年份	斑块密度/个	最大斑块指数	平均斑块面积/hm²	边界密度/（m/hm²）	聚集度指数
2000	1.1664	45.0516	85.7303	22.2172	69.7725
2005	1.0661	45.2192	93.7974	21.4538	69.8214
2010	1.0554	46.0910	94.7472	21.6637	69.2172

（10）北江大坑口以下区

年份	斑块密度/个	最大斑块指数	平均斑块面积/hm²	边界密度/（m/hm²）	聚集度指数
2000	1.3209	51.5679	75.7032	23.4716	75.7032
2005	1.2008	51.9802	83.2760	22.5929	83.2760
2010	1.1880	51.5485	84.1741	22.8710	84.1741

（11）东江秋香江口以上区

年份	斑块密度/个	最大斑块指数	平均斑块面积/hm²	边界密度/（m/hm²）	聚集度指数
2000	1.2407	78.3153	80.5981	20.5715	76.1947
2005	1.1936	78.4868	83.7783	20.3104	76.1338
2010	1.0958	78.3381	91.2559	19.6898	76.6000

（12）东江秋香江口以下区

年份	斑块密度/个	最大斑块指数	平均斑块面积/hm²	边界密度/(m/hm²)	聚集度指数
2000	2.1225	26.0774	47.1136	30.6567	59.3100
2005	1.9388	25.9987	51.5779	29.4558	59.3294
2010	1.7539	26.1670	57.0145	28.0072	60.0329

（13）西北江三角洲区

年份	斑块密度/个	最大斑块指数	平均斑块面积/hm²	边界密度/(m/hm²)	聚集度指数
2000	2.9176	14.7452	34.2748	44.7320	51.7708
2005	2.7549	14.8130	36.2992	42.7678	51.9611
2010	2.5932	14.6006	38.5628	41.3003	52.5733

（14）东江三角洲区

年份	斑块密度/个	最大斑块指数	平均斑块面积/hm²	边界密度/(m/hm²)	聚集度指数
2000	2.1470	43.0135	46.5758	32.0941	58.1998
2005	1.9614	43.1826	50.9838	30.0317	58.4470
2010	1.7444	43.0095	57.3247	28.2360	59.4553

十年间，珠江流域各子流域中北盘江区、红水河区、左江及郁江干流区、右江区、柳江区、桂贺江区、黔浔江及西江（梧州以下）区、北江大坑口以上区、北江大坑口以下区、东江秋香江口以上区、东江秋香江口以下区、西北江三角洲区及东江三角洲区13个区的斑块密度均逐渐下降，而平均斑块面积则均逐年上升，说明各类型斑块逐渐发生聚合，小的斑块逐渐消失，同时聚集度指数逐渐上升，边界密度下降，说明了北盘江区Ⅰ级生态系统总体较完整，破碎程度低。南盘江区十年来，斑块密度先上升后下降，整体呈上升趋势，但平均斑块面积则先下降后上升，整体呈下降趋势，说明各类型斑块离散在2005~2010年逐渐发生聚合，但总体来说南盘江区的景观格局破碎化越来越大。

类型水平上珠江流域14个子流域的Ⅰ级生态系统类型格局指数计算结果见表4-54。

表4-54 子流域Ⅰ级生态系统类型水平景观指数变化

（1）北盘江区

景观指数	年份	森林	农田	城镇
斑块密度/个	2000	0.8272	0.8254	0.9465
	2005	0.8272	0.8254	0.9465
	2010	0.2020	0.8459	0.9439
边界密度/(m/hm²)	2000	33.1453	25.4617	25.2289
	2005	33.1453	25.4617	25.2289
	2010	3.0006	26.6968	25.2827

续表

（1）北盘江区				
景观指数	年份	森林	农田	城镇
最大斑块指数	2000	4.5037	1.6604	1.0597
	2005	4.5037	1.6604	1.0597
	2010	0.1420	1.6708	1.0598
平均斑块面积/hm²	2000	39.1072	28.3252	22.2162
	2005	39.1072	28.3252	22.2162
	2010	7.7271	29.3756	22.3289
聚集度指数	2000	84.6328	83.6313	81.9830
	2005	84.6328	83.6313	81.9830
	2010	71.2919	83.8506	81.9853

（2）南盘江区				
景观指数	年份	森林	农田	城镇
斑块密度/个	2000	0.8603	0.2357	0.0791
	2005	0.8622	0.2405	0.0773
	2010	0.8613	0.2425	0.0771
边界密度/（m/hm²）	2000	32.4289	2.9383	1.4751
	2005	32.5331	3.2105	1.4628
	2010	32.5969	3.4534	1.4455
最大斑块指数	2000	6.7935	0.0367	0.3793
	2005	6.8298	0.0607	0.3793
	2010	6.9302	0.0714	0.3793
平均斑块面积/hm²	2000	41.6200	5.8686	18.5528
	2005	41.7822	6.6744	19.1900
	2010	42.0443	7.5654	19.1534
聚集度指数	2000	86.3696	68.2606	85.0812
	2005	86.4080	70.1217	85.3711
	2010	86.4513	71.8848	85.4822

（3）红水江区				
景观指数	年份	森林	农田	城镇
斑块密度/个	2000	0.8246	0.2170	0.0408
	2005	0.8148	0.2159	0.0405
	2010	0.8117	0.2150	0.0321
边界密度/（m/hm²）	2000	27.9249	3.6503	1.4493
	2005	27.2951	3.6774	1.4463
	2010	27.0664	3.7315	1.4499

（3）红水江区				
景观指数	年份	森林	农田	城镇
最大斑块指数	2000	7.9045	0.0405	0.2215
	2005	7.7657	0.0440	0.2215
	2010	7.7942	0.0470	0.3125
平均斑块面积/hm²	2000	34.5400	9.3760	24.5330
	2005	34.4013	9.6139	24.7289
	2010	34.3319	10.0138	35.5229
聚集度指数	2000	85.2831	73.1845	78.4894
	2005	85.3839	73.5112	78.5326
	2010	85.4216	74.0824	81.1160

（4）左江区				
景观指数	年份	森林	农田	城镇
斑块密度/个	2000	0.4500	0.3305	0.0957
	2005	0.4469	0.3183	0.0950
	2010	0.4435	0.3079	0.0948
边界密度/（m/hm²）	2000	26.2631	5.1031	2.8425
	2005	26.0197	5.1565	2.8472
	2010	25.8069	5.2275	2.8498
最大斑块指数	2000	14.0597	0.2912	0.3437
	2005	14.0709	0.3854	0.3845
	2010	14.2434	0.4827	0.3845
平均斑块面积/hm²	2000	94.4934	8.8585	20.8262
	2005	95.1350	9.6757	21.0462
	2010	96.2612	10.4517	21.1281
聚集度指数	2000	90.6378	73.9522	78.7471
	2005	90.7213	74.9838	78.7740
	2010	90.8328	75.7296	78.7849

（5）右江区				
景观指数	年份	森林	农田	城镇
斑块密度/个	2000	1.5342	0.0604	0.1824
	2005	1.5362	0.0576	0.1798
	2010	1.5365	0.0517	0.1725
边界密度/（m/hm²）	2000	30.5778	1.5286	2.2800
	2005	30.5592	1.5558	2.3516
	2010	30.2615	1.5410	2.3916

续表

（5）右江区			
景观指数	年份	森林	农田	城镇
最大斑块指数	2000	1.0409	0.0955	0.0222
	2005	1.0409	0.1088	0.0234
	2010	1.0915	0.1792	0.0267
平均斑块面积/hm²	2000	12.1473	14.0827	6.0403
	2005	12.1000	15.4787	6.4616
	2010	11.9482	18.7795	7.1267
聚集度指数	2000	75.3607	73.2823	69.134
	2005	75.3114	74.0385	69.8054
	2010	75.2471	76.4100	70.9814

（6）柳江区			
景观指数	年份	森林	农田	城镇
斑块密度/个	2000	0.4333	0.1463	0.0457
	2005	0.4294	0.1414	0.0456
	2010	0.4250	0.1380	0.0455
边界密度/(m/hm²)	2000	33.5076	2.6230	1.9430
	2005	33.3155	2.6376	1.9444
	2010	33.2368	2.6660	1.9459
最大斑块指数	2000	24.0582	0.1739	0.3050
	2005	24.1712	0.1763	0.3050
	2010	24.2318	0.2043	0.3050
平均斑块面积/hm²	2000	136.1842	10.2777	27.3609
	2005	137.8795	10.9663	27.4506
	2010	139.6604	11.7519	27.5579
聚集度指数	2000	91.4631	73.9535	76.8538
	2005	91.5400	74.5980	76.8690
	2010	91.5810	75.4515	76.8900

（7）桂贺江区			
景观指数	年份	森林	农田	城镇
斑块密度/个	2000	0.3228	0.2293	0.0659
	2005	0.3214	0.2137	0.0643
	2010	0.3128	0.2062	0.0645
边界密度/(m/hm²)	2000	16.1293	4.0033	2.2232
	2005	16.1184	4.0391	2.2209
	2010	16.1347	4.0796	2.2089

(7) 桂贺江区				
景观指数	年份	森林	农田	城镇
最大斑块指数	2000	6.2242	0.1397	0.3092
	2005	6.2085	0.1636	0.3100
	2010	6.2515	0.1637	0.3100
平均斑块面积/hm²	2000	69.8201	10.4582	23.1091
	2005	70.1134	11.6296	23.6818
	2010	72.4531	12.3983	23.0970
聚集度指数	2000	89.2918	75.0737	78.2881
	2005	89.2975	75.7281	78.3330
	2010	89.3481	76.1647	77.9594
(8) 黔浔江及西江（梧州以下）区				
景观指数	年份	森林	农田	城镇
斑块密度/个	2000	0.1714	0.0324	0.2596
	2005	0.1710	0.2572	0.0298
	2010	0.1590	0.2622	0.0033
边界密度/(m/hm²)	2000	22.7065	0.4674	4.4544
	2005	22.625	4.4477	0.5257
	2010	22.0035	4.4888	0.0583
最大斑块指数	2000	33.9725	0.0064	1.3532
	2005	34.0482	1.3645	0.0061
	2010	33.8466	1.3639	0.0041
平均斑块面积/hm²	2000	404.9751	8.5806	11.7786
	2005	406.3868	12.0200	9.3887
	2010	437.5803	11.7707	11.9898
聚集度指数	2000	95.0379	74.7274	78.2525
	2005	95.0623	78.5167	71.8410
	2010	95.2003	78.2835	75.8598
(9) 北江大坑口以上区				
景观指数	年份	森林	农田	城镇
斑块密度/个	2000	0.1697	0.1860	0.1170
	2005	0.1506	0.1829	0.1185
	2010	0.1427	0.1827	0.1201
边界密度/(m/hm²)	2000	16.0267	2.5496	2.5130
	2005	15.4696	2.6903	2.5507
	2010	15.5985	2.8994	2.5739

续表

（9）北江大坑口以上区

景观指数	年份	森林	农田	城镇
最大斑块指数	2000	45.0516	0.0860	0.2246
	2005	45.2192	0.2233	0.2767
	2010	46.0910	0.2234	0.3032
平均斑块面积/hm²	2000	411.8677	8.1536	11.4097
	2005	464.1105	9.8800	11.4203
	2010	486.5148	10.9470	11.4682
聚集度指数	2000	96.5088	75.0137	72.0366
	2005	96.6273	77.8865	71.9900
	2010	96.5774	78.4577	72.2311

（10）北江大坑口以下区

景观指数	年份	森林	农田	城镇
斑块密度/个	2000	0.1449	0.3854	0.3369
	2005	0.1257	0.3704	0.3285
	2010	0.1213	0.3709	0.3238
边界密度/(m/hm²)	2000	16.1251	18.1307	4.2912
	2005	15.4702	17.5997	4.3989
	2010	15.5273	17.8312	4.6806
最大斑块指数	2000	51.5679	1.8672	0.0446
	2005	51.9802	1.9032	0.0499
	2010	51.5485	2.1773	0.0716
平均斑块面积/hm²	2000	496.1410	52.6477	6.2239
	2005	573.4278	54.0176	7.1540
	2010	589.1975	54.3153	8.5864
聚集度指数	2000	96.5905	86.6391	69.4241
	2005	96.7357	86.8498	72.0493
	2010	96.6966	86.7687	74.8628

（11）东江秋香江口以上区

景观指数	年份	森林	农田	城镇
斑块密度/个	2000	0.2667	0.0937	0.0573
	2005	0.2669	0.0678	0.0813
	2010	0.2604	0.0664	0.0155
边界密度/(m/hm²)	2000	3.6689	1.0841	0.8160
	2005	3.8952	0.9568	1.0812
	2010	4.0138	0.9367	0.2225

续表

景观指数	年份	森林	农田	城镇
		(11) 东江秋香江口以上区		
最大斑块指数	2000	0.1529	0.0268	0.0361
	2005	0.1698	0.0268	0.0251
	2010	0.2389	0.0268	0.0147
平均斑块面积/hm²	2000	7.0011	4.8867	10.3497
	2005	7.9099	6.3785	7.9099
	2010	9.3614	6.3629	10.3085
聚集度指数	2000	70.7229	64.6404	79.6979
	2005	72.5102	67.0008	75.0201
	2010	75.4834	66.9151	79.7662

景观指数	年份	森林	农田	城镇
		(12) 东江秋香江口以下区		
斑块密度/个	2000	0.5629	0.4678	0.0701
	2005	0.6484	0.0432	0.0425
	2010	0.5806	0.0366	0.0169
边界密度/(m/hm²)	2000	23.3104	7.3038	1.6467
	2005	13.2267	1.0696	1.4330
	2010	13.1287	1.4009	0.2934
最大斑块指数	2000	10.2410	0.9033	0.3775
	2005	5.9227	0.0325	0.4264
	2010	7.7642	0.4397	0.0201
平均斑块面积/hm²	2000	48.8815	9.6408	22.645
	2005	20.7006	18.0356	35.6351
	2010	26.7542	42.4425	10.1022
聚集度指数	2000	87.3250	75.7513	84.6853
	2005	85.2459	79.8118	86.0608
	2010	87.3454	86.7292	75.0527

景观指数	年份	森林	农田	城镇
		(13) 西北江三角洲区		
斑块密度/个	2000	0.7595	0.0338	0.0051
	2005	0.6631	0.0219	0.0056
	2010	0.6034	0.9466	0.0016
边界密度/(m/hm²)	2000	19.4169	0.5298	0.0692
	2005	19.0961	0.5328	0.0734
	2010	18.7363	19.764	0.0330

（13）西北江三角洲区				
景观指数	年份	森林	农田	城镇
最大斑块指数	2000	3.7609	0.0104	0.0053
	2005	4.3168	0.0185	0.0053
	2010	4.8428	7.2093	0.0061
平均斑块面积/hm²	2000	22.7528	8.4287	7.9430
	2005	30.6185	19.0836	7.2070
	2010	37.7973	16.1070	17.9628
聚集度指数	2000	83.1881	72.5696	72.6331
	2005	85.9326	81.3442	70.8406
	2010	87.7110	80.5153	79.4107
（14）东江三角洲区				
景观指数	年份	森林	农田	城镇
斑块密度/个	2000	0.5719	0.5470	0.0188
	2005	0.5511	0.0270	0.0098
	2010	0.4773	0.0092	0.0015
边界密度/（m/hm²）	2000	24.3377	9.6030	0.4037
	2005	22.5361	0.7600	0.3260
	2010	20.8462	0.3197	0.0628
最大斑块指数	2000	4.4058	1.9446	0.3158
	2005	4.2032	0.0319	0.3157
	2010	4.0511	0.3160	0.0236
平均斑块面积/hm²	2000	45.4560	11.1970	28.9557
	2005	44.0526	20.0317	53.0975
	2010	47.8085	56.4835	32.5309
聚集度指数	2000	86.0068	76.3392	89.4254
	2005	86.1301	79.4853	91.1188
	2010	86.3602	91.3398	82.7963

　　景观破碎化的负面影响是规划者和政策制定者十分关注的一个问题。农业开发、城市发展和交通产业发展是影响生态系统类型破碎的主要因子。生态系统类型斑块数量的减少和分割成更多小的斑块被认为是计算景观破碎的两个主要指标。

　　以森林生态系统类型景观格局的变化描述景观的破碎化，北盘江区、红水河区和右江区三个子流域的斑块密度和平均斑块面积都呈大幅度下降趋势，揭示了一个比较明显的破碎化过程；而东江秋香江口区的斑块密度和平均斑块面积均呈上升趋势，说明东江秋香江口区森林在不断扩张；其他10个子流域的斑块密度都呈下降趋势，平均斑块面积呈上升趋势，说明小型森林斑块的流失比较严重。

各子流域的城镇类型的斑块密度也都呈下降趋势，平均斑块面积呈上升趋势，与森林细小斑块的消失不同，城镇景观指数的这一变化反映了城镇发展过程中各城镇斑块不断融合，形成更大斑块，反映了城镇的不断扩张，大斑块向周边蔓延，融合小斑块的过程。这种趋势也可以反映在最大斑块指数和聚集度数的上升趋势上。

各子流域的农田类型的斑块密度也都呈下降趋势，平均斑块面积呈上升趋势，说明农田斑块不断融合，物理连通性增强。

4.5 岸边带生态系统类型构成

河岸带是在陆地和河流自然环境的双重影响下形成的具有独特结构和功能的过渡地带，属于生态交错带的一种，是区域内物质、能量及生物体通过景观传输的重要途径，也是陆地区域与水生区域之间的生境和廊道（Nilsson and Berggrea，2000）。河岸带作为河流生态系统和陆地生态系统的过渡带，包含了岸生植被、动物和微生物及其环境组成的完整生态系统，在结构上和功能上与其他生态系统有显著的区别，且其界线可以根据土壤、植被和其他可以指示水陆相互作用的因素变化来确定。因此，河岸带生境具有的特殊性、复杂性与空间高度异质性决定了其功能的多样性（郭二辉等，2011），其主要功能有：第一，可以为大量陆生和水生生物提供栖息地，提高生态系统生产力；第二，具有缓冲带的作用，可以有效削减陆地污染物进入河流，治理水土污染，以及保护、稳定河岸；第三，具有一定的美学价值，特别是在城市中的区域（Mcneish et al.，2012）。但同时，河岸带也具有明显的边缘效应和独特的生态过程，主要表现在土壤发育年轻、河水侵蚀剧烈、地形多变、环境复杂等方面，是最脆弱的生态系统和流域生物多样性最容易丧失的地区（Sunil et al.，2011）。

近年来，随着人口增长，河流及其周边土地资源开发强度范围不断扩大、外来种入侵、城市化扩张、水利工程建设等造成河岸带结构改变、功能退化、生态环境严重恶化，流域景观生态可持续性下降，严重威胁着区域生态安全与社会经济的可持续发展。河岸带必须得到合理的保护、开发和利用。因此，分析城市化发展过程中流域及其河岸带尺度土地利用类型时空分异特征变化，探讨流域及河岸带土地利用景观格局时空变化规律，可以为流域河流周边土地利用格局优化提供理论依据，对流域河流生态系统、缓解流域河流污染具有重要的意义。本节分析了2000～2010年珠江流域500m、1000m、2000m范围内土地利用的多尺度时空分异特征及其变化轨迹，以期为分析由城市化引起的区域土地利用总体发展趋势提供科学依据，从而满足河岸带资源综合利用，以及河流保护和污染防治的需求。

4.5.1 500m 岸边带

4.5.1.1 全流域 500m 岸边带

由表4-55及图4-52可知，2010年，珠江流域500m岸边带Ⅰ级生态系统构成比例为森林 32.23%、灌丛 4.53%、草地 2.75%、湿地 14.68%、农田 35.62%、城镇 10.06%、裸地 0.13%。从整体上看，珠江流域 500m 岸边带 I 级生态系统主要以森林和农田分布为主，森林和农田的面积超过总面积的 65%；其次为湿地和城镇，灌丛、草地所占面积相对较少，裸地所占比例极少。

表 **4-55** 珠江流域 **500m** 岸边带 **I** 级生态系统构成特征

类型	2000 年		2005 年		2010 年	
	面积/km²	比例/%	面积/km²	比例/%	面积/km²	比例/%
森林	22 057.17	32.10	22 142.75	32.34	22 169.10	32.23
灌丛	3 328.63	4.84	3 258.05	4.76	3 113.72	4.53
草地	1 907.66	2.78	1 912.06	2.79	1 894.38	2.75
湿地	10 084.61	14.67	9 977.31	14.57	10 096.44	14.68
农田	25 402.10	36.96	24 823.03	36.25	24 495.39	35.62
城镇	5 794.98	8.43	6 193.12	9.04	6 917.76	10.06
裸地	147.80	0.22	166.66	0.24	89.90	0.13

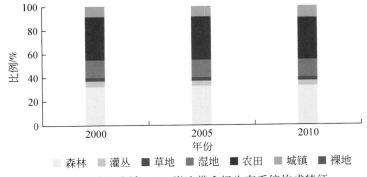

图 4-52 珠江流域 500m 岸边带 I 级生态系统构成特征

由表 4-56 可知，2010 年珠江流域上游 500m 岸边带 I 级生态系统构成比例为森林 21.31%、灌丛 11.82%、草地 13.86%、湿地 14.07%、农田 34.85%、城镇 3.82%、裸地 0.26%。从整体上看，珠江流域上游 500m 岸边带以森林和农田分布为主，森林和农田的面积超过总面积的 50%；其次为灌丛、草地和湿地；城镇所占面积相对较少，占总面积的 3.00% 以上；裸地面积最小。

表 **4-56** 珠江流域上游 **500m** 岸边带 **I** 级生态系统构成特征

类型	2000 年		2005 年		2010 年	
	面积/km²	比例/%	面积/km²	比例/%	面积/km²	比例/%
森林	2 348.18	20.83	2 352.68	20.87	2 402.63	21.31
灌丛	1 447.26	12.84	1 441.53	12.78	1 333.18	11.82
草地	1 543.22	13.69	1 555.20	13.79	1 562.63	13.86

类型	2000 年		2005 年		2010 年	
	面积/km²	比例/%	面积/km²	比例/%	面积/km²	比例/%
湿地	1 479.73	13.13	1 491.28	13.23	1 586.94	14.07
农田	4 066.15	36.08	3 995.77	35.44	3 929.71	34.85
城镇	356.56	3.16	393.06	3.49	430.52	3.82
裸地	29.63	0.26	29.30	0.26	29.78	0.26

由表 4-57 可知，2010 年珠江流域中游 500m 岸边带 I 级生态系统构成比例为森林 34.79%、灌丛 6.94%、草地 1.70%、湿地 12.42%、农田 39.29%、城镇 4.81% 和裸地 0.04%。从整体上看，珠江流域中游 500m 岸边带 I 级生态系统主要以森林和农田分布为主，超过总面积的 70%；其次为湿地，灌丛、草地和城镇所占面积相对较小；裸地面积最小。

表 4-57　珠江流域中游 500m 岸边带 I 级生态系统构成特征

类型	2000 年		2005 年		2010 年	
	面积/km²	比例/%	面积/km²	比例/%	面积/km²	比例/%
森林	6 508.10	34.67	6 504.19	34.67	6 538.82	34.79
灌丛	1 360.00	7.25	1 336.25	7.12	1 303.61	6.94
草地	335.68	1.79	330.29	1.76	320.13	1.70
湿地	2 292.46	12.21	2 311.43	12.32	2 334.79	12.42
农田	7 405.55	39.45	7 391.41	39.40	7 385.14	39.29
城镇	859.28	4.58	879.54	4.69	904.39	4.81
裸地	9.31	0.05	8.10	0.04	7.92	0.04

由表 4-58 所知，2010 年珠江流域下游 500m 岸边带 I 级生态系统构成比例为森林 34.17%、灌丛 1.23%、草地 0.03%、湿地 15.95%、农田 34.05%、城镇 14.42%、裸地 0.13%。从整体上看，珠江流域下游 500m 岸边带 I 级生态系统主要以森林和农田分布为主，接近总面积的 40%；其次为湿地和城镇；灌丛所占面积相对较小；草地和裸地面积所占比例极小。

表 4-58　珠江流域下游 500m 岸边带 I 级生态系统构成特征

类型	2000 年		2005 年		2010 年	
	面积/km²	比例/%	面积/km²	比例/%	面积/km²	比例/%
森林	13 200.89	34.13	13 285.87	34.55	13 227.65	34.17
灌丛	521.37	1.35	480.26	1.25	476.93	1.23
草地	28.76	0.07	26.57	0.07	11.62	0.03
湿地	6 312.42	16.32	6 174.60	16.06	6 174.70	15.95
农田	13 930.40	36.01	13 435.84	34.94	13 180.54	34.05
城镇	4 579.13	11.84	4 920.52	12.80	5 582.86	14.42
裸地	108.85	0.28	129.26	0.34	52.20	0.13

4.5.1.2 子流域500m岸边带

（1）北盘江区

由表4-59可知，2010年北盘江区500m岸边带Ⅰ级生态系统构成比例为森林16.42%、灌丛15.40%、草地21.72%、湿地10.39%、农田33.34%、城镇2.54%、裸地0.19%。区域主要以森林、灌丛、草地、湿地和农田构成为主，农田生态类型面积最大，所占比例为30%以上；森林、灌丛与草地所占比都超过15%；裸地面积最小。

表4-59　北盘江区500m岸边带Ⅰ级生态系统构成特征

类型	2000 年		2005 年		2010 年	
	面积/km²	比例/%	面积/km²	比例/%	面积/km²	比例/%
森林	171.49	15.46	177.70	15.87	185.28	16.42
灌丛	169.90	15.32	172.41	15.40	173.73	15.40
草地	224.91	20.28	231.87	20.71	244.96	21.72
湿地	90.51	8.16	92.76	8.28	117.22	10.39
农田	428.51	38.64	418.04	37.33	376.08	33.34
城镇	21.56	1.94	24.91	2.23	28.67	2.54
裸地	2.04	0.18	2.04	0.18	2.09	0.19

（2）南盘江区

由表4-60可知，2010年南盘江区500m岸边带Ⅰ级生态系统构成比例为森林20.26%、灌丛10.96%、草地18.47%、湿地14.11%、农田31.99%、城镇3.75%、裸地0.46%。从整体上看，区域主要由森林、灌丛、草地、湿地和农田构成，其中农田面积所占比例最高，森林和草地分别占20%左右。

表4-60　南盘江区500m岸边带Ⅰ级生态系统构成特征

类型	2000 年		2005 年		2010 年	
	面积/km²	比例/%	面积/km²	比例/%	面积/km²	比例/%
森林	1 213.33	20.04	1 211.52	20.06	1 215.13	20.26
灌丛	688.81	11.38	684.80	11.34	657.29	10.96
草地	1 119.72	18.50	1 118.41	18.52	1 107.55	18.47
湿地	840.71	13.89	849.98	14.08	846.14	14.11
农田	1 994.57	32.95	1 947.75	32.26	1 918.93	31.99
城镇	169.73	2.80	198.68	3.29	225.06	3.75
裸地	27.31	0.45	27.11	0.45	27.54	0.46

（3）红水河区

从表4-61可知，2010年红水河区500m岸边带Ⅰ级生态系统构成比例为森林

24.15%、灌丛12.10%、草地5.06%、湿地15.03%、农田39.39%、城镇4.26%，裸地只有0.15km²。从整体上看，区域主要由森林和农田构成，共占总面积60%以上；灌丛和湿地分别占10%以上。

表4-61　红水河区500m岸边带Ⅰ级生态系统构成特征

类型	2000 年		2005 年		2010 年	
	面积/km²	比例/%	面积/km²	比例/%	面积/km²	比例/%
森林	963.36	23.45	963.46	23.49	1 002.22	24.15
灌丛	588.55	14.33	584.32	14.25	502.16	12.10
草地	198.59	4.83	204.92	5.00	210.12	5.06
湿地	548.51	13.35	548.54	13.38	623.58	15.03
农田	1 643.07	40.00	1 629.98	39.75	1 634.70	39.39
城镇	165.27	4.02	169.47	4.13	176.79	4.26
裸地	0.28	0.01	0.15	0.00	0.15	0.00

（4）左江及郁江干流区

从表4-62可知，2010年左江及郁江干流区500m岸边带Ⅰ级生态系统构成比例为森林27.53%、灌丛4.71%、草地0.06%、湿地12.90%、农田49.08%、城镇5.71%、裸地0.01%。从整体上看，左江及郁江干流区域主要由森林和农田构成，其中农田面积所占比例最高，约占总面积的近一半。

表4-62　左江及郁江干流区500m岸边带Ⅰ级生态系统构成特征

类型	2000 年		2005 年		2010 年	
	面积/km²	比例/%	面积/km²	比例/%	面积/km²	比例/%
森林	1 628.72	27.24	1 633.09	27.29	1 649.40	27.53
灌丛	290.68	4.86	285.11	4.76	281.94	4.71
草地	16.99	0.28	16.12	0.27	3.70	0.06
湿地	769.57	12.87	771.72	12.89	772.82	12.90
农田	2 944.73	49.25	2 943.93	49.19	2 939.81	49.08
城镇	327.86	5.48	334.54	5.59	342.12	5.71
裸地	0.46	0.01	0.46	0.01	0.46	0.01

（5）右江区

从表4-63可知，2010年右江区500m岸边带Ⅰ级生态系统构成比例为森林36.02%、灌丛11.62%、草地5.89%、湿地11.10%、农田32.02%、城镇3.22%、裸地0.13%。从整体上看，区域主要由森林和农田构成，共占总面积的60%以上；灌丛和湿地面积分别占10%以上。

表 4-63   右江区 500m 岸边带 Ⅰ 级生态系统构成特征

类型	2000 年		2005 年		2010 年	
	面积/km²	比例/%	面积/km²	比例/%	面积/km²	比例/%
森林	1 227.46	36.11	1 230.09	36.11	1 238.79	36.02
灌丛	433.73	12.76	425.87	12.50	399.63	11.62
草地	198.76	5.85	197.86	5.81	202.70	5.89
湿地	335.41	9.87	351.10	10.31	381.91	11.10
农田	1 097.83	32.30	1 091.43	32.04	1 101.26	32.02
城镇	100.82	2.97	105.47	3.10	110.80	3.22
裸地	5.27	0.16	4.71	0.14	4.50	0.13

（6）柳江区

从表 4-64 可知，2010 年柳江区 500m 岸边带 Ⅰ 级生态系统构成比例为森林 39.00%、灌丛 7.80%、草地 1.88%、湿地 12.58%、农田 34.27%、城镇 4.42%、裸地 0.05%。柳江区域 Ⅰ 级生态系统主要由森林和农田构成，共占总面积的 70% 以上，湿地占 10% 以上，裸地面积最小。

表 4-64   柳江区 500m 岸边带 Ⅰ 级生态系统构成特征

类型	2000 年		2005 年		2010 年	
	面积/km²	比例/%	面积/km²	比例/%	面积/km²	比例/%
森林	2 250.46	38.79	2 255.81	38.88	2 265.73	39.00
灌丛	459.82	7.93	454.78	7.84	453.12	7.80
草地	113.61	1.96	111.69	1.92	109.21	1.88
湿地	728.80	12.56	729.50	12.57	731.02	12.58
农田	2 003.60	34.54	2 000.77	34.48	1 991.11	34.27
城镇	241.83	4.17	247.25	4.26	256.57	4.42
裸地	2.80	0.05	2.70	0.05	2.70	0.05

（7）桂贺江区

从表 4-65 可知，2010 年桂贺江区 500m 岸边带 Ⅰ 级生态系统构成比例为森林 38.95%、灌丛 4.75%、草地 0.13%、湿地 12.63%、农田 38.05%、城镇 5.48%、裸地 0.01%。整体上看，桂贺江区域的 Ⅰ 级生态系统主要由森林和农田构成，共占总面积的 70% 以上，湿地占 10% 以上。

表 4-65   桂贺江区 500m 岸边带 Ⅰ 级生态系统构成特征

类型	2000 年		2005 年		2010 年	
	面积/km²	比例/%	面积/km²	比例/%	面积/km²	比例/%
森林	1 401.46	39.03	1 385.20	38.83	1 384.91	38.95
灌丛	175.77	4.89	170.50	4.78	168.92	4.75
草地	6.31	0.18	4.62	0.13	4.52	0.13

续表

类型	2000 年		2005 年		2010 年	
	面积/km²	比例/%	面积/km²	比例/%	面积/km²	比例/%
湿地	458.69	12.77	459.10	12.87	449.05	12.63
农田	1 359.39	37.85	1 355.28	37.99	1 352.96	38.05
城镇	188.76	5.26	192.28	5.39	194.90	5.48
裸地	0.77	0.02	0.23	0.01	0.25	0.01

（8）黔浔江及西江（梧州以下）区

从表4-66可知，2010年黔浔江及西江（梧州以下）区500m岸边带Ⅰ级生态系统构成比例为森林42.51%、灌丛2.57%、草地0.02%、湿地14.18%、农田33.61%、城镇7.09%、裸地0.03%。从整体上看，黔浔江及西江（梧州以下）区的生态系统构成主要以森林和农田构为主，共占总面积的75%以上，湿地面积占10%以上。

表4-66　黔浔江及西江（梧州以下）区500m岸边带Ⅰ级生态系统构成特征

类型	2000 年		2005 年		2010 年	
	面积/km²	比例/%	面积/km²	比例/%	面积/km²	比例/%
森林	3 342.60	42.73	3 350.20	42.78	3 355.84	42.51
灌丛	212.89	2.72	208.08	2.66	202.57	2.57
草地	11.52	0.15	10.65	0.14	1.31	0.02
湿地	1 109.03	14.18	1 120.91	14.31	1 119.26	14.18
农田	2 648.80	33.86	2 629.03	33.57	2 653.67	33.61
城镇	491.09	6.28	505.29	6.45	559.52	7.09
裸地	7.07	0.09	7.41	0.09	2.75	0.03

（9）北江大坑口以上区

从表4-67可知，2010年北江大坑口以上区500m岸边带Ⅰ级生态系统构成比例为森林38.71%、灌丛2.94%、草地0.04%、湿地9.23%、农田42.98%、城镇5.70%、裸地0.39%。从整体上看，北江大坑口以上区的Ⅰ级生态系统主要以森林和农田构成为主，共占总面积的80%以上，其余的生态系统类型面积不超过20%，其中裸地和草地的面积最小，所占面积不超过1%。

表4-67　北江大坑口以上区500m岸边带Ⅰ级生态系统构成特征

类型	2000 年		2005 年		2010 年	
	面积/km²	比例/%	面积/km²	比例/%	面积/km²	比例/%
森林	982.95	39.44	986.69	39.08	995.84	38.71
灌丛	79.94	3.21	71.19	2.82	75.76	2.94
草地	1.20	0.05	1.19	0.05	0.98	0.04

续表

类型	2000 年		2005 年		2010 年	
	面积/km²	比例/%	面积/km²	比例/%	面积/km²	比例/%
湿地	229.47	9.21	233.13	9.23	237.54	9.23
农田	1 079.25	43.30	1 088.21	43.10	1 105.71	42.98
城镇	111.67	4.48	135.15	5.35	146.64	5.70
裸地	7.78	0.31	9.38	0.37	10.14	0.39

（10） 北江大坑口以下区

从表4-68可知，2010年北江大坑口以下区500m岸边带Ⅰ级生态系统构成比例为森林38.83%、灌丛2.10%、草地0.03%、湿地10.92%、农田41.04%、城镇6.88%、裸地0.21%。从整体上看，北江大坑口以下区主要以森林和农田为主，共约占总面积的80%，湿地占10%以上，最少的是草地和裸地，面积所占比例不超过1%。

表4-68　北江大坑口以下区500m岸边带Ⅰ级生态系统构成特征

类型	2000 年		2005 年		2010 年	
	面积/km²	比例/%	面积/km²	比例/%	面积/km²	比例/%
森林	2 518.86	39.11	2 562.38	39.27	2 573.71	38.83
灌丛	154.55	2.40	141.18	2.16	139.33	2.10
草地	4.29	0.07	3.61	0.06	2.02	0.03
湿地	700.25	10.87	727.51	11.15	723.67	10.92
农田	2 700.27	41.93	2 693.66	41.28	2 720.06	41.04
城镇	347.15	5.39	381.11	5.84	455.74	6.88
裸地	14.83	0.23	15.62	0.24	13.96	0.21

（11） 东江秋香江口以上区

从表4-69可知，2010年东江秋香江口以上区500m岸边带Ⅰ级生态系统构成比例为森林57.16%、灌丛0.25%、草地0.22%、湿地17.58%、农田18.96%、城镇5.67%、裸地0.16%。从整体上看，区域主要生态系统类型以森林为主，森林面积超过总面积的一半，湿地和农田面积分别占10%以上，草地和裸地的面积最小。

表4-69　东江秋香江口以上区500m岸边带Ⅰ级生态系统构成特征

类型	2000 年		2005 年		2010 年	
	面积/km²	比例/%	面积/km²	比例/%	面积/km²	比例/%
森林	1 502.62	57.22	1 528.48	57.66	1 532.75	57.16
灌丛	9.09	0.35	7.18	0.27	6.62	0.25
草地	5.85	0.22	5.68	0.21	6.00	0.22

类型	2000 年		2005 年		2010 年	
	面积/km²	比例/%	面积/km²	比例/%	面积/km²	比例/%
湿地	465.02	17.71	468.92	17.69	471.45	17.58
农田	511.75	19.49	497.69	18.78	508.51	18.96
城镇	115.82	4.41	128.92	4.86	152.01	5.67
裸地	15.84	0.60	13.81	0.52	4.39	0.16

(12) 东江秋香江口以下区

从表 4-70 可知，2010 年东江秋香江口以下区 500m 岸边带 I 级生态系统构成比例为森林 28.58%、灌丛 0.84%、草地 0.03%、湿地 11.99%、农田 41.34%、城镇 16.97%、裸地 0.25%。从整体上看，东江秋香江口以下区的 I 级生态系统主要由森林和农田构成，共约占总面积的 70%，湿地和城镇面积分别占 10% 以上。

表 4-70 东江秋香江口以下区 500m 岸边带 I 级生态系统构成特征

类型	2000 年		2005 年		2010 年	
	面积/km²	比例/%	面积/km²	比例/%	面积/km²	比例/%
森林	950.69	28.87	944.22	29.08	926.68	28.58
灌丛	31.26	0.95	27.61	0.85	27.21	0.84
草地	2.96	0.09	2.36	0.07	1.01	0.03
湿地	390.77	11.87	387.82	11.95	388.69	11.99
农田	1 438.89	43.70	1 395.45	42.98	1 340.35	41.34
城镇	458.18	13.92	463.57	14.28	550.01	16.97
裸地	19.81	0.60	25.61	0.79	7.94	0.25

(13) 西北江三角洲区

从表 4-71 可知，2010 年西北江三角洲区 500m 岸边带 I 级生态系统构成比例为森林 24.95%、灌丛 0.11%、湿地 22.37%、农田 30.08%、城镇 22.38%、裸地 0.09%，草地面积仅为 0.30km²。从整体上看，区域内 I 级生态系统类型森林、湿地、农田和城镇面积所占比例都超过 20%，其他生态系统类型分布极少。

表 4-71 西北江三角洲区 500m 岸边带 I 级生态系统构成特征

类型	2000 年		2005 年		2010 年	
	面积/km²	比例/%	面积/km²	比例/%	面积/km²	比例/%
森林	3 191.07	25.04	3 195.45	25.46	3 132.53	24.95
灌丛	21.88	0.17	14.44	0.12	14.18	0.11
草地	2.74	0.02	2.73	0.02	0.30	0.00
湿地	2 957.86	23.21	2 807.90	22.37	2 808.68	22.37
农田	4 302.06	33.76	3 987.88	31.78	3 776.64	30.08
城镇	2 233.54	17.53	2 500.90	19.93	2 809.61	22.38
裸地	32.44	0.25	40.64	0.32	11.85	0.09

（14）东江三角洲区

从表 4-72 可知，2010 年东江三角洲区 500m 岸边带 I 级生态系统构成比例为森林 22.67%、灌丛 0.36%、湿地 13.58%、农田 34.33%、城镇 29.02%、裸地 0.04%，没有草地覆盖。从整体上看，区域内森林、农田和城镇面积所占比都超过 20%，其中城镇接近 30%，为所有子流域最高。

表 4-72　东江三角洲区 500m 岸边带 I 级生态系统构成特征

类型	2000 年		2005 年		2010 年	
	面积/km²	比例/%	面积/km²	比例/%	面积/km²	比例/%
森林	712.10	21.80	718.45	23.00	710.30	22.67
灌丛	11.77	0.36	10.59	0.34	11.26	0.36
草地	0.20	0.01	0.35	0.01	0.00	0.00
湿地	460.02	14.08	428.41	13.71	425.41	13.58
农田	1249.38	38.25	1143.92	36.62	1075.59	34.33
城镇	821.68	25.16	805.58	25.79	909.34	29.02
裸地	11.09	0.34	16.80	0.54	1.18	0.04

4.5.2　1000m 岸边带

4.5.2.1　全流域 1000m 岸边带

2010 年珠江流域 1000m 岸边带 I 级生态系统构成比例为森林 39.01%、灌丛 5.91%、草地 3.57%、湿地 8.50%、农田 34.18%、城镇 8.70%、裸地 0.13%。如表 4-73 及图 4-53 所示，珠江流域 1000m 岸边带以森林和农田分布为主，面积之和超过总面积的 60%；其次为湿地和城镇，灌丛、草地所占面积相对较小，裸地面积所占比例极小。

表 4-73　珠江流域 1000m 岸边带 I 级生态系统构成特征

类型	2000 年		2005 年		2010 年	
	面积/km²	比例/%	面积/km²	比例/%	面积/km²	比例/%
森林	46 106.23	38.90	46 265.25	39.05	46 348.06	39.01
灌丛	7 358.29	6.21	7 218.46	6.09	7 016.64	5.91
草地	4 289.81	3.62	4 305.59	3.63	4 237.31	3.57
湿地	10 089.10	8.51	9 982.16	8.43	10 101.11	8.50
农田	41 910.72	35.36	41 113.04	34.70	40 606.42	34.18
城镇	8 519.83	7.19	9 296.64	7.85	10 340.69	8.70
裸地	255.39	0.22	294.82	0.25	150.45	0.13

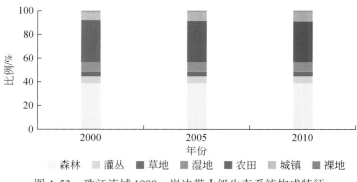

图 4-53 珠江流域 1000m 岸边带 I 级生态系统构成特征

从各河段 I 级生态系统来看，2010 年珠江流域上游 1000m 岸边带 I 级生态系统构成比例为森林 25.40%、灌丛 13.38%、草地 15.32%、湿地 6.91%、农田 35.09%、城镇 3.71%、裸地 0.19%（表 4-74）。珠江流域上游 1000m 岸边带以森林和农田分布为主，面积超过总面积的 60%；其次为灌丛和草地，湿地和城镇所占面积比例相对较小，裸地面积所占比例极小。

表 4-74　珠江流域上游 1000m 岸边带 I 级生态系统构成特征

类型	2000 年		2005 年		2010 年	
	面积/km²	比例/%	面积/km²	比例/%	面积/km²	比例/%
森林	5 764.45	24.94	5 786.67	25.14	5 848.16	25.40
灌丛	3 247.40	14.05	3 233.86	14.05	3 081.38	13.38
草地	3 500.59	15.15	3 527.02	15.32	3 527.10	15.32
湿地	1 482.61	6.42	1 494.17	6.49	1 589.80	6.91
农田	8 370.86	36.22	8 224.20	35.72	8 078.73	35.09
城镇	699.38	3.03	771.33	3.35	853.48	3.71
裸地	43.42	0.19	42.55	0.18	43.44	0.19

由表 4-75 可知，2010 年珠江流域中游 1000m 岸边带 I 级生态系统构成比例为森林 40.64%、灌丛 8.08%、草地 1.87%、湿地 6.40%、农田 38.74%、城镇 4.24%、裸地 0.03%（表 4-75）。珠江流域中游 1000m 岸边带以森林和农田分布为主，面积约占总面积的 80%，灌丛、草地、湿地和城镇所占面积比例相对较小，裸地面积所占比例极小。

表 4-75　珠江流域中游 1000m 岸边带 I 级生态系统构成特征

类型	2000 年		2005 年		2010 年	
	面积/km²	比例/%	面积/km²	比例/%	面积/km²	比例/%
森林	14 757.81	40.47	14 735.25	40.47	14 818.59	40.64
灌丛	3 039.43	8.34	2 991.68	8.22	2 944.76	8.08
草地	725.81	1.99	717.34	1.97	681.36	1.87

续表

类型	2000 年		2005 年		2010 年	
	面积/km²	比例/%	面积/km²	比例/%	面积/km²	比例/%
湿地	2 292.61	6.29	2 311.89	6.35	2 334.97	6.40
农田	14 177.62	38.88	14 146.17	38.85	14 124.26	38.74
城镇	1 455.91	3.99	1 496.14	4.11	1 547.21	4.24
裸地	13.71	0.04	9.59	0.03	9.24	0.03

从表 4-76 可知，2010 年珠江流域下游 1000m 岸边带 I 级生态系统构成比例为森林 43.29%、灌丛 1.67%、草地 0.05%、湿地 10.41%、农田 31.02%、城镇 13.39%、裸地 0.16%。从总体上看，珠江流域下游 1000m 岸边带以森林和农田分布为主，面积超过总面积的 70%；其次为湿地和城镇，灌丛所占面积比例相对较小，草地和裸地面积所占比例极小。

表 4-76　珠江流域下游 1000m 岸边带 I 级生态系统构成特征

类型	2000 年		2005 年		2010 年	
	面积/km²	比例/%	面积/km²	比例/%	面积/km²	比例/%
森林	25 583.97	43.39	25 743.34	43.64	25 681.31	43.29
灌丛	1 071.46	1.82	992.93	1.68	990.50	1.67
草地	63.42	0.11	61.22	0.10	28.85	0.05
湿地	6 313.87	10.71	6 176.10	10.47	6 176.34	10.41
农田	19 362.24	32.84	18 742.67	31.77	18 403.43	31.02
城镇	6 364.54	10.80	7 029.17	11.92	7 940.00	13.39
裸地	198.26	0.34	242.68	0.41	97.77	0.16

4.5.2.2　子流域 1000m 岸边带

（1）北盘江区

由表 4-77 可知，2010 年北盘江区 1000m 岸边带 I 级生态系统构成比例为森林 19.27%、灌丛 16.79%、草地 22.51%、湿地 4.85%、农田 33.63%、城镇 2.71%、裸地 0.24%。从整体上看，北盘江区 1000m 岸边带区域 I 级生态系统主要由森林、灌丛、草地、湿地和农田构成，其中农田面积所占比例最高，森林、灌丛与草地面积所占比例超过 15%。

表 4-77　北盘江区 1000m 岸边带 I 级生态系统构成特征

类型	2000 年		2005 年		2010 年	
	面积/km²	比例/%	面积/km²	比例/%	面积/km²	比例/%
森林	445.30	18.08	461.25	18.57	477.35	19.27
灌丛	411.46	16.71	416.47	16.76	415.89	16.79
草地	519.62	21.10	536.28	21.59	557.48	22.51

类型	2000 年		2005 年		2010 年	
	面积/km²	比例/%	面积/km²	比例/%	面积/km²	比例/%
湿地	93.39	3.79	95.65	3.85	120.08	4.85
农田	937.61	38.08	911.45	36.69	832.92	33.63
城镇	49.20	2.00	57.18	2.30	67.10	2.71
裸地	5.90	0.24	5.90	0.24	5.96	0.24

（2）南盘江区

由表 4-78 可知，2010 年南盘江区 1000m 岸边带 Ⅰ 级生态系统构成比例为森林 24.65%、灌丛 12.18%、草地 20.01%、湿地 6.71%、农田 32.59%、城镇 3.56%、裸地 0.29%。整体上看，南盘江区 1000m 岸边带区域内 Ⅰ 级生态系统主要以森林、灌丛、草地、湿地和农田构成为主，其中农田面积所占比例最高，占 32% 左右；其次是森林和草地，面积分别占 20% 左右；面积最小的是裸地，仅占 0.29%。

表 4-78　南盘江区 1000m 岸边带 Ⅰ 级生态系统构成特征

类型	2000 年		2005 年		2010 年	
	面积/km²	比例/%	面积/km²	比例/%	面积/km²	比例/%
森林	3 100.98	24.35	3 103.79	24.44	3 109.10	24.65
灌丛	1 601.96	12.58	1 593.38	12.55	1 536.65	12.18
草地	2 555.04	20.06	2 549.84	20.08	2 524.22	20.01
湿地	840.71	6.60	849.98	6.69	846.14	6.71
农田	4 262.84	33.47	4 173.22	32.87	4 110.37	32.59
城镇	336.39	2.64	391.29	3.08	448.91	3.56
裸地	37.01	0.29	36.33	0.29	37.16	0.29

（3）红水河区

从表 4-79 可知，2010 年红水河区 1000m 岸边带 Ⅰ 级生态系统构成比例为森林 28.51%、灌丛 14.23%、草地 5.61%、湿地 7.86%、农田 39.53%、城镇 4.25%，裸地只有 0.32km²。从整体上看，红水河区 1000m 内 Ⅰ 级生态系统主要由森林和农田构成为主，森林和农田的面积之和共占总面积的 60% 以上；其次为灌丛，其他生态系统类型面积所占比例相对较小。

表 4-79　红水河区 1000m 岸边带 Ⅰ 级生态系统构成特征

类型	2000 年		2005 年		2010 年	
	面积/km²	比例/%	面积/km²	比例/%	面积/km²	比例/%
森林	2 218.17	28.04	2 221.63	28.13	2 261.71	28.51
灌丛	1 233.98	15.60	1 224.01	15.50	1 128.84	14.23
草地	425.93	5.38	440.90	5.58	445.40	5.61
湿地	548.51	6.93	548.54	6.95	623.58	7.86

续表

类型	2000 年		2005 年		2010 年	
	面积/km²	比例/%	面积/km²	比例/%	面积/km²	比例/%
农田	3 170.41	40.07	3 139.53	39.75	3 135.44	39.53
城镇	313.79	3.97	322.86	4.09	337.47	4.25
裸地	0.51	0.01	0.32	0.00	0.32	0.00

（4）左江及郁江干流区

从表 4-80 可知，2010 年左江及郁江干流区 1000m 岸边带 I 级生态系统构成比例为森林 32.60%、灌丛 5.79%、草地 0.09%、湿地 6.77%、农田 49.81%、城镇 4.93%、裸地 0.01%。区域主要由森林和农田构成，其中农田面积所占比例最高，约占总面积的一半。

表 4-80　左江及郁江干流区 1000m 岸边带 I 级生态系统构成特征

类型	2000 年		2005 年		2010 年	
	面积/km²	比例/%	面积/km²	比例/%	面积/km²	比例/%
森林	3 684.20	32.32	3 685.84	32.32	3 722.04	32.60
灌丛	680.68	5.97	669.75	5.87	661.33	5.79
草地	38.39	0.34	38.62	0.34	10.42	0.09
湿地	769.57	6.75	771.72	6.77	772.82	6.77
农田	5 691.59	49.93	5 692.01	49.91	5 687.06	49.81
城镇	532.79	4.67	546.33	4.79	562.80	4.93
裸地	0.89	0.01	0.87	0.01	0.87	0.01

（5）右江区

从表 4-81 可知，2010 年右江区 1000m 岸边带 I 级生态系统构成比例为森林 41.78%、灌丛 13.25%、草地 5.69%、湿地 5.37%、农田 31.06%、城镇 2.79%、裸地 0.07%。从整体上看，右江区 1000m 岸边带 I 级生态系统区域主要由森林和农田构成，面积共占总面积的 70% 以上；其次为灌丛，其他生态系统类型面积所占比例相对较少。

表 4-81　右江区 1000m 岸边带 I 级生态系统构成特征

类型	2000 年		2005 年		2010 年	
	面积/km²	比例/%	面积/km²	比例/%	面积/km²	比例/%
森林	2 943.26	41.65	2 946.07	41.70	2 968.82	41.78
灌丛	984.87	13.94	970.75	13.74	941.64	13.25
草地	405.89	5.74	403.16	5.71	404.20	5.69
湿地	335.41	4.75	351.10	4.97	381.91	5.37
农田	2 210.77	31.29	2 200.23	31.14	2 206.99	31.06
城镇	179.19	2.54	188.17	2.66	197.91	2.79
裸地	6.84	0.10	5.03	0.07	4.68	0.07

（6）柳江区

从表4-82可知，2010年柳江区1000m岸边带Ⅰ级生态系统构成比例为森林45.27%、灌丛8.65%、草地2.31%、湿地6.56%、农田33.37%、城镇3.81%、裸地0.03%。区域主要由森林和农田构成，面积共占总面积的70%以上。

表4-82 柳江区1000m岸边带Ⅰ级生态系统构成特征

类型	2000年		2005年		2010年	
	面积/km²	比例/%	面积/km²	比例/%	面积/km²	比例/%
森林	5 006.93	45.01	5 022.34	45.13	5 042.13	45.27
灌丛	977.29	8.79	968.64	8.70	963.46	8.65
草地	268.54	2.41	265.18	2.38	257.26	2.31
湿地	728.80	6.55	729.81	6.56	731.02	6.56
农田	3 743.64	33.65	3 734.72	33.56	3 715.86	33.37
城镇	395.82	3.56	405.60	3.64	424.06	3.81
裸地	3.32	0.03	3.03	0.03	3.02	0.03

（7）桂贺江区

从表4-83可知，2010年桂贺江区1000m岸边带Ⅰ级生态系统构成比例为森林45.38%、灌丛5.56%、草地0.14%、湿地6.61%、农田36.98%、城镇5.33%、裸地0.01%。区域主要由森林和农田构成，面积共占总面积的80%以上，其他生态系统类型面积较小，面积所占比例均不超过10%，特别是裸地，面积最小。

表4-83 桂贺江区1000m岸边带Ⅰ级生态系统构成特征

类型	2000年		2005年		2010年	
	面积/km²	比例/%	面积/km²	比例/%	面积/km²	比例/%
森林	3 123.41	45.44	3 081.00	45.25	3 085.60	45.38
灌丛	396.59	5.77	382.53	5.62	378.33	5.56
草地	12.98	0.19	10.38	0.15	9.48	0.14
湿地	458.84	6.67	459.26	6.74	449.22	6.61
农田	2 531.62	36.83	2 519.22	37.00	2 514.36	36.98
城镇	348.11	5.06	356.04	5.23	362.44	5.33
裸地	2.65	0.04	0.65	0.01	0.67	0.01

（8）黔浔江及西江（梧州以下）区

从表4-84可知，2010年黔浔江及西江（梧州以下）区1000m岸边带Ⅰ级生态系统构成比例为森林51.46%、灌丛3.27%、草地0.02%、湿地8.70%、农田30.65%、城镇5.85%、裸地0.06%。整体上看，区域主要由森林和农田构成，面积共占总面积的80%以上，其中森林面积占一半以上；其次是农田，面积占区域总面积的30%左右；其余的生态系统类型面积均不超过总面积的 10%。

表 4-84 黔浔江及西江（梧州以下）区 1000m 岸边带 I 级生态系统构成特征

类型	2000 年		2005 年		2010 年	
	面积/km²	比例/%	面积/km²	比例/%	面积/km²	比例/%
森林	6 597.14	51.54	6 613.28	51.60	6 627.44	51.46
灌丛	443.91	3.47	431.06	3.36	421.06	3.27
草地	26.32	0.21	26.13	0.20	2.27	0.02
湿地	1 109.88	8.67	1 121.88	8.75	1 120.30	8.70
农田	3 940.73	30.79	3 923.63	30.61	3 947.41	30.65
城镇	663.36	5.18	682.93	5.33	753.03	5.85
裸地	18.00	0.14	18.70	0.15	7.53	0.06

（9）北江大坑口以上区

从表 4-85 得知，2010 年北江大坑口以上区 1000m 岸边带 I 级生态系统构成比例为森林 47.02%、灌丛 3.78%、草地 0.06%、湿地 4.83%、农田 39.13%、城镇 4.72%、裸地 0.46%。整体上看，北江大坑口以上区 1000m 岸边带的生态系统类型主要由森林和农田构成为主，面积共占总面积的 85% 以上，区域的其他生态类型面积较小，所占比例均不超过总面积的 10%，其中裸地面积最小，所占比例为 0.3% 左右。

表 4-85 北江大坑口以上区 1000m 岸边带 I 级生态系统构成特征

类型	2000 年		2005 年		2010 年	
	面积/km²	比例/%	面积/km²	比例/%	面积/km²	比例/%
森林	2 285.45	47.57	2 288.07	47.37	2 316.37	47.02
灌丛	195.27	4.06	175.16	3.63	186.05	3.78
草地	3.82	0.08	4.03	0.08	2.94	0.06
湿地	229.98	4.79	233.61	4.84	238.04	4.83
农田	1 897.83	39.50	1 896.06	39.25	1 927.39	39.13
城镇	174.15	3.62	211.25	4.37	232.50	4.72
裸地	17.90	0.37	22.51	0.47	22.67	0.46

（10）北江大坑口以下区

从表 4-86 可知，2010 年北江大坑口以下区 1000m 岸边带 I 级生态系统构成比例为森林 49.64%、灌丛 2.36%、草地 0.04%、湿地 6.42%、农田 35.60%、城镇 5.67%、裸地 0.27%。区域主要由森林和农田构成，面积共占总面积的 85% 以上，面积最大的是森林，最小的是草地，所占比例不超过 0.1%。

表 4-86 北江大坑口以下区 1000m 岸边带 I 级生态系统构成特征

类型	2000 年		2005 年		2010 年	
	面积/km²	比例/%	面积/km²	比例/%	面积/km²	比例/%
森林	5 472.70	49.89	5 573.32	50.14	5 592.95	49.64
灌丛	290.71	2.65	267.34	2.40	265.82	2.36
草地	8.44	0.08	7.64	0.07	4.57	0.04
湿地	700.25	6.38	727.51	6.54	723.67	6.42
农田	3 984.07	36.32	3 974.14	35.75	4 010.59	35.60
城镇	481.56	4.39	533.48	4.80	638.38	5.67
裸地	31.96	0.29	33.00	0.30	30.76	0.27

（11）东江秋香江口以上区

从表 4-87 可知，2010 年东江秋香江口以上区 1000m 岸边带 I 级生态系统构成比例为森林 66.25%、灌丛 0.34%、草地 0.31%、湿地 9.45%、农田 18.23%、城镇 5.25%、裸地 0.18%。整体上看，区域主要生态系统类型主要是森林，面积超过总面积的一半；其次是湿地和农田，面积分别占 10% 左右；面积最小的是裸地。

表 4-87 东江秋香江口以上区 1000m 岸边带 I 级生态系统构成特征

类型	2000 年		2005 年		2010 年	
	面积/km²	比例/%	面积/km²	比例/%	面积/km²	比例/%
森林	3 228.46	66.19	3 284.97	66.66	3 305.96	66.25
灌丛	21.03	0.43	17.97	0.36	16.84	0.34
草地	14.38	0.29	13.61	0.28	15.36	0.31
湿地	465.02	9.53	468.92	9.52	471.45	9.45
农田	914.08	18.74	888.50	18.03	909.73	18.23
城镇	195.67	4.01	219.41	4.45	261.95	5.25
裸地	38.60	0.79	34.50	0.70	8.86	0.18

（12）东江秋香江口以下区

从表 4-88 可知，2010 年东江秋香江口以下区 1000m 岸边带 I 级生态系统构成比例为森林 35.99%、灌丛 1.02%、草地 0.06%、湿地 7.68%、农田 36.66%、城镇 18.39%、裸地 0.20%。区域主要由森林和农田构成，面积之和占总面积的 70% 以上，其中农田的面积最大，占区域总面积的 36% 以上；面积最小的是裸地。

表 4-88 东江秋香江口以下区 1000m 岸边带 I 级生态系统构成特征

类型	2000 年		2005 年		2010 年	
	面积/km²	比例/%	面积/km²	比例/%	面积/km²	比例/%
森林	1 860.56	36.20	1 850.50	36.31	1 822.49	35.99
灌丛	58.45	1.14	52.14	1.02	51.74	1.02
草地	6.77	0.13	5.93	0.12	2.88	0.06

续表

类型	2000 年		2005 年		2010 年	
	面积/km²	比例/%	面积/km²	比例/%	面积/km²	比例/%
湿地	390.77	7.60	387.82	7.61	388.69	7.68
农田	2 004.85	39.01	1 945.06	38.17	1 856.52	36.66
城镇	787.40	15.32	812.08	15.93	931.24	18.39
裸地	30.32	0.59	42.82	0.84	10.18	0.20

（13）西北江三角洲区

从表 4-89 可知，2010 年西北江三角洲区 1000m 岸边带 I 级生态系统构成比例为森林 29.97%、灌丛 0.16%、湿地 18.09%、农田 27.68%、城镇 24.00%、裸地 0.10%，草地面积仅为 0.77km²。区域内森林、湿地、农田和城镇面积所占比例都在 20% 左右，其他生态系统类型分布极少。

表 4-89　西北江三角洲区 1000m 岸边带 I 级生态系统构成特征

类型	2000 年		2005 年		2010 年	
	面积/km²	比例/%	面积/km²	比例/%	面积/km²	比例/%
森林	4 762.54	30.52	4 756.04	30.62	4 653.61	29.97
灌丛	35.97	0.23	24.95	0.16	24.25	0.16
草地	3.31	0.02	3.30	0.02	0.77	0.00
湿地	2 957.91	18.96	2 807.90	18.08	2 808.68	18.09
农田	4 936.59	31.64	4 562.38	29.37	4 296.97	27.68
城镇	2 861.59	18.34	3 316.20	21.35	3 726.03	24.00
裸地	44.65	0.29	62.59	0.40	15.62	0.10

（14）东江三角洲区

从表 4-90 可知，2010 年东江三角洲区 1000m 岸边带 I 级生态系统构成比例为森林 29.20%、灌丛 0.53%、湿地 9.12%、农田 31.17%、城镇 29.93%、裸地 0.05%，草地面积仅 0.05km²。整体上看，区域内森林、农田和城镇面积所占比例约为 30%，其中城镇面积占总面积的比例为所有子流域最高。

表 4-90　东江三角洲区 1000m 岸边带 I 级生态系统构成特征

类型	2000 年		2005 年		2010 年	
	面积/km²	比例/%	面积/km²	比例/%	面积/km²	比例/%
森林	1 377.12	28.90	1 377.16	29.52	1 362.49	29.20
灌丛	26.13	0.55	24.31	0.52	24.73	0.53
草地	0.38	0.01	0.59	0.01	0.05	0.00
湿地	460.06	9.65	428.46	9.18	425.52	9.12
农田	1 684.10	35.34	1 552.91	33.28	1 454.82	31.17
城镇	1 200.81	25.20	1 253.84	26.87	1 396.87	29.93
裸地	16.84	0.35	28.57	0.61	2.15	0.05

4.5.3 2000m 岸边带

4.5.3.1 全流域 2000m 岸边带

2010 年珠江流域 2000m 岸边带 I 级生态系统构成比例为森林 45.01%、灌丛 7.55%、草地 4.47%、湿地 4.96%、农田 31.33%、城镇 6.54%、裸地 0.14%（表 4-91、图 4-54）。珠江流域 2000m 岸边带以森林和农田分布为主，面积超过总面积的 70%；其次为湿地和城镇，灌丛、草地所占面积相对较小，裸地面积所占比例极小。

表 4-91 珠江流域 2000m 岸边带 I 级生态系统构成特征

类型	2000 年		2005 年		2010 年	
	面积/km²	比例/%	面积/km²	比例/%	面积/km²	比例/%
森林	91 185.36	44.82	91 488.46	44.96	91 726.18	45.01
灌丛	15 934.59	7.83	15 676.28	7.70	15 391.52	7.55
草地	9 233.89	4.54	9 277.56	4.56	9 118.90	4.47
湿地	10 093.39	4.96	9 985.72	4.91	10 104.73	4.96
农田	65 631.22	32.26	64 544.43	31.72	63 841.58	31.33
城镇	10 964.98	5.39	12 052.55	5.92	13 336.60	6.54
裸地	421.02	0.21	466.42	0.23	277.36	0.14

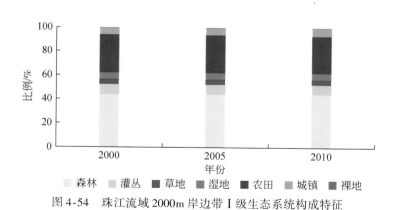

图 4-54 珠江流域 2000m 岸边带 I 级生态系统构成特征

珠江流域上游 2000m 岸边带 2010 年 I 级生态系统构成比例为森林 29.02%、灌丛 15.01%、草地 16.02%、湿地 3.38%、农田 33.22%、城镇 3.21%、裸地 0.14%。由表 4-92 可知，珠江流域上游 2000m 岸边带以森林和农田分布为主，所占面积超过总面积的 60%；其次为灌丛和草地，湿地和城镇所占面积比例相对较小；裸地所占比例最小。

表 4-92　珠江流域上游 2000m 岸边带 Ⅰ 级生态系统构成特征

类型	2000 年		2005 年		2010 年	
	面积/km²	比例/%	面积/km²	比例/%	面积/km²	比例/%
森林	13 505.50	28.54	13 574.60	28.72	13 654.59	29.02
灌丛	7 296.25	15.42	7 271.62	15.38	7 061.93	15.01
草地	7 475.29	15.79	7 538.78	15.95	7 538.04	16.02
湿地	1 484.31	3.14	1 495.87	3.16	1 591.50	3.38
农田	16 249.58	34.33	15 950.62	33.75	15 634.83	33.22
城镇	1 249.14	2.64	1 366.79	2.89	1 509.18	3.21
裸地	68.16	0.14	66.62	0.14	68.05	0.14

2010 年珠江流域中游 2000m 岸边带 Ⅰ 级生态系统构成比例为森林 45.65%、灌丛 9.28%、草地 2.17%、湿地 3.35%、农田 36.01%、城镇 3.51%、裸地 0.02%。从表 4-93 可知，珠江流域中游 2000m 岸边带以森林和农田分布为主，所占面积超过总面积的 80%；灌丛、草地、湿地和城镇所占面积比例相对较小；裸地面积所占比例极小。

表 4-93　珠江流域中游 2000m 岸边带 Ⅰ 级生态系统构成特征

类型	2000 年		2005 年		2010 年	
	面积/km²	比例/%	面积/km²	比例/%	面积/km²	比例/%
森林	31 704.08	45.46	31 643.40	45.47	31 820.13	45.65
灌丛	6 632.28	9.51	6 538.00	9.39	6 470.11	9.28
草地	1 631.22	2.34	1 615.72	2.32	1 514.18	2.17
湿地	2 292.67	3.29	2 311.98	3.32	2 335.02	3.35
农田	25 179.41	36.10	25 119.89	36.09	25 100.90	36.01
城镇	2 279.10	3.27	2 354.57	3.38	2 448.79	3.51
裸地	22.20	0.03	14.94	0.02	14.40	0.02

2010 年珠江流域下游 2000m 岸边带 Ⅰ 级生态系统构成比例为森林 53.14%、灌丛 2.14%、草地 0.08%、湿地 7.10%、农田 26.55%、城镇 10.78%、裸地 0.22%。从表 4-94 可知，珠江流域下游 2000m 岸边带以森林和农田分布为主，所占面积约占总面积的 80%；其次为湿地和城镇；灌丛所占面积比例相对较小；草地和裸地所占面积比例极小。

表 4-94　珠江流域下游 2000m 岸边带 Ⅰ 级生态系统构成特征

类型	2000 年		2005 年		2010 年	
	面积/km²	比例/%	面积/km²	比例/%	面积/km²	比例/%
森林	45 975.78	53.22	46 270.46	53.41	46 251.46	53.14
灌丛	2 006.06	2.32	1 866.66	2.15	1 859.48	2.14
草地	127.38	0.15	123.06	0.14	66.68	0.08
湿地	6 316.41	7.31	6 177.88	7.13	6 178.21	7.10
农田	24 202.23	28.01	23 473.92	27.10	23 105.85	26.55
城镇	7 436.74	8.61	8 331.20	9.62	9 378.62	10.78
裸地	330.66	0.38	384.85	0.44	194.91	0.22

4.5.3.2 子流域 2000m 岸边带

（1）北盘江区

从表 4-95 可知，2010 年北盘江区 2000m 岸边带Ⅰ级生态系统构成比例为森林 21.44%、灌丛 18.06%、草地 22.85%、湿地 2.13%、农田 32.67%、城镇 2.57%、裸地 0.28%。北盘江区 2000m 岸边带 2010 年Ⅰ级生态系统主要以森林、灌丛、草地、湿地和农田构成为主，其中农田面积所占比例最高，为 35% 以上；其次是森林、灌丛与草地，面积所占比例均超过 15%；最小的是裸地，面积不超过总面积比例的 1%。

表 4-95　北盘江区 2000m 岸边带Ⅰ级生态系统构成特征

类型	2000 年		2005 年		2010 年	
	面积/km²	比例/%	面积/km²	比例/%	面积/km²	比例/%
森林	1 157.59	20.20	1 200.24	20.80	1 224.47	21.44
灌丛	1 032.29	18.02	1 041.39	18.05	1 031.55	18.06
草地	1 224.56	21.37	1 267.40	21.96	1 304.81	22.85
湿地	95.09	1.66	97.35	1.69	121.78	2.13
农田	2 099.62	36.64	2 024.52	35.08	1 865.96	32.67
城镇	104.80	1.83	124.23	2.15	146.87	2.57
裸地	15.79	0.28	15.79	0.27	15.79	0.28

（2）南盘江区

从表 4-96 可知，2010 年南盘江区 2000m 岸边带Ⅰ级生态系统构成比例为森林 29.49%、灌丛 13.31%、草地 20.57%、湿地 3.33%、农田 30.24%、城镇 2.86%、裸地 0.20%。整体上看，区域的生态系统主要以森林、灌丛、草地和农田为主，其中农田面积所占比例最高，为 30% 左右；其次是森林和草地，分别占 20% 以上；最小的是裸地。

表 4-96　南盘江区 2000m 岸边带Ⅰ级生态系统构成特征

类型	2000 年		2005 年		2010 年	
	面积/km²	比例/%	面积/km²	比例/%	面积/km²	比例/%
森林	7 471.93	29.13	7 486.19	29.27	7 490.61	29.49
灌丛	3 494.08	13.62	3 476.52	13.59	3 379.43	13.31
草地	5 281.20	20.59	5 270.84	20.61	5 224.55	20.57
湿地	840.71	3.28	849.98	3.32	846.14	3.33
农田	7 961.23	31.04	7 810.09	30.54	7 680.10	30.24
城镇	551.90	2.15	634.19	2.48	726.75	2.86
裸地	50.25	0.20	49.04	0.19	50.47	0.20

（3）红水河区

从表 4-97 可知，2010 年红水河区 2000m 岸边带 I 级生态系统构成比例为森林 30.97%、灌丛 16.62%、草地 6.32%、湿地 3.91%、农田 38.18%、城镇 3.98%，裸地只有 1.79km²。整体上看，区域主要由森林和农田构成，面积共占总面积的约 70%；其次为灌丛，其他生态系统类型面积所占比例相对较小。

表 4-97 红水河区 2000m 岸边带 I 级生态系统构成特征

类型	2000 年		2005 年		2010 年	
	面积/km²	比例/%	面积/km²	比例/%	面积/km²	比例/%
森林	4 875.98	30.58	4 888.17	30.71	4 939.51	30.97
灌丛	2 769.88	17.37	2 753.71	17.30	2 650.95	16.62
草地	969.53	6.08	1000.54	6.29	1008.68	6.32
湿地	548.51	3.44	548.54	3.45	623.58	3.91
农田	6 188.73	38.81	6 116.01	38.42	6 088.77	38.18
城镇	592.44	3.72	608.37	3.82	635.56	3.98
裸地	2.12	0.01	1.79	0.01	1.79	0.01

（4）左江及郁江干流区

从表 4-98 可知，2010 年左江及郁江干流区 2000m 岸边带 I 级生态系统构成比例为森林 37.11%、灌丛 6.57%、草地 0.13%、湿地 3.81%、农田 47.96%、城镇 4.40%、裸地 0.01%。整体上看，区域主要由森林和农田构成，其中农田面积所占比例最高，约占总面积的一半。

表 4-98 左江及郁江干流区 2000m 岸边带 I 级生态系统构成特征

类型	2000 年		2005 年		2010 年	
	面积/km²	比例/%	面积/km²	比例/%	面积/km²	比例/%
森林	7 467.70	36.88	7 463.64	36.84	7 523.60	37.11
灌丛	1 370.44	6.77	1 346.85	6.65	1 332.88	6.57
草地	87.63	0.43	88.11	0.43	27.26	0.13
湿地	769.57	3.80	771.72	3.81	772.82	3.81
农田	9 728.57	48.04	9 728.53	48.02	9 723.56	47.96
城镇	824.44	4.07	858.45	4.24	892.52	4.40
裸地	1.37	0.01	1.28	0.01	1.28	0.01

（5）右江区

从表 4-99 可知，2010 年右江区 2000m 岸边带 I 级生态系统构成比例为森林 45.92%、灌丛 14.65%、草地 5.59%、湿地 2.55%、农田 29.13%、城镇 2.14%、裸地 0.03%。整体上看，右江区 2000m 岸边带 I 级生态系统主要以森林和农田构成为主，面积共占总面积的70%以上；其次为灌丛，其他生态系统类型面积所占比例相对较少。

表4-99　右江区2000m岸边带Ⅰ级生态系统构成特征

类型	2000 年		2005 年		2010 年	
	面积/km²	比例/%	面积/km²	比例/%	面积/km²	比例/%
森林	6 836.06	45.74	6 831.75	45.78	6 878.58	45.92
灌丛	2 257.64	15.11	2 235.52	14.98	2 193.93	14.65
草地	859.78	5.75	851.27	5.70	836.80	5.59
湿地	335.41	2.24	351.10	2.35	381.91	2.55
农田	4 358.12	29.16	4 342.91	29.10	4 363.56	29.13
城镇	288.57	1.93	304.42	2.04	320.41	2.14
裸地	9.04	0.06	6.09	0.04	5.01	0.03

（6）柳江区

从表4-100可知，2010年柳江区2000m岸边带Ⅰ级生态系统构成比例为森林50.03%、灌丛9.61%、草地2.93%、湿地3.38%、农田30.96%、城镇3.06%、裸地0.03%。整体上看，柳江区2000m岸边带Ⅰ级生态系统主要以森林和农田构成为主，森林和农田面积共占总面积的80%以上，其中森林面积占一半以上；其余的生态系统类型面积较小，所占比例不超过10%。

表4-100　柳江区2000m岸边带Ⅰ级生态系统构成特征

类型	2000 年		2005 年		2010 年	
	面积/km²	比例/%	面积/km²	比例/%	面积/km²	比例/%
森林	10 740.54	49.74	10 776.24	49.88	10 813.02	50.03
灌丛	2 102.75	9.74	2 085.81	9.66	2 077.59	9.61
草地	655.79	3.04	653.24	3.02	632.44	2.93
湿地	728.80	3.38	729.85	3.38	731.02	3.38
农田	6 740.85	31.22	6 722.59	31.12	6 690.04	30.96
城镇	618.08	2.86	630.10	2.92	661.97	3.06%
裸地	5.88	0.03	5.61	0.03	5.48	0.03

（7）桂贺江区

从表4-101可知，2010年桂贺江区2000m岸边带Ⅰ级生态系统构成比例为森林51.45%、灌丛6.74%、草地0.14%、湿地3.50%、农田33.68%、城镇4.47%、裸地0.02%。整体上看，桂贺江区2000m岸边带Ⅰ级生态系统主要以森林和农田构成为主，面积共占总面积的85%左右，其中森林面积占一半以上，其他生态系统类型面积所占比例较小，均不到10%。

表 4-101　桂贺江区 2000m 岸边带 I 级生态系统构成特征

类型	2000 年		2005 年		2010 年	
	面积/km²	比例/%	面积/km²	比例/%	面积/km²	比例/%
森林	6 659.79	51.41	6 571.77	51.29	6 604.94	51.45
灌丛	901.45	6.96	869.82	6.79	865.71	6.74
草地	28.02	0.22	23.10	0.18	17.67	0.14
湿地	458.90	3.54	459.31	3.58	449.27	3.50
农田	4 351.87	33.59	4 325.86	33.76	4 323.74	33.68
城镇	548.00	4.23	561.59	4.38	573.89	4.47
裸地	5.91	0.05	1.97	0.02	2.63	0.02

（8）黔浔江及西江（梧州以下）区

从表 4-102 可知，2010 年黔浔江及西江（梧州以下）区 2000m 岸边带 I 级生态系统构成比例为森林 59.85%、灌丛 3.90%、草地 0.02%、湿地 5.42%、农田 26.37%、城镇 4.36%、裸地 0.08%。整体上看，黔浔江及西江（梧州以下）区 2000m 岸边带 I 级生态系统主要以森林和农田构成为主，面积共占总面积的 80% 以上，其中森林面积占一半以上；而裸地和草地面积最小，两者面积总和占区域总面积不到 1%。

表 4-102　黔浔江及西江（梧州以下）区 2000m 岸边带 I 级生态系统构成特征

类型	2000 年		2005 年		2010 年	
	面积/km²	比例/%	面积/km²	比例/%	面积/km²	比例/%
森林	12 307.08	59.74	12 335.11	59.82	12 381.12	59.85
灌丛	848.68	4.12	818.68	3.97	806.07	3.90
草地	53.65	0.26	52.99	0.26	4.24	0.02
湿地	1 110.89	5.39	1 122.74	5.45	1 121.25	5.42
农田	5 449.20	26.45	5 433.58	26.35	5 454.32	26.37
城镇	796.97	3.87	820.29	3.98	901.68	4.36%
裸地	35.59	0.17	35.66	0.17	17.50	0.08

（9）北江大坑口以上区

从表 4-103 可知，2010 年北江大坑口以上区 2000m 岸边带 I 级生态系统构成比例为森林 56.44%、灌丛 4.59%、草地 0.09%、湿地 2.72%、农田 32.13%、城镇 3.40%、裸地 0.63%。整体上看，北江大坑口以上区 2000m 岸边带 I 级生态系统主要以森林和农田构成为主，面积占区域总面积的 85% 以上，森林的面积最大，大于 56%；其次是农田，大于 32%；面积最小的是草地。

表 4-103 北江大坑口以上区 2000m 岸边带 I 级生态系统构成特征

类型	2000 年		2005 年		2010 年	
	面积/km²	比例/%	面积/km²	比例/%	面积/km²	比例/%
森林	4 900.84	56.59	4 895.57	56.72	4 948.37	56.44
灌丛	432.27	4.99	389.93	4.52	402.37	4.59
草地	10.74	0.12	11.36	0.13	7.50	0.09
湿地	231.48	2.67	234.49	2.72	238.89	2.72
农田	2 819.50	32.56	2 784.80	32.27	2 817.21	32.13
城镇	225.76	2.61	269.61	3.12	298.17	3.40
裸地	39.80	0.46	45.22	0.52	54.96	0.63

(10) 北江大坑口以下区

从表 4-104 可知,2010 年北江大坑口以下区 2000m 岸边带 I 级生态系统构成比例为森林 60.59%、灌丛 2.57%、草地 0.09%、湿地 3.99%、农田 28.23%、城镇 4.15%、裸地 0.38%。北江大坑口以下区 2000m 岸边带 I 级生态系统主要以森林和农田构成为主,森林面积最大,占总面积的 60% 以上;其次是农田,占 28% 以上;最小的是草地,仅占 0.1% 左右。

表 4-104 北江大坑口以下区 2000m 岸边带 I 级生态系统构成特征

类型	2000 年		2005 年		2010 年	
	面积/km²	比例/%	面积/km²	比例/%	面积/km²	比例/%
森林	10 787.71	60.71	10 972.06	61.10	10 982.23	60.59
灌丛	514.80	2.90	470.55	2.62	466.03	2.57
草地	21.13	0.12	18.45	0.10	16.02	0.09
湿地	700.25	3.94	727.51	4.05	723.67	3.99
农田	5 110.20	28.76	5 071.83	28.24	5 116.31	28.23
城镇	567.71	3.20	631.68	3.52	752.18	4.15
裸地	66.25	0.37	64.54	0.36	68.31	0.38

(11) 东江秋香江口以上区

从表 4-105 可知,2010 年东江秋香江口以上区 2000m 岸边带 I 级生态系统构成比例为森林 73.75%、灌丛 0.38%、草地 0.34%、湿地 5.14%、农田 16.13%、城镇 4.02%、裸地 0.23%。整体上看,东江秋香江口以上区 2000m 岸边带 I 级生态系统区域主要生态系统类型以森林为主,面积超过总面积的 70%;其次是农田,面积占 16% 左右;最小的是裸地,仅占 0.23%。

表 4-105 东江秋香江口以上区 2000m 岸边带 Ⅰ 级生态系统构成特征

类型	2000 年		2005 年		2010 年	
	面积/km²	比例/%	面积/km²	比例/%	面积/km²	比例/%
森林	6 580.60	73.45	6 706.39	73.95	6 761.04	73.75
灌丛	40.28	0.45	36.15	0.40	34.62	0.38
草地	28.62	0.32	27.37	0.30	31.51	0.34
湿地	465.02	5.19	468.92	5.17	471.45	5.14
农田	1 491.61	16.65	1 446.72	15.95	1 478.76	16.13
城镇	278.63	3.11	312.98	3.45	368.94	4.02
裸地	74.65	0.83	70.21	0.77	20.72	0.23

（12）东江秋香江口以下区

从表 4-106 可知，2010 年东江秋香江口以下区 2000m 岸边带 Ⅰ 级生态系统构成比例为森林 43.65%、灌丛 1.26%、草地 0.09%、湿地 5.66%、农田 31.09%、城镇 18.07%、裸地 0.17%。整体上看，东江秋香江口以下区 2000m 岸边带 Ⅰ 级生态系统区域主要以森林、农田和城镇构成为主，这三个生态系统类型面积总和占总面积的 90% 以上；面积最小的生态类型是草地，面积仅占区域总面积的 0.1% 左右。

表 4-106 东江秋香江口以下区 2000m 岸边带 Ⅰ 级生态系统构成特征

类型	2000 年		2005 年		2010 年	
	面积/km²	比例/%	面积/km²	比例/%	面积/km²	比例/%
森林	3 051.16	44.05	3 033.45	43.90	2 995.38	43.65
灌丛	91.23	1.32	86.38	1.25	86.59	1.26
草地	9.27	0.13	8.49	0.12	6.21	0.09
湿地	390.77	5.64	387.82	5.61	388.69	5.66
农田	2 300.94	33.22	2 237.39	32.38	2 133.79	31.09
城镇	1 041.59	15.04	1 099.89	15.92	1 240.06	18.07
裸地	42.33	0.61	55.79	0.81	11.63	0.17

（13）西北江三角洲区

从表 4-107 可知，2010 年西北江三角洲区 2000m 岸边带 Ⅰ 级生态系统构成比例为森林 34.03%、灌丛 0.16%、湿地 16.14%、农田 25.73%、城镇 23.83%、裸地 0.11%，草地面积仅 0.97km²。整体上看，西北江三角洲区 2000m 岸边带 Ⅰ 级生态系统类型以森林、湿地、农田和城镇为主，面积最大的是森林，其次是农田，最小的是草地。

表 4-107 西北江三角洲区 2000m 岸边带 Ⅰ 级生态系统构成特征

类型	2000 年		2005 年		2010 年	
	面积/km²	比例/%	面积/km²	比例/%	面积/km²	比例/%
森林	6 057.08	34.75	6 045.75	34.70	5 921.81	34.03
灌丛	41.24	0.24	29.36	0.17	27.97	0.16
草地	3.53	0.02	3.51	0.02	0.97	0.01

类型	2000 年		2005 年		2010 年	
	面积/km²	比例/%	面积/km²	比例/%	面积/km²	比例/%
湿地	2 957.91	16.97	2 807.90	16.12	2 808.68	16.14
农田	5 160.91	29.61	4 761.32	27.33	4 476.60	25.73
城镇	3 159.61	18.13	3 699.06	21.23	4 146.93	23.83
裸地	51.40	0.29	74.90	0.43	18.74	0.11

（14）东江三角洲区

从表4-108可知，2010年东江三角洲区2000m岸边带Ⅰ级生态系统构成比例为森林37.53%、灌丛0.59%、湿地7.06%、农田27.03%、城镇27.73%、裸地0.05%，草地面积仅为0.24km²。整体上看，东江三角洲区2000m岸边带Ⅰ级生态系统类型以森林、农田和城镇为主，面积约占总面积的30%，其中城镇面积占总面积的比例为所有子流域最高。

表4-108 东江三角洲区2000m岸边带Ⅰ级生态系统构成特征

类型	2000 年		2005 年		2010 年	
	面积/km²	比例/%	面积/km²	比例/%	面积/km²	比例/%
森林	2 291.32	37.90	2 282.14	37.90	2 261.51	37.53
灌丛	37.56	0.62	35.60	0.59	35.83	0.59
草地	0.43	0.01	0.88	0.01	0.24	0.00
湿地	460.09	7.61	428.49	7.12	425.59	7.06
农田	1 869.88	30.93	1 738.29	28.87	1 628.86	27.03
城镇	1 366.46	22.60	1 497.69	24.87	1 670.66	27.73
裸地	20.64	0.34	38.52	0.64	3.06	0.05

4.6　岸边带生态系统类型变化

4.6.1　森林生态系统

4.6.1.1　500m岸边带

由图4-55可知，珠江流域500m岸边带森林生态系统面积呈上升趋势。2000～2010年十年间，珠江流域500m岸边带森林生态系统面积由22 057.17km²增加到22 169.10km²，净增加111.93km²，面积变化率总体上升0.51%。按河段分析，珠江流域上、中、下游森林生态系统面积变化率分别上升了2.32%、0.47%、0.20%。按子流域分析，除桂贺江区外，上游、中游其他子流域森林生态系统面积变化率均有所上升，特别是北盘江区变化最大，达到 8.04%；下游东江秋香江口以下区、西北江三角区和东江三角洲区均有所下降，特别是东江秋香江口以下区，下降了 2.53%。

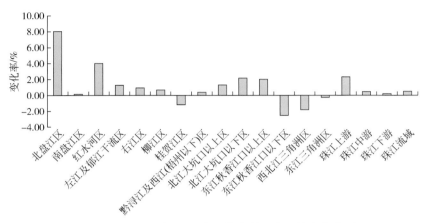

图 4-55　珠江流域 500m 岸边带森林生态系统变化率图

4.6.1.2　1000m 岸边带

由图 4-56 可知，珠江流域 1000m 岸边带森林生态系统面积同样呈增加趋势。2000~2010 年十年间，珠江流域 1000m 岸边带森林生态系统面积由 46 106.23km² 增加到 46 348.06km²，净增加 241.83km²，面积变化率总体上升 0.52%。按河段分析，珠江流域上、中、下游森林生态系统面积变化率分别上升了 1.45%、0.41%、0.38%。按子流域分析，除桂贺江区外，上游、中游其他子流域森林生态系统面积变化率均有所上升，特别是北盘江区变化最大，达到 7.20%；下游东江秋香江口以下区、西北江三角区和东江三角洲区均有所下降，特别是西北江三角区，下降了 2.29%。

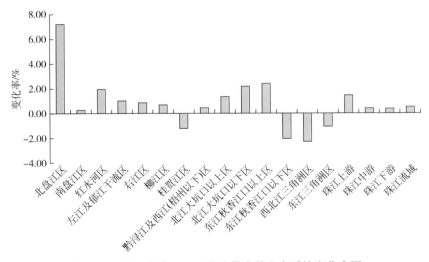

图 4-56　珠江流域 1000m 岸边带森林生态系统变化率图

4.6.1.3 2000m岸边带

从图4-57可知，珠江流域2000m岸边带森林生态系统面积呈增加趋势。2000～2010年十年间，珠江流域2000m岸边带森林生态系统面积由91 185.36km² 增加91 726.18km²，净增加540.82km²，面积变化率总体上升0.59%。按河段分析，珠江流域上、中、下游森林生态系统面积变化率分别上升了1.10%、0.37%、0.60%。按子流域分析，除桂贺江区外，上游、中游其他子流域森林生态系统面积变化率均有所上升，特别是北盘江区变化最大，达到5.78%；下游东江秋香江口以下区、西北江三角区和东江三角洲区均有所下降，特别是西北江三角区，下降了2.23%。

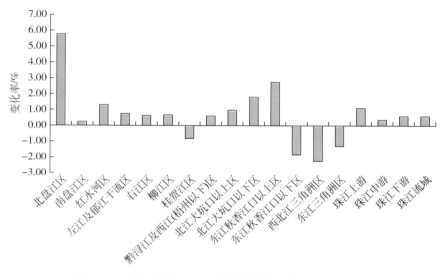

图 4-57 珠江流域2000m岸边带森林生态系统变化率图

4.6.2 灌丛生态系统

4.6.2.1 500m岸边带

从图4-58可知，珠江流域500m岸边带灌丛生态系统面积减少。2000～2010年十年间，珠江流域500m岸边带灌丛生态系统面积由3328.63km² 减少到3113.72km²，净减少214.91km²，面积变化率总体下降了6.46%。按河段分析，珠江流域上、中、下游灌丛生态系统面积变化率分别下降了7.88%、4.15%和8.52%。按子流域分析，灌丛面积变化率除上游的北盘江区上升了2.25%外，其余子流域都有不同程度的下降，特别是西北江三角洲区，下降了35.19%。

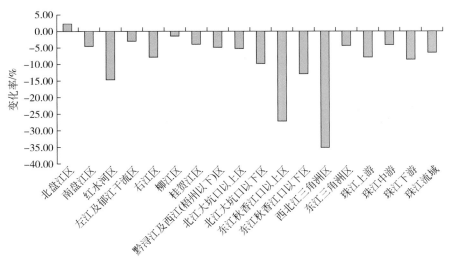

图 4-58　珠江流域 500m 岸边带灌丛生态系统变化率图

4.6.2.2　1000m 岸边带

从图 4-59 可知，珠江流域 1000m 岸边带灌丛生态系统面积减少。2000~2010 年十年间，珠江流域 1000m 岸边带灌丛生态系统面积由 7358.29km² 减少到 7016.64km²，净减少341.65km²，面积变化率总体下降了 4.64%。按河段分析，珠江流域上、中、下游灌丛生态系统面积变化率分别下降了 5.11%、3.11% 和 7.56%。按子流域分析，灌丛面积变化率除上游的北盘江区上升了 1.08% 外，其余子流域都有不同程度的下降，特别是西北江三角洲区，下降了 32.58%。

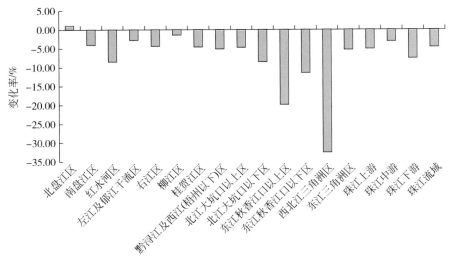

图 4-59　珠江流域 1000m 岸边带灌丛生态系统变化率图

4.6.2.3　2000m 岸边带

由图 4-60 可知，珠江流域 2000m 岸边带灌丛生态系统面积减少。2000～2010 年十年间，珠江流域 2000m 岸边带灌丛生态系统面积由 15 934.59km^2 减少到 15 391.52km^2，净减少 543.07km^2，面积变化率总体下降了 3.41%。按河段分析，珠江流域上、中、下游灌丛生态系统面积变化率分别下降了 3.21%、2.45% 和 7.31%。按子流域分析，全部子流域灌丛生态系统面积变化率都有不同程度的下降，特别是西北江三角洲区，下降了 32.18%。

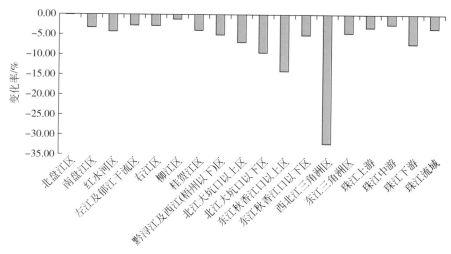

图 4-60　珠江流域 2000m 岸边带灌丛生态系统变化率图

4.6.3　草地生态系统

4.6.3.1　500m 岸边带

从图 4-61 可知，珠江流域 500m 岸边带草地生态系统面积略有减少。2000～2010 年十年间，珠江流域 500m 岸边带草地生态系统面积由 1907.66km^2 减少到 1894.38km^2，净减少 13.28km^2，面积变化率总体下降了 0.70%。按河段分析，珠江流域上游草地生态系统面积变化率上升了 1.26%，中、下游则分别下降了 4.63%% 和 59.60%。按子流域分析，草地面积变化率除上游的北盘江区、红水河区，中游的右江区，以及下游的东江秋香江口以上区有所上升外，其余子流域都有不同程度的下降，特别是东江三角洲区，2010 年 500m 岸边带没有草地覆盖。

4.6.3.2　1000m 岸边带

由图 4-62 可知，珠江流域 1000m 岸边带草地生态系统面积略有减少。2000～2010 年

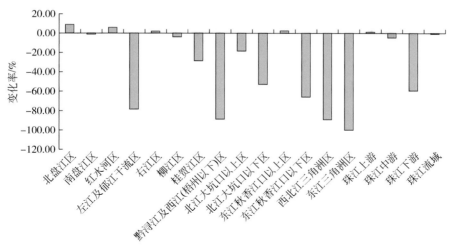

图 4-61　珠江流域 500m 岸边带草地生态系统变化率图

十年间，珠江流域 1000m 岸边带草地生态系统面积由 4289.81km² 减少到 4237.31km²，净减少 52.50km²，面积变化率总体下降了 1.22%。按河段分析，珠江流域上游草地生态系统面积变化率上升了 0.76%，中游、下游则分别下降了 6.12% 和 54.51%。按子流域分析，草地面积变化率除上游的北盘江区、红水河区以及下游的东江秋香江口以上区有所上升外，其余子流域都有不同程度的下降，特别是黔浔江及西江（梧州以下）区，下降了 91.38%。

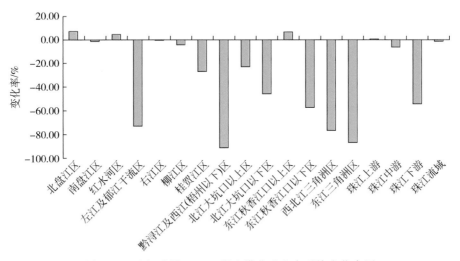

图 4-62　珠江流域 1000m 岸边带草地生态系统变化率图

4.6.3.3　2000m 岸边带

由图 4-63 可知，珠江流域 2000m 岸边带草地生态系统面积略有减少。2000~2010 年十年间，珠江流域2000m岸边带草地生态系统面积由9233.89km² 减少到9118.90km²，净减少114.99km²，面积变化率总体下降了1.25%。按河段分析，珠江流域上游草地生态系统面积变化率上升了0.84%，中游、下游则分别下降了7.17%和47.65%。按子流域分析，草地面积变化率除上游的北盘江区、红水河区以及下游的东江秋香江口以上区有所上升外，其余子流域都有不同程度的下降，特别是黔浔江及西江（梧州以下）区，下降了92.10%。

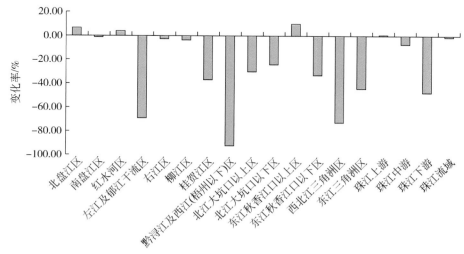

图4-63 珠江流域2000m岸边带草地生态系统变化率图

4.6.4 农田生态系统

4.6.4.1 500m岸边带

由图4-64可知，珠江流域500m岸边带农田生态系统面积减少明显。2000～2010年十年间，珠江流域500m岸边带农田生态系统面积由25 402.10km² 减少到24 495.39km²，净减少906.71km²，面积变化率总体下降了3.27%。按河段分析，珠江流域上、中、下游农田生态系统面积变化率分别下降了3.36%、0.28%和5.38%。按子流域分析，农田面积变化率除右江区、黔浔江及西江（梧州以下）区、北江大坑口以上区和北江大坑口以下区略有上升外，其余子流域都有不同程度的下降，特别是北盘江区、西北江三角洲区和东江三角洲区，都下降超过12%。

4.6.4.2 1000m岸边带

由图4-65可知，珠江流域1000m岸边带农田生态系统面积减少明显。2000～2010年十年间，珠江流域1000m岸边带农田生态系统面积由41 910.72km² 减少到40 606.42km²，

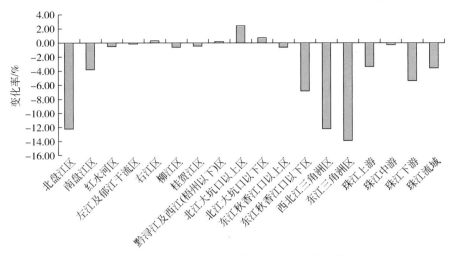

图 4-64　珠江流域 500m 岸边带农田生态系统变化率图

净减少 1304.30km², 面积变化率总体下降了 3.11%。按河段分析, 珠江流域上、中、下游农田生态系统面积变化率分别下降了 3.49%、0.38% 和 4.95%。按子流域分析, 农田面积变化率除黔浔江及西江 (梧州以下) 区、北江大坑口以上区和北江大坑口以下区略有上升外, 其余子流域都有不同程度的下降, 特别是北盘江区、西北江三角洲区和东江三角洲区, 都下降超过 11%。

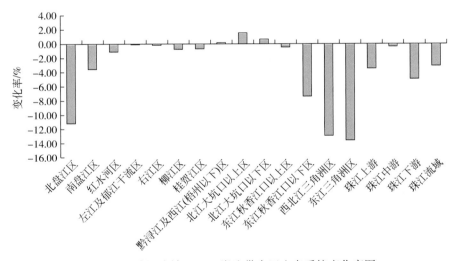

图 4-65　珠江流域 1000m 岸边带农田生态系统变化率图

4.6.4.3　2000m 岸边带

由图 4-66 可知, 珠江流域 2000m 岸边带农田生态系统面积减少明显。2000～2010 年十年间，珠江流域 2000m 岸边带农田生态系统面积由 65 631.22km² 减少到 63 841.58km²，净减少 1789.64km²，面积变化率总体下降了 2.73%。按河段分析，珠江流域上、中、下游农田生态系统面积变化率分别下降 3.78%、0.31% 和 4.53%。按子流域分析，农田面积变化率除右江区、黔浔江及西江（梧州以下）区、北江大坑口以上区略有上升外，其余子流域都有不同程度的下降，特别是北盘江区、西北江三角洲区和东江三角洲区，都下降超过 11%。

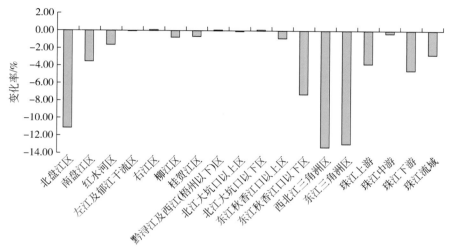

图 4-66　珠江流域 2000m 岸边带农田生态系统变化率图

4.6.5　城镇生态系统

4.6.5.1　500m 岸边带

由图 4-67 可知，珠江流域 500m 岸边带城镇生态系统面积增加明显。2000～2010 年十年间，珠江流域 500m 岸边带城镇用地面积由 5494.98km² 增加到 6917.76km²，净增加 1422.78km²，面积变化率总体上升了 19.38%。按河段分析，珠江流域上游和下游城镇用地面积变化率上升显著，分别达到了 20.74% 和 21.92%，中游则上升了 5.25%。按子流域分析，上游及下游各子流域城镇用地面积扩张迅速，除红水河区、左江及郁江干流区、右江区、柳江区、桂贺江区、黔浔江及西江（梧州以下）区和东江三角洲区外，其他区域城镇面积变化率均超过了 20%。

4.6.5.2　1000m 岸边带

由图 4-68 可知，珠江流域 1000m 岸边带城镇生态系统面积增加明显。2000～2010 年十年间，珠江流域 1000m 岸边带城镇用地面积由 8519.83km² 增加到 10 340.69km²，净增加 1820.86km²，面积变化率总体上升了 21.37%。按河段分析，珠江流域上游和下游城镇用地面积变化率上升显著，分别达到22.03%和24.75%，中游则上升了6.27%。按子流域分析，上游及下游各子流域城镇用地面积扩张迅速，除红水河区、黔浔江及西江（梧州以下）区、东江秋香江口以下区和东江三角洲区外，其他区域城镇面积变化率均超过了20%。

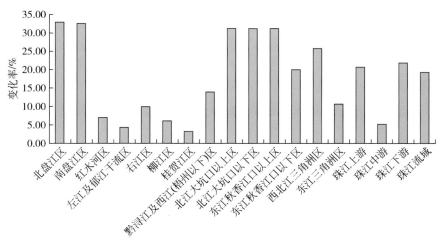

图4-67　珠江流域500m岸边带城镇生态系统变化率图

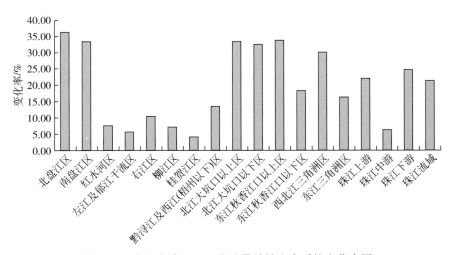

图4-68　珠江流域1000m岸边带城镇生态系统变化率图

4.6.5.3　2000m岸边带

由图4-69可知，珠江流域2000m岸边带城镇生态系统面积增加明显。2000～2010年十年间，珠江流域2000m岸边带城镇用地面积由10 964.98km² 增加到13 336.60km²，净增加2371.62km²，面积变化率总体上升了21.63%。按河段分析，珠江流域上游和下游城镇用地面积变化率上升显著，分别达到了20.82%和26.11%，中游则上升了7.45%。按子流域分析，上游及下游各子流域城镇用地面积扩张迅速，除红水河区、黔浔江及西江（梧州以下）区和东江三角洲区外，其他区域城镇面积变化率均接近或超过20%。

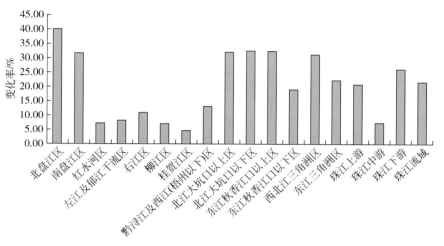

图4-69 珠江流域2000m岸边带城镇生态系统变化率图

第5章 珠江流域生态系统服务功能及变化

生态系统服务功能是指生态系统和生态过程所形成及所维持的人类赖以生存的自然环境条件与效用（欧阳志云等，1999a；1999b），是通过生态系统的结构、过程和功能直接或间接得到的生命支持产品和服务（Repetto，1992；Costanza，1997）。在全球变化，特别是全球气候变化越来越明显的环境背景下，人类以往和当今不合理的生产及生活活动使生态系统的破坏程度加剧，导致生态系统服务功能退化，给人类的生存和发展造成极大的威胁。

生态系统服务功能关系到人类福祉，对其进行评估和研究有助于生态系统的可持续管理，从而实现生态系统的可持续管理（黄桂林等，2012）。随着人们对生态系统服务功能重要性认识的加强，越来越多地在决策制定中考虑生态系统服务功能评估方法和模型的需求与日俱增。目前关于流域生态系统服务价值评估的研究，查阅文献显示有以下4种方法：一是通过直接引用或调整全球单位面积生态系统服务价值进行评估；二是通过调整中国生态系统服务价值当量因子进行评估；三是运用市场价值、影子工程等方法进行评估；四是利用遥感影像对植被净初级生产力（NPP）的测算来评估生态系统服务价值。

根据流域生态系统提供服务的机制、类型和效用，将流域生态系统服务功能分为供给功能、调节功能、文化功能和支持功能四大类。为及时评价掌握珠江流域生态环境演变动态，根据珠江流域的特点和基础数据的可获得性，本次评估中重点选取了水文调节、土壤保持、碳固定、生物多样性和产品提供5种服务功能对珠江流域的生态系统服务功能进行评价与分析。

5.1 生态系统水文调节功能及其十年变化

森林生态系统水文调节功能是森林和水相互作用后产生的综合功能的体现，在调节气候、涵养水源、净化水质、保持水土等方面发挥着巨大功能，其中涵养水源、净化水质和保持水土是森林生态系统服务功能的重要方面（刘世荣，1996），其独特的生态系统结构与水文过程，在生态系统服务功能中起到了突出的作用，森林管理措施和土地利用类型的转变，都会对水文过程及其服务功能产生显著性的影响，本节从水源涵养量及水文调节功能分级分布出发，对珠江流域及各子流域的生态系统水文调节功能进行定量评价分析，从而为合理的开发利用森林资源提供依据。

5.1.1 珠江流域重要水源涵养区

根据我国主要江河源水源涵养重要性分布图，珠江流域中上游南盘江、北盘江、北江和东江上游属于重要的（或极重要）的区域（图5-1）。整个流域森林覆盖率在2000年、2005年、2010年都约为51%，森林水源涵养在生态系统中起着重要的作用，如拦蓄降水、涵养土壤水分和补充地下水、缓解水资源短缺、调节河流径流、防治区域洪涝干旱等。

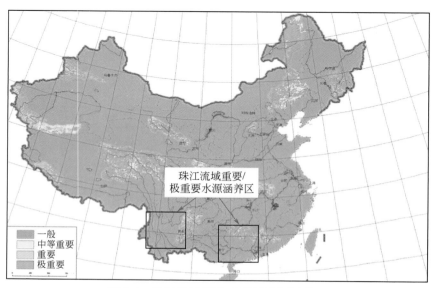

图5-1 珠江流域重要/极重要水源涵养区

5.1.2 评价模型及指标

采用降水储存量法，即用森林生态系统的蓄水效应来衡量其涵养水分的功能。计算方法为

$$Q = A \times J \times R \tag{5-1}$$

$$J = J_0 \times K \tag{5-2}$$

$$R = R_0 - R_g \tag{5-3}$$

式中，Q 为与裸地相比较，森林、草地、湿地、耕地、荒漠等生态系统涵养水分的增加量 $[\text{mm}/(\text{hm}^2 \cdot \text{a})]$；$A$ 为生态系统面积（hm^2）；J 为珠江流域多年均产流降水量（$P >$ 20mm）（mm）；J_0 为珠江流域多年均降水总量（mm）；K 为珠江流域产流降水量占降水总量的比例；R 为与裸地（或皆伐迹地）比较，生态系统减少径流的效益系数；R_0 为产流降水条件下裸地降水径流率；R_g 为产流降水条件下生态系统降水径流率。K 为根据赵同谦等以秦岭–淮河一线为界限将全国划分为北方区和南方区，而北方降雨较少，降雨主要集中于6~9月，甚至一年的降水量主要集中于一两次降雨中，珠江流域降雨次数多、强度大，主要集中于4~9月，K 取0.6。

根据已有的实测和研究成果，结合各种生态系统的分布、植被指数、土壤、地形特征及对应裸地的相关数据，确定珠江流域主要生态系统类型的 R 值，根据文献，珠江流域各类生态系统 R 值如表 5-1 所示。表 5-1 是主要森林生态系统的 R 值。

表 5-1　生态系统类型 R 值

序号	生态系统类型	R 值
1	常绿阔叶林	0.39
2	落叶阔叶林	0.34
3	常绿针叶林	0.36
4	落叶针叶林	0.36
5	针阔混交林	0.34
6	常绿阔叶灌木林	0.32
7	落叶阔叶灌木林	0.32
8	乔木园地	0.28
9	灌木园地	0.28
10	乔木绿地	0.34
11	灌木绿地	0.28
12	草丛	0.20
13	草本绿地	0.20
14	森林沼泽	0.40
15	灌丛沼泽	0.40
16	草本沼泽	0.40
17	湖泊	—
18	水库/坑塘	—
19	河流	—
20	水田	0.09
21	旱地	0.25
22	居住地	0.00
23	工业用地	0.00
24	交通用地	0.00
25	采矿场	0.00
26	稀疏林	0.00
27	稀疏灌木林	0.00
28	裸岩	0.00
29	裸土	0.00

5.1.3　珠江流域水源涵养总量分析

根据降水储存量法的上述公式，计算得到 2000 年和 2010 年珠江流域及其子流域的水文调节能力（表5-2和图5-2），可得出以下结果。

表5-2　流域历年水源涵养总量　　　　　　　　　　（单位：亿t）

流域	2000 年	2010 年
北盘江区	172.90	168.08
南盘江区	373.61	347.70
红水河区	471.42	435.85
上游小计	1017.94	951.64
左江及郁江干流区	329.85	339.94
右江区	351.06	350.31
柳江区	625.83	595.18
中游小计	1306.73	1285.43
桂贺江区	351.15	337.86
黔浔江及西江（梧州以下）区	443.70	446.88
北江大坑口以上区	215.20	209.77
北江大坑口以下区	389.75	383.64
东江秋香江口以上区	276.34	276.06
东江秋香江口以下区	104.85	104.55
西北江三角洲区	149.21	147.11
东江三角洲区	83.51	82.16
下游小计	2013.69	1988.02
珠江流域合计	4338.36	4225.09

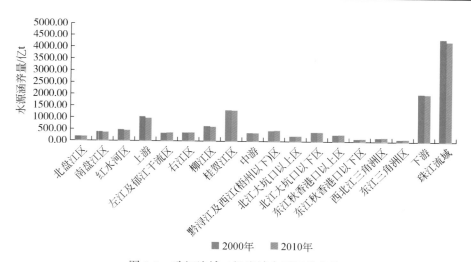

图5-2　珠江流域二级流域水源涵养总量

从时间上来看，2000～2010 年珠江流域的水源涵养总量呈下降趋势（图 5-2），上、中、下游各区域的水文调节能力变化较为一致。珠江流域水源涵养总量由 2000 年的 4338.36 亿 t 减少至 2010 年的 4225.09 亿 t，下降了 2.61%。其中上游从 2000 年的 1017.94 亿 t 减少至 2010 年的 951.64 亿 t，下降了 6.5%；中游从 2000 年的 1306.73 亿 t 减少至 2010 年的 1285.43 亿 t，下降了 1.63%；下游从 2000 年的 2013.69 亿 t 减少至 2010 年的 1988.02 亿 t，下降了 1.27%。

从空间上来看，珠江流域的水源涵养总量 2000 年下游≫中游>上游，同时 2010 年相对下降比较上游≫中游>下游；各子流域中水文调节能力仅有左江及郁江干流区、黔浔江及西江（梧州以下）区上升，东江秋香江口以上区、东江秋香江口以下区、右江区保持不变，其余下降，其中南盘江区及红水河区下降最大。

5.1.4　珠江流域水文调节功能评估

根据珠江流域的水源涵养功能量，将水源涵养功能量的结果进行标准化处理：

$$\mathrm{SSC} = (\mathrm{SC}_x - \mathrm{SC}_{\min})/(\mathrm{SC}_{\max} - \mathrm{SC}_{\min})$$

式中，SSC 为标准化之后的水源涵养综合能力值；SC_x 为评价区域土水源涵养量；$\mathrm{SC}_{\max}$ 和 $\mathrm{SC}_{\min}$ 分别为珠江流域水源涵养量最大值和最小值。

将标准化后的生态系统水源涵养综合能力分为高（0.8～1）、较高（0.6～0.8）、中（0.4～0.6）、较低（0.2～0.4）、低（0～0.2）5 个等级来评价珠江流域的水文调节功能，珠江流域及各子流域水文调节能力分类空间分布如图 5-3 所示。

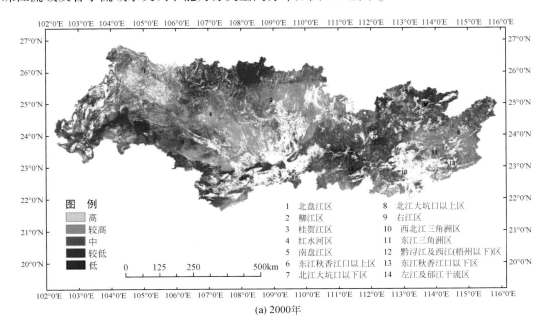

(a) 2000年

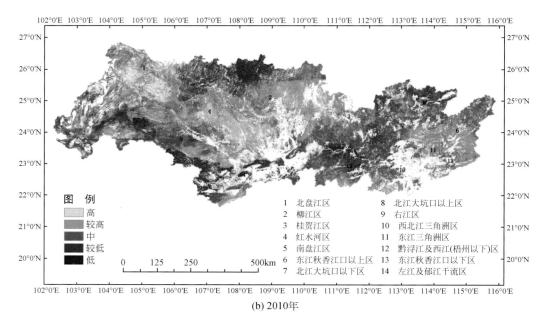

(b) 2010年

图5-3 珠江流域水文调节功能空间分布图

（1）珠江流域

从珠江流域水文调节各等级类型拥有面积来看（表5-3），2000年各等级类型拥有的面积极不均衡，评价等级为中等类型的面积最大，为133 880.53km²，占珠江流域总面积的46.57%；评价等级为高等类型的面积最小，为4662.28km²，仅占1.62%；各评价等级类型的面积大小依次为中>较低>较高>低>高。2010年各等级类型拥有的面积与2000年类似，也极不均衡，水源涵养功能中等，评价等级为中等的面积占主体，其次为较低等和较高等，高和低等级类型区域仅占少量。

表5-3 珠江流域水文调节功能分级特征

年份	统计参数	高	较高	中	较低	低
2000	面积/km²	4 662.28	69 734.74	133 880.53	74 081.77	5 148.02
	比例/%	1.62	24.25	46.57	25.77	1.79
2010	面积/km²	4 412.15	68 169.27	129 728.74	72 149.08	4 433.36
	比例/%	1.58	24.44	46.52	25.87	1.59

（2）北盘江

从北盘江水文调节各等级类型拥有面积来看（表5-4），2000年各等级类型拥有的面积不均衡，评价等级为中等类型的面积最大，为6360.39km²，占41.28%；评价等级为低等类型的面积最小，为142.33 km²，仅占0.92%；各评价等级类型的面积大小依次为中≫较高>较低>高>低。2010年各等级类型拥有的面积与2000年类似，也极不均衡，水源涵养功能呈中等水平，评价等级为中等的面积占主体，其次为较低等和较高等，高和低等级类型区域仅占少量。

表 5-4　北盘江水文调节功能分级特征

年份	统计参数	高	较高	中	较低	低
2000	面积/km²	1306.50	5337.88	6360.39	2262.56	142.33
	比例/%	8.48	34.64	41.28	14.68	0.92
2010	面积/km²	1182.20	5190.20	6309.71	2174.83	117.33
	比例/%	7.89	34.66	42.14	14.52	0.78

（3）南盘江

从南盘江水文调节各等级类型拥有面积来看（表 5-5），南盘江 2000 年的水文调节能力较高，主要集中在中及较低两个等级面积较高，面积分别为 15 153.33 km² 和 15 896.87 km²，同时评价等级为较高的区域面积为 2497.72 km²，占整个南盘江水源涵养区域面积的 7.06%。但在 2010 年评价等级为较高类型拥有的面积增加且等价等级为低的类型面积降低，说明南盘江水文调节功能在不断提高，但是水源涵养量 2010 年相比 2000 年有所下降。

表 5-5　南盘江水文调节功能分级特征

年份	统计参数	高	较高	中	较低	低
2000	面积/km²	111.88	2 497.72	15 153.33	15 896.87	1 701.66
	比例/%	0.32	7.06	42.85	44.96	4.81
2010	面积/km²	120.30	2 388.89	14 163.61	14 594.37	1 551.01
	比例/%	0.37	7.28	43.16	44.47	4.73

（4）红水河

红水河 2000 年水源涵养量总量为 471.42 亿 t，占整个珠江流域的 10.8%。从红水河水文调节各等级类型拥有面积来看（表 5-6），红水河文调节各等级类型整体水平较高，2000 年主要集中在较高和中两个等级，面积分别为 11 385.59 km² 和 12 280.79 km²，分别占红水河水源涵养区域面积的 33.64% 和 36.28%。2010 年红水河水文调节各等级类型的面积基本与 2000 年相同。

表 5-6　红水河水文调节功能分级特征

年份	统计参数	高	较高	中	较低	低
2000	面积/km²	260.78	11 385.59	12 280.79	9 252.54	669.76
	比例/%	0.77	33.64	36.28	27.33	1.98
2010	面积/km²	243.33	10 388.30	11 145.17	9 033.79	562.89
	比例/%	0.78	33.11	35.52	28.79	1.79

（5）左江及郁江干流区

左江及郁江干流区 2000 年及 2010 年水源涵养量总量分别为 329.85 亿 t、339.94 亿 t，各占整个珠江流域水源涵养量的 7.6%、7.84%，含量较高。从左江及郁江干流区水文调节各等级类型拥有面积来看（表 5-7），左江及郁江干流区水文调节各等级类型主要集中在中及较低等级，其中 2000 年较低等级面积占 64.60%，水文调节等级为高的面积比例仅占 2.05%，说明左江及郁江干流区水文调节能力处于较低水平。2010 年相比 2000 年，左江及郁江干流区的水文调节等级类型高、较高、中级的面积比例均下降，较低等级的面积比例在增加，说明左江及郁江干流区的水文调节能力在下降。

表 5-7　左江及郁江干流区水文调节功能分级特征

年份	统计参数	高	较高	中	较低	低
2000	面积/km²	411.32	1 520.52	5 042.48	12 973.17	134.32
	比例/%	2.05	7.57	25.11	64.60	0.67
2010	面积/km²	414.40	1 535.51	5 112.80	13 565.44	93.12
	比例/%	2.00	7.41	24.67	65.47	0.45

（6）右江区

从水文调节各等级类型拥有面积来看（表 5-8），右江区水文调节各等级类型主要集中在较高及中等级，其中 2000 年较高等级面积占 25.77%、中等级面积占 41.69%，说明右江区水文调节能力处于较高水平；2010 年相比 2000 年，右江区的水文调节等级类型高、较高、中级的面积比例均上升，较低等级的面积比例减少，说明右江区的水文调节能力在不断上升。

表 5-8　右江区水文调节功能分级

年份	统计参数	高	较高	中	较低	低
2000	面积/km²	82.40	6 979.87	11 290.23	7 582.75	1 145.87
	比例/%	0.30	25.77	41.69	28.00	4.23
2010	面积/km²	83.71	7 405.68	11 387.95	6 940.56	1 002.43
	比例/%	0.31	27.61	42.46	25.88	3.74

（7）柳江区

柳江区 2000 年及 2010 年水源涵养量总量分别为 625.83 亿 t、595.18 亿 t，占整个珠江流域水源涵养量的 14% 左右，水源涵养量总量处于较高水平。从柳江区水文调节各等级类型拥有面积来看（表 5-9），柳江区水文调节各等级类型主要集中在较高及中等级，其中 2000 年较高等级面积占 27.60%、中等级面积占 46.85%，说明柳江区水文调节能力处于较中高水平；2010 年相比 2000 年，柳江区的水文调节等级类型低级的面积比例均上升，但较低等级的面积比例在减少。总的来说柳江区的水文调节能力保持稳定。

表 5-9 柳江区水文调节功能分级特征

年份	统计参数	高	较高	中	较低	低
2000	面积/km²	668.86	11 270.59	19 133.91	8 851.12	914.71
	比例/%	1.64	27.60	46.85	21.67	2.24
2010	面积/km²	582.90	10 784.06	17 767.31	9 029.50	689.29
	比例/%	1.50	27.76	45.73	23.24	1.77

(8) 桂贺江区

桂贺江区 2000 年及 2010 年水源涵养量总量分别为 351.15 亿 t、337.86 亿 t，占整个珠江流域水源涵养量的 8% 左右，水源涵养量总量有下降趋势。从桂贺江区水文调节各等级类型拥有面积来看（表 5-10），桂贺江区水文调节各等级类型主要集中在较高及中等级，其中 2000 年较高等级面积占 35.66%、中等级面积占 56.87%，说明桂贺江区水文调节能力处于较高水平；2010 年相比 2000 年，桂贺江区的水文调节等级类型高、较高的面积比例均上升，中等、较低及低等级的面积比例在减小，说明桂贺江区的水文调节能力在不断上升。

表 5-10 桂贺江区水文调节功能分级特征

年份	统计参数	高	较高	中	较低	低
2000	面积/km²	578.59	7 450.85	11 882.38	951.05	31.40
	比例/%	2.77	35.66	56.87	4.55	0.15
2010	面积/km²	563.20	7 249.60	11 406.08	836.28	19.25
	比例/%	2.81	36.11	56.82	4.17	0.10

(9) 黔浔江及西江区

黔浔江及西江区 2000 年及 2010 年水源涵养量总量分别为 351.15 亿 t、337.86 亿 t，占整个珠江流域水源涵养量的 8% 左右，水源涵养量总量有下降趋势。从黔浔江及西江区水文调节各等级类型拥有面积来看（表 5-11），黔浔江及西江区调节各等级类型主要集中在较中及较低等级，其中 2000 年中级等级面积占 48.58%、较低等级面积占 37.22%，说明黔浔江及西江区水文调节能力处于中下水平；2010 年相比 2000 年，黔浔江及西江区的水文调节等级类型较低级的面积比例均上升，高以及较高等级的面积比例在减少，说明黔浔江及西江区的水文调节能力在下降。

表 5-11 黔浔江及西江水文调节功能分级特征

年份	统计参数	高	较高	中	较低	低
2000	面积/km²	113.08	1700.29	6260.00	4795.42	16.85
	比例/%	0.88	13.20	48.58	37.22	0.13
2010	面积/km²	109.63	1627.18	6050.93	4753.51	8.15
	比例/%	0.87	12.97	48.22	37.88	0.06

（10）北江大坑口以上区

北江大坑口以上区 2000 年及 2010 年水源涵养量总量分别为 215.2 亿 t、209.77 亿 t，占整个珠江流域水源涵养量的 4.9% 左右，水源涵养量总量较小且有下降趋势。从北江大坑口以上区水文调节各等级类型拥有面积来看（表 5-12），北江大坑口以上区水文调节各等级类型主要集中在中及较低等级，其中 2000 年中等级面积占 48.58%、较低等级面积占 37.22%，说明北江大坑口以上区水文调节能力处于中低水平；2010 年相比 2000 年，北江大坑口以上区的水文调节等级类型较低所占面积比例均上升，中等、较高及高等级所占面积比例在减少，说明北江大坑口以上区的水文调节能力在下降。

表 5-12　北江大坑口以上区水文调节功能分级特征

年份	统计参数	高	较高	中	较低	低
2000	面积/km²	113.08	1700.29	6260.00	4795.42	16.85
	比例/%	0.88	13.20	48.58	37.22	0.13
2010	面积/km²	109.63	1627.18	6050.93	4753.51	8.15
	比例/%	0.87	12.97	48.22	37.88	0.06

（11）北江大坑口以下区

北江大坑口以下区 2000 年及 2010 年水源涵养量总量分别为 398.75 亿 t、383.64 亿 t，占整个珠江流域水源涵养量的 8.9% 左右，水源涵养量总量呈下降趋势。从北江大坑口以下区水文调节各等级类型拥有面积来看（表 5-13），北江大坑口以下区水文调节各等级类型主要集中在中及较低等级，其中 2000 年中等级面积高达 62.14%、较低等级面积占 23.04%，说明北江大坑口以下区水文调节能力处于中等水平；2010 年相比 2000 年，北江大坑口以下区的水文调节等级类型中等所占面积比例均上升，高及较高等级所占面积比例几乎不变，说明北江大坑口以下区的水文调节能力在稳定中级。

表 5-13　北江大坑口以下区水文调节功能分级特征

年份	统计参数	高	较高	中	较低	低
2000	面积/km²	204.28	2 950.25	13 341.73	4 945.38	27.18
	比例/%	0.95	13.74	62.14	23.04	0.13
2010	面积/km²	198.05	2 895.59	13 218.16	4 796.70	14.83
	比例/%	0.94	13.71	62.58	22.71	0.07

（12）东江秋香口以上区

东江秋香口以上区 2000 年及 2010 年水源涵养量总量分别为 276.34 亿 t、376.06 亿 t，占整个珠江流域水源涵养量的 6.35% 左右，水源涵养量总量几乎未改变，从水文调节各等级类型拥有面积来看（表 5-14），东江秋香口以上区水文调节各等级类型主要集中在较高及中等级，其中 2000 年较高等级面积占 46.67%、中等级面积占 49.52%，说明东江秋香口以上区水文调节能力处于中等较高水平；2010 年相比 2000 年，东江秋香口以上区水文调节等级类型较高所占面积比例均上升，低及较低等级所占面积比例在减少，说明东江秋香口以上区的水文调节能力在稳定上升。

表 5-14　东江秋香口以上区水文调节功能分级特征

年份	统计参数	高	较高	中	较低	低
2000	面积/km²	339.82	7130.51	7548.67	224.48	0.89
	比例/%	2.23	46.77	49.52	1.47	0.01
2010	面积/km²	331.76	7200.20	7475.17	219.02	0.55
	比例/%	2.18	47.29	49.09	1.44	0.00

（13）东江秋香口以下区

东江秋香口以下区 2000 年及 2010 年水源涵养量总量分别为 104.85 亿 t、104.55 亿 t，占整个珠江流域水源涵养量的 2.4% 左右，水源涵养量总量小且稳定，从水文调节各等级类型拥有面积来看（表 5-15），东江秋香口以下区水文调节各等级类型主要集中在较高及中等级，且高等级水文调节能力面积所占比例为 3.97%，其中 2000 年较高等级面积占 61.7%，中等级面积占 32.78%，说明东江秋香口以下区水文调节能力处于较高水平；2010 年相比 2000 年，东江秋香口以下区的水文调节等级类型较高所占面积比例均上升，较低等级所占面积比例在减少，说明东江秋香口以下区的水文调节能力在稳定上升。

表 5-15　东江秋香口以下区水文调节功能分级特征

年份	统计参数	高	较高	中	较低	低
2000	面积/km²	220.69	3425.77	1820.35	31.56	54.21
	比例/%	3.97	61.70	32.78	0.57	0.98
2010	面积/km²	219.28	3415.17	1836.86	7.83	54.30
	比例/%	3.96	61.72	33.20	0.14	0.98

（14）西北江三角洲区

西北江三角洲区 2000 年及 2010 年水源涵养量总量分别为 149.21 亿 t、147.11 亿 t，占整个珠江流域水源涵养量的 3.4% 左右，水源涵养量总量略有下降，从水文调节各等级类型拥有面积来看（表 5-16），西北江三角洲区水文调节各等级类型主要集中在较高及中等级，其中 2000 年较高等级面积占 37.40%，中等级面积占 55.87%，说明西北江三角洲区水文调节能力处于较中高水平；2010 年相比 2000 年，西北江三角洲区的水文调节等级类型较高所占面积比例均上升，较低等级所占面积比例在减少，说明西北江三角洲区的水文调节能力在稳定上升。

表 5-16　西北江三角洲区水文调节功能分级特征

年份	统计参数	高	较高	中	较低	低
2000	面积/km²	73.03	2899.18	4330.92	248.06	200.27
	比例/%	0.94	37.40	55.87	3.20	2.58
2010	面积/km²	72.90	2925.44	4228.67	188.46	218.66
	比例/%	0.95	38.32	55.39	2.47	2.86

（15）东江三角洲区

东江三角洲区 2000 年及 2010 年水源涵养量总量分别为 83.51 亿 t、82.16 亿 t，仅占整个珠江流域水源涵养量的 1.9% 左右，水源涵养量总量在珠江流域所占比例最小；从水文调节各等级类型拥有面积来看（表 5-17），东江三角洲区水文调节各等级类型主要集中在较高及中等级，其中 2000 年较高等级面积占 66.17%，中等级面积占 27.77%，说明东江三角洲区水文调节能力处于较高水平；2010 年相比 2000 年，东江三角洲区的水文调节等级类型高级较高所占面积比例均上升，中及较低等级所占面积比例在减少（图 5-4），说明东江三角洲区的水文调节能力在上升。

表 5-17　东江三角洲区水文调节功能分级特征

年份	统计参数	高	较高	中	较低	低
2000	面积/km²	151.48	2871.23	1204.93	16.64	94.87
	比例/%	3.49	66.17	27.77	0.38	2.19
2010	面积/km²	151.08	2832.69	1183.66	1.16	98.28
	比例/%	3.54	66.39	27.74	0.03	2.30

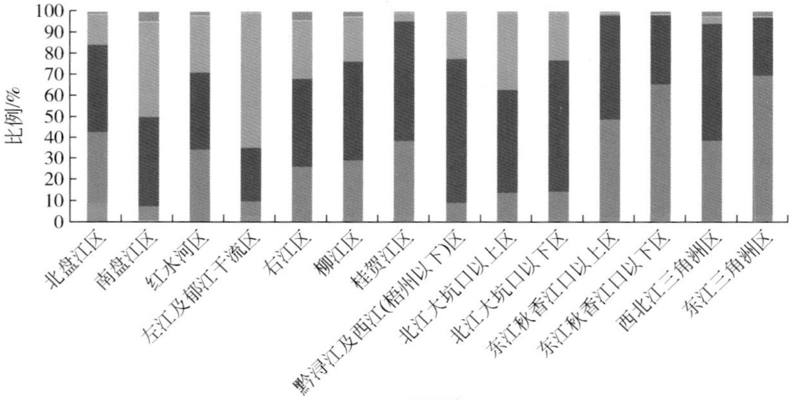

(a) 2000年

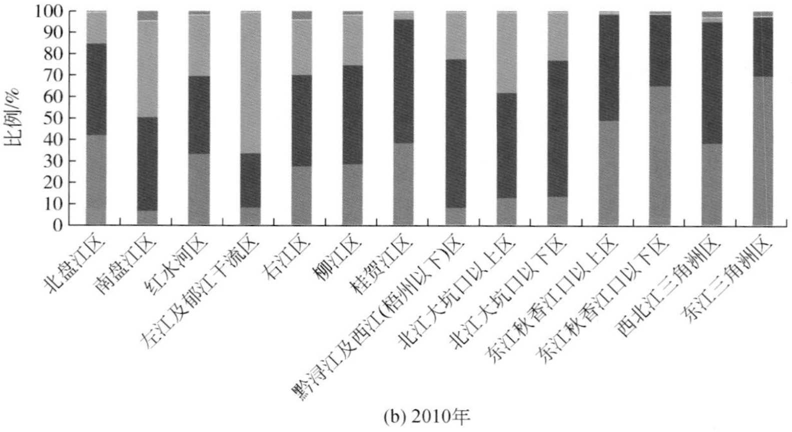

(b) 2010年

■ 低　■ 较低　■ 中　■ 较高　■ 高

图 5-4　各子流域水文调节功能分级特征

5.1.5 水文调节功能转换分析

从表 5-18 及图 5-5 可知，2000～2010 年，珠江流域水文调节功能比较稳定，各等级转移较少，变化最大的为低等级达 10.51%。从面积上看，有 3060km² 从低向高转化；反之，有 2928km² 从高向低转化。

表 5-18　2000～2010 年珠江流域水源涵养功能转移矩阵

	等级	高	较高	中	较低	低
面积/km²	高	4 141.34	304.65	7.15	1.64	0.00
	较高	106.94	64 883.66	1 179.90	12.92	9.41
	中	7.97	1 038.48	123 636.09	1 272.37	10.32
	较低	1.91	24.47	1 403.84	67 749.72	130.58
	低	0.00	8.28	11.36	457.51	4 061.49
比例/%	高	92.96	6.84	0.16	0.04	0.00
	较高	0.16	98.02	1.78	0.02	0.01
	中	0.01	0.82	98.15	1.01	0.01
	较低	0.00	0.04	2.03	97.75	0.19
	低	0.00	0.18	0.25	10.08	89.49

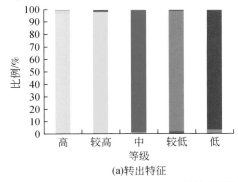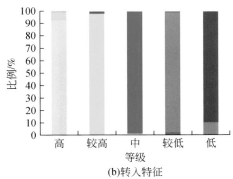

图 5-5　2000～2010 年珠江流域水文调节功能转出、转入特征

从表 5-19 及图 5-6 可知，整体来看，各子流域与流域整体相类似，稳定较高。评价等级为高类型：柳江区转出最大约为 15%，总体面积下降 13%；其次为北盘江区转出最大约为 10%，总体面积下降 9%。评价等级为较高和中的类型：变化均不明显，小于 10%。评价等级为较低的类型：东江三角洲区转出最大总体面积下降约为 76%，主要转化为较高和中类型，面积下降为原面积的 1/16；其次为东江秋香江口以下区，转出约 58%，主要转化为中和较高类型，面积下降为原面积的 1/3。评价等级为低的类型：变化幅度最大，黔浔江及西江（梧州以下）区、北江大坑口以下区和左江及郁江干流区向等级高的方向转移比例较大。

表 5-19 2000～2010 年各子流域水文调节功能转移矩阵 （单位：km²）

流域	等级	高	较高	中	较低	低
北盘江区	高	1 013.08	121.12	7.06	1.60	0.00
	较高	26.71	4 435.34	227.86	9.10	0.11
	中	6.87	169.61	5 408.10	61.41	2.31
	较低	1.85	8.42	86.18	1 935.79	0.88
	低	0.00	0.05	2.34	7.51	112.07
南盘江区	高	108.20	3.11	0.00	0.00	0.00
	较高	4.24	2 195.59	113.16	0.87	0.00
	中	0.00	52.12	13 172.03	275.14	0.28
	较低	0.00	1.00	302.95	14 015.66	59.36
	低	0.00	0.00	0.29	83.52	1 471.29
红水河区	高	236.88	12.39	0.00	0.00	0.00
	较高	3.69	9 996.84	132.78	0.01	0.00
	中	0.00	122.30	10 705.83	152.26	2.07
	较低	0.00	0.00	77.22	8 469.62	19.91
	低	0.00	0.00	2.06	45.73	518.64
左江及郁江干流区	高	411.23	0.09	0.00	0.00	0.00
	较高	2.28	1 512.64	4.01	0.00	0.00
	中	0.34	14.43	4 992.57	6.64	0.00
	较低	0.00	0.00	50.28	12 563.95	1.12
	低	0.00	0.00	0.00	41.66	77.10
右江区	高	82.25	0.15	0.00	0.00	0.00
	较高	0.83	6 740.64	23.86	0.00	0.00
	中	0.00	98.39	10 263.89	165.30	0.00
	较低	0.00	0.01	278.24	6 211.10	31.61
	低	0.00	0.00	0.00	87.31	945.61
柳江区	高	558.75	96.95	0.00	0.00	0.00
	较高	22.69	10 523.63	216.29	0.34	0.00
	中	0.61	131.43	17 220.85	198.61	2.66
	较低	0.02	0.27	170.18	8 470.29	15.01
	低	0.00	0.00	2.58	175.13	659.07
桂贺江区	高	541.53	24.90	0.00	0.04	0.00
	较高	19.08	7 058.62	110.09	0.26	0.05
	中	0.02	122.34	11 142.52	26.71	0.38
	较低	0.04	2.12	87.80	802.81	0.40
	低	0.00	0.02	0.87	1.14	17.86

流域	等级	高	较高	中	较低	低
黔浔江及西江区	高	139.29	0.16	0.06	0.00	0.00
	较高	0.01	2 297.79	6.04	0.02	0.00
	中	0.00	14.07	17 893.25	21.27	0.22
	较低	0.00	0.26	114.53	5 788.20	0.01
	低	0.00	0.00	0.07	8.69	2.89
北江大坑口以上区	高	104.32	8.30	0.02	0.00	0.00
	较高	4.73	1 572.74	99.45	0.02	0.00
	中	0.06	41.44	5 831.58	234.96	0.00
	较低	0.00	0.04	71.26	4 462.19	0.58
	低	0.00	0.00	1.46	3.33	7.27
北江大坑口以下区	高	187.66	13.73	0.00	0.00	0.00
	较高	8.29	2 791.12	79.62	0.00	0.00
	中	0.00	66.67	12 922.21	100.49	0.39
	较低	0.00	0.24	124.59	4 655.55	1.18
	低	0.00	0.00	0.79	3.47	13.05
东江秋香江口以上区	高	320.08	17.87	0.00	0.00	0.00
	较高	11.12	6 952.94	81.48	0.36	0.00
	中	0.00	120.29	7 274.50	29.03	0.00
	较低	0.00	0.46	24.06	180.78	0.04
	低	0.00	0.00	0.12	0.00	0.50
东江秋香江口以下区	高	216.16	3.42	0.01	0.00	0.00
	较高	1.57	3 294.03	12.96	1.74	3.89
	中	0.00	14.20	1 707.28	0.02	0.14
	较低	0.00	2.59	4.69	5.32	0.03
	低	0.00	3.44	0.30	0.00	36.54
西北江三角洲区	高	72.05	0.98	0.00	0.00	0.00
	较高	0.52	2 830.59	17.42	0.00	0.00
	中	0.06	17.94	4 006.76	0.37	1.85
	较低	0.00	7.37	11.49	187.65	0.21
	低	0.00	0.00	0.47	0.02	134.82
东江三角洲区	高	149.88	1.48	0.00	0.00	0.00
	较高	1.19	2 681.12	54.89	0.19	5.37
	中	0.00	53.25	1 094.73	0.15	0.02
	较低	0.00	1.68	0.40	0.82	0.24
	低	0.00	4.77	0.01	0.00	64.77

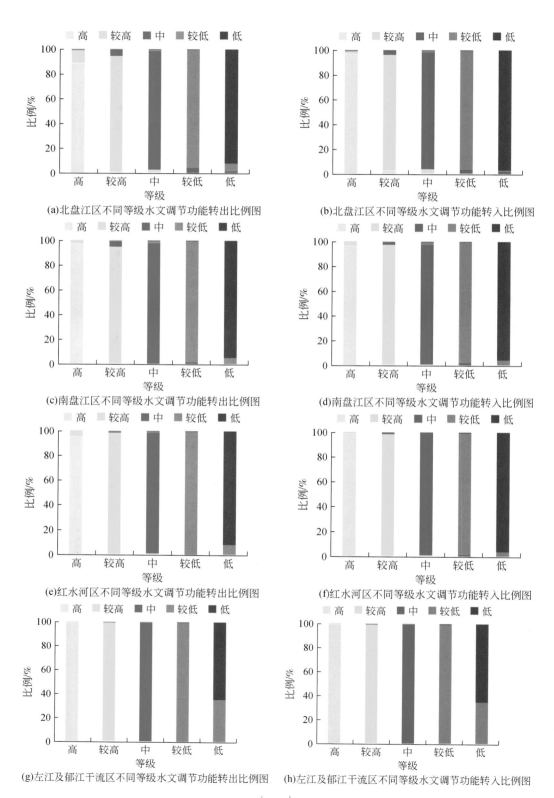

(a)北盘江区不同等级水文调节功能转出比例图

(b)北盘江区不同等级水文调节功能转入比例图

(c)南盘江区不同等级水文调节功能转出比例图

(d)南盘江区不同等级水文调节功能转入比例图

(e)红水河区不同等级水文调节功能转出比例图

(f)红水河区不同等级水文调节功能转入比例图

(g)左江及郁江干流区不同等级水文调节功能转出比例图

(h)左江及郁江干流区不同等级水文调节功能转入比例图

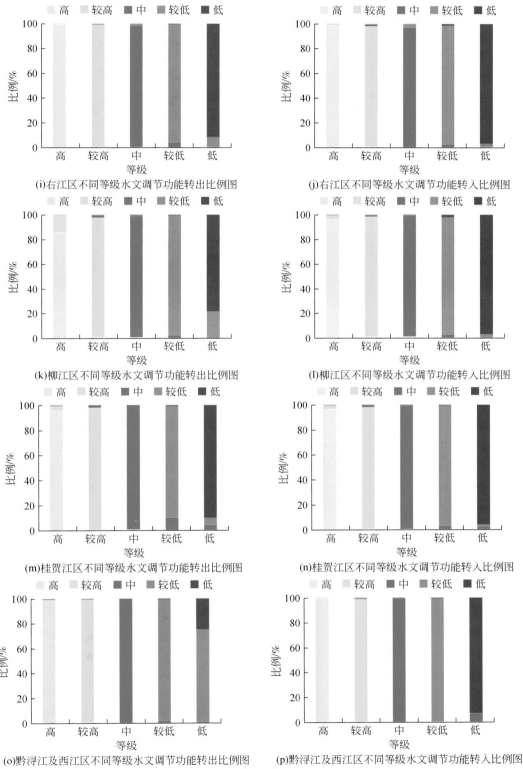

(i)右江区不同等级水文调节功能转出比例图

(j)右江区不同等级水文调节功能转入比例图

(k)柳江区不同等级水文调节功能转出比例图

(l)柳江区不同等级水文调节功能转入比例图

(m)桂贺江区不同等级水文调节功能转出比例图

(n)桂贺江区不同等级水文调节功能转入比例图

(o)黔浔江及西江区不同等级水文调节功能转出比例图

(p)黔浔江及西江区不同等级水文调节功能转入比例图

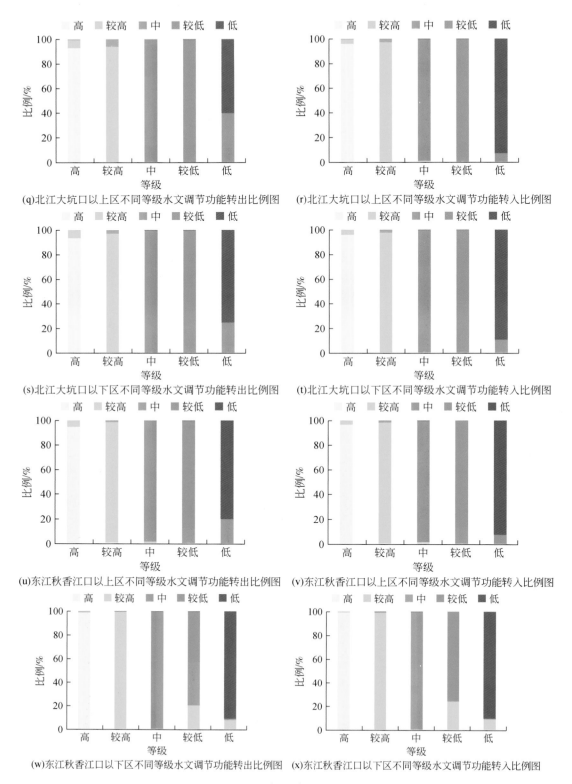

(q)北江大坑口以上区不同等级水文调节功能转出比例图

(r)北江大坑口以上区不同等级水文调节功能转入比例图

(s)北江大坑口以下区不同等级水文调节功能转出比例图

(t)北江大坑口以下区不同等级水文调节功能转入比例图

(u)东江秋香江口以上区不同等级水文调节功能转出比例图

(v)东江秋香江口以上区不同等级水文调节功能转入比例图

(w)东江秋香江口以下区不同等级水文调节功能转出比例图

(x)东江秋香江口以下区不同等级水文调节功能转入比例图

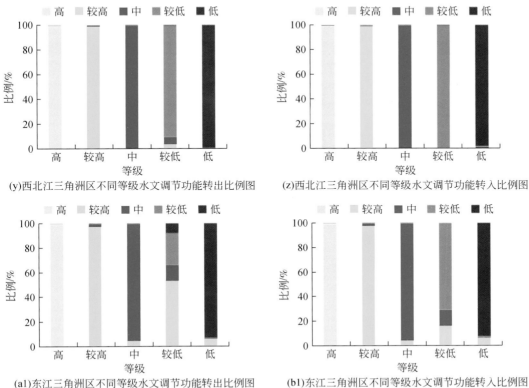

(y)西北江三角洲区不同等级水文调节功能转出比例图　　　　(z)西北江三角洲区不同等级水文调节功能转入比例图

(a1)东江三角洲区不同等级水文调节功能转出比例图　　　　(b1)东江三角洲区不同等级水文调节功能转入比例图

图 5-6　各子流域水文调节功能转移比例

　　珠江流域中上游南北盘江、北江和东江上游属于重要的（或极重要）的区域。其水文调节能力基本保持稳定，2010 珠江流域的水源涵养量为 4225.09 亿 t，比 2000 年下降了3%，南盘江区及红水河区下降最大。珠江流域水源涵养功能中等，评价等级为中的面积占主体，其次为较低和较高，高和低等级区域仅占少量，除较低外各等级面积所占比例都略有下降；南盘江区、左江、黔浔江及西江（梧州以下）区和北江流域各区评价等级为高和较高类型相对较低，北江流域、南盘江流域同是珠江流域重要水源涵养区，须重点关注。珠江流域水文调节功能比较稳定，各等级转移较少，变化最大的为低等级达 6.57%，珠江流域中下流水文调节功能有好转趋势。

5.2　生态系统土壤保持功能及其十年变化

5.2.1　土壤保持状况概述

　　土壤保持是生态系统的重要服务功能之一，在流域侵蚀控制及生态安全的维持方面具有不可替代的作用。土壤保持起源于农田侵蚀，20 世纪 80 年代初，学术界开始关注农田侵蚀对农业发展乃至粮食安全的严重威胁（Pimentel，1995），并且广泛开展了农田侵蚀损失评估（Enters，1998；Adhikari，2011）。随着生态系统服务研究的兴起与不断深入，人们逐渐将重心转移到生态系统抑制土壤侵蚀所避免的损失，即土壤保持价值上来，代表性研究如 Costanza 对全球生态系统土壤保持功能价值的估算（Costanza，1997）。然而，早期基于统计资料的评估对于需要详尽空间特征的管理与决策过程显得有些力不从心，于是以通用土壤流失方程（universal soil loss eguation，USLE）为代表的基于 GIS 与 RS 的模型方法应运而生。近年来，美国斯坦福大学、大自然保护协会和世界自然基金会联合开发了生态系统服务价值化和权衡得失综合评价工具（InVEST），其中土壤保持模块（Avoided Reservoir Sedimentation）是在 USLE 基础上加以改进的，使土壤保持功能评估的合理性和准确性均得到提升。该模型已成功应用于美国宾夕法尼亚州阿勒格尼县东南，以及中国北京山区土壤侵蚀的模拟、白洋淀流域和长江上游生态系统土壤保持功能的研究。

珠江流域自西向东由上游云贵高原区、中游岩溶区、下游丘陵及三角洲平原区三个宏观地貌单元组成。三个地貌单元间均有山地、丘陵作为过渡或分隔，其中上游云贵高原区位于南、北盘江流域，处于云贵高原的右翼，基岩多为砂页岩和灰岩，此间山地多、平地少，粮食问题较大，陡坡种植严重，水土流失以坡耕地面状流失为主，并有崩塌、滑坡、泥石流等，是珠江的主要泥沙来源区；中游岩溶区的广东、广西分界线以上，包括广西流域内的整个区域，以及云南、贵州两省的小部分，基岩以灰岩为主，也有些砂页岩和花岗岩，以溶蚀为主，也有土壤的面蚀和沟蚀，东部一些地方还有崩岗侵蚀，总的来看，水土流失强度较小，但其土层薄，经不起长期的侵蚀，侵蚀潜在危险较严重；下游丘陵及三角洲平原区主要在广东境内，也包括湖南、江西的一小部分，基岩多花岗岩，部分为砂页岩和灰岩，水土流失以花岗岩风化壳的崩岗重力侵蚀为主，也有紫红色砂页岩的层状剥蚀。综上所述，目前珠江流域存在着严重的水土流失问题。特别是珠江上游石灰岩裸露面积占土地总面积的 55%，已经成为我国水土流失问题较为严重的地区之一（图 5-7）。

因此，对珠江流域生态系统保护土壤服务功能及其空间分布进行研究，有助于深入认识珠江流域生态系统保护土壤的重要性，加强对生态系统的保护，保证其生态服务功能的正常发挥。

5.2.2　评价模型与指标

生态系统土壤保持量为潜在侵蚀量与实际侵蚀量的差值，采用 USLE 进行计算：

$$SC = SE_p - SE_a \tag{5-4}$$

$$SE_p = R \times K \times LS \tag{5-5}$$

$$SE_a = R \times K \times LS \times C \tag{5-6}$$

式中，SC 为土壤保持量 $[t/(hm^2 \cdot a)]$；SE_p 为潜在土壤侵蚀量 $[t/(hm^2 \cdot a)]$；SE_a 为实际土壤侵蚀量 $[t/(hm^2 \cdot a)]$；R 为降雨侵蚀力因子 $[(MJ \cdot mm)/(hm^2 \cdot h \cdot a)]$；$K$ 为土壤可蚀性因子 $[(t \cdot hm^2 \cdot h)/(hm^2 \cdot MJ \cdot mm)]$；LS 为地形因子；$C$ 为植被覆盖因子。

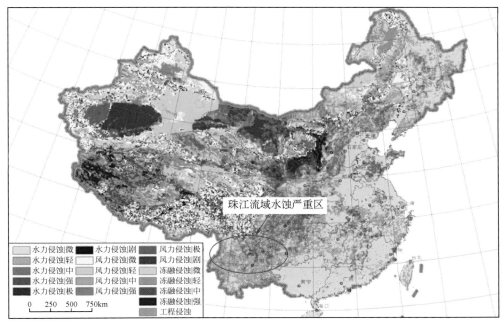

图 5-7　珠江流域水蚀严重区

模型所需参数有 DEM、降雨侵蚀力、土壤可蚀力、土地分类数据、植被覆盖与管理因子指数 C，数据来源及计算公式如下所述。

1）DEM：采用 90m 分辨率的 DEM 数据。

2）土地分类数据：采用 90m 分辨率的 2000 年、2005 年、2010 年遥感影像解译数据。

3）植被覆盖度：采用 250m 分辨率的 2000 年、2005 年、2010 年每旬的遥感影像解译数据。

4）降雨侵蚀力因子：反映了降雨因素对土壤的潜在侵蚀作用，是导致土壤侵蚀的主要动力因素，本研究采用精度为 90m 的地球系统科学数据共享平台分享的全国年均降雨侵蚀力。

5）土壤可蚀性因子（K）：土壤可蚀性是衡量土壤颗粒被水力分离和搬运的难易程度，是反映土壤对侵蚀敏感程度的指标，通常用标准区域上单位降雨侵蚀力所引起的土壤流失量来表示。土壤可蚀性大小与土壤性质中的土壤质地、有机质含量、土体结构、渗透性有关。本研究采用张科利（2007）的中国土壤可蚀性计算方法得到，计算公式如下。

$$K_{\text{EPIC}} = \{0.2 + 0.3\exp[-0.0256 m_{\text{s}}(1 - m_{\text{silt}}/100)]\} \times [m_{\text{silt}}/(m_{\text{c}} + m_{\text{silt}})]^{0.3}$$
$$\times \{1 - 0.25\text{orgC}/[\text{orgC} + \exp(3.72 - 2.95\text{orgC})]\}$$
$$\times \{1 - 0.7(1 - m_s/100)/\{(1 - m_s/100) + \exp[-5.51 + 22.9(1 - m_s/100)]\}\}$$

$$\text{(5-7)}$$

$$K = (-0.013\,83 + 0.515\,75 K_{\text{EPIC}}) \times 0.1317$$

式中，K 为土壤可蚀性 $[(t \cdot hm^2 \cdot h) / (hm^2 \cdot MJ \cdot mm)]$；$m_s$，$m_{silt}$，$m_c$，orgC 分别为砂粒（0.05~2.0 mm）、粉粒（0.002~0.05 mm）、黏粒（<0.002 mm）和有机碳百分含量。

6）地形因子（LS）：地形因子是在相同条件下，每单位面积坡面土壤流失量与标准小区（坡长 22.13 m、坡度 9°）流失量的比值。

$$S = 10.8\sin\theta + 0.03 \quad \theta < 5°$$
$$S = 16.8\sin\theta - 0.5 \quad 5° \leqslant \theta < 10° \tag{5-8}$$
$$S = 21.91\sin\theta - 0.96 \quad \theta \geqslant 10°$$

$$L = \left(\frac{\lambda}{22.13}\right)^m$$

$$m = \beta / (1 + \beta), \quad \beta = (\sin\theta / 0.89) / [3.0 \times (\sin\theta)^{0.8} + 0.56] \tag{5-9}$$

式中，θ 为坡度（°）；λ 为坡长（m）。

坡度可通过 ArcGIS 中的 Slope 工具实现，坡长则可通过 ArcGIS 中的 Flow Accumulation 计算汇流量，以汇流量与栅格分辨率的乘积近似表示。

7）植被覆盖因子（C）：覆盖与管理状态下土壤侵蚀量与实施清耕的连续休闲地土壤侵蚀量的比值。它是控制土壤侵蚀的积极因素，反映了植被类型、覆盖度等对土壤侵蚀的影响。本研究通过查阅文献资料获得不同植被类型的 C 值。

5.2.3 珠江流域土壤保持量分析

基于降雨侵蚀因子、土壤可蚀性因子、地形因子，由 USLE 方程计算得到 2000 年、2010 年珠江流域的土壤保持量，见表 5-20 及图 5-8。结果表明：从时间上来看，珠江流域土壤保持量十年间变化以极小幅度增加，2000 年土壤保持量为 465.26 亿 t，2010 年土壤保持量为 466.12 亿 t，从空间上来看，珠江流域的土壤保持量主要集中在下游，下游>中游>上游。珠江流域子流域的土壤保持能力差异明显，2010 年柳江区的土壤保持能力最强，高达 81.07 亿 t，其次是红水河区、右江区、桂贺江区、黔浔江及西江（梧州以下）区、北江大坑口以下区、左江及郁江干流区、南盘江区等，土壤保持量均在 30 亿 t 以上，土壤保持能力相对较高；东江秋香江口以上区、北盘江区、北江大坑口以上区、西北江三角洲区、东江秋香江口以下区和东江三角洲区子流域土壤保持能力较差，土壤保持量均在 23 亿 t 以下。除了北江大坑口以下区，其他子流域 2000~2010 年土壤保持能力呈现出微弱增强趋势。

表 5-20 珠江流域控制土壤侵蚀功能 （单位：亿 t/a）

流域	2000 年	2010 年
北盘江区	21.25	21.54
南盘江区	31.36	31.48
红水河区	66.12	66.29

续表

流域	2000 年	2010 年
上游合计	118.73	119.31
左江及郁江干流区	33.70	33.74
右江区	42.30	42.31
柳江区	80.98	81.07
中游合计	156.99	157.11
桂贺江区	41.35	41.35
黔浔江及西江（梧州以下）区	39.88	39.90
北江大坑口以上区	19.22	19.25
北江大坑口以下区	36.07	36.03
东江秋香江口以上区	22.30	22.35
东江秋香江口以下区	10.69	10.74
西北江三角洲区	12.47	12.49
东江三角洲区	7.55	7.57
下游合计	189.54	189.70
珠江流域	465.26	466.12

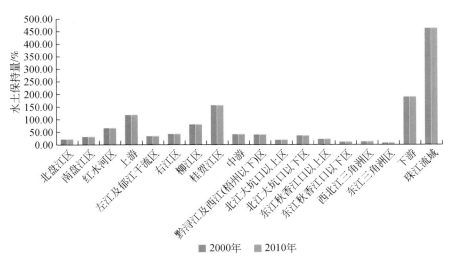

图 5-8　珠江流域历年土壤保持功能量

5.2.4　土壤保持功能评估

根据珠江流域的土壤保持功能，将土壤保持服务功能的结果进行标准化处理：
$$SSC = (SC_x - SC_{min}) / (SC_{max} - SC_{min})$$
式中，SSC 为标准化之后的土壤保持功能值；SC_x 为评价区域土壤保持功能值；SC_{max}，SC_{min} 分别为土壤保持功能值最大值和最小值。

将标准化后的生态系统土壤保持功能评估单元划分为高 [0.8~1.0]、较高 [0.6~0.8)、中 [0.4~0.6)、较低 [0.2~0.4)、低 [0~0.2) 5个等级。珠江流域流域评价结果如图5-9所示。

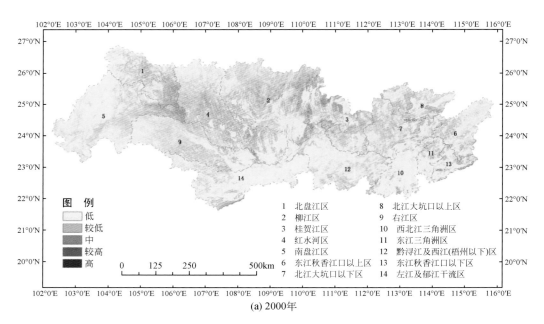

(a) 2000年

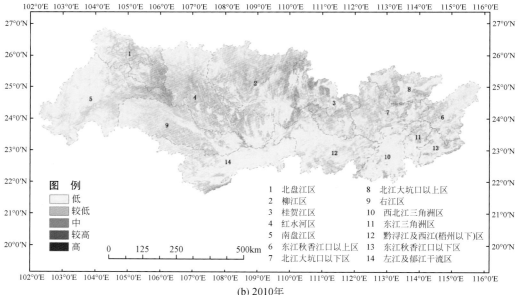

(b) 2010年

图5-9　珠江流域土壤保持功能空间分布

（1）珠江流域

从珠江流域土壤保持功能各等级类型拥有面积来看（表5-21），2000年土壤保持功能较低，评价等级为低的面积占主体，为334 383.8km²，占流域土壤总面积的75.71%；评价等级为高类型的面积最小为678.24 km²，仅占0.15%。各评价等级类型的面积大小依次为低>较低>中>较高>高；2010年各等级类型拥有的面积与2000年类似，土壤保持功能低下，相比2000年，珠江流域2010年的土壤保持功能整体变差，除评价等级为低的类型面积上升外其余等级类型面积均下降。

表5-21　珠江流域生态系统土壤保持功能分级特征

年份	统计参数	高	较高	中	较低	低
2000	面积/km²	678.24	5 477.54	21 220.57	79 917.66	334 383.80
	比例/%	0.15	1.24	4.80	18.09	75.71
2010	面积/km²	631.95	5 386.69	21 126.82	79 505.32	33 5027.06
	比例/%	0.14	1.22	4.78	18.00	75.85

（2）各子流域

从表5-22及图5-10可知，按土壤保持能力等级评价，各流域土壤保持能力评价等级为低级的面积占主体；西北江三角洲区低等级面积占总面积比例高达90%以上，其次是左江及郁江干流区、黔浔江及西江区、东江三角洲区、南盘江区、东江秋香江口以上区等低级面积所占总面积比例在80%以上，珠江流域所有子流域等级为高级的面积所占总面积不超过1%，各子流域生态系统土壤保持能力低下。与2000年相比，珠江流域子流域北盘江区、南盘江区、柳江区、东江秋香江口以上区等级低的面积所占比例有所下降，生态系统土壤保持能力相对有所提高；左江及郁江干流区、桂贺江区、西北江三角洲区各等级面积所占比例几乎未改变，生态系统土壤保持能力维持稳定；红水河区、右江区、黔浔江及西江区、北江大坑口以上区、北江大坑口以下区、东江秋香江口以下区和东江三角洲区7个子流域等级低的面积所占比例呈微弱增加，等级较高以上的面积所占比例下降，生态系统土壤保持能力下降，需引起政府部门高度重视。

表5-22　珠江流域子流域土壤保持功能分级特征

流域	年份	统计参数	高	较高	中	较低	低
北盘江区	2000	面积/km²	79.05	615.33	1 900.11	6 018.94	17 939.33
		比例/%	0.30	2.32	7.16	22.67	67.56
	2010	面积/km²	85.28	644.26	1 948.55	6 086.93	17 787.74
		比例/%	0.32	2.43	7.34	22.92	66.99
南盘江区	2000	面积/km²	51.62	327.59	1 600.77	7 929.41	47 539.87
		比例/%	0.09	0.57	2.79	13.80	82.75
	2010	面积/km²	51.18	330.43	1 619.87	7 972.44	47 475.33
		比例/%	0.09	0.58	2.82	13.88	82.64

流域	年份	统计参数	高	较高	中	较低	低
红水河区	2000	面积/km²	161.80	1 015.12	3 444.00	12 503.86	37 638.76
		比例/%	0.30	1.85	6.29	22.83	68.73
	2010	面积/km²	152.24	983.70	3 366.07	12 164.37	38 097.18
		比例/%	0.28	1.80	6.15	22.21	69.57
左江及郁江干流区	2000	面积/km²	35.53	182.86	737.57	3 671.75	34 009.02
		比例/%	0.09	0.47	1.91	9.50	88.02
	2010	面积/km²	35.56	183.32	739.21	3 673.16	34 005.48
		比例/%	0.09	0.47	1.91	9.51	88.01
右江区	2000	面积/km²	16.05	175.72	1 207.67	7 821.18	30 190.58
		比例/%	0.04	0.45	3.06	19.85	76.60
	2010	面积/km²	15.61	171.26	1 188.41	7 785.39	30 250.54
		比例/%	0.04	0.43	3.02	19.75	76.76
柳江区	2000	面积/km²	67.95	1 096.06	4 436.56	14 170.55	38 767.27
		比例/%	0.12	1.87	7.58	24.21	66.23
	2010	面积/km²	68.02	1 096.67	4 446.40	14 191.54	38 735.77
		比例/%	0.12	1.87	7.60	24.24	66.17
桂贺江区	2000	面积/km²	172.52	1 060.39	2 597.64	7 436.20	18 898.37
		比例/%	0.57	3.52	8.61	24.65	62.65
	2010	面积/km²	171.87	1 060.07	2 599.04	7 436.72	1 8897.41
		比例/%	0.57	3.51	8.62	24.65	62.65
黔浔江及西江	2000	面积/km²）	0.66	57.79	930.15	4 668.04	30 467.06
		比例/%	0.00	0.16	2.57	12.92	84.34
	2010	面积/km²	0.63	56.22	920.56	4 651.51	30 494.77
		比例/%	0.00	0.16	2.55	12.88	84.42
北江大坑口以上区	2000	面积/km²	10.42	246.16	1 148.70	3 672.80	12 311.76
		比例/%	0.06	1.42	6.61	21.12	70.80
	2010	面积/km²	10.43	246.13	1 146.43	3 662.41	12 324.44
		比例/%	0.06	1.42	6.59	21.06	70.87
北江大坑口以下区	2000	面积/km²	10.80	280.54	1 596.52	5 687.17	21 693.90
		比例/%	0.04	0.96	5.45	19.43	74.12
	2010	面积/km²	10.67	280.57	1 592.67	5 676.56	21 708.45
		比例/%	0.04	0.96	5.44	19.39	74.17
东江秋香江口以上区	2000	面积/km²	4.16	86.23	612.27	2 899.14	15 263.46
		比例/%	0.02	0.46	3.25	15.37	80.91

续表

流域	年份	统计参数	高	较高	中	较低	低
东江秋香江口以上区	2010	面积/km²	4.20	86.46	613.35	2 908.34	15 252.92
		比例/%	0.02	0.46	3.25	15.42	80.85
东江秋香江口以下区	2000	面积/km²	52.37	184.95	411.98	1 292.28	6 693.73
		比例/%	0.61	2.14	4.77	14.97	77.52
	2010	面积/km²	11.09	99.31	349.02	1 147.76	7 028.14
		比例/%	0.13	1.15	4.04	13.29	81.39
西北江三角洲区	2000	面积/km²	13.58	93.43	334.92	1 215.77	16 746.26
		比例/%	0.07	0.51	1.82	6.61	90.99
	2010	面积/km²	13.54	93.64	335.40	1 218.30	16 743.09
		比例/%	0.07	0.51	1.82	6.62	90.98
东江三角洲区	2000	面积/km²	1.72	55.39	261.70	930.58	6 224.44
		比例/%	0.02	0.74	3.50	12.45	83.28
	2010	面积/km²	1.63	54.65	261.85	929.90	6 225.80
		比例/%	0.02	0.73	3.50	12.44	83.30

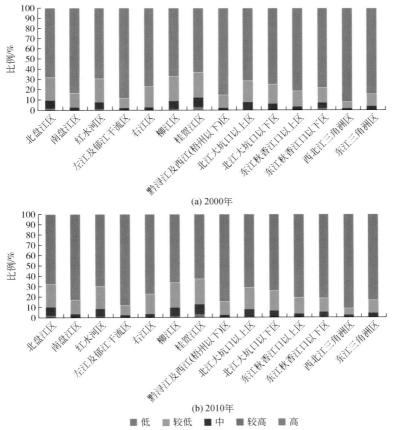

(a) 2000年

(b) 2010年

■ 低　■ 较低　■ 中　■ 较高　■ 高

图 5-10　珠江流域子流域土壤保持功能分级特征

5.2.5 土壤保持功能转换分析

(1) 珠江流域

从表5-23及图5-11可知，2000~2010年，珠江流域土壤保持功能评价等级越高面积转换较大，土壤保持能力为低等级类型稳定程度越高。具体表现在：土壤保持功能为高等级向等级低的转化面积达15.17km²，转化率为8.95%；土壤保持功能为低等级向高等级的转化面积达489.46km²，转化率为仅为0.15%；而土壤保持功能由高转化为低的土地类型面积高达1831.3km²，土壤保持功能由低转化为高的土地类型面积高达776.6km²。因此，各类别主要从高一级的类型转化而来，功能整体呈下降趋势。

表5-23 2000~2010年珠江流域土壤保持功能转移矩阵

项目	等级	高	较高	中	较低	低
面积/km²	高	617.58	60.48	0.02	0.11	0.07
	较高	13.79	5 252.88	209.14	0.72	0.86
	中	0.50	71.62	20 708.31	428.10	12.03
	较低	0.06	1.04	200.13	78 596.67	1 119.76
	低	0.01	0.52	9.21	479.72	33 3894.34
比例/%	高	91.05	8.92	0.00	0.02	0.01
	较高	0.25	95.90	3.82	0.01	0.02
	中	0.00	0.34	97.59	2.02	0.06
	较低	0.00	0.00	0.25	98.35	1.40
	低	0.00	0.00	0.00	0.14	99.85

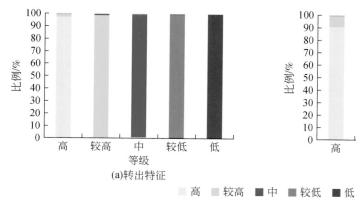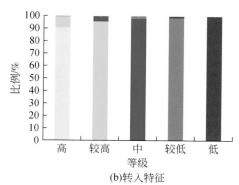

图5-11 2000~2010年珠江流域土壤保持功能转移特征

(2) 北盘江区

由表5-24和图5-12得知，十年来，北盘江区的土壤保持功能等级由高转化为低等级的土地类型面积仅为12.86km²，由低等级转化为高的土地类型面积却高达299.79km²，说明北盘江区的土壤保持能力增强。

表 5-24 2000~2010 年北盘江土壤保持功能转移矩阵

项目	等级	高	较高	中	较低	低
面积/km²	高	78.47	0.58	0.00	0.00	0.00
	较高	6.31	605.22	3.80	0.00	0.00
	中	0.50	38.44	1 852.68	8.49	0.00
	较低	0.00	0.00	91.91	5 909.51	17.52
	低	0.00	0.02	0.16	168.93	17 770.22
比例/%	高	99.27	0.73	0.00	0.00	0.00
	较高	1.03	98.36	0.62	0.00	0.00
	中	0.03	2.02	97.50	0.45	0.00
	较低	0.00	0.00	1.53	98.18	0.29
	低	0.00	0.00	0.00	0.94	99.06

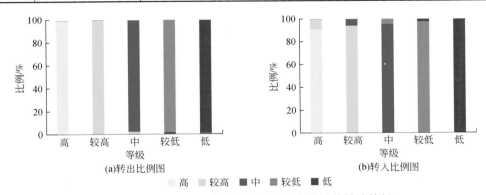

图 5-12 2000~2010 年北盘江区土壤保持功能转移特征

(3) 南盘江区

由表 5-25 和图 5-13 得知，十年来南盘江区的土壤保持功能等级由高转化为低等级的土地类型面积仅为 41.77km²，由低等级转化为高的土地类型面积却高达 129.32km²，南盘江区的土壤保持能力在维持高等级的同时低等级的土壤保持能力也在不断地向高等级转化，土壤保持功能不断增强。

表 5-25 2000~2010 年南盘江土壤保持功能转移矩阵

项目	等级	高	较高	中	较低	低
面积/km²	高	50.49	1.13	0.01	0.00	0.00
	较高	0.70	323.55	3.35	0.00	0.00
	中	0.00	5.72	1 584.43	10.61	0.01
	较低	0.00	0.02	31.66	7 871.05	26.67
	低	0.00	0.02	0.42	90.78	47 448.65

续表

项目	等级	高	较高	中	较低	低
比例/%	高	97.80	2.18	0.02	0.00	0.00
	较高	0.21	98.77	1.02	0.00	0.00
	中	0.00	0.36	98.98	0.66	0.00
	较低	0.00	0.00	0.40	99.26	0.34
	低	0.00	0.00	0.00	0.19	99.81

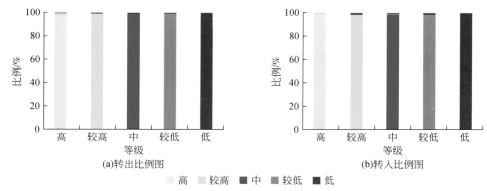

图 5-13　2000～2010 年南盘江区土壤保持功能转移特征

（4）红水河区

由表 5-26 和图 5-14 得知，十年来红水河区的土壤保持功能等级由高转化为低等级的土地类型面积高达 696.65km²，高一级转化为低一级的转化率均在 4% 以上；而由低等级转化为高的土地类型面积却为 68.49km²，低一级转化为高一级的转化均低于 0.3% 以下。说明北盘江区的土壤保持能力不断退化。

表 5-26　2000～2010 年红河水去土壤保持功能转移矩阵

项目	等级	高	较高	中	较低	低
面积\km²	高	149.39	12.41	0.00	0.00	0.00
	较高	2.85	963.69	48.58	0.00	0.00
	中	0.00	7.56	3 298.40	138.04	0.00
	较低	0.00	0.03	18.87	11 987.34	497.62
	低	0.00	0.01	0.22	38.99	37 599.55
比例/%	高	92.33	7.67	0.00	0.00	0.00
	较高	0.28	94.93	4.79	0.00	0.00
	中	0.00	0.22	95.77	4.01	0.00
	较低	0.00	0.00	0.15	95.87	3.98
	低	0.00	0.00	0.00	0.10	99.90

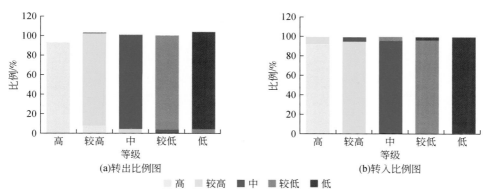

图 5-14　2000～2010 年红水河区土壤保持功能转移特征

（5）左江及郁江干流区

由表 5-27 和图 5-15 得知，十年来左江及郁江干流区的土壤保持功能等级由高转化为低等级的土地类型面积仅为 14.02km² ，由低等级转化为高的土地类型面积为 20.21km² ，左江及郁江干流区的土壤保持能力保持稳定状态。

表 5-27　2000～2010 年左江及郁江干流区土壤保持功能转移矩阵

项目	等级	高	较高	中	较低	低
面积/km²	高	35.45	0.07	0.00	0.00	0.00
	较高	0.11	182.02	0.73	0.00	0.00
	中	0.00	1.22	733.65	2.67	0.03
	较低	0.00	0.00	4.80	3 656.42	10.54
	低	0.00	0.01	0.03	14.06	33 994.91
比例/%	高	99.79	0.21	0.00	0.00	0.00
	较高	0.06	99.54	0.40	0.00	0.00
	中	0.00	0.16	99.47	0.36	0.00
	较低	0.00	0.00	0.13	99.58	0.29
	低	0.00	0.00	0.00	0.04	99.96

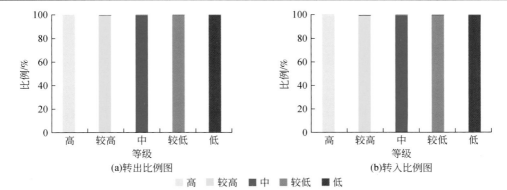

图 5-15　2000～2010 年左江及郁江干流区土壤保持功能转移特征

（6）右江区

由表 5-28 和图 5-16 得知，十年来右江区的土壤保持功能等级由高转化为低等级的土地类型面积为 122.03km², 高一级转化为低一级的转化率平均在 2.9% 左右；由低等级转化为高的土地类型面积仅为 32.55km², 低一级转化为高一级的转化率在 0.2% 以下。说明右江区的土壤保持能力高等级的土壤保持能力在不断地向低等级转化，土壤保持功能呈下降趋势。

表 5-28　2000～2010 年右江区土壤保持功能转移矩阵

项目	等级	高	较高	中	较低	低
面积/km²	高	15.40	0.65	0.00	0.00	0.00
	较高	0.21	168.76	6.75	0.00	0.00
	中	0.00	1.85	1 173.76	32.06	0.00
	较低	0.00	0.00	7.87	7 730.74	82.58
	低	0.00	0.00	0.00	22.59	30 167.96
比例/%	高	95.96	4.04	0.00	0.00	0.00
	较高	0.12	96.04	3.84	0.00	0.00
	中	0.00	0.15	97.19	2.65	0.00
	较低	0.00	0.00	0.10	98.84	1.06
	低	0.00	0.00	0.00	0.07	99.93

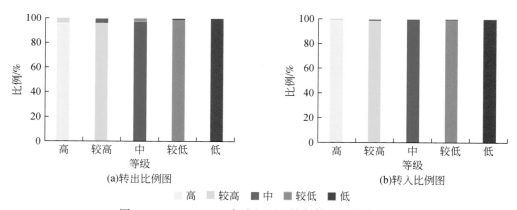

(a)转出比例图　　(b)转入比例图

■ 高　■ 较高　■ 中　■ 较低　■ 低

图 5-16　2000～2010 年右江区土壤保持功能转移特征

（7）柳江区

由表 5-29 和图 5-17 得知，十年来柳江区的土壤保持功能等级由高转化为低等级的土地类型面积为 49.47km², 高一级转化为低一级的转化率平均在 0.99% 左右；由低等级转化为高的土地类型面积高为 92.44km², 低一级转化为高一级的转化率在 0.18% 以下。说明北盘江区的土壤保持能力低等级的土壤保持能力在不断地向高等级转化，土壤保持功能不断增强。

表 5-29 2000～2010 年柳江区土壤保持功能转移矩阵

项目	等级	高	较高	中	较低	低
面积/km²	高	66.09	1.80	0.00	0.00	0.06
	较高	1.93	1 085.36	8.77	0.00	0.00
	中	0.00	9.51	4 412.77	14.28	0.00
	较低	0.00	0.00	24.83	14 121.09	24.62
	低	0.00	0.00	0.02	56.17	38 711.09
比例/%	高	97.26	2.65	0.00	0.00	0.10
	较高	0.18	99.02	0.80	0.00	0.00
	中	0.00	0.21	99.46	0.32	0.00
	较低	0.00	0.00	0.18	99.65	0.17
	低	0.00	0.00	0.00	0.14	99.86

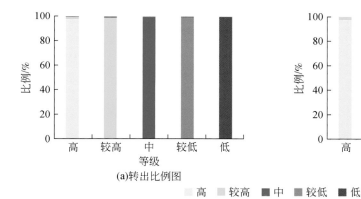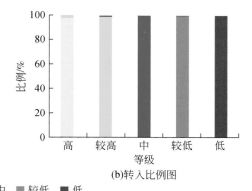

图 5-17 2000～2010 年柳江区土壤保持功能转移特征

(8) 桂贺江区

由表 5-30 和图 5-18 得知，十年来桂贺江区的土壤保持功能等级由高转化为低等级的土地类型面积为 26.67km²，由低等级转化为高的土地类型面积为 26.64km²，高、低级类型相互转化面积相等，土壤保持功能呈稳定状态。

表 5-30 2000～2010 年桂贺江区土壤保持功能转移矩阵

项目	等级	高	较高	中	较低	低
面积/km²	高	170.33	2.18	0.01	0.00	0.00
	较高	1.54	1 053.61	5.22	0.01	0.02
	中	0.00	4.28	2 585.84	7.30	0.21
	较低	0.00	0.00	7.89	7 416.57	11.74
	低	0.00	0.00	0.08	12.85	18 885.44

项目	等级	高	较高	中	较低	低
比例/%	高	98.73	1.26	0.00	0.00	0.00
	较高	0.15	99.36	0.49	0.00	0.00
	中	0.00	0.16	99.55	0.28	0.01
	较低	0.00	0.00	0.11	99.74	0.16
	低	0.00	0.00	0.00	0.07	99.93

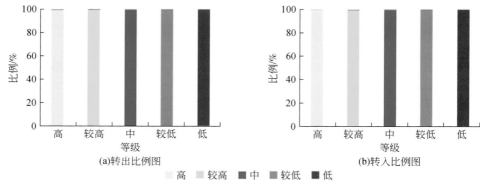

图 5-18   2000~2010 年桂贺江区土壤保持功能转移特征

(9) 黔浔江及西江区

由表 5-31 和图 5-19 得知,黔浔江及西江区的土壤保持功能等级为低等级占主体,等级为高的类型几乎为零,十年来由高转化为低等级的土地类型面积为 58.26km²,由低等级转化为高的土地类型面积高为 16.86km²,高一级转化为低一级转化的面积远远大于低一级向高一级转化的面积。说明黔浔江及西江区土壤保持能力低等级面积不断增加而高等级面积在不断减少,土壤保持功能不断下降。

表 5-31   2000~2010 年黔浔江及西江区土壤保持功能转移矩阵

项目	等级	高	较高	中	较低	低
面积/km²	高	0.63	0.04	0.00	0.00	0.00
	较高	0.00	55.92	1.86	0.00	0.00
	中	0.00	0.14	915.66	13.64	0.70
	较低	0.00	0.01	1.72	4 624.31	42.01
	低	0.00	0.11	1.31	13.57	30 452.06
比例/%	高	93.98	6.02	0.00	0.00	0.00
	较高	0.00	96.78	3.22	0.00	0.00
	中	0.00	0.01	98.44	1.47	0.08
	较低	0.00	0.00	0.04	99.06	0.90
	低	0.00	0.00	0.00	0.04	99.95

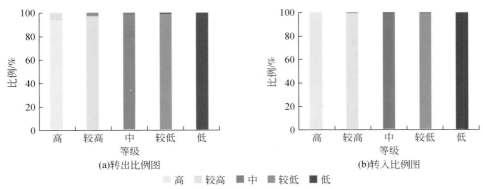

图 5-19　2000～2010 年黔浔江及西江区土壤保持功能转移特征

（10）北江大坑口以上区

由表 5-32 和图 5-20 可知，北江大坑口以上区的土壤保持功能等级为低等级占主体，十年来由高转化为低等级的土地类型面积为 29.91km^2，由低等级转化为高的土地类型面积高为 19.86km^2，高一级转化为低一级的转化面积与低一级向高一级转化的面积相差无几，说明北江大坑口以上区土壤保持功能呈稳定状态。

表 5-32　2000～2010 年北江大坑口以上区土壤保持功能转移矩阵

项目	等级	高	较高	中	较低	低
面积/km^2	高	10.39	0.03	0.00	0.00	0.00
	较高	0.04	245.00	0.52	0.31	0.29
	中	0.00	1.01	1 140.88	2.53	4.28
	较低	0.00	0.05	4.33	3 645.88	22.54
	低	0.00	0.04	0.70	13.69	12 297.32
比例/%	高	99.69	0.31	0.00	0.00	0.00
	较高	0.02	99.53	0.21	0.13	0.12
	中	0.00	0.09	99.32	0.22	0.37
	较低	0.00	0.00	0.12	99.27	0.61
	低	0.00	0.00	0.01	0.11	99.88

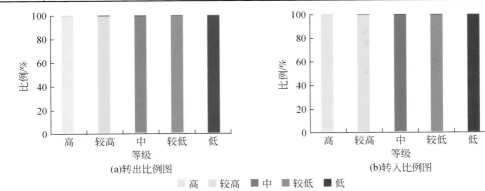

图 5-20　2000～2010 年北江大坑口以上区土壤保持功能转移特征

（11）北江大坑口以下区

由表 5-33 和图 5-21 可知，北江大坑口以下区的土壤保持功能等级为低等级占主体，等级为高的类型面积较小，十年来由高转化为低等级的土地类型面积为 36.39km²，由低等级转化为高的土地类型面积高为 22.26km²，高一级转化为低一级的转化面积略大于低一级向高一级类型转化的面积，说明北江大坑口以下区土壤保持能力高等级面积不断增加而低等级面积不断减少，土壤保持功能逐渐上升。

表 5-33　2000~2010 年北江大坑口以下区土壤保持功能转移矩阵

项目	等级	高	较高	中	较低	低
面积/km²	高	10.64	0.06	0.00	0.09	0.00
	较高	0.02	279.05	0.84	0.38	0.25
	中	0.00	1.19	1 586.77	3.41	5.14
	较低	0.01	0.17	3.49	56 56.96	26.54
	低	0.00	0.10	1.56	15.72	21 676.52
比例/%	高	98.57	0.60	0.00	0.83	0.00
	较高	0.01	99.47	0.30	0.14	0.09
	中	0.00	0.07	99.39	0.21	0.32
	较低	0.00	0.00	0.06	99.47	0.47
	低	0.00	0.00	0.01	0.07	99.92

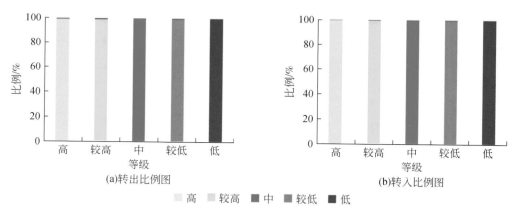

图 5-21　2000~2010 年北江大坑口以下区土壤保持功能转移特征

（12）东江秋香江口以上区

由表 5-34 和图 5-22 可知，东江秋香江口以上区的土壤保持功能等级同样为低等级占主体，等级为高的类型面积较小，十年来，由高转化为低等级的土地类型面积为 8.96km²，由低等级转化为高的土地类型面积为 20.44km²，高一级转化为低一级的转化面积远远小于低一级向高一级类型转化的面积，说明东江秋香江口以上区的土壤保持能力高等级面积不断增加而低等级面积不断减少，土壤保持功能逐渐上升。

表 5-34 2000~2010 年东江秋香江口以上区土壤保持功能转移矩阵

项目	等级	高	较高	中	较低	低
面积/km²	高	4.16	0.00	0.00	0.00	0.00
	较高	0.00	85.95	0.21	0.00	0.07
	中	0.00	0.15	610.19	1.04	0.90
	较低	0.03	0.23	0.82	2 890.35	7.71
	低	0.00	0.14	2.13	16.95	15 244.24
比例/%	高	100.00	0.00	0.00	0.00	0.00
	较高	0.00	99.67	0.24	0.00	0.08
	中	0.00	0.02	99.66	0.17	0.15
	较低	0.00	0.01	0.03	99.70	0.27
	低	0.00	0.00	0.01	0.11	99.87

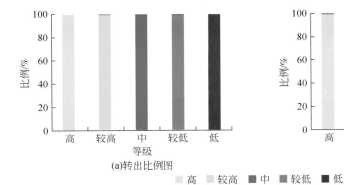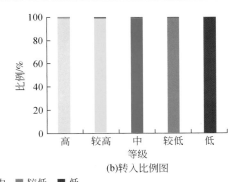

图 5-22 2000~2010 年东江秋香江口以上区土壤保持功能转移特征

(13) 东江秋香江口以下区

由表 5-35 和图 5-23 可知,东江秋香江口以下区的土壤保持能力较低,具有土壤保持功能类型面积仅为 8637.17km²,十年来由高转化为低等级的土地类型面积高达 700.88km²,由低等级转化为高的土地类型面积却仅为 8.33km²,高一级转化为低一级的转化面积远远大于低一级向高一级类型转化的面积,说明东江秋香江口以下区土壤保持能力大幅度降低,急需要引起政府部门的注意。

表 5-35 2000~2010 年东江秋香江口以下区土壤保持功能转移矩阵

项目	等级	高	较高	中	较低	低
面积/km²	高	11.02	41.33	0.00	0.02	0.00
	较高	0.05	57.34	127.16	0.02	0.23
	中	0.00	0.09	220.21	191.06	0.62
	较低	0.02	0.40	0.42	950.11	341.33
	低	0.00	0.00	1.23	6.54	6685.96

续表

项目	等级	高	较高	中	较低	低
比例/%	高	21.03	78.92	0.00	0.05	0.00
	较高	0.03	31.03	68.81	0.01	0.12
	中	0.00	0.02	53.45	46.38	0.15
	较低	0.00	0.03	0.03	73.52	26.41
	低	0.00	0.00	0.02	0.10	99.88

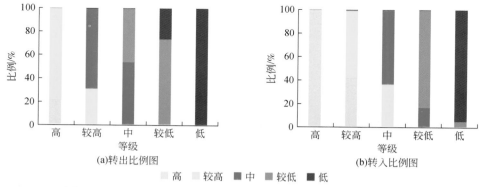

图 5-23　2000～2010 年东江秋香江口以下区土壤保持功能转移特征

（14）西北江三角洲区

由表 5-36 和图 5-24 可知，十年来西北江三角洲区由高转化为低等级的土地类型面积为 2.92km², 由低等级转化为高的土地类型面积为 6.51km², 高一级转化为低一级的转化面积与低一级向高一级类型转化的面积相差无几，说明西北江三角洲区土壤保持能力几乎未改变，处于稳定状态。

表 5-36　2000～2010 年西北江三角洲区土壤保持功能转移矩阵

项目	等级	高	较高	中	较低	低
面积/km²	高	13.51	0.08	0.00	0.00	0.01
	较高	0.02	93.23	0.18	0.00	0.00
	中	0.00	0.32	333.94	0.60	0.06
	较低	0.00	0.01	0.95	1 212.82	1.99
	低	0.00	0.01	0.34	4.88	16 741.03
比例/%	高	99.34	0.60	0.00	0.00	0.06
	较高	0.02	99.79	0.19	0.00	0.00
	中	0.00	0.09	99.71	0.18	0.02
	较低	0.00	0.00	0.08	99.76	0.16
	低	0.00	0.00	0.00	0.03	99.97

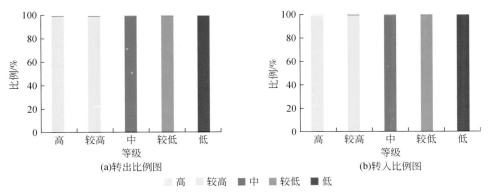

图 5-24 2000～2010 年西北江三角洲区土壤保持功能转移特征

（15）东江三角洲区

由表 5-37 和图 5-25 可知，东江三角洲区的土壤保持能力较低，具有土壤保持功能高等级类型的面积仅为 1.6km²，十年来由高转化为低等级的土地类型面积高达 10.08km²，由低等级转化为高的土地类型面积为 5.92km²，高一级转化为低一级的转化面积与低一级向高一级类型转化的面积相差较小，说明东江三角洲区土壤保持能力保持稳定状态。

表 5-37 2000～2010 年东江三角洲区土壤保持功能转移矩阵

项目	等级	高	较高	中	较低	低
面积/km²	高	1.60	0.12	0.00	0.00	0.00
	较高	0.02	54.18	1.18	0.00	0.00
	中	0.00	0.15	259.12	2.37	0.06
	较低	0.00	0.12	0.58	923.52	6.35
	低	0.01	0.07	0.96	4.00	6219.39
比例/%	高	92.92	7.08	0.00	0.00	0.00
	较高	0.04	97.82	2.14	0.00	0.00
	中	0.00	0.06	99.01	0.91	0.02
	较低	0.00	0.01	0.06	99.24	0.68
	低	0.00	0.00	0.02	0.06	99.92

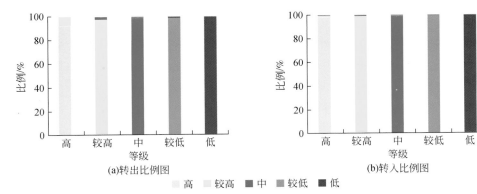

图 5-25 2000～2010 年东江三角洲区土壤保持功能转移特征

整体来看，各子流域与流域整体相似，各等级都很稳定。变化较大的是东江秋江口以下区，该区土壤保持功能有大规模变差趋势，各个级别都向差一级方向转移（评价等级为高的类型79%转出为较高类型，较高类型69%转化为中类型，中类型46%转化为较低类型，较低类型26%转化为较低类型）。

珠江流域土壤保持量约为466亿t，十年间变化以极小幅度增加，各个流域存同样趋势。珠江流域及各子流域土壤保持功能低，评价等级为低的面积占主体，相比较而言，北盘江区、红水河区、柳江区和桂贺江区较好。珠江流域土壤保持功能评价等级越高转换较大，等级越低的土地类型稳定越高，各类别主要从高一级的类型转化而来，功能整体呈下降趋势，子流域中东江秋江口以下区变差幅度很大，须重点关注。

5.3 生态系统碳固定功能及其十年变化

5.3.1 评价模型及指标

碳固定是捕获、收集碳并封存至安全碳库的过程，其方式可分为自然植被固碳与人工固碳。固碳功能是指自然生态系统通过物理或生物过程，如光合作用从大气中去除碳的作用，通常表示为每年每单位面积的固碳量。陆地自然植被具有强大的固碳功能，根据植被光合作用可知，生态系统每生产1g干物质就能够吸收1.63g二氧化碳，陆地生态系统的质量越好、生物量越高，则其碳固定服务越强。

珠江流域的固碳服务功能通过森林、灌丛、草地、湿地、农田4种不同土地利用类型的固碳量计算得到，由以下公式计算得出。

$$T = \sum_{i}^{n} T_i = \sum_{i}^{n} (V_i \times S_i) \quad i = 1, 2, 3, \cdots, n \tag{5-10}$$

式中，T_i 为第 i 种生态系统类型年固碳量；V_i 为第 i 种生态系统类型的固碳速率；S_i 为第 i 种生态系统类型的面积；n 为生态系统的种类数。

（1）森林和灌丛的固碳速率

森林和灌丛生态系统碳平衡包括输入与输出两个过程，输入与输出的差值即生态系统的净生产量（net ecosystem production，NEP）。如果NEP为正，表明生态系统是二氧化碳汇；为负，则是二氧化碳源。碳的输入主要是植被对二氧化碳的固定，输出包括群落呼吸、凋落物和土壤有机碳分解释放二氧化碳，凋落物分解释放的二氧化碳量几乎没有报道，这个分量与其他分量相比小得多，所以，系统的碳收支=植被总光合量-群落呼吸量-土壤呼吸量（不含根系呼吸，在群落呼吸量中已考虑），而植被的年净固碳量=年总光合作用-群落年呼吸量-地上年凋落物碳量，故系统的碳收支=净固碳量+地上凋落物碳量-土壤非根呼吸。年净固碳量，这里是指植被年净增长量净初级生产力（NPP）减去凋落物量后折合成碳量。计算公式如下。

$$NEP = NPP \times (1 - l \times r) - R_s \tag{5-11}$$

$$R_{s,\text{monthly}} = (R_{D_S=0} + MD_S)\, e^{\ln\alpha e^{\frac{\beta T}{10}}}(P + P_0)/(K+P) \tag{5-12}$$

$$D_S = \text{BD} \times \text{OM}\% /100 \times 200 \times 0.58 \tag{5-13}$$

式中，NPP 为珠江流域在评价年限内森林和灌丛 NPP 数据，由中国科学院遥感与数字地球研究所提供 $[0.01\text{gC}/(\text{m}^2 \cdot \text{a})]$；$l$ 为不同生态系统 NPP 分配于叶的比例，参照相关文献，针叶、阔叶、混交及其他植被分别为 0.2128、0.2226、0.2077、0.2077；r 为不同生态系统叶凋落率，其中落叶林取 1，针叶林取 0.5，混交林和其他植被取 0.75；$R_{s,\text{monthly}}$ 为每天土壤呼吸碳排放（gC/m^2），以月为计算单位；D_S 为 20cm 土壤有机碳密度；T 为月平均气温（℃）；P 为月降水量（cm）；$R_{D_S=0}=0.588$；$M=0.118$；$\alpha=1.83$；$\beta=-0.006$；$P_0=2.972$；$K=5.657$；BD 为土壤容重；OM 为土壤有机质含量（20cm）。

（2）草地固碳速率

草地的净生产量计算公式如下。

$$\text{NEP} = \text{NPP} \times P_{\text{root}} - \text{RS} \tag{5-14}$$

$$R_{s,\text{monthly}} = (R_{D_S=0} + MD_S)\, e^{\alpha T}(P+P_0)/(K+P) \tag{5-15}$$

$$D_S = \text{BD} \times \text{OM}\% /100 \times 200 \times 0.58 \tag{5-16}$$

式中，NPP 为珠江流域在评价年限内草地 NPP 数据，由中国科学院遥感与数字地球研究所提供 $[\text{gC}/(\text{m}^2 \cdot \text{a})]$；$P_{\text{root}}$ 为不同草地类型地下部比例，参照王亮（2010）的文献，温性草丛、高寒草地、草甸及温带草原分别为 0.401198、0.626866、0.319728、0.583333；$R_{s,\text{monthly}}$ 为每天土壤呼吸碳排放（gC/m^2），以月为计算单位；D_S 为 20cm 土壤有机碳密度；T 为月平均气温（℃）；P 为月降水量（cm）；$R_{D_S=0}=0.182$；$M=0.0255$；$\alpha=0.083$；$P_0=15.14$；$K=36.49$；BD 为土壤容重；OM 为土壤有机质含量（20cm）。

（3）湿地固碳速率

湿地是陆地生态系统的重要组成部分，为全球及区域环境提供各种各样的生态系统服务功能中就包括了土壤固碳功能。由于其自身的特点，湿地在植物生长、促淤造陆等生态过程中积累了大量的无机碳和有机碳，再加上湿地生态系统水分饱和的状态，具有厌氧的生态特性，使土壤微生物以嫌气菌类为主，微生物活动相对较弱，碳每年大量堆积而得不到充分分解，逐年累月形成了富含有机质的湿地土壤固碳功能是湿地生态系统一项重要的服务功能。根据段晓男等（2006）通过对各种类型湿地的固碳量及其潜力进行分析发现，湿地的固碳潜力要高于其他类型的生态系统。珠江流域 2010 年的湿地面积为 10106.32km^2，占流域总面积的 2.9%，却是珠江流域最大的碳库，在流域碳循环中发挥着重要的作用。本研究计算珠江流域湿地固碳速率参考相关文献。湖泊的固碳速率为 20.08gC/($\text{m}^2 \cdot \text{a}$)，森林沼泽的固碳速率为 444.27gC/($\text{m}^2 \cdot \text{a}$)，灌丛沼泽的固碳速率为 90gC/($\text{m}^2 \cdot \text{a}$)，草本沼泽的固碳速率为 90gC/($\text{m}^2 \cdot \text{a}$)。

（4）农田固碳速率

农田生态系统可能产生碳固持效果的部分主要在土壤碳库，影响土壤有机碳动态变化的有温度、降水和植被类型等自然因素，以及施肥、秸秆还田、免耕和灌溉等农业耕作管理措施因素。有研究表明，施加有机肥和化肥可以增加农业土壤有机碳储量（韩冰等，2008）。施用化肥在全球农田土壤中的平均固碳速率为 125 kgC/($\text{hm}^2 \cdot \text{a}$)，总固碳能力可达 100 kTC/a；但我国又有研究表明，农田施用化学氮肥可以显著提高土壤有机碳聚集速率，在施用化肥现状和按推荐量施肥两种情景下，农田土壤的固碳量分别可达到 21.9 Tg 和 30.2 Tg，且我国农田的固碳速率均在东南沿海地区最高，固碳速率超过 300 kgC/（hm² · a）的省份也基本全部集中在南方农区（逯非等，2008）。珠江流域农业区作为沿海地区复种指数高、经济比较发达、氮肥施用量大的地区，农田固碳量占整个生态系统固碳量相当大的比例。

因此，结合前人的实验数据、各县的农业统计数据及采用措施对农田土壤固碳影响的研究，本研究中仅计算施用化学氮肥和秸秆还田带来的土壤固碳效益。主要计算方式如下。

$$NEPS = BSS + SCSRN/10 + PR \times SCSRS/10 \qquad (5\text{-}17)$$

$$SCSRN = 1.5339 \times TNF - 266.7 \qquad (5\text{-}18)$$

$$TNF = （NF + CF \times 0.3）/A \qquad (5\text{-}19)$$

$$SCSRS = 43.548 \times S + 375.1 \qquad (5\text{-}20)$$

$$S = \sum CY_j \cdot SGR_j/A \qquad (5\text{-}21)$$

式中，NEPS 为以农田土壤碳源汇强度代表的农田生态系统 NEP[gC/m² · a)]；BSS 为无固碳措施条件下的农田土壤碳库动态，取平均值 -19.41[g/（m² · a）]；SCSRN 为施用化学氮肥的农田土壤固碳速率[kgC/（hm² · a）]；TNF 为当年单位面积耕地化学氮肥总施用量[kgN/hm² · a)]；NF 和 CF 分别为某县某年以千克计的化学氮肥和复合肥施用量；A 为该县当年耕地面积（hm²）；SCSRS 为当地秸秆全部还田的农田土壤固碳速率[kgC/（hm² · a）]；PR 为当地秸秆还田推广施行率（PR 取值为 0 ~ 1）；S 为该县单位耕地面积秸秆还田量，指该县全部作物秸秆还田时每公顷耕地上均摊到的秸秆量（t）；CY_j 为作物 j 在当年的产量（t）；A 为耕地面积（hm²）；SGR_j 为作物 j 的草谷比，水稻取 0.623，小麦取 1.366，玉米取 2，油菜取 2，棉花取 9.1，甘蔗取 0.1。

5.3.2　碳固定量分析

珠江流域 2000 年、2010 年的碳固定量计算见表 5-38 及图 5-26。结果表明：从时间上来看，珠江流域碳固定量十年间变化呈下降趋势，珠江流域碳固定量 2000 年约为 3961.71 万 t，2010 年为 3350.24 万 t。从空间上来看，珠江流域的碳固定量主要集中在下游，2000 年下游的碳固定量为 1800.53 万 t，占整个流域的 45%，下游 > 中游 ≫ 上游。珠江流域子流域的碳固定量差异明显，2010 年南盘江区的碳固定量最强，高达 528.07 万 t；其次是黔浔江及西江（梧州以下）区、柳江区、右江区、左江及郁江干流区等，碳固定量均在 300 万 t以上，碳固定量相对较高；东江秋香江口以下区、东江三角洲区和北盘江区子流域碳固定量较差，碳固定量均在 100 万 t 以下。除了黔浔江及西江（梧州以下）区略有上升以外，其他子流域 2000 ~ 2010 年碳固定量呈现出下降趋势，尤其是红水河区下降比例最高，下降比例达到 25% 以上；其次是北江大坑口以下区、南盘江区及桂贺江区，下降比例达到20% 以上；下降比例最小的是西北三角洲区，下降比例为 3.79%。

表 5-38　珠江流域碳固定量　　　　　　　（单位：万 t/a）

流域名称	2000 年	2010 年
北盘江区	72.86	59.15
南盘江区	671.2	528.07
红水河区	300.54	224.69
上游合计	1044.6	811.91
左江及郁江干流区	323.6	304.25
右江区	419.1	313.68
柳江区	373.88	348.7
中游合计	1116.58	966.63
桂贺江区	265.57	210.77
黔浔江及西江（梧州以下）区	414.41	424.51
北江大坑口以上区	177.2	147.29
北江大坑口以下区	312.76	240.39
东江秋香江口以上区	306.95	261.41
东江秋香江口以下区	107.73	86.41
西北江三角洲区	131.02	126.05
东江三角洲区	84.89	74.87
下游合计	1800.53	1571.7
珠江流域	3961.71	3350.24

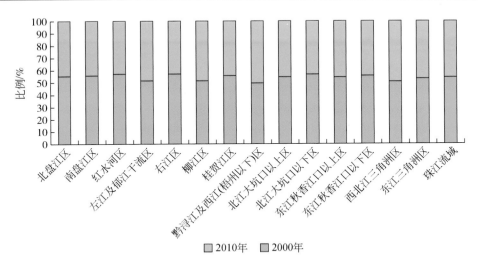

图 5-26　2000~2010 年珠江流域碳固定量对比图

5.3.3　碳固定功能评估

根据珠江流域的碳固定速率计算结果，将碳固定速率进行标准化处理：

$$SSC = （SC_x - SC_{min}）/（SC_{max} - SC_{min}）\tag{5-22}$$

式中，SSC 为标准化之后的碳固定速率；SC_x 为评价区域碳固定速率；SC_{max}、SC_{min} 分别为碳固定速率最大值和最小值。

将标准化后的生态系统碳固定速率评估单元划分为高［0.8-1.0］、较高［0.6-0.8）、中［0.4-0.6）、较低［0.2-0.4）、低［0-0.2）5 个等级。珠江流域流域评价结果如图 5-27 所示。

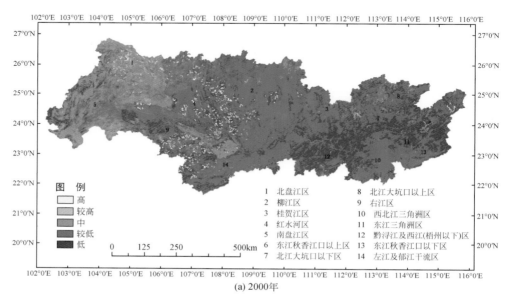

(a) 2000年

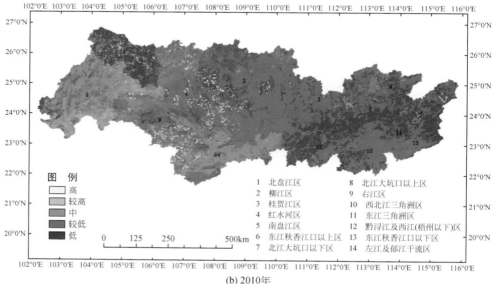

(b) 2010年

图 5-27　珠江流域碳固定能力空间分布图

（1）珠江流域

从珠江流域碳固定功能各等级类型拥有面积来看（表5-39），2000年碳固定功能较高，评价等级高及较高的面积占主体，分别为87 001.69 km²、257 122.69km²，各占20.03%、59.18%；评价等级为低类型的面积最小为155.56 km²，仅占0.04%，各评价等级类型的面积大小依次为较高>高>中>较低>低。2010年各等级类型拥有的面积与2000年类似，碳固定功能较高，但是与2000年相比，珠江流域2010年的碳固定功能高、较高类型下降，中、较低类型上升较大，珠江流域碳固定功能有所下降。

表5-39 珠江流域碳固定功能分级特征

年份	统计参数	高	较高	中	较低	低
2000	面积/km²	87 001.69	257 122.69	86 764.06	3 411.81	155.56
	比例/%	20.03	59.18	19.97	0.79	0.04
2010	面积/km²	76 901.56	235 037.00	114 511.63	7 908.25	170.81
	比例/%	17.70	54.09	26.35	1.82	0.04

（2）各子流域区

从表5-40及图5-28可知，珠江流域上游相对而言碳固定功能较差，且有变差的趋势，从横向上看，2000年珠江上游评价等级为高的面积为11 741.63km²，占8.65%；到2010年等级为高的面积降5708.2km²，仅占4.21%。而中等级以下面积高达64 497.51km²，占47.51%；到2010年中等级以下的面积上升至76 217.77km²，占56.17%。从纵向上看，2000年珠江流域上游评价等级为高、较高、中的土地面积占整个珠江流域同等等级面积比例分别为13.5%、23.12%、71.36%，到2010年却降为7.42%、22.87%、60.39%。因此，无论从横向上看还是从纵向上看，珠江流域上游的碳固定能力十年来呈下降趋势。另外，从珠江流域上游的三个子流域来看，其中红水河区较好，评价等级为高和较高占80%，但是南、北盘江区评价等级为中的占主体，而且，两个年度内南、北盘江区在所有子流域中评价等级为低和较低类型所占比例最高，十年间呈上升趋势，与整个上游碳固定功能变差的趋势相一致。

珠江流域中游碳固定功能相对较好，但也有变差的趋势，从横向上看，2000年珠江中游评价等级为高的面积为21 402.813km²，占16.08%；到2010年评价等级为高的面积降为16 682.63km²，占12.53%。而评价等级为较高的面积高达92 906.5km²，占69.79%；评价等级为中等以下的面积为18 807.52km²，仅占14.13%。到2010年评价等级为较高的面积下降至75705.63km²，所占面积降为56.85%；评价等级为中等以下的面积且却上升为40 778.82km²，占30.62%。从纵向上看，2000年珠江流域评价等级为高、较高的土地面积占整个珠江流域同等等级面积比例分别为24.6%、36.13%，到2010年降为21.69%、32.21%；而评价等级为中的土地面积占整个珠江流域同等等级面积比例大幅度上升，从2000年的21.13%上升至2010年的35.1%，因此，无论从横向上看还是从纵向上看，珠江流域中游的碳固定能力与上游一致，十年来呈下降趋势。另外，从珠江流域中游的三个子流域来看，其中左江及郁江干流区和柳江区较好，评价等级为高和较高占90%以上，但是右江区评价等级为较高及中的占主体；两个年度内，只有柳江区的固碳能力评价等级为高的面积有上升，中级以下等级的面积下降，说明柳江区的固碳功能是上升的；左江及郁江干流区和右江区评价等级为高的面积大幅度下降，评价等级为中以下类型面积在上升，即左江及郁江干流区和右江区碳固定能力在下降。

珠江流域下游碳固定功能较高，并且有上升的趋势，从横向上看，2000 年珠江上游评价等级为高、较高的面积分别为 5357.27km², 54 510.76 km², 占 32.51%、63.26%，到 2010 年评价等级为高、较高的面积微弱上升至 54 510.76km²、105 576.2 km²，占 32.9%、63.72%；评价等级为中等以下的面积为 7626.48km²，仅占 4.24%，到 2010 年评价等级为中等以下等级的面积下降至 5594.16km²，所占面积降为 3.38%。从纵向上看，2000 年珠江流域评价等级为高、较高的土地面积占整个珠江流域同等等级面积比例分别为 61.9%、40.75%，到 2010 年上升为 70.88%、44.92%，而评价等级为中等以下的土地面积占整个珠江流域同等等级面积比例不断下降，无论是从横向上看还是从纵向上看，珠江流域中游的碳固定能力与上游一致，十年来呈下降趋势。

表 5-40　流域碳固定功能分级特征

流域	年份	统计参数	高	较高	中	较低	低
北盘江区	2000	面积/km²	373.38	4 480.88	20 003.19	1 053.88	8.50
		比例/%	1.44	17.29	77.17	4.07	0.03
	2010	面积/km²	400.44	3 606.31	20 263.50	1 624.38	25.69
		比例/%	1.54	13.91	78.18	6.27	0.10
南盘江区	2000	面积/km²	4 919.94	15 564.81	35 479.56	1 278.31	7.06
		比例/%	8.59	27.19	61.97	2.23	0.01
	2010	面积/km²	2 183.88	10 216.25	39 884.81	4 944.63	20.31
		比例/%	3.81	17.85	69.67	8.64	0.04
红水河区	2000	面积/km²	6 448.31	39 394.81	6 432.69	230.13	4.19
		比例/%	12.28	75.02	12.25	0.44	0.01
	2010	面积/km²	3 123.88	39 932.63	9 000.38	445.88	8.19
		比例/%	5.95	76.05	17.14	0.85	0.02
左江及郁江干流区	2000	面积/km²	7 905.00	27 585.56	1 694.88	127.75	6.38
		比例/%	21.18	73.92	4.54	0.34	0.02
	2010	面积/km²	1 418.94	14 169.38	21 613.69	157.00	7.63
		比例/%	3.80	37.92	57.84	0.42	0.02
右江区	2000	面积/km²	8 633.25	16 418.88	13 065.31	150.63	3.81
		比例/%	22.56	42.90	34.14	0.39	0.01
	2010	面积/km²	4 178.25	16 861.75	16 934.00	297.50	3.31
		比例/%	10.92	44.05	44.24	0.78	0.01

续表

流域	年份	统计参数	高	较高	中	较低	低
柳江区	2000	面积/km²	4 864.56	48 902.06	3 572.50	171.63	14.63
		比例/%	8.46	85.01	6.21	0.30	0.03
	2010	面积/km²	11 085.44	44 674.50	1 644.44	111.94	9.31
		比例/%	19.27	77.66	2.86	0.19	0.02
桂贺江区	2000	面积/km²	6 125.63	22 716.56	1 209.63	37.19	19.06
		比例/%	20.35	75.45	4.02	0.12	0.06
	2010	面积/km²	6 333.94	22 978.13	761.63	21.75	12.94
		比例/%	21.04	76.32	2.53	0.07	0.04
黔浔江及西江（梧州以下）区	2000	面积/km²	16 805.19	18 505.69	647.13	24.38	13.38
		比例/%	46.69	51.41	1.80	0.07	0.04
	2010	面积/km²	13 241.56	22 337.75	393.75	11.94	14.56
		比例/%	36.78	62.05	1.09	0.03	0.04
北江大坑口以上区	2000	面积/km²	4 025.50	11 521.50	1 716.88	87.56	2.81
		比例/%	23.20	66.39	9.89	0.50	0.02
	2010	面积/km²	4 459.00	11 014.63	1 762.75	115.88	2.25
		比例/%	25.69	63.47	10.16	0.67	0.01
北江大坑口以下区	2000	面积/km²	10 629.63	17 113.81	1 388.63	73.56	40.19
		比例/%	36.35	58.52	4.75	0.25	0.14
	2010	面积/km²	12 658.63	15 298.31	1 191.63	59.06	38.56
		比例/%	43.28	52.31	4.07	0.20	0.13
东江秋香江口以上区	2000	面积/km²	7 994.63	9 849.13	725.63	15.56	11.94
		比例/%	42.99	52.96	3.90	0.08	0.06
	2010	面积/km²	9 151.19	8 865.50	556.56	15.19	11.69
		比例/%	49.20	47.66	2.99	0.08	0.06
东江秋香江口以下区	2000	面积/km²	2 347.31	5 889.63	289.00	70.56	14.31
		比例/%	27.26	68.40	3.36	0.82	0.17
	2010	面积/km²	1 919.75	6 410.63	225.38	49.75	9.38
		比例/%	22.28	74.41	2.62	0.58	0.11
西北江三角洲区	2000	面积/km²	3 429.63	14 355.38	434.63	69.25	5.94
		比例/%	18.75	78.47	2.38	0.38	0.03
	2010	面积/km²	4 266.75	13 760.88	224.19	45.00	4.56
		比例/%	23.31	75.19	1.22	0.25	0.02
东江三角洲区	2000	面积/km²	2 499.75	4 824.00	104.44	21.44	3.38
		比例/%	33.54	64.73	1.40	0.29	0.05
	2010	面积/km²	2 479.94	4 910.38	54.94	8.38	2.44
		比例/%	33.26	65.86	0.74	0.11	0.03

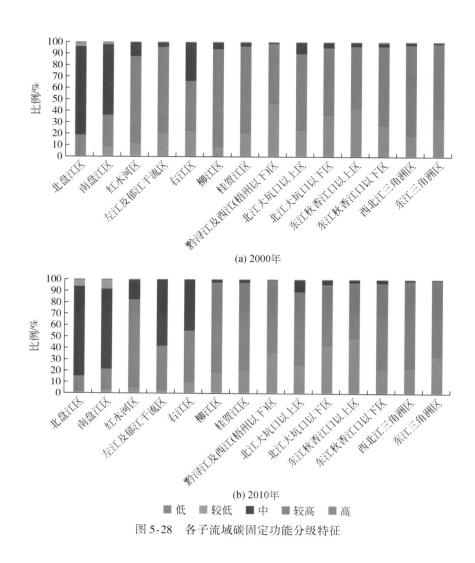

(a) 2000年

(b) 2010年

■ 低　■ 较低　■ 中　■ 较高　■ 高

图 5-28　各子流域碳固定功能分级特征

5.3.4　碳固定功能转换分析

（1）珠江流域

从表 5-41 及图 5-29 可知，2000～2010 年，珠江流域碳固定功能评价转换等级为高的类型转换比例约为 32%，主要转化为较高等级；评价等级为较高的类型转换比例约为 23%，主要转化为中和高等级；评价等级为中的类型转换比例约为 15%，主要转化为较高和较低等级；评价等级为较低的类型转换比例约为 29%，主要转化为中等级；评价等级为低的类型转换比例约为 43%，主要转化为较低等级。可以看出，评价等级较低（中及以下等级类型）有改善趋势，但是评价等级较高及高等级类型比例下降造成的珠江流域碳固定功能总体下降。

表 5-41　2000～2010 年珠江流域不同级别碳固定功能转移矩阵

项目	等级	高	较高	中	较低	低
面积/km²	高	59 302.88	27 253.06	440.63	4.44	0.25
	较高	17 436.44	200 369.75	39 152.81	160.00	3.69
	中	155.63	7 182.69	74 147.06	5 268.44	10.25
	较低	3.88	164.81	748.31	2 428.63	66.19
	低	1.25	9.63	10.19	44.88	88.94
比例/%	高	68.16	31.32	0.51	0.01	0.00
	较高	6.78	77.93	15.23	0.06	0.00
	中	0.18	8.28	85.46	6.07	0.01
	较低	0.11	4.83	21.93	71.18	1.94
	低	0.81	6.21	6.58	28.97	57.43

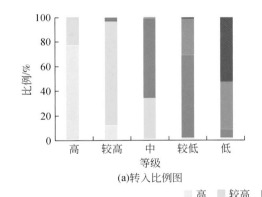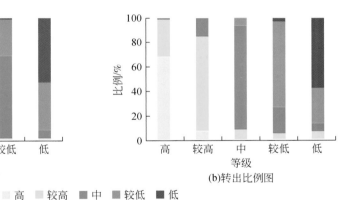

图 5-29　2000～2010 年珠江流域不同级别碳固定功能转入、转出比例图

（2）北盘江区

从表 5-42 及图 5-30 可知，2000～2010 年，北盘江区碳固定功能评价等级为高的类型转出面积为 90.94 km²，比例约为 24.36%，主要转化为较高等级；评价等级为较高的类型转换转出面积为 1592.75 km²，比例约为 35.55%，主要转化为中和高等级；评价等级为中的类型转换转出面积为 1419.44 km²，比例约为 7.1%，主要转化为较高和较低等级；评价等级为较低的类型转换转出面积为 222.88 km²，比例约为 21.15%，主要转化为中等级；评价等级为低的类型转换转出面积为 3.81 km²，比例约为 45.52%，主要转化为较低等级。从整体上看，北盘江区碳固定功能评价等级由高转化为低的面积（2378.06 km²）远远高于由低转化为高的面积（951.75 km²）。可以看出，评价等级较低（中及以下等级类型）有改善趋势，但是评价等级较高及高等级类型的比例下降造成北盘江区碳固定功能总体下降。

表 5-42　2000～2010 年北盘江区不同级别碳固定功能转移矩阵

项目	等级	高	较高	中	较低	低
面积/km²	高	282.44	90.31	0.63	0.00	0.00
	较高	114.63	2 888.13	1 476.13	2.00	0.00
	中	2.94	627.25	18 583.75	787.88	1.38
	较低	0.00	0.63	202.50	831.00	19.75
	低	0.31	0.00	0.00	3.50	4.56
比例/%	高	75.64	24.19	0.17	0.00	0.00
	较高	2.56	64.45	32.94	0.04	0.00
	中	0.01	3.14	92.90	3.94	0.01
	较低	0.00	0.06	19.21	78.85	1.87
	低	3.73	0.00	0.00	41.79	54.48

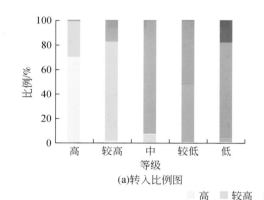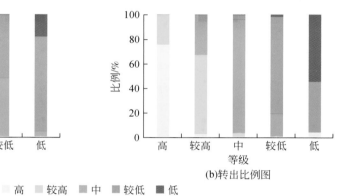

(a)转入比例图　　　　　　(b)转出比例图

■ 高　■ 较高　■ 中　■ 较低　■ 低

图 5-30　北盘江区不同级别碳固定功能转入、转出比例图

（3）南盘江区

从表 5-43 及图 5-31 可知，2000～2010 年南盘江区碳固定功能转化比例大，具体表现在：评价等级为高的类型转出面积为 2993.94 km²，比例约为 60.85%，主要转化为较高等级，为 57.81%；评价等级为较高的类型转换转出面积为 8604.63 km²，比例约为 55.28%，主要转化为中等级；评价等级为中的类型转换转出面积为 4173.5 km²，比例约为 11.76%，主要转化为较低等级；评价等级为较低的类型转换转出面积为 172.06 km²，比例约为 13.46%，主要转化为中等级；评价等级为低的类型转换转出面积为 4.13 km²，比例约为 58.93%，主要转化为较低等级。从整体上看，南盘江区碳固定功能评价等级由高转化为低的面积（15 122.19 km²）远远高于低转化为高的面积（826.06km²）。同样可以看出，南盘江区评价等级较低（中及以下等级类型）有所改善趋势，但是评价等级较高（较高及高等级类型）面积下降的趋势远远大于低等级面积改善的趋势，造成南盘江区碳固定功能评价降低。

表 5-43 2000~2010 年南盘江区不同级别碳固定功能转移矩阵

项目	等级	高	较高	中	较低	低
面积/km²	高	1 926.06	2 844.38	149.50	0.06	0.00
	较高	254.94	6 960.19	8 275.94	73.56	0.19
	中	2.75	408.13	31 306.06	3 761.31	1.31
	较低	0.00	3.56	152.56	1 106.25	15.94
	低	0.00	0.00	0.69	3.44	2.88
比例/%	高	39.15	57.81	3.04	0.00	0.00
	较高	1.64	44.72	53.17	0.47	0.00
	中	0.01	1.15	88.24	10.60	0.00
	较低	0.00	0.28	11.93	86.54	1.25
	低	0.00	0.00	9.82	49.11	41.07

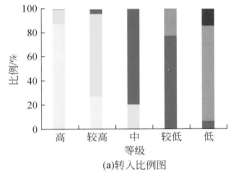
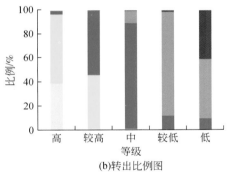

(a)转入比例图　　　　　　(b)转出比例图

■ 高　 较高　 中　 较低　 ■ 低

图 5-31 南盘江区不同级别碳固定功能转入、转出比例图

(4) 红水河区

从表 5-44 及图 5-32 可知，2000~2010 年，红水河区碳固定功能评价等级为高、低等级的转化比例较大，具体表现在：评价等级为高的类型转出面积为 4026.31km²，比例约为 62%，62.3% 都转化为较高等级；评价等级为低的类型转换转出面积为 2.63km²，比例约为 61.76%，主要转化为较低级和较高级，并且南盘江区碳固定功能评价等级由高转化为低的面积（8042.44km²）远远高于由低转化为高的面积（1708.19km²），可见红水河区评价等级较低（中及以下等级类型）虽然有改善趋势，但是评价等级较高（较高及高等级类型）面积下降的趋势远远大于低等级面积改善的趋势，造成红水河区碳固定功能总体下降。

表 5-44 2000~2010 年红水河区不同级别碳固定功能转移矩阵

项目	等级	高	较高	中	较低	低
面积/km²	高	2 421.94	4 017.50	8.75	0.06	0.00
	较高	693.31	34 979.63	3 706.81	14.88	0.19
	中	8.13	921.50	5 214.44	287.88	0.75

续表

项目	等级	高	较高	中	较低	低
面积/km²	较低	0.50	12.25	69.88	141.88	5.63
	低	0.00	0.94	0.50	1.19	1.63
比例/%	高	37.56	62.30	0.14	0.00	0.00
	较高	1.76	88.79	9.41	0.04	0.00
	中	0.13	14.33	81.06	4.48	0.01
	较低	0.22	5.32	30.36	61.65	2.44
	低	0.00	22.06	11.76	27.94	38.24

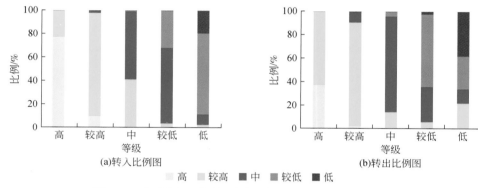

图 5-32　红水河区不同级别碳固定功能转入、转出比例图

（5）左江及郁江干流区

从表5-45及图5-33可知，2000～2010年左江及郁江干流区碳固定功能转化比例非常大，除了中级外，每一评价等级的转化面积比例都在70%以上，具体表现在：评价等级为高的类型转出面积高达6613.38 km²，比例约为83.66%，有82.54%转化为较高等级；评价等级为较高的类型转换转出面积为20 388.56km²，比例约为73.91%，基本全部转化为中等级。从整体上看，南盘江区碳固定功能评价等级由高转化为低的面积（27 013.06km²）远远高于由低转化为高的面积（616.25km²）。同样可以看出，左江及郁江干流区评价等级较低（中及以下等级类型）有改善趋势，但是评价等级较高（较高及高等级类型）面积下降的趋势远远大于低等级面积改善的趋势，造成总体评价等级有下降趋势。

表 5-45　2000～2010 年左江及郁江干流区不同级别碳固定功能转移矩阵

项目	等级	高	较高	中	较低	低
面积/km²	高	1 291.63	6 524.69	87.94	0.75	0.00
	较高	112.13	7 197.00	20 266.56	9.31	0.56
	中	13.00	391.13	1 171.88	117.06	1.81
	较低	0.13	19.56	74.81	28.88	4.38
	低	0.00	0.69	3.81	1.00	0.88

续表

项目	等级	高	较高	中	较低	低
	高	16.34	82.54	1.11	0.01	0.00
	较高	0.41	26.09	73.47	0.03	0.00
比例/%	中	0.77	23.08	69.14	6.91	0.11
	较低	0.10	15.31	58.56	22.60	3.42
	低	0.00	10.78	59.80	15.69	13.73

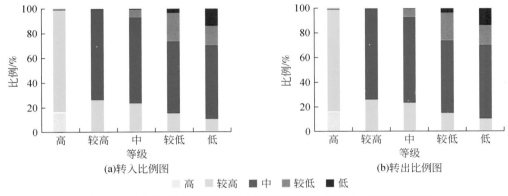

图 5-33　左江及郁江干流区不同级别碳固定功能转入、转出比例图

（6）右江区

从表 5-46 及图 5-34 可知，2000～2010 年，右江区碳固定功能转化比例较大，具体表现在：评价等级为高的类型转出面积为 4957.31 km^2，比例约为 57.42%，主要转化为较高等级，为 55.47%；评价等级为较高的类型转换转出面积为 4790.63 km^2，比例有 26.13% 转化为中等级；评价等级为较低的类型转换转出比例约 53.11%，主要转化为较高等级。从整体上看，右江区碳固定功能评价等级由高转化为低的面积（9474.5 km^2）远远高于由低转化为高的面积（1016.19km^2）。同样可以看出，右江区评价等级较低（中及以下等级类型）有改善趋势，但是评价等级较高（较高及高等级类型）面积下降的趋势远远大于低等级面积改善的趋势，造成评价等级总体有下降趋势。

表 5-46　2000～2010 年右江区不同级别碳固定功能转移矩阵

项目	等级	高	较高	中	较低	低
	高	3 676.00	4 789.06	167.06	1.06	0.13
	较高	476.81	11 628.25	4 290.13	23.56	0.13
面积/km²	中	25.00	432.56	12 405.63	201.00	1.13
	较低	0.44	11.44	66.88	70.63	1.25
	低	0.00	0.44	1.38	1.25	0.69

续表

项目	等级	高	较高	中	较低	低
比例/%	高	42.58	55.47	1.94	0.01	0.00
	较高	2.90	70.82	26.13	0.14	0.00
	中	0.19	3.31	94.95	1.54	0.01
	较低	0.29	7.59	44.40	46.89	0.83
	低	0.00	11.67	36.67	33.33	18.33

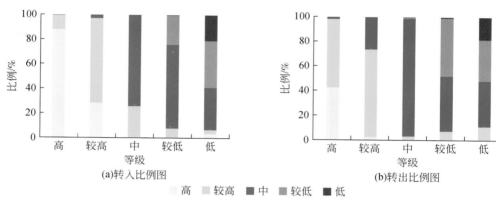

图 5-34　右江区不同级别碳固定功能转入、转出比例图

（7）柳江区

从表 5-47 及图 5-35 可知，2000～2010 年，柳江区碳固定功能低级转化为高级的比例大，具体表现在：评价等级为高的类型转出比例约 5.27%，主要转化为较高等级；评价等级为较高的类型转换转出比例约 13.6%，主要转化为中等级；评价等级为中的类型转换转出面积高达 2161.88 km²，比例约 60.51%，主要转化为较高等级；评价等级为较低的类型转换转出比例约 45.56%，主要转化为中等级；评价等级为低的类型转换转比例约 63.29%，主要转化为较低等级。从整体上看，柳江区碳固定功能评价等级由高转化为低的面积（466.75 km²）远远小于由低转化为高的面积（8711.69km²），柳江区碳固定评价等级较高（高级较高级等级类型）有变差趋势，但是评价等级较低（中级以下等级）碳固定功能改善的趋势远远大于高等级恶化的趋势，因此，柳江区的碳固定功能在不断提高。

表 5-47　2000～2010 年柳江区不同级别碳固定功能转移矩阵

项目	等级	高	较高	中	较低	低
面积/km²	高	4 607.81	256.50	0.06	0.00	0.00
	较高	6 475.19	42 249.63	176.88	0.38	0.00
	中	2.44	2 150.13	1 410.63	9.06	0.25
	较低	0.00	18.00	56.56	93.44	3.63
	低	0.00	0.00	0.31	9.06	5.44

续表

项目	等级	高	较高	中	较低	低
比例/%	高	94.73	5.27	0.00	0.00	0.00
	较高	13.24	86.40	0.36	0.00	0.00
	中	0.07	60.19	39.49	0.25	0.01
	较低	0.00	10.49	32.96	54.44	2.11
	低	0.00	0.00	2.11	61.18	36.71

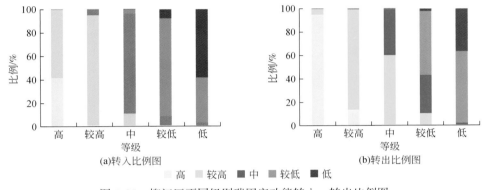

(a)转入比例图   (b)转出比例图

高　　较高　　中　　较低　　低

图 5-35　柳江区不同级别碳固定功能转入、转出比例图

（8）桂贺江区

从表 5-48 及图 5-36 可知，2000～2010 年，桂贺江区碳固定功能转化比例大，碳固定功能有变好的趋势，具体表现在：评价等级为高的类型转出面积为 1012.88 km²，但转入面积为 1221.88 km²；评价等级为较高的类型转出面积为 1352.56km²，但转入面积为 1613.81km²。桂贺江区碳固定功能评价等级由高转化为低的面积为 1150.44 km²，而低转化为高的面积为 1848.19km²。因此可以看出，碳固定评价等级较高（高级、较高级等级类型）虽然有变差趋势，但是评价等级较低（中级以下等级）碳固定功能改善的趋势远远大于高等级恶化的趋势，因此，桂贺江区的碳固定功能在不断提高。

表 5-48　2000～2010 年桂贺江区不同级别碳固定功能转移矩阵

项目	等级	高	较高	中	较低	低
面积/km²	高	5 112.63	1 012.56	0.31	0.00	0.00
	较高	1 218.13	21 364.00	134.06	0.38	0.00
	中	3.69	593.94	609.44	2.56	0.00
	较低	0.06	7.31	17.69	11.56	0.56
	低	0.00	0.00	0.13	7.25	11.81
比例/%	高	83.46	16.53	0.01	0.00	0.00
	较高	5.36	94.05	0.59	0.00	0.00
	中	0.30	49.10	50.38	0.21	0.00
	较低	0.17	19.66	47.56	31.09	1.51
	低	0.00	0.00	0.65	37.79	61.56

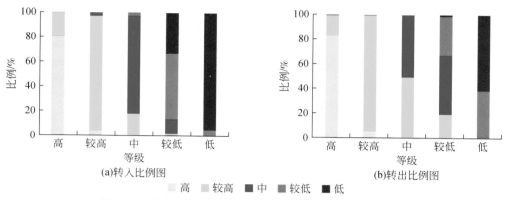

(a)转入比例图　　　　　　　　　　　(b)转出比例图

■ 高　■ 较高　■ 中　■ 较低　■ 低

图 5-36　桂贺江区不同级别碳固定功能转入、转出比例图

（9）黔浔江及西江（梧州以下）区

从表 5-49 及图 5-37 可知，2000～2010 年，黔浔江及西江（梧州以下）区评价等级除了较高级以外，其余碳固定功能转化比例大，且有恶化的趋势，具体表现在：评价等级为高的类型转出面积为 4849.38 km²，比例约为 28.86%，基本转化为较高等级；评价等级为较高的类型转换转出面积为 1398.5 km²，比例约为 7.56%，主要转化为高等级；评价等级为中的类型转换转出面积为 393.38km²，比例约为 60.79%，主要转化为较高级及中等级；评价等级为较低的类型转换转出比例约 75.38%，主要转化为中及较高等级；评价等级为低的类型转换转出面积比例约 14.95%，主要转化为较低级高等级。从整体上看，黔浔江及西江（梧州以下）区碳固定功能评价等级由高转化为低的面积（4984.25km²）远远高于由低转化为高的面积（1677.38km²）。因此，黔浔江及西江（梧州以下）区评价等级较低（中及以下等级类型）有改善趋势，但是评价等级较高（较高及高等级类型）面积下降的趋势远远大于低等级改善的趋势，造成评价等级总体有下降趋势。

表 5-49　2000～2010 年黔浔江及西江（梧州以下）区不同级别碳固定功能转移矩阵

项目	等级	高	较高	中	较低	低
面积/km²	高	11 955.81	4 844.25	4.81	0.31	0.00
	较高	1 270.38	17 107.19	126.94	1.06	0.13
	中	14.50	374.88	253.75	3.69	0.31
	较低	0.06	7.56	8.00	6.00	2.75
	低	0.81	0.06	0.25	0.88	11.38
比例/%	高	71.14	28.83	0.03	0.00	0.00
	较高	6.86	92.44	0.69	0.01	0.00
	中	2.24	57.93	39.21	0.57	0.05
	较低	0.26	31.03	32.82	24.62	11.28
	低	6.07	0.47	1.87	6.54	85.05

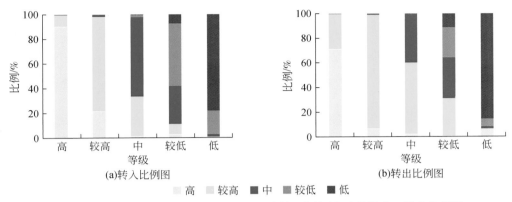

(a)转入比例图   (b)转出比例图

高　较高　■中　较低　■低

图 5-37　黔浔江及西江（梧州以下）区不同级别碳固定功能转入、转出比例图

（10）北江大坑口以上区

从表 5-50 及图 5-38 可知，2000～2010 年北江大坑口以上区碳固定功能有改善的趋势，具体表现在：评价等级为高的类型转出面积为 606.44km²，比例约为 15.06%，主要转化为较高等级；评价等级为较高的类型转换转出面积为 1317.25 km²，比例约为 11.43%，主要转化为高等级；评价等级为中的类型转换转出面积为 257.56 km²，比例约为 15.00%，主要转化为较高等级；评价等级为较低的类型转换转出比例约为 36.47%，主要转化为中等级；评价等级为低的类型转换转出比例约 53.33%，主要转化为较低等级。从整体上看，北江大坑口以上区碳固定功能评价等级由高转化为低的面积为 941.19 km²，低于由低转化为高的面积 1273.5km²。因此，北江大坑口以上区评价等级较低（中及以下等级类型）有改善的趋势大于高等级恶化的趋势，从而使北江大坑口以上区的碳固定功能增强。

表 5-50　2000～2010 年北江大坑口以上区不同级别碳固定功能转移矩阵

项目	等级	高	较高	中	较低	低
面积/km²	高	3 419.06	605.50	0.94	0.00	0.00
	较高	1 039.38	10 204.25	274.63	3.25	0.00
	中	0.63	200.88	1 459.31	56.00	0.06
	较低	0.00	3.50	27.63	55.63	0.81
	低	0.00	0.25	0.25	1.00	1.31
比例/%	高	84.94	15.04	0.02	0.00	0.00
	较高	9.02	88.57	2.38	0.03	0.00
	中	0.04	11.70	85.00	3.26	0.00
	较低	0.00	4.00	31.55	63.53	0.93
	低	0.00	8.89	8.89	35.56	46.67

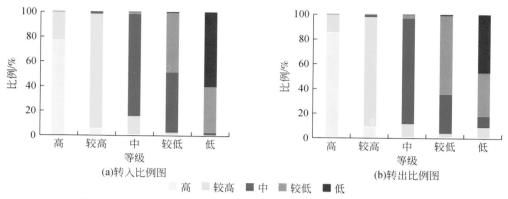

图 5-38　北江大坑口以上区不同级别碳固定功能转入、转出比例图

（11）北江大坑口以下区

从表 5-51 及图 5-39 可知，2000～2010 年，北江大坑口以下区碳固定功能同样具有增强的趋势，具体表现在：评价等级为高的类型转出面积为 575.06km²，比例约为5.41%，主要转化为较高等级；评价等级为较高的类型转换转出面积为 2787.81km²，主要转化为高等级；评价等级为中的类型转换转出面积为 410.5 km²，比例约 29.56%，主要转化为较高等级；评价等级为较低的类型转换转出比例约为 40.53%，主要转化为中及较高等级；评价等级为低的类型转换转出比例约为 21.79%，主要转化为较低等级。从整体上看，北江大坑口以下区碳固定功能评价等级由高转化为低的面积为780.44 km²，远远低于低转化为高的面积 3031.56km²。因此，北江大坑口以下区评价等级较低（中及以下等级类型）有改善的趋势大于高等级恶化的趋势，从而北江大坑口以下区的碳固定功能增强。

表 5-51　2000～2010 年北江大坑口以下区不同级别碳固定功能转移矩阵

项目	等级	高	较高	中	较低	低
面积/%	高	10 054.31	568.88	5.81	0.38	0.00
	较高	2 592.81	14 326.00	192.06	2.94	0.00
	中	11.44	395.56	978.13	3.44	0.06
	较低	0.06	7.25	15.63	43.75	6.88
	低	0.00	0.25	0.00	8.56	31.63
比例/%	高	94.59	5.35	0.05	0.00	0.00
	较高	15.15	83.71	1.12	0.02	0.00
	中	0.82	28.49	70.44	0.25	0.00
	较低	0.08	9.86	21.24	59.47	9.35
	低	0.00	0.62	0.00	21.17	78.21

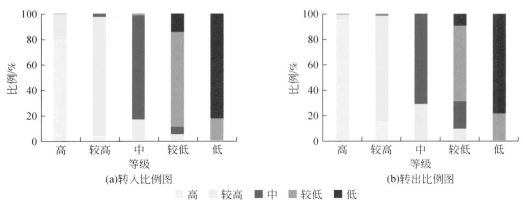

图 5-39　北江大坑口以下区不同级别碳固定功能转入、转出比例图

（12）东江秋香江口以上区

从表 5-52 及图 5-40 可知，2000~2010 年东江秋香江口以上区碳固定功能同样具有增强的趋势，具体表现在：评价等级为高的类型转出面积为 469.38km²，比例约为 5.87%，主要转化为较高等级；评价等级为较高的类型转换转出面积为 1674.75km²，主要转化为高等级；评价等级为中的类型转换转出面积为 234.94km²，比例约为 32.38%，主要转化为较高等级；评价等级为较低的类型转换转出比例约为 71.03%，主要转化为中及较高等级；评价等级为低的类型转换转出比例约为 1.7%，主要转化为较高等级。从整体上看，东江秋香江口以上区碳固定功能评价等级由高转化为低的面积为 537.25 km²，远远低于由低转化为高的面积 1853.06km²。因此，东江秋香江口以上区评价等级较低（中及以下等级类型）有改善的趋势大于高等级恶化的趋势，从而东江秋香江口以上区的碳固定功能增强。

表 5-52　2000~2010 年东江秋香江口以上区不同级别碳固定功能转移矩阵

项目	等级	高	较高	中	较低	低
面积/km²	高	7525.25	467.88	1.44	0.06	0.00
	较高	1613.25	8174.38	57.31	4.19	0.00
	中	12.69	216.44	490.69	5.50	0.31
	较低	0.00	3.44	7.06	4.50	0.56
	低	0.00	0.13	0.06	0.00	10.81
比例/%	高	94.13	5.85	0.02	0.00	0.00
	较高	16.38	83.00	0.58	0.04	0.00
	中	1.75	29.83	67.62	0.76	0.04
	较低	0.00	22.09	45.38	28.92	3.61
	低	0.00	1.14	0.57	0.00	98.30

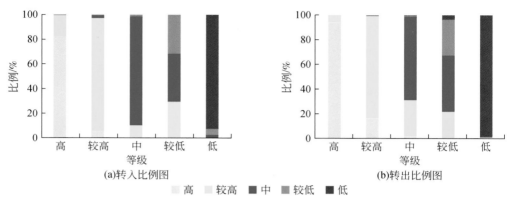

图 5-40   东江秋香江口以上区不同级别碳固定功能转入、转出比例图

（13）东江秋香江口以下区

从表 5-53 及图 5-41 可知，2000~2010 年东江秋香江口以下区碳固定功能除了较高等级以外，其他等级的转化比例都较大，并且十年来碳固定功能恶化。具体表现在：评价等级为高的类型转出面积为 650.81 km²，比例约为 27.73%，基本转化为较高等级；评价等级为较高的类型转换转出面积为 307.88km²，比例约为 5.23%，主要转化为高等级；评价等级为中的类型转换转出面积为 54.06km²，比例约为 59.45%，主要转化为较高级及较低等级；评价等级为较低的类型转换转出比例约为 76.62%，主要转化为中及较高等级；评价等级为低的类型转换转出面积比例约为 75.98%，主要转化为较低级寄较高等级。从整体上看，东江秋香江口以下区碳固定功能评价等级由高转化为低的面积（764.06km²）高于由低转化为高的面积（431.38km²）。因此，东江秋香江口以下区评价等级较低（中及以下等级类型）面积有改善趋势，但是评价等级较高（较高及高等级类型）面积下降的趋势远远大于低等级改善的趋势，造成评价等级总体有下降的趋势。

表 5-53   2000~2010 年东江秋香江口以下区不同级别碳固定功能转移矩阵

项目	等级	高	较高	中	较低	低
面积/km²	高	1696.50	646.56	4.00	0.25	0.00
	较高	215.56	5581.75	79.81	10.81	1.69
	中	7.44	146.00	117.19	16.69	1.69
	较低	0.25	28.50	22.75	16.50	2.56
	低	0.00	4.63	1.31	4.94	3.44
比例/%	高	72.27	27.54	0.17	0.01	0.00
	较高	3.66	94.77	1.36	0.18	0.03
	中	2.57	50.52	40.55	5.77	0.58
	较低	0.35	40.39	32.24	23.38	3.63
	低	0.00	32.31	9.17	34.50	24.02

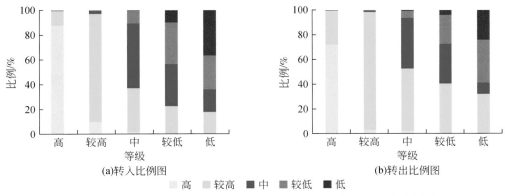

图 5-41 东江秋香江口以下区不同级别碳固定功能转入、转出比例图

(14) 西北江三角洲区

从表 5-54 及图 5-42 可知，2000 ~ 2010 年西北江三角洲区碳固定功能中级以下等级转化比例大，碳功能增强。具体表现在：评价等级为中的类型转换转出面积为 320.19km², 比例约为 73.73%, 主要转化为较高等级；评价等级为较低的类型转换转出比例约为 78.61%, 主要转化为较高及中等级；评价等级为低的类型转换转比例约 76.84%, 主要转化为较高及中等级。从整体上看，西北江三角洲区碳固定功能评价等级由高转化为低的面积（428.81km²）远远低于由低转化为高的面积（1472km²），评价等级较高（较高及高等级类型）面积下降的趋势远远小于低等级改善的趋势。因此，西北江三角洲区碳固定功能总体有改善趋势。

表 5-54 2000 ~ 2010 年西北江三角洲区不同级别碳固定功能转移矩阵

项目	等级	高	较高	中	较低	低
面积/km²	高	3 111.81	308.19	8.25	1.19	0.13
	较高	1 109.50	13 151.75	81.06	12.38	0.69
	中	42.44	262.50	114.19	14.63	0.88
	较低	2.38	31.25	19.38	14.81	1.44
	低	0.13	1.56	1.19	1.69	1.38
比例/%	高	90.73	8.99	0.24	0.03	0.00
	较高	7.73	91.62	0.56	0.09	0.00
	中	9.76	60.40	26.27	3.36	0.20
	较低	3.43	45.13	27.98	21.39	2.08
	低	2.11	26.32	20.00	28.42	23.16

(15) 东江三角洲区

从表 5-55 及图 5-43 可知，2000 ~ 2010 年东江三角洲区碳固定功能评价等级除了较高等级外，其余的评价等级转化比例大，但碳固定功能却比较稳定且略有上升。具体表现

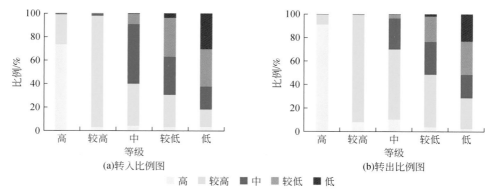

图 5-42　西北江三角洲区不同级别碳固定功能转入、转出比例图

在：东江三角洲区碳固定功能评价等级由高转化为低的面积为 296.31 km²，评价等级为低转化为高的面积为 340.5km²，东江三角洲区评价等级较低（中及以下等级类型）有改善趋势，且评价等级较高（较高及高等级类型）面积下降的趋势略小于低等级面积改善的趋势。

表 5-55　2000～2010 年东江三角洲区不同级别碳固定功能转移矩阵

项目	等级	高	较高	中	较低	低
面积/km²	高	2221.63	276.81	1.13	0.31	0.00
	较高	250.44	4557.63	14.50	1.31	0.13
	中	8.56	61.81	32.00	1.75	0.31
	较低	0.00	10.56	7.00	3.81	0.06
	低	0.00	0.69	0.31	1.13	1.13
比例/%	高	68.16	31.32	0.51	0.01	0.00
	较高	6.78	77.93	15.23	0.06	0.00
	中	0.18	8.28	85.46	6.07	0.01
	较低	0.11	4.83	21.93	71.18	1.94
	低	0.81	6.21	6.58	28.97	57.43

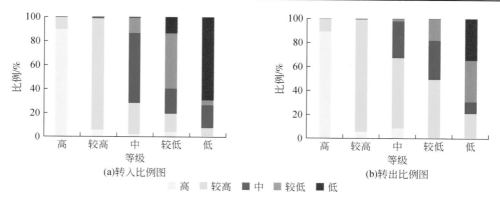

图 5-43　东江三角洲区不同级别碳固定功能转入、转出比例图

各子流域中各级别主要向相邻级别转入/转出，其中左江流域评价等级为较高的类型较多转出到低类型，珠江三角洲（西北江三角洲区及东江三角洲区）评价等级为中、较低和低的等级类型大量转出为较高类型，但同时又有大量较高类型转出为此三种类型。总体来说，珠江三角洲固碳功能有所上升。

珠江流域碳固定量 2010 年为 3350.24 万 t，十年间珠江流域碳固定量下降了 15.4%。碳固定量各个子流域中仅有黔浔江及西江（梧州以下）区略有上升，其余均下降，尤其是红水河区和北江大坑口以下区下降比例最高。珠江流域碳固定功能较好，评价等级为较高的面积占主体，其次为高和中，较低和低类型极少，高、较高类型下降，中、较低类型上升较大；珠江上游相对最差，南、北盘江区评价等级为中的占主体；珠江中游其次，其中左江及右江区较差；下游情况最好，评价等级为高和较高占 90% 以上，较低和低类型比例极小。珠江流域及各子流域中各级别主要向相邻级别转入/转出，评价等级较低（中及以下等级类型）有改善趋势，但是评价等级较高（较高及高等级类型）下降造成总体固碳功能有下降趋势。

5.4 生物多样性维持功能及其十年变化

生物多样性是指一定范围内动物、植物和微生物等活的有机体构成的稳定生态综合体，是特定区域各种生命形式的总和。生物多样性涵盖一切物种，以及这些物种具备的遗传基因和它们组建的生态复合体及与之密切联系的各种生态过程，即物种多样性、遗传多样性和生态系统多样性三个部分。生物多样性这一概念把物种、遗传基因、生态系统和环境有机地联系起来，不仅囊括所有的生命有机体，还包括这些生命体赖以生存的自然资源。而生态系统多样性是指生物圈内生境、生物群落和生态过程的多样化，以及生态系统内生境差异、生态过程变化的惊人的多样性。物种多样性是指有生命的有机体，即动物、植物、微生物等物种的多样化，是物种水平的生物多样性，与生态系统多样性研究中的物种多样性不同。生态系统多样性是从生态学角度对群落的组织水平进行研究，而物种多样性是指一个地区内物种的多样化，即物种的多寡，主要是从分类学、系统学和生物地理学角度对一定区域内物种的状况进行研究。生境的多样性是生物群落多样性甚至是整个生物多样性形成的基本条件，而物种是以生态系统为条件存在的，从这个意义上说，保护生态系统多样性和物种多样性是保护生物多样性的基础。因此，本研究主要从区域生境质量、重要保护物种两个方面评价区域生物多样性维持功能。

人口增长、经济发展、土地利用及其结构发生的巨大变化，严重影响着生境斑块之间的物质流、能量流循环过程，进而改变区域生境分布格局和功能。目前国内外基于土地利用的生境质量研究，根据其研究方法和研究尺度不同，生境质量研究可分为两类：一类是基于实地调查的生境质量评价研究，以小城市、河流、自然保护区等小尺度居多，通常利用样带法或样方法进行植物调查、动物调查，获取与生境质量有关的各项参数，构建评价体系并基于层次分析等方法进行评价，但此类方法囿于较高的采样时间成本和人力成本，长时间跨度数据不易获取，时间动态分析难以进行；另一类是基于 InVEST 模型、SolVES

模型等生态评估模型进行的定量研究，有县域、山区、流域、州等不同尺度。其中，InVEST 模型是目前发展最成熟、应用最多的生态功能评估模型，其基于生境胁迫的评估方法也得到较多推广，但此类研究以多重生态系统服务权衡为主，鲜有深入探讨由土地利用变化引起的生境质量时空分异性，针对具有复杂人类活动特征的大尺度区域研究也不多见。

因此，本节采用的物种生境以自然生态系统为主，仅有少量珍稀物种以人工生态系统为生境，探讨土地利用变化引起的生境质量的时空分异。物种多样性研究中，笔者选择重要保护物种作为全国生物多样性保护重要性评价指标。这些重要保护物种均为受国家保护的濒危和受威胁物种，它们不仅体现了生物多样性的价值，也反映了人类活动和气候变化对物种的威胁。共选定 2820 种物种作为重要保护物种，其中植物 2151 种、哺乳动物 182 种、鸟类 273 种、两栖动物 64 种、爬行动物 150 种。以县为统计单元，如果某物种在某县有分布记为 1、无分布记为 0，构成以县名录为行、物种名录为列的二元物种分布矩阵。

研究采用基于 Marxan 软件的系统保护规划方法确定生物多样性保护优先区，某单元被迭代计算选中的次数越多，保护功能的不可替代性就越高，其保护重要性就越高。研究进行 100 次迭代计算，则每个单元被选中的次数在 0 ~ 100。生物多样性保护重要性按不可替代性指数划分为 4 个等级：0 ~ 40 为一般区域，40 ~ 60 为中等重要区，60 ~ 80 为重要区，80 ~ 100 为极重要区。

5.4.1　生境质量评价

自然生境变化数据用于衡量生态系统优劣变化，珠江流域将自然生态系统分为森林、灌丛、草甸/草丛、草原、沼泽、水体 6 类，将各生态影响因子对生态系统按生物多样性保护重要倾向进行分级见表 5-56，级别越高代表该类型生态系统对生物多样性保护贡献越大。

表 5-56　不同生态系统对生物多样性保护的重要性级别

类型	湿地	森林	灌丛	草原	草丛	农田	城镇	沙漠	冰川	裸地
分值	1	2	3	4	4	5	5	5	5	5

生境质量特征评估结果如图 5-44 ~ 图 5-47 所示，将生境质量分为高、较高、中、较低、低 5 类，统计各类生境的面积及比例结果见表 5-57 ~ 表 5-59。

从珠江流域各类等级生境的面积及比例结果来看（表 5-57、图 5-45），珠江流域生境质量较好。2000 年、2005 年、2010 年生境质量评价等级均以等级较高为主体，面积分别为 227 038.2 km²、227 690.3km²、227 870.3 km²，占整个等级生境面积比例约为 51%；评价等级为高等级类型（湿地）及较低等级（草原、草丛）的面积较少，分别为 10094.96 km²、9987.489 km²、10106.32 km²，以及 26625.47 km²、26976.2 km²、26790.94 km²，仅约占 0.04% 及 6%；各评价等级类型的面积大小依次为较高>低>中>较低>高。

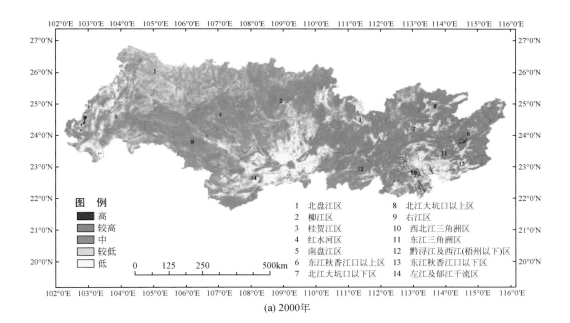

图　例
高
较高
中
较低
低

0　　125　　250　　　　　500km

1　北盘江区　　　　　8　北江大坑口以上区
2　柳江区　　　　　　9　右江区
3　桂贺江区　　　　　10　西北江三角洲区
4　红水河区　　　　　11　东江三角洲区
5　南盘江区　　　　　12　黔浔江及西江(梧州以下)区
6　东江秋香江口以上区　13　东江秋香江口以下区
7　北江大坑口以下区　14　左江及郁江干流区

(a) 2000年

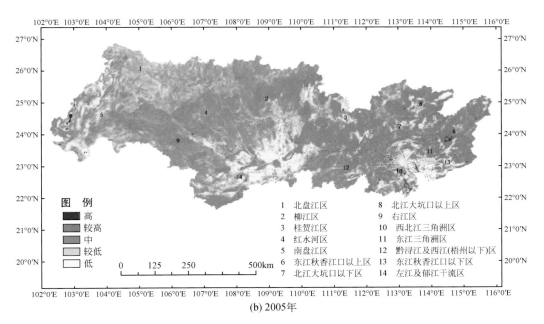

图　例
高
较高
中
较低
低

0　　125　　250　　　　　500km

1　北盘江区　　　　　8　北江大坑口以上区
2　柳江区　　　　　　9　右江区
3　桂贺江区　　　　　10　西北江三角洲区
4　红水河区　　　　　11　东江三角洲区
5　南盘江区　　　　　12　黔浔江及西江(梧州以下)区
6　东江秋香江口以上区　13　东江秋香江口以下区
7　北江大坑口以下区　14　左江及郁江干流区

(b) 2005年

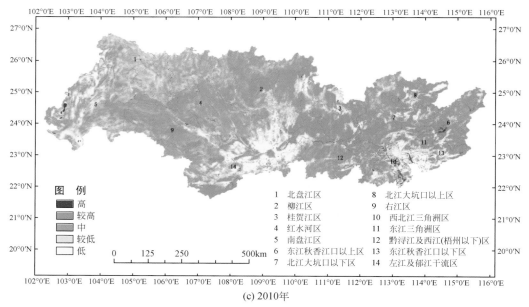

(c) 2010年

图 5-44　2000 年、2005 年、2010 年珠江流域生境质量空间分布图

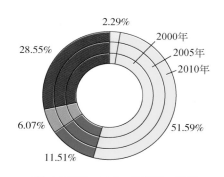

图 5-45　珠江流域生境质量分级特征

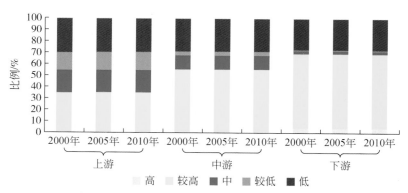

图 5-46　珠江流域上、中、下游生境质量分级特征

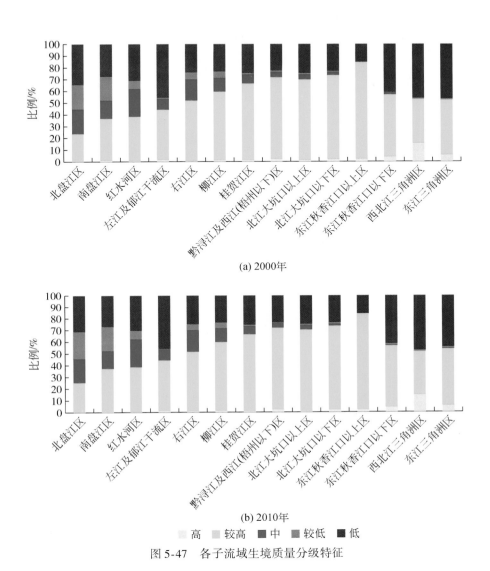

(a) 2000年

(b) 2010年

　　■ 高　■ 较高　■ 中　■ 较低　■ 低

图 5-47　各子流域生境质量分级特征

表 5-57　珠江流域生境质量分级特征

年份	统计参数	高	较高	中	较低	低
2000	面积/km²	10 094.96	227 038.2	51 451.52	26 625.47	126 454.8
	比例/%	2.29	51.41	11.65	6.03	28.63
2005	面积/km²	9 987.489	227 690.3	51 084.58	26 976.2	125 927.9
	比例/%	2.26	51.55	11.57	6.11	28.51
2010	面积/km²	10 106.32	227 870.3	50 819.66	26 790.94	126 079.3
	比例/%	2.29	51.59	11.51	6.07	28.55

表 5-58 珠江流域上、中、下游生境质量分级特征

	年份	统计参数	高	较高	中	较低	低
上游	2000	面积/km²	1 484.303	47 377.79	27 558.28	20 911.8	41 432.29
		比例/%	1.07	34.14	19.86	15.07	29.86
	2005	面积/km²	1 495.866	47 830.75	27 520.01	21 283.17	40 634.67
		比例/%	1.08	34.47	19.83	15.34	29.28
	2010	面积/km²	1 591.5	48 215.13	27 404.81	21 478.37	40 074.66
		比例/%	1.15	34.75	19.75	15.48	28.88
中游	2000	面积/km²	2 292.666	90 850.44	20 240.92	5 363.21	47 996.13
		比例/%	1.37	54.49	12.14	3.22	28.78
	2005	面积/km²	2 311.98	90 976.86	20 091.54	5 344.569	48 018.42
		比例/%	1.39	54.56	12.05	3.21	28.80
	2010	面积/km²	2 335.016	91 184.91	19 975.21	5 057.389	48 190.86
		比例/%	1.40	54.69	11.98	3.03	28.90
下游	2000	面积/km²	6 317.988	88 809.96	3 652.317	350.457 5	37 026.39
		比例/%	4.64	65.23	2.68	0.26	27.19
	2005	面积/km²	6 179.643	88 882.72	3 473.028	348.465 4	37 274.8
		比例/%	4.54	65.28	2.55	0.26	27.38
	2010	面积/km²	6 179.807	88 470.28	3 439.646	255.184 8	37 813.78
		比例/%	4.54	64.98	2.53	0.19	27.77

表 5-59 各子流域生境质量分级特征

流域	年份	统计参数	高	较高	中	较低	低
北盘江区	2000	面积/km²	95.09	6 206.73	5 590.88	5 651.37	9 008.98
		比例/%	0.36	23.37	21.06	21.28	33.93
	2010	面积/km²	121.78	6 595.65	5 603.50	6 058.20	8 173.91
		比例/%	0.46	24.84	21.10	22.82	30.78
南盘江区	2000	面积/km²	840.71	20 523.30	8 998.97	11 415.83	15 669.13
		比例/%	1.46	35.73	15.66	19.87	27.28
	2010	面积/km²	846.14	20 755.96	8 952.30	11 475.66	15 417.88
		比例/%	1.47	36.13	15.58	19.98	26.84
红水河区	2000	面积/km²	548.51	20 647.76	12 968.43	3 844.60	16 754.18
		比例/%	1.00	37.70	23.68	7.02	30.59
	2010	面积/km²	623.58	20 863.52	12 849.01	3 944.51	16 482.87
		比例/%	1.14	38.10	23.46	7.20	30.10
左江及郁江干流区	2000	面积/km²	769.57	16 414.36	3 694.83	266.78	17 463.85
		比例/%	1.99	42.51	9.57	0.69	45.23

续表

流域	年份	统计参数	高	较高	中	较低	低
左江及郁江干流区	2010	面积/km²	772.82	16 480.57	3 643.12	105.89	17 606.99
		比例/%	2.00	42.69	9.44	0.27	45.60
右江区	2000	面积/km²	335.41	20 161.73	7 351.17	2 056.55	9 506.19
		比例/%	0.85	51.16	18.65	5.22	24.12
	2010	面积/km²	381.91	20 207.07	7 243.21	1 988.50	9 590.37
		比例/%	0.97	51.27	18.38	5.05	24.33
柳江区	2000	面积/km²	728.80	34 532.46	6 818.02	2 974.91	13 491.76
		比例/%	1.24	58.98	11.65	5.08	23.04
	2010	面积/km²	731.02	34 735.22	6 772.06	2 931.01	13 376.63
		比例/%	1.25	59.33	11.57	5.01	22.85
桂贺江区	2000	面积/km²	458.90	19 741.88	2 376.91	64.97	7 534.33
		比例/%	1.52	65.42	7.88	0.22	24.97
	2010	面积/km²	449.27	19 762.05	2 316.82	31.99	7 616.86
		比例/%	1.49	65.49	7.68	0.11	25.24
黔浔江及西江	2000	面积/km²	1 111.16	25 046.03	1 769.45	101.04	8 095.99
		比例/%	3.08	69.33	4.90	0.28	22.41
	2010	面积/km²	1 121.51	25 100.09	1 687.50	14.15	8 200.42
		比例/%	3.10	69.48	4.67	0.04	22.70
北江大坑口以上区	2000	面积/km²	232.79	12 149.71	813.52	43.31	4 336.56
		比例/%	1.32	69.13	4.63	0.25	24.67
	2010	面积/km²	247.38	12 269.80	790.52	39.49	4 259.81
		比例/%	1.41	69.69	4.49	0.22	24.19
北江大坑口以下区	2000	面积/km²	700.25	21 021.81	761.92	87.81	6 693.74
		比例/%	2.39	71.83	2.60	0.30	22.87
	2010	面积/km²	723.67	20 905.13	687.79	81.74	6 867.21
		比例/%	2.47	71.43	2.35	0.28	23.47
东江秋香江口以上区	2000	面积/km²	465.02	15 439.13	87.22	98.63	2 774.60
		比例/%	2.47	81.84	0.46	0.52	14.71
	2010	面积/km²	471.45	15 455.52	80.41	106.00	2 751.49
		比例/%	2.50	81.93	0.43	0.56	14.59
东江秋香江口以下区	2000	面积/km²	390.77	4 581.13	136.85	11.01	3 514.33
		比例/%	4.53	53.06	1.58	0.13	40.70
	2010	面积/km²	388.69	4 532.61	133.70	8.43	3 570.66
		比例/%	4.50	52.50	1.55	0.10	41.36

续表

流域	年份	统计参数	高	较高	中	较低	低
西北江三角洲区	2000	面积/km²	2 957.91	6 958.23	42.73	7.45	8 438.86
		比例/%	16.07	37.81	0.23	0.04	45.85
	2010	面积/km²	2 808.68	6 829.06	29.45	5.17	8 732.94
		比例/%	15.26	37.10	0.16	0.03	47.45
东江三角洲区	2000	面积/km²	460.09	3 613.93	40.63	1.20	3 549.18
		比例/%	6.00	47.15	0.53	0.02	46.30
	2010	面积/km²	432.05	3 777.04	47.42	2.64	3 430.08
		比例/%	5.62	49.12	0.62	0.03	44.61

十年来，珠江流域生境质量较高，并基本保持稳定，较高等级占主体，评价等级为高保持不变，较低及较高类型略有增长，中及低类型略有下降。

从珠江流域上、中、下游各类等级生境的面积及比例结果来看（表5-58、图5-46），在横向上生境质量排序为下游 > 中游 > 上游。表现在：从各类型生境等级面积及比例来看，下游生境质量等级高、较高、中、较低、低等级的面积所占比例分别约为4.5%、65%、2.5%、0.26%、27%，中游生境质量等级高、较高、中、较低、低等级的面积所占比例分别约为1.4%、54%、12%、3.2%、28%，上游生境质量等级高、较高、中、较低、低等级的面积所占比例分别约为1%、34.5%、20%、15.5%、29%；上、中、下游各评价等级类型的面积大小依次为较高>低>中>较低>高。

在纵向上，2000~2010年，上、中、下游生境质量均以较高等级占主体，上游评价等级为高、较高及较低类型略有增长，中及低类型略有下降；中游评价等级为高、较高及低类型略有增长，中及较低类型略有下降；上游评价等级除了低级类型略有增长以外，其余为高、较高、中及较低类型略有下降。因此，珠江流域上、中游生境质量呈稳定略微上升，而下游的生境质量有所恶化。

从表5-59及图5-47可知，各子流域生境质量评价等级均为较高等级占主体；东江秋香江口以上区较高等级面积所占总面积比例高达81%以上，其次是北江大坑口以下区、黔浔江及西江区、北江大坑口以上区及桂贺江区等较高级面积所占总面积比例在65%以上；评价等级为高类型面积比例最高为西北江珠三角区和东江珠三角区，主要是河口区水体面积比例较高；生境质量等级为较高级面积所占比例最低的是北盘江区，约为24%。因此，东江秋香江口以上区的生境质量最好，北盘江区的生境质量最差。

十年来，各子流域年际变化较小，除珠江流域子流域桂贺江区、东江秋香江口以下区及西北江三角洲区生境质量评价等级为高及较高等级的面积有所下降，即生境质量变差以外，其余的子流域的生境质量等级为高及较高等级的面积都在增加，生境质量有一定的变好。

5.4.2 生境质量转称特征分析

(1) 珠江流域

从表 5-60 及图 5-48 可知，2000～2010 年珠江流域除较低等级外的各级生境都比较稳定，生境质量等级为高的类型转出面积比例最大为 4.44%，其中 4.25% 都转化为低等级；珠江流域生境质量高一级转化为低一级类型的面积为 2406.05km²，但生境质量低一级转化为高一级类型的面积为 3710.28km²。因此，珠江流域的生境质量有改善趋势。

表 5-60　2000～2010 年珠江流域不同生境质量转移矩阵

项目	等级	高	较高	中	较低	低
面积/km²	高	9 646.22	15.42	1.38	3.29	428.59
	较高	64.58	225 414.62	158.35	45.26	1 339.10
	中	108.13	500.14	50 532.88	14.62	294.62
	较低	3.34	440.18	49.46	26 026.45	105.42
	低	283.98	1 483.38	76.43	700.66	123 908.99
比例/%	高	95.56	0.15	0.01	0.03	4.25
	较高	0.03	99.29	0.07	0.02	0.59
	中	0.21	0.97	98.22	0.03	0.57
	较低	0.01	1.65	0.19	97.75	0.40
	低	0.22	1.17	0.06	0.55	97.99

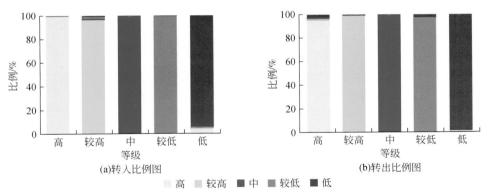

图 5-48　珠江流域不同级别生境质量转入、转出比例图

(2) 北盘江区

从表 5-61 及图 5-49 可知，2000～2010 年北盘江区的各级生境都比较稳定，特别是生境质量等级为较低级的类型转出面积基本无变化，其他各级生境转化为各自较低级的面积较低，但生境质量低一级转化为高一级类型的面积为 1069.4km²，远高于高一级转化为低一级类型的面积。因此，北盘江区的生境质量十年来有所好转。

表 5-61　2000～2010 年北盘江区不同质量生境转移矩阵

项目	等级	高	较高	中	较低	低
面积/km²	高	93. 925 13	0. 050 43	0. 208 3	0. 194 54	0. 707 74
	较高	1. 317 51	6 201. 97	0. 207 8	0. 458 96	2. 776 3
	中	0. 021 56	0. 074 6	5 585. 6	0. 724 85	4. 475 26
	较低	0. 044 11	0. 007 94	0. 056 5	5 651. 16	0. 098 3
	低	34. 047 752	600. 588	26. 11	407. 135	8 165. 851
比例/%	高	98. 78	0. 05	0. 22	0. 20	0. 74
	较高	0. 02	99. 92	0. 00	0. 01	0. 04
	中	0. 00	0. 00	99. 91	0. 01	0. 08
	较低	0. 00	0. 00	0. 00	100. 00	0. 00
	低	0. 37	6. 50	0. 28	4. 41	88. 44

(a)转出比例图　　　　　　　(b)转入比例图

图 5-49　北盘江区不同级别生境质量转入、转出比例图

（3）南盘江区

从表 5-62 及图 5-50 可知，2000～2010 年南盘江区除较低等级外的各级生境都比较稳定，其中生境质量等级为低的类型转化面积最大，主要转为较高等级质量的生境，面积为 406. 065 km²，生境质量转变最小的是较高等级，转化比例仅占 0.17%。南盘江区生境质量高一级转化为低一级类型的面积为 74. 58km²，但生境质量低一级转化为高一级类型的面积为 569. 49 km²。因此，南盘江区的生境质量在保持原有状态的前提下有略有改善趋势。

表 5-62　2000～2010 年南盘江区不同质量生境转移矩阵

项目	等级	高	较高	中	较低	低
面积/km²	高	824. 775 13	0. 979 32	0. 426 56	2. 487 03	12. 038 79
	较高	6. 495 65	20 489. 17	6. 092 04	5. 024 66	16. 519 93
	中	6. 668 23	42. 066 38	8 926. 583 9	2. 449 53	21. 197 5
	较低	0. 080 38	22. 269 2	4. 424 41	11 381. 7	7. 366 84
	低	15. 682 132	406. 054 9	22. 593 687	85. 230 3	15 360. 752

续表

项目	等级	高	较高	中	较低	低
比例/%	高	98.10	0.12	0.05	0.30	1.43
	较高	0.03	99.83	0.03	0.02	0.08
	中	0.07	0.47	99.20	0.03	0.24
	较低	0.00	0.20	0.04	99.70	0.06
	低	0.10	2.56	0.14	0.54	96.67

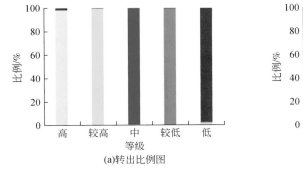
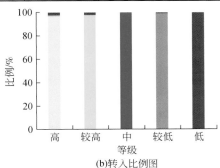

图 5-50 南盘江区不同级别生境质量转入、转出比例图

(4) 红水河区

从表 5-63 及图 5-51 可知，2000～2010 年红水河区生境质量的各等级转化，等级类型为高及较高类型较稳定，中级以下类型的转换较大，其中生境质量等级为低级的类型主要转化为较高级及较低级，转换面积分别为 429.92 km²、161.25 km²，生境质量等级为中级主要转化为高级及较高级。虽然红水河区生境质量有高一级类型转化为低一级类型，但转化面积远远低于低一级类型转化为高一级类型的面积，红水河区的生境质量有改善趋势。

表 5-63 2000～2010 年红水河区不同质量生境转移矩阵

项目	等级	高	较高	中	较低	低
面积/%	高	543.381 31	1.008 55	0.188 56	0.123 8	3.808 06
	较高	1.644 97	20 562.978	19.738 33	5.008 56	58.387 2
	中	70.720 4	43.836 6	12 816.32	5.935 06	31.626 08
	较低	0.392 79	31.548	10.682 59	3 773.67	28.309 01
	低	15.012 472	429.919 61	10.097 55	161.25	16 360.741
比例/%	高	99.06	0.18	0.03	0.02	0.69
	较高	0.01	99.59	0.10	0.02	0.28
	中	0.55	0.34	98.83	0.05	0.24
	较低	0.01	0.82	0.28	98.16	0.74
	低	0.09	2.53	0.06	0.95	96.37

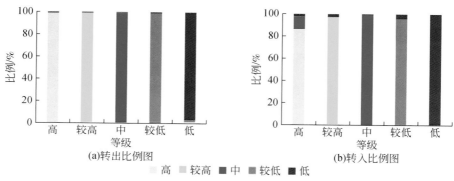

图 5-51　红水河区不同级别生境质量转入、转出比例图

（5）左江及郁江区

从表 5-64 及图 5-52 可知，2000～2010 年左江及郁江区除较低等级外的各级生境都比较稳定，转化面积比例低于 3%，但是左江及郁江区的转换面积比例相当大，高达 60.84%，其中 48.65% 转化为较高等级，且较高级及高级转出面积比例小，导致左江及郁江区珠江流域生境质量高一级转化为低一级类型的面积小于生境质量低一级转化为高一级类型的面积。因此，左江及郁江区的生境质量有改善趋势。

表 5-64　2000～2010 年左江及郁江区不同质量生境转移矩阵

项目	等级	高	较高	中	较低	低
面积/km²	高	766.489 95	0.258 04	0.002 22	0	2.816 47
	较高	1.889 51	16 279.58	33.155 5	1.267 75	98.468 47
	中	0.819 9	63.739 21	3 598.04	0.062 97	32.161 18
	较低	1.145 29	129.785 5	11.424 3	104.467	19.957 09
	低	10.041 272	213.982 8	9.157 28	1.577 04	17 453.587
比例/%	高	99.60	0.03	0.00	0.00	0.37
	较高	0.01	99.18	0.20	0.01	0.60
	中	0.02	1.73	97.38	0.00	0.87
	较低	0.43	48.65	4.28	39.16	7.48
	低	0.06	1.21	0.05	0.01	98.67

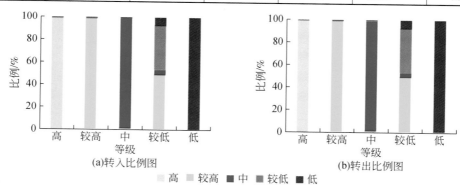

图 5-52　左江及郁江区不同级别生境质量转入、转出比例图

（6）右江区

从表 5-65 及图 5-53 可知，2000～2010 年在右江区各级生境质量转换中，生境质量等级为较低级的类型转换面积比例最大，主要转换为较高级；其次为低级的类型转换面积比例，主要也是转化为较高级；高等级的转化面积比例最小。总的来说，右江区生境质量高一级转化为低一级类型的转换面积为 166.84km²，但生境质量低一级转化为高一级类型的面积高，为 467.47 km²。因此，右江区的生境质量同样具有改善趋势。

表 5-65　2000～2010 年右江区不同质量生境转移矩阵

项目	等级	高	较高	中	较低	低
面积/km²	高	332.423 88	0.813 9	0.316 09	0.224 86	1.626 71
	较高	13.398 09	20 033.69	16.555 78	10.013 8	88.073 81
	中	25.390 93	76.520 71	7 209.567	4.334 17	35.358 04
	较低	0.301 25	73.557 89	7.178 27	1 965.99	9.523 05
	低	17.856 762	227.099 9	16.888 55	9.278 63	9 455.789
比例/%	高	99.11	0.24	0.09	0.07	0.48
	较高	0.07	99.36	0.08	0.05	0.44
	中	0.35	1.04	98.07	0.06	0.48
	较低	0.01	3.58	0.35	95.60	0.46
	低	0.18	2.33	0.17	0.10	97.21

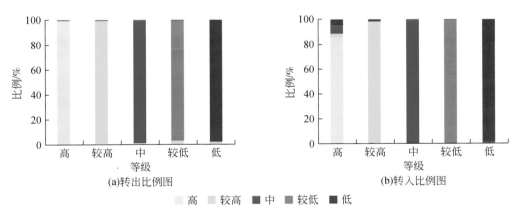

(a)转出比例图　　　　(b)转入比例图

　高　　较高　　中　　较低　　低

图 5-53　右江区不同级别生境质量转入、转出比例图

（7）柳江区

从表 5-66 及图 5-54 可知，2000～2010 年相比中级以上生境质量转换的稳定，柳江区较低及低等级生境质量的转换面积比例较大，且主要转化为较高级，转换面积比例分别为 2.21% 及 2.61%，加上柳江区生境质量高一级转化为低一级类型的面积（103.61km²）小于生境质量低一级转化为高一级类型的面积（548.38 km²）。因此，柳江区的生境质量也有改善趋势。

表 5-66   2000～2010 年柳江区不同质量生境转移矩阵

项目	等级	高	较高	中	较低	低
面积/km²	高	728.250 42	0.084 09	0.039 64	0.006 07	0.360 22
	较高	0.872 97	34 454.3	23.177 93	1.869 5	46.055 86
	中	0.354 57	57.765 87	6 742.108	0.147 39	17.026 43
	较低	0.305 5	65.861 53	5.598 47	2 887.71	14.904 92
	低	8.752 112	357.532	9.149 087	42.185 7	13 298.211
比例/%	高	99.93	0.01	0.01	0.00	0.05
	较高	0.00	99.79	0.07	0.01	0.13
	中	0.01	0.85	98.90	0.00	0.25
	较低	0.01	2.21	0.19	97.09	0.50
	低	0.06	2.61	0.07	0.31	96.96

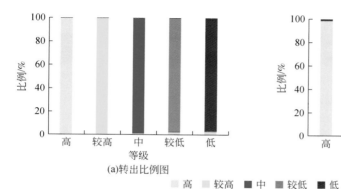
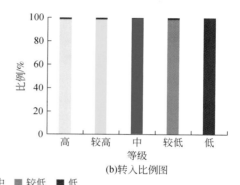

(a)转出比例图   (b)转入比例图

■ 高 ■ 较高 ■ 中 ■ 较低 ■ 低

图 5-54   柳江区不同级别生境质量转入、转出比例图

（8）桂贺江区

从表 5-67 及图 5-55 可知，2000～2010 年纵观桂贺江区各级生境质量的转换，除较低等级外的其余各级生境质量都比较稳定，生境质量等级为较低的类型转换面积比例最大，高达 53%，主要转化为较高级；其次为等级为中级的类型，同样主要转化为较高级；生境质量为较高级的类型，虽然转换比例较低，但是主要转化为低级。总的来说，桂贺江区的生境质量高一级转化为低一级类型的面积为 113.38km²，但生境质量低一级转化为高一级类型的面积为 319.08 km²，因此，桂贺江区的生境质量同样具有改善变好的趋势。

表 5-67   2000～2010 年桂贺江区不同质量生境转移矩阵

项目	等级	高	较高	中	较低	低
面积/km²	高	446.705 97	0.591 67	0.064 19	0.027 02	11.506 74
	较高	0.715 27	19 661.228 44	24.727 23	0.215 31	44.908 41
	中	0.319 58	58.156 32	2 289.480 55	0.239 64	28.194 15
	较低	0.034 49	29.075 46	1.829 13	31.040 34	2.902 32
	低	8.879 132	209.386 743	8.839 407	1.852 609	7 528.149 75

续表

项目	等级	高	较高	中	较低	低
比例/%	高	97.34	0.13	0.01	0.01	2.51
	较高	0.00	99.64	0.13	0.00	0.23
	中	0.01	2.45	96.34	0.01	1.19
	较低	0.05	44.81	2.82	47.84	4.47
	低	0.11	2.70	0.11	0.02	97.05

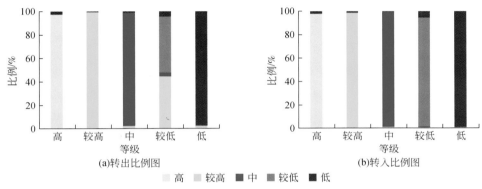

图 5-55　桂贺江区不同级别生境质量转入、转出比例图

（9）黔浔江及西江（梧州以下）区

从表 5-68 及图 5-56 可知，2000～2010 年，纵观黔浔江及西江（梧州以下）区的各级生境质量的转换，生境质量等级为较低类型转化面积比例最大，其次是中级，转换面积比例最小的是较高级。其中生境质量等级为较低类型转化面积比例高达约 87%，主要转化为较高级，较高级主要转换为低级。虽然黔浔江及西江（梧州以下）区生境质量高一级转化为低一级类型的面积为 220.83km²，但生境质量低一级转化为高一级类型的面积高且高达465.75km²。因此，黔浔江及西江（梧州以下）区生境质量也有改善变好趋势。

表 5-68　2000～2010 年黔浔江及西江（梧州以下）区不同质量生境转移矩阵

项目	等级	高	较高	中	较低	低
面积/km²	高	1 097.301 9	1.516 89	0.001 1	0.000 76	12.340 23
	较高	7.570 85	24 872.94	26.921	0.517 28	138.074
	中	0.650 08	79.765 26	1 653.2	0.269 32	35.606 93
	较低	0.575 25	74.366 34	7.164 7	13.356 74	5.578 43
	低	22.596 202	249.312 9	8.907 7	1.488 919	8 008.819
比例/%	高	98.75	0.14	0.00	0.00	1.11
	较高	0.03	99.31	0.11	0.00	0.55
	中	0.04	4.51	93.43	0.02	2.01
	较低	0.57	73.60	7.09	13.22	5.52
	低	0.27	3.01	0.11	0.02	96.60

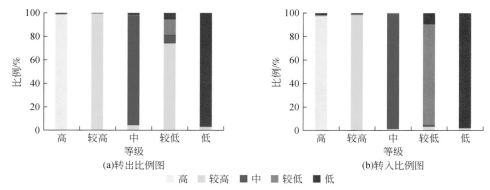

图5-56 黔浔江及西江（梧州以下）区不同级别生境质量转入、转出比例图

（10）北江大坑口以上区

从表5-69及图5-57可知，2000～2010年，纵观北江大坑口以上区各级生境质量的转换，生境质量等级为较低类型转化面积比例最大，其次是中级，转换面积比例最小的是较高级。北江大坑口以上区生境质量高一级转化为低一级类型的面积为183.51km^2，但生境质量低一级转化为高一级类型的面积高且高达314.58km^2。因此，北江大坑口以上区生境质量也有改善变好趋势。

表5-69 2000～2010年北江大坑口以上区不同质量生境转移矩阵

项目	等级	高	较高	中	较低	低
面积/km^2	高	226.900 18	0.511 96	0.136 4	0	5.240 229
	较高	2.684 15	12 002.4	3.046 6	0.268 87	141.261 5
	中	0.994 862	20.988 6	761.87	0.021 18	29.645 22
	较低	0.143 518	1.316 07	1.070 6	37.403 1	3.379 574
	低	16.661 839	244.533	24.388	1.801 47	4 080.283
比例/%	高	97.47	0.22	0.06	0.00	2.25
	较高	0.02	98.79	0.03	0.00	1.16
	中	0.12	2.58	93.65	0.00	3.64
	较低	0.33	3.04	2.47	86.36	7.80
	低	0.38	5.60	0.56	0.04	93.42

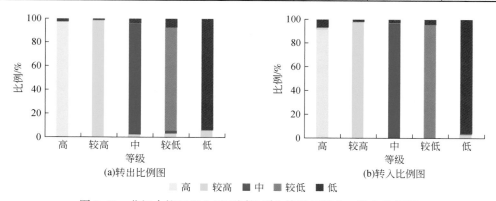

图5-57 北江大坑口以上区不同级别生境质量转入、转出比例图

(11) 北江大坑口以下区

从表5-70及图5-58可知，2000～2010年，北江大坑口以下区除较低等级及中等级外的各级生境都比较稳定外，生境质量等级为较低的类型转出面积比例最大为12.7%，其中7.92%都转化为较高等级；北江大坑口以下区生境质量高一级转化为低一级类型的面积为292.47km²，但生境质量低一级转化为高一级类型的面积为369.87km²。因此，北江大坑口以下区的生境质量有改善变好趋势。

表5-70　2000～2010年北江大坑口以下区不同质量生境转移矩阵

项目	等级	高	较高	中	较低	低
面积/km²	高	680.935 79	1.477 47	0	0.226 82	17.609 91
	较高	9.347 33	20 778.9	3.590 6	4.262 57	225.676 4
	中	0.997 51	49.674 6	675.71	0.330 74	35.206
	较低	0.083 74	6.951 92	0.025 2	76.661 5	4.088 77
	低	39.102 492	246.45	15.742	1.493 23	6 584.627
比例/%	高	97.24	0.21	0.00	0.03	2.51
	较高	0.04	98.84	0.02	0.02	1.07
	中	0.13	6.52	88.69	0.04	4.62
	较低	0.10	7.92	0.03	87.30	4.66
	低	0.57	3.58	0.23	0.02	95.60

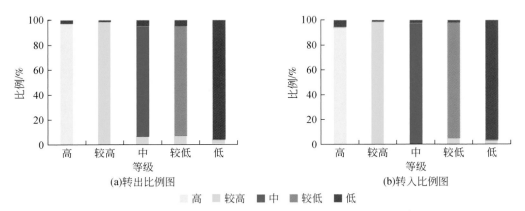

图5-58　北江大坑口以下区不同级别生境质量转入、转出比例图

(12) 东江秋香江口以上区

从表5-71及图5-59可知，2000～2010年，东江秋香江口以上区除中等级外的各级生境都比较稳定，面积转化比例不超过10%，生境质量等级为中的类型转出面积比例最大为10.86%，其中5.42%都转化为低等级；东江秋香江口以上区生境质量高一级转化为低一级类型的面积为148.68km²，但生境质量低一级转化为高一级类型的面积为300km²，因此，东江秋香江口以上区的生境质量有改善趋势。

表 5-71　2000～2010 年东江秋香江口以上区不同质量生境转移矩阵

项目	等级	高	较高	中	较低	低
面积/km²	高	463.173 26	0.635 51	0	0	1.210 593
	较高	2.739 984	15 297.9	0.108 4	13.368	125.027 2
	中	0.255 68	4.391 59	77.745	0.103 63	4.723 546
	较低	0.011 174	3.358 45	0.001 8	91.748 3	3.508 042
	低	12.446 303	264.192	10.934	2.064 08	2 617.025
比例/%	高	99.60	0.14	0.00	0.00	0.26
	较高	0.02	99.09	0.00	0.09	0.81
	中	0.29	5.04	89.14	0.12	5.42
	较低	0.01	3.41	0.00	93.02	3.56
	低	0.43	9.09	0.38	0.07	90.04

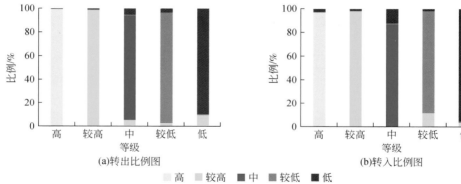

图 5-59　东江秋香江口以上区不同级别生境质量转入、转出比例图

（13）东江秋香江口以下区

从表 5-72 及图 5-60 可知，2000～2010 年东江秋香江口以下区除较低等级外的各级生境都比较稳定，生境质量等级为较低的类型转出面积比例最大为 42.36%，其中 41.25%都转化为低等级；东江秋香江口以下区生境质量高一级转化为低一级类型的面积为 148.68km²，但生境质量低一级转化为高一级类型的面积为 300.4km²。因此，东江秋香江口以下区的生境质量有改善趋势。

表 5-72　2000～2010 年东江秋香江口以下区不同质量生境转移矩阵

项目	等级	高	较高	中	较低	低
面积/km²	高	367.588 66	2.178 35	0	0	21.002 29
	较高	2.785 912	4 490.78	0.680 8	1.887 75	84.997 03
	中	0.170 301	0.965 84	129.05	0	6.658 434
	较低	0.042 008	0.080 25	0	6.345 87	4.541 348
	低	24.369 158	223.106	8.715 1	1.572 83	3 453.462

续表

项目	等级	高	较高	中	较低	低
比例/%	高	94.07	0.56	0.00	0.00	5.37
	较高	0.06	98.03	0.01	0.04	1.86
	中	0.12	0.71	94.30	0.00	4.87
	较低	0.38	0.73	0.00	57.64	41.25
	低	0.66	6.01	0.23	0.04	93.05

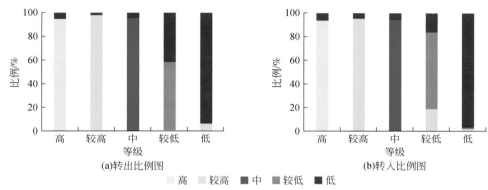

图 5-60　东江秋香江口以下区不同级别生境质量转入、转出比例图

（14）西北江三角洲区

从表 5-73 及图 5-61 可知，2000～2010 年西北江三角洲区生境质量为中级和较低级的面积转换较大，生境质量等级为较低级的类型转出面积比例最大为 41.26%，其中 26.77% 都转化为较高等级；生境质量等级为中级的类型转出面积比例最大为 31.55%，其中 27.27% 都转化为低等级；西北江三角洲区生境质量高一级转化为低一级类型的面积为 507.83km²，但生境质量低一级转化为高一级类型的面积为 433.5 km²。因此，西北江三角洲区的生境质量有恶化趋势。

表 5-73　2000～2010 年西北江三角洲区不同质量生境转移矩阵

项目	等级	高	较高	中	较低	低
面积/km²	高	2 672.258 48	4.524 35	0.001 43	0	281.125 44
	较高	11.404 33	6 737.261 3	0.178 91	0.768 72	208.614
	中	0.671 78	1.159 42	29.245 32	0	11.649 99
	较低	0.116 97	1.994 42	0	4.376 26	0.962 89
	低	128.947 082	279.014 333	8.687 947	1.503 879	8 230.457 97
比例/%	高	90.34	0.15	0.00	0.00	9.50
	较高	0.16	96.82	0.00	0.01	3.00
	中	1.57	2.71	68.45	0.00	27.27
	较低	1.57	26.77	0.00	58.74	12.92
	低	1.49	3.23	0.10	0.02	95.17

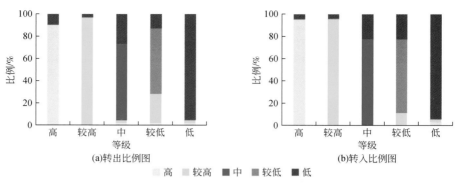

图 5-61 西北江三角洲区不同级别生境质量转入、转出比例图

（15）东江三角洲区

从表 5-74 及图 5-62 可知，2000～2010 年东江三角洲区生境质量为高级和较低级的面积转换较大，其中生境质量等级为较低级的类型转出面积比例最大为 30.94%，其中 24.48% 转化为低等级；生境质量等级为高级的类型转出面积比例最大为 12.6%，其中 12.43% 转化为低等级；东江三角洲区生境质量高一级转化为低一级类型的面积为 120.12km²，但生境质量低一级转化为高一级类型的面积为 265.06km²。因此，东江三角洲区的生境质量有改善趋势。

表 5-74 2000～2010 年东江三角洲区不同质量生境转移矩阵

项目	等级	高	较高	中	较低	低
面积/km²	高	402.111 42	0.785 3	0	0	57.193 56
	较高	1.714 286	3 551.45	0.173 8	0.327 81	60.260 94
	中	0.095 864	1.030 38	38.411	0	1.088 174
	较低	0.066 504	0.011 22	0	0.831 83	0.294 872
	低	28.064 282	223.764	8.835 8	1.481 38	3 311.238
比例/%	高	87.40	0.17	0.00	0.00	12.43
	较高	0.05	98.27	0.00	0.01	1.67
	中	0.24	2.54	94.55	0.00	2.68
	较低	5.52	0.93	0.00	69.06	24.48
	低	0.79	6.26	0.25	0.04	92.66

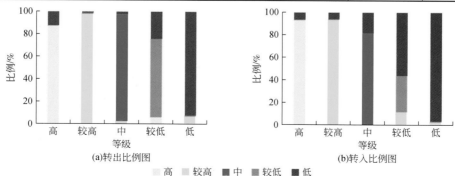

图 5-62 东江三角洲区不同级别生境质量转入、转出比例图

十年来，各子流域评价等级为高、较高、中和低的生境较稳定，较低等级（草原、草丛）转换相对较大。评价等级为高类型，西北江三角洲区和东江三角洲区转出面积较大达10%，北盘江区转入面积最大达25%；评价等级为较高类型，变化均不明显；评价等级为中类型，西北江三角洲区面积较多转为低类型；评价等级为较低类型，黔浔江及西江区、左江及郁江干流区、西北江三角洲区、东江三角洲区及东江秋香江口以下区较多面积转出为较高类型，表明有改善，但是东江秋香江口以下区大量转为低类型；评价等级为低类型，各子流域变化不大；子流域分析，各流域除了西北江三角洲区的生境质量恶化以外，其余子流域的生境质量在不断改善。总的来说，珠江流域的生境质量整体提高。

5.4.3　生物多样性现状评价

由表 5-75 所知，2010 年珠江流域绝大多数地区的生物多样性保护重要性等级为一般区域，面积为 346 869.5 km²，占整个珠江流域面积的 78.54%；其次是重要区，面积为 38 274.5 km²；再次是极重要区，面积为 36 018.88 km²；最少的是中等区域，面积为 20 494.56 km²，占整个珠江流域面积的 4.64%。

表 5-75　2010 年珠江流域生物多样性保护重要性

类型	一般区域	中等重要区	重要区	极重要区
面积/km²	346 869.5	20 494.56	38 274.5	36 018.88
比例/%	78.54	4.64	8.67	8.16

由图 5-63 所示，2010 年珠江流域的生物多样性保护重要性等级为极重要区及重要区，主要分布在中上游的柳江区、红水河区及右江区，其余地区多为一般区域。

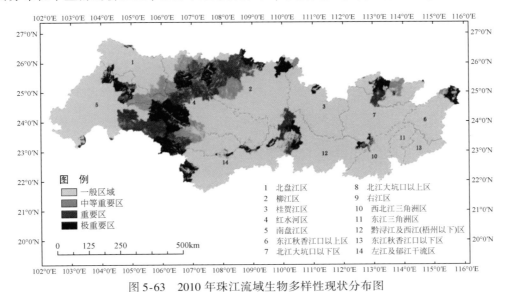

图 5-63　2010 年珠江流域生物多样性现状分布图

5.5 生态系统产品提供功能分布特征及其变化

生态系统服务是人类生存与发展的基础，而食物更是人类生存的基础，食物生产功能是生态系统重要的服务功能之一，不仅能维持人类生存，同时对区域生态环境的维护发挥着重要的作用，而且食物安全又是国家安全的重要组成成分。因此，维持生态系统的食物生产功能至关重要。随着珠江流域人口的迅速增长，以及工业化、城镇化的进程加快，大量优质耕地、森林的面积减少，农业生态系统萎缩，导致食物生产不稳定。因此掌握珠江流域食物生产现状，对维护生态系统的平衡稳定具有重要的意义。

对食物供给能力的研究目前有两类研究方法：第一类是从自然生态系统的初级生产力出发，结合太阳辐射、温度、水、土地资源潜力、作物生长模型等，模拟和预测食物生产能力（Tao et al.，2005；Xiong et al.，2007；Ye and Ranst，2009）；第二类是用实际粮食产量和耕地面积等来评估和预测，或按照人均粮食消费标准来计算人口供给能力（蔡运龙等，2002；毕继业等，2008）。但是由于传统的粮食供给能力很少区分粮食类型，未考虑由于地理区域的差异导致的食物的不同来源，未考虑不同食物所提供的营养成分的差异，故不同类的食物不能简单加和，如果没有统一量纲，只以"产量"不能准确反映我国各地区的食物生产能力，掩盖其真实的食物生产能力。因此，珠江流域的产品供给采用营养成分法来计算，分析2010年珠江流域食物生产空间特征，更全面、更客观反映流域的食物生产综合能力，以期为提高珠江流域食物生产能力提供科学性建议。

5.5.1 产品提供模型

为了能更公平、一致地反映各类产品的供给服务，生态系统食物生产总量采用通用食物营养转化模型进行计算，将产品产量（t）统一转换为热量值（kcal），计算公式如下。

$$E_s = \sum_{i=1}^{n} E_i = \sum_{i=1}^{n} (100 \times M_i \times EP_i \times A_i) \tag{5-23}$$

式中，E_s 为区县食物总供给热量（kcal）；E_i 为第 i 类产品所提供的热量（kcal）；M_i 为区县第 i 类产品的产量（t）；EP_i 为第 i 类产品可食部的比例（%）；A_i 为第 i 类产品每100g可食部中所含热量（kcal）；$i=1$，2，3，…，n；n 为区县产品种类。食物营养成分见表5-76。

表 5-76 食物营养成分表

食物	可食部比例/%	热量/kJ	食物	可食部比例/%	热量/kJ
谷物	100	1450.46	胡麻籽	98	1881.00
小麦	100	1417.02	向日葵籽	50	2545.62
玉米	100	1463.02	甘蔗	100	267.52
谷子	100	1508.98	甜菜	95	229.90
高粱	100	1504.80	蔬菜	100	96.14

食物	可食部比例/%	热量/kJ	食物	可食部比例/%	热量/kJ
荞麦	100	1408.66	西瓜	56	108.68
荞麦（带皮）	98	1333.42	甜瓜	78	112.86
燕麦	100	1575.86	草莓	97	133.76
大豆	100	1630.20	香蕉	59	388.74
绿豆	100	1375.22	苹果	76	225.72
红小豆	100	1354.32	柑橘	77	213.18
蚕豆	100	1412.84	梨	82	209.00
马铃薯	94	321.86	葡萄	86	183.92
甘薯（白心）	86	443.08	猪肉	100	1651.10
甘薯（红心）	90	426.36	牛肉	99	522.50
木薯	99	497.42	羊肉	90	848.54
花生	53	1308.34	禽肉	66	915.42
油菜籽	100	2090.00	兔肉	100	426.36
芝麻（白）	100	2240.48	牛奶	100	225.72
芝麻（黑）	100	2336.62	禽蛋	87	723.14

数据来源于中国农业科学院信息文献中心农业统计（2000 年、2005 年、2010 年）；食物所含热量数据、食物的可食部比例数据来源于《中国食物营养成分表》（2012 年）；行政区划数据来源于环境保护部卫星环境应用中心。

5.5.2 产品提供能量分析

珠江流域 2000 年、2010 年的生态系统产品提供能量计算见表 5-77 及图 5-64，可得出如下结果。

从时间上来看，珠江流域生态系统产品提供能量十年间变化以极小幅度增加，2000 年珠江流域产品提供能量约为 133.1×10^{12} kcal，2010 年为 163.58×10^{12} kcal，增长率为 22.90%。

从空间上来看，2000 年珠江流域的产品提供能量主要集中在下游，下游的产品提供能量为 53.91×10^{12} kcal，占整个流域的 40.51%，下游>中游>上游；而 2010 年珠江流域的产品提供能量主要集中在中游，中游的产品提供能量为 73.95×10^{12} kcal，占整个流域的 45.21%，中游>上游>下游。

从子流域来看，珠江流域子流域的产品提供能量差异明显，2010 年左江及郁江干流区的产品提供能量最多，高达 32.17×10^{12} kcal；其次是南盘江区、柳江区、红水河区、黔浔江及西江（梧州以下）区等，产品提供能量均在 10×10^{12} kcal 以上；产品提供能量相对较高；再次是桂贺江区、北江大坑口以上区、北盘江区、北江大坑口以上区、西北江三角洲区等子流域，产品提供能量均为 $5\times10^{12} \sim 10\times10^{12}$ kcal，产品提供能量一般；产品提供能量较少的是东江秋香江口以上区、东江三角洲区和东江秋香江口以下区等子流域，产品提供能量较差在 5×10^{12} kcal 以下。十年来，珠江流域中上游除了桂贺江区以外其余各子流域的产品提供能量均有提高，增长率最大的是左江及郁江干流区，为121.17%；其次是红水河区，增长率为79.07%。但是珠江流域下游所有子流域的产品提供能量均下降，特别是东江三角洲区及东江秋香江口以上区，下降率分别为39.19%、39.31%。

表5-77 珠江流域产品提供能量 （单位：$\times10^{12}$ kcal）

流域名称	2000 年	2010 年
北盘江区	7.18	8.08
南盘江区	13.54	19.11
红水河区	10.25	18.36
上游	30.98	45.56
左江及郁江干流区	14.55	32.17
右江区	8.52	13.27
柳江区	14.43	18.90
桂贺江区	10.71	9.61
中游	48.21	73.95
黔浔江及西江（梧州以下）区	18.09	17.19
北江大坑口以上区	6.85	5.00
北江大坑口以下区	9.69	8.11
东江秋香江口以上区	5.33	4.41
东江秋香江口以下区	3.40	2.10
西北江三角洲区	6.85	5.00
东江三角洲区	3.70	2.25
下游	53.91	44.07
珠江流域	133.10	163.58

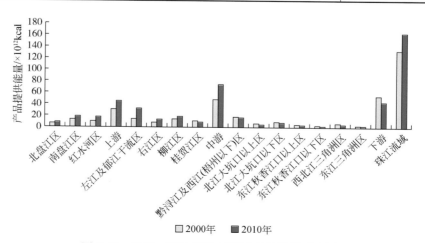

图5-64 2000～2010年珠江流域产品提供对比图

5.5.3 产品提供功能评估

将产品提供能量的结果进行标准化处理：

$$\text{SSC} = (\text{SC}_x - \text{SC}_{min}) / (\text{SC}_{max} - \text{SC}_{min}) \quad (5\text{-}24)$$

式中，SSC 为标准化之后的产品提供能量；SC_x 为评价区域产品提供能量；SC_{max}、SC_{min} 分别为产品提供能量最大值和最小值。

将标准化后的生态系统土壤保持功能评估单元划分为高 [0.8~1.0]、较高 [0.6~0.8)、中 [0.4~0.6)、较低 [0.2~0.4)、低 [0~0.2) 5 个等级。珠江流域流域评价结果如下所示。

（1）珠江流域

从珠江流域产品提供功能各等级类型拥有面积来看（表 5-78、图 5-65），2000 年产品提供功能较低，评价等级为低等级的面积占主体，为 585 607.57km²，占 59.12%；评价等级为高类型的面积最小为 69 608.94 km²，仅占 7.03%。各评价等级类型的面积大小依次为低≫较低>中>较高>高。2010 年各等级类型拥有的面积与 2000 年类似，产品提供功能较低，但是与 2000 年相比，珠江流域 2010 年的碳固定功能较高、较低类型下降，高、中类型上升较大，珠江流域产品提供功能有所上升。

表 5-78　珠江流域生态系统产品提供功能分级特征

年份	统计参数	高	较高	中	较低	低
2000	面积/km²	69 608.94	74 609.22	87 231.03	173 545.57	585 607.57
	比例/%	7.03	7.53	8.81	17.52	59.12
2010	面积/km²	75 172.70	43 735.23	103 287.21	123 506.13	639 716.83
	比例/%	7.63	4.44	10.48	12.53	64.92

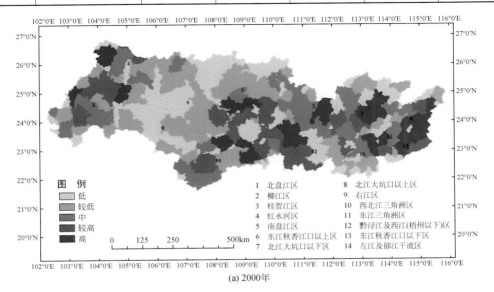

图 例
低
较低
中
较高
高

1　北盘江区
2　柳江区
3　桂贺江区
4　红水河区
5　南盘江区
6　东江秋香江口以上区
7　北江大坑口以下区
8　北江大坑口以上区
9　右江区
10　西北江三角洲区
11　东江三角洲区
12　黔浔江及西江(梧州以下)区
13　东江秋香江口以下区
14　左江及郁江干流区

(a) 2000年

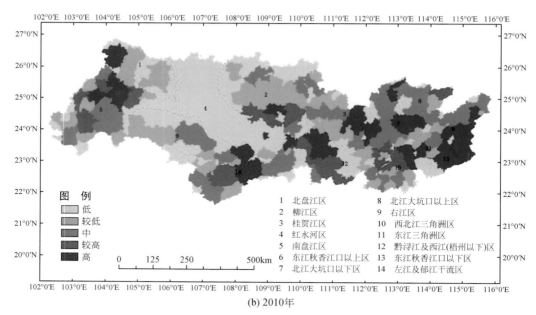

(b) 2010年

图 5-65　2000 年、2010 年珠江流域生态系统产品提供功能分级空间分布

（2）各子流域

从表 5-79 及图 5-66 可知，珠江流域上游相对来讲产品提供功能较差，但功能下降的趋势，从横向上看，2000 年珠江流域上游产品提供功能评价等级为中等以下等级占主体，面积为 238 057.3km²，占 83.35%；到 2010 年等级为中等以下等级的面积上升到 250 738.02km²，比例上升到 72.54%，比例降为 90.95%。而 2000 年上游产品提供功能等级为高级和较高级的面积总和仅为 37 640.45km²，占 13.63%；到 2010 年高级和较高级的面积下降至 24 960.34km²，占 9.05%。从纵向上看，2000 年珠江流域上游评价等级为较高、重、低的土地面积占整个珠江流域上游同等等级面积比例分别为 8.87%、9.61%、28.37%，到 2010 年却降为 3.73%、5.83%、12.59%。因此，无论是从横向上看还是从纵向上看，珠江流域上游的产品提供功能十年来呈下降趋势。另外，从珠江流域上游的三个子流域来看，其中南盘江区的产品提供功能相对来说较好，评价等级为高和较高，占 15% 以上；红水河区的产品提供功能下降最大。

珠江流域中游产品提供功能比上游好，产品提供功能一般较低，但相对稳定。从横向上看，2000 年珠江流域上游产品提供功能评价等级为中等级以下等级占主体，面积为 315 437.15km²，占 90.01%；到 2010 年等级为中等级以下等级的面积上升到 318 100.74km²，比例上升到 90.77%。而 2000 年上游产品提供功能等级为高级和较高级的面积总和仅为 17 507.02km²，占 9.99%；到 2010 年高级和较高级的面积下降至 16 175.23km²，占 9.23%。从纵向上看，2000 年珠江流域上游评价等级为高、较高的土地面积占整个珠江流域中游同等等级面积比例分别为 5.11%、4.88%，到 2010 年却降为 4.87%、4.37%。因此，无论是从横向上看还是从纵向上看，珠江流域上游的产品提供功能十年来呈下降趋势。另外,从珠江流域上游的三个子流域来看,其中右江区的产品提供功能有所改善,左江及郁江干流区的产品提供功能下降较大。

珠江流域下游产品提供功能比中上游强,并且有上升的趋势。从横向上看,2000 年珠江流域下游产品提供功能评价等级为较低及低级占主体,面积为 27 164.92km²,占74.53%;到 2010 年等级为较低及低级的面积下降到 252 782.22km²,比例下降到69.36%。而 2000 年上游产品提供功能等级为中等以上面积总和为 92 810.46km²,占25.74%;到 2010 年中等级以上的面积上升至 111 671.33km²,占 30.64%。从纵向上看,2000 年珠江流域上游评价等级为较高、中级的土地面积占整个珠江流域同等等级面积比例分别为 10.57%、5.83%,到 2010 年上升为 11.92%、12.37%。因此,无论是从横向上看还是从纵向上看,珠江流域上游的产品提供功能十年来呈上升趋势。另外,从珠江流域下游的各子流域来看,除了北江大坑口以上区、北江大坑口以下区、东江秋香江口以上区、东江秋香口以下区及西北江三角洲区几个子流域的产品提供功能有所提高以外,其余几个子流域的产品提供功能在下降。

表 5-79 子流域生态系统产品提供功能分级特征

流域	年份	统计参数	高	较高	中	较低	低
北盘江区	2000	面积/km²	6 059.03	2 281.08	10 920.36	8 452.42	31 458.20
		比例/%	10.24	3.86	18.46	14.28	53.16
	2010	面积/km²	6 059.03	0.00	0.00	14 101.25	39 011.41
		比例/%	10.24	0.00	0.00	23.83	65.93
南盘江区	2000	面积/km²	4 822.65	13 713.53	13 107.72	25 567.30	58 403.12
		比例/%	4.17	11.86	11.34	22.11	50.52
	2010	面积/km²	8 254.79	10 281.39	16 061.97	18 287.67	62 728.50
		比例/%	7.14	8.89	13.89	15.82	54.26
红水河区	2000	面积/km²	2 298.16	8 466.00	2 473.83	44 197.34	43 477.02
		比例/%	2.28	8.39	2.45	43.80	43.08
	2010	面积/km²	365.13	0.00	0.00	2 298.16	98 249.06
		比例/%	0.36	0.00	0.00	2.28	97.36
左江及郁江干流区	2000	面积/km²	3 446.54	9 306.93	12 908.94	19 838.96	41 971.80
		比例/%	3.94	10.64	14.76	22.68	47.98
	2010	面积/km²	6 440.33	576.15	13 013.72	5 567.59	56 690.38
		比例/%	7.83	0.70	15.81	6.77	68.89
右江区	2000	面积/km²	3 390.20	0.00	2 296.28	19 098.84	61 490.15
		比例/%	3.93	0.00	2.66	22.14	71.27
	2010	面积/km²	3 390.2	0	11 200.01	21 623.59	50 061.67
		比例/%	3.93	0.00	12.98	25.06	58.03

流域	年份	统计参数	高	较高	中	较低	低
柳江区	2000	面积/km²	5 965.52	7 792.88	4 893.54	18 119.25	69 299.23
		比例/%	5.62	7.35	4.61	17.08	65.33
	2010	面积/km²	2 109.52	9 730.84	7 382.25	19 922.15	66 925.66
		比例/%	1.99	9.17	6.96	18.78	63.10
桂贺江区	2000	面积/km²	5 111.97	0.00	19 383.57	5 313.49	40 823.10
		比例/%	7.24	0.00	27.44	7.52	57.80
	2010	面积/km²	5 111.97	0.00	10 546.51	14 150.55	40 823.10
		比例/%	7.24	0.00	14.93	20.03	57.80
黔浔江及西江	2000	面积/km²	9 265.29	18 525.24	1 962.82	10 247.76	52 898.91
		比例/%	9.97	19.94	2.11	11.03	56.94
	2010	面积/km²	8 636.11	14 367.11	6 308.35	14 179.07	49 409.38
		比例/%	9.30	15.47	6.79	15.26	53.19
北江大坑口以上区	2000	面积/km²	2 870.46	0.00	0.00	6 862.34	37 301.76
		比例/%	6.10	0.00	0.00	14.59	79.31
	2010	面积/km²	2 119.55	2 322.98	8 895.26	2 130.26	31 566.51
		比例/%	4.51	4.94	18.91	4.53	67.11
北江大坑口以下区	2000	面积/km²	5 632.32	6 284.96	11 887.60	2 220.28	47 800.70
		比例/%	7.63	8.51	16.10	3.01	64.75
	2010	面积/km²	9 190.03	1 263.32	13 351.62	2 220.28	47 800.70
		比例/%	12.45	1.71	18.09	3.01	64.75
东江秋香江口以上区	2000	面积/km²	10 728.17	2 290.94	2 273.59	4 317.74	36 027.43
		比例/%	19.28	4.12	4.09	7.76	64.75
	2010	面积/km²	10 728.17	0.00	8 234.82	4 040.36	32 634.54
		比例/%	19.28	0.00	14.80	7.26	58.66
东江秋香江口以下区	2000	面积/km²	5 532.75	3 500.15	0	2 447.51	13 927.55
		比例/%	21.78	13.78	0.00	9.63	54.82
	2010	面积/km²	9 032.9	0	0	0	16 375.06
		比例/%	35.55	0.00	0.00	0.00	64.45
西北江三角洲区	2000	面积/km²	2 870.46	0	0	6 862.34	37 301.76
		比例/%	6.10	0.00	0.00	14.59	79.31
	2010	面积/km²	2 119.55	5 193.44	6 024.8	2 130.26	31 566.51
		比例/%	4.51	11.04	12.81	4.53	67.11
东江三角洲区	2000	面积/km²	1 615.42	2 447.51	5 122.78	0	13 426.84
		比例/%	7.14	10.82	22.65	0.00	59.38
	2010	面积/km²	1 615.42	0	2 267.9	2 854.94	15 874.35
		比例/%	7.14	0.00	10.03	12.63	70.20

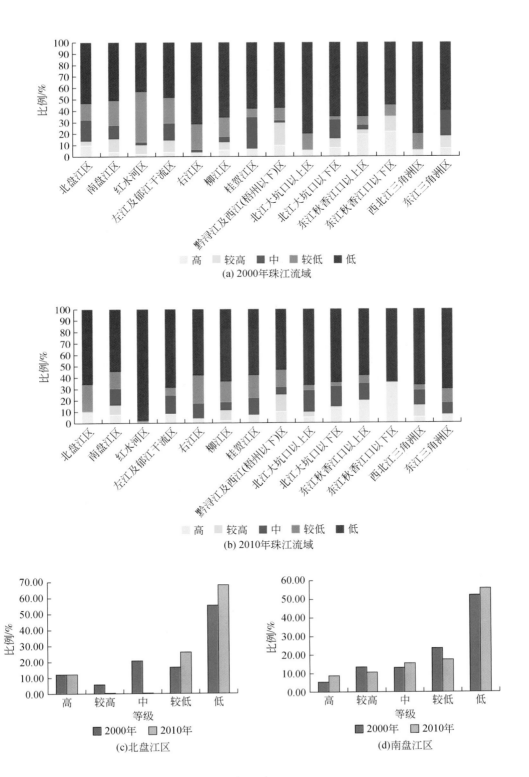

(a) 2000年珠江流域

(b) 2010年珠江流域

(c)北盘江区

(d)南盘江区

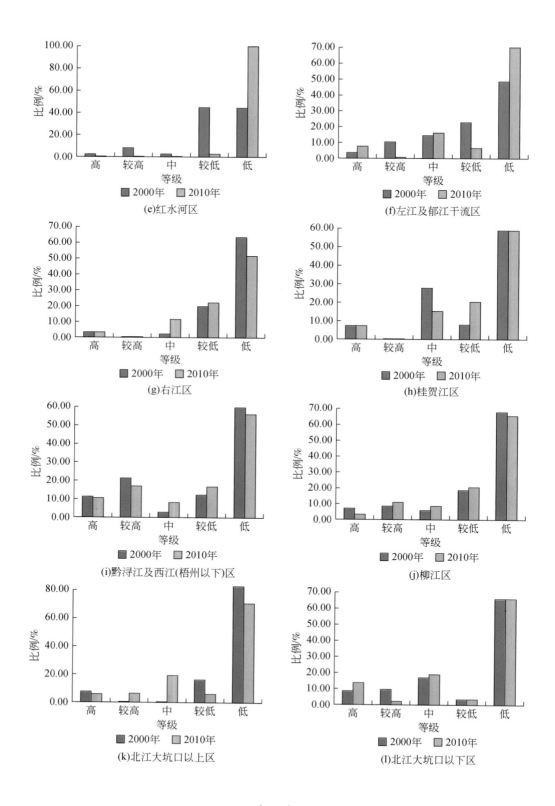

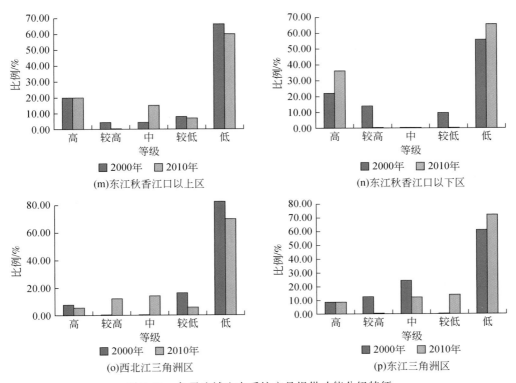

(m)东江秋香江口以上区

(n)东江秋香江口以下区

(o)西北江三角洲区

(p)东江三角洲区

图 5-66　各子流域生态系统产品提供功能分级特征

2010 年珠江流域产品提供功能量约为 166.67×10^{12} kcal，十年间变化已增加 18.89%。子流域层面，以桂贺江区为分界线，它以上的子流域产品提供功能量上升，以下子流域产品提供功能量下降；珠江流域生态系统产品提供功能较低，十年间高、中和低类型略有上升，较高和较低类型下降。各子流域中，评价等级为低的类型都超过 50%，占主体；评价等级为高的类型仅有东江秋香江口以下区及东江秋香江口以上区，约为 20%，其余各子流域均远小于此数。

|第6章| 珠江流域河流与水环境

珠江流域地处我国最南端，涉及我国大陆 6 个省，是我国改革开放的前沿阵地，特别是珠江三角洲是全国三大经济圈之一，在我国经济发展中具有重要战略地位。随着社会经济的发展，珠江流域水资源问题日益严峻，水多、水少、水脏、水浑等问题不断加剧。珠江流域水资源供需矛盾突出，如深圳、北海、粤西雷州半岛及粤东潮汕地区，水资源短缺已成为当地经济发展的制约因素；珠江总体水质状况要好于全国平均水平，但局部地区的水污染形势仍然十分严峻，水环境恶化趋势未得到有效遏制；珠江流域洪涝灾害严重，洪水特点是峰高、量大、历时长，给流域人们的生命财产安全造成极大的威胁；治理投入减少，水污染造成经济损失惊人，出现恶性循环，表现在流域内 40% 的工业废水、90% 以上的生活污水未经处理直接排入珠江（刘万根，2002；辛红，2008）。

本章从水资源分布、水文特征、流域污染源排放、流域水质等方面分析珠江流域水环境问题，以期对流域水资源的合理开发利用和优化配置有一定的参考价值，并为探索缓解珠江水资源危机的有效途径有所帮助。

6.1 水资源变化

6.1.1 研究方法

时间序列是指对事物某一个统计指标采集不同时刻上的各个数值，按时间先后顺序而形成的序列，它反映了某一些事物、现象等随时间的变化状态或程度。时间序列的变化趋势和突变检验分析是了解事物变化发展规律的重要研究内容之一。目前检验趋势与突变的方法有很多种。其中 Mann-Kendall 检验法是多数人认为理论基础和应用效果好的一种方法，被世界气象组织推荐并已广泛使用于分析降水、径流、气温和水质等，Mann-Kendall 检验法是广泛使用的非参数检验方法，最初由 Mann 和 Kendall 提出，但当时这一方法仅用于检测序列的变化趋势，后经其他学者进一步完善和改进，才形成目前的模型。Mann-Kendall 检验不需要样本遵从一定的分布，也不受少数异常值的干扰，因此更适合于类型变量和顺序变量，且计算简便。

6.1.1.1 Mann-Kendall 趋势检验

在 Mann-Kendall 检验中，原假设 H_0 为时间序列数据 $(x_1, x_2, \cdots, x_n)$ 是 n 个独立的、

随机变量同分布的样本；备择假设 H_1 是双边检验。对于所有的 i，$j \leqslant n$，且 $i \neq j$，x_i 和 x_j 的分布式不相同。定义检验用计量 S 表示：

$$S = \sum_{i=1}^{n} \sum_{j=1}^{i-1} \mathrm{sgn}(X_i - X_j) \tag{6-1}$$

式中，sgn（ ）为符号函数。当 $X_i - X_j$ 小于、等于或大于零时，$\mathrm{sgn}(X_i - X_j)$ 分别为 -1、0 或 1。S 为正态分布，其均值为 0，方差 $\mathrm{var}(S) = n(n-1)(2n+5)/18$。

M-K 统计量公式 S 大于、等于、小于零时分别为

$$\begin{cases} (S-1) \Big/ \sqrt{\dfrac{n(n-1)(2n+5)}{18}}, & S > 0 \\ \qquad\qquad Z = 0, & S = 0 \\ (S+1) \Big/ \sqrt{\dfrac{n(n-1)(2n+5)}{18}}, & S < 0 \end{cases} \tag{6-2}$$

在双边趋势检验中，对于给定的置信水平 α，若 $|Z| \geqslant Z_{1-\alpha/2}$，则原假设 H_0 是不可接受的，即在置信水平 α 上，时间序列数据存在明显的上升或下降趋势。Z 为正值表示增加趋势，负值表示减少趋势。Z 的绝对值在大于等于 1.28、1.64、2.32 时表示分别通过了信度 90%、95%、99% 显著性检验。

6.1.1.2　非参数 Mann-Kendall 法突变检测

假设时间序列为 x_1，x_2，…，x_n，S_k 表示第 i 个样本 $x_i > x$（$1 \leqslant j \leqslant i$）的累计数，定义统计量：

$$S_k = \sum_{i=1}^{k} r_i, \qquad r_i = \begin{cases} 1, & x_i > x_j \\ 0, & x_i \leqslant x_j \end{cases}, \quad (j=1,2,\cdots,i;\ k=1,2,\cdots,n) \tag{6-3}$$

在时间序列随机独立的假定下，S_k 的均值和方差分别为

$$\mathrm{E}[S_k] = \frac{k(k-1)}{4}, \quad \mathrm{var}[S_k] = \frac{k(k-1)(2k+5)}{72}, \quad 1 \leqslant k \leqslant n \tag{6-4}$$

将 S_k 标准化：

$$\mathrm{UF}_k = (S_k - \mathrm{E}[S_k]) \Big/ \sqrt{\mathrm{var}[S_k]} \tag{6-5}$$

式中，$\mathrm{UF}_1 = 0$，给定显著性水平 α，若 $|\mathrm{UF}_k| > U_a$，则表明序列存在明显的趋势变化。

所有 UF_k 可组成一条曲线。将此方法引用到反序列，把反序列 x_n，x_{n-1}，…，x_1，x_2，…，x_n。$\bar{r}_i$ 表示第 i 个样本 x_i 大于 x_j（$i \leqslant j \leqslant n$）的累计数。当 $i' = n+1-i$ 时，$\bar{r}_i = \bar{r}_j$，则反序列 UB_k 由下式表示：

$$\mathrm{UB}_k = -\mathrm{UF}_k, \quad i' = n+1-i, \quad i' = 1, 2, L, n, \cdots, \tag{6-6}$$

式中，$\mathrm{UB}_1 = 0$。

6.1.2 年降水量

6.1.2.1 年降水量趋势分析

与其他气象要素相比，降水由于变异的时空尺度较大，其变化趋势的统计显著性通常比较弱，各降水特征指数短时间内不会表现出较明显的变化趋势，故本书选用较低的趋势显著性检验标准，即检验显著水平分别设定为0.05、0.1、0.2，对应的置信水平分别为95%、90%、80%。按照通过显著性检验的程度，珠江流域各站点降水时间变化趋势可分为4种情形：①置信水平低于80%为无明显趋势；②置信水平在80%~90%为微弱趋势；③置信水平在90%~95%为稳定趋势；④置信水平超出95%为显著趋势（陆文秀等，2014）。

根据流域近十年的年降水量计算结果见表6-1。

表6-1 珠江流域年降水量变化趋势

流域	珠江流域	南北盘江	红柳江	郁江	西江	北江	东江	珠江三角洲
Z值	-0.23	0.12	1.11	0.62	1.24	1.61	0.87	1.61

2000~2010年珠江流域全年降水量呈微弱上升趋势（Z值为2.17，置信度小于0.9），这与有关珠江流域降水变化的研究成果是一致的（任国玉，2004；叶柏生，2004）。总体来看，变化趋势分布基本分成西南、东北两部分，东北部为显著性通过90%的正值区，西南部则为显著性未通过90%检验的正值区。从分区来看，西江、北江、珠江三角洲呈显著上升趋势（Z值分别为1.73、2.06、2.06，置信度为0.95），红柳江年降水量呈稳定上升趋势（Z值为1.43，置信度为0.90），其余呈微弱上升趋势（表6-2和表6-3）。

6.1.2.2 年降水量趋势分析突变检验

利用Mann-Kendall检验突变检验分析研究了2000~2010年珠江流域年降水量的变化趋势结果如图6-1~图6-8所示，珠江流域在2003年、2004年和2015年左右存在三个突变点，但变化在临界限值之间，变化幅度较小，其余南北盘江、红柳江、郁江、西江、北江、东江和珠江三角洲并无突变点。

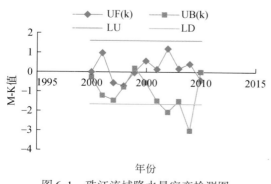

图6-1 珠江流域降水量突变检测图

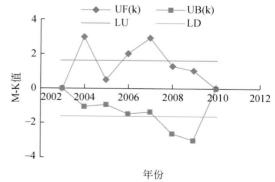

图6-2 南北盘江降水量突变检测

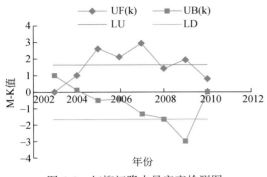
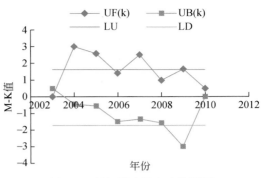

图 6-3　红柳江降水量突变检测图　　　　　图 6-4　郁江降水量突变检测图

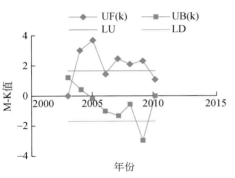
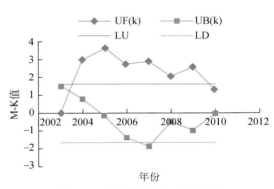

图 6-5　西江降水量突变检测图　　　　　图 6-6　北江降水量突变检测图

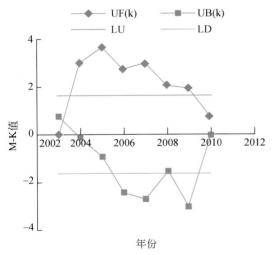
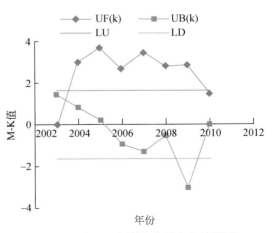

图 6-7　东江降水量突变检测图　　　　　图 6-8　珠江三角洲降水量突变检测图

表6-2 珠江流域水资源与降水变化

流域	指标	2000年	2001年	2002年	2003年	2004年	2005年	2006年	2007年	2008年	2009年	2010年
珠江流域	水资源总量/亿 m³	3064.00	4025.00	3747.00	2961.72	2665.24	3168.27	3614.91	2839.95	3945.74	2710.84	3360.70
	地表水资源量/亿 m³	3058.00	4019.00	3742.00	2957.10	2660.90	3164.23	3610.77	2835.99	3941.60	2706.59	3357.10
	地下水资源量/亿 m³	770.00	876.00	880.00	925.03	647.21	751.07	847.97	723.26	893.16	598.12	754.20
	年降水深/mm	1374.00	1661.00	1626.00	1229.30	1251.70	1417.20	1549.60	1325.60	1676.70	1213.80	1511.80
	年降水量/mm	6078.00	7349.00	7196.00	5426.05	5524.98	6255.54	6839.79	5851.26	7400.98	5357.54	6676.20
南北盘江	水资源总量/亿 m³				318.50	321.63	337.31	296.64	392.49	401.67	253.83	280.70
	地表水资源量/亿 m³				318.50	321.63	337.31	296.64	392.49	401.67	253.83	280.70
	地下水资源量/亿 m³				84.30	86.52	100.29	85.87	101.83	103.45	76.22	79.70
	年降水深/mm				995.40	986.00	1021.70	970.30	1141.90	1189.90	813.80	993.40
	年降水量/mm				825.72	817.93	847.49	804.87	947.17	986.98	675.04	824.00
红柳江	水资源总量/亿 m³				752.57	809.74	764.23	873.54	817.53	1024.88	687.42	879.80
	地表水资源量/亿 m³				752.57	809.74	764.23	873.54	817.53	1024.88	687.42	879.80
	地下水资源量/亿 m³				248.14	185.43	205.68	215.21	175.92	215.96	109.37	176.50
	年降水深/mm				1213.50	1371.50	1351.20	1436.50	1369.90	1618.10	1205.60	1485.60
	年降水量/mm				1371.96	1550.64	1527.67	1624.15	1548.82	1829.41	1363.07	1691.00
郁江	水资源总量/亿 m³				437.39	298.90	348.14	369.50	295.36	524.04	279.41	339.90
	地表水资源量/亿 m³				437.39	298.90	348.14	369.50	295.36	524.04	279.41	339.60
	地下水资源量/亿 m³				192.96	63.22	58.98	81.35	97.19	119.71	81.02	79.30
	年降水深/mm				1208.40	1113.10	1287.30	1240.10	1169.70	1616.20	1025.60	1300.20
	年降水量/mm				941.32	867.05	1002.76	966.01	911.17	1258.99	798.57	1012.80
西江	水资源总量/亿 m³				626.43	545.62	646.80	707.39	416.71	782.27	590.54	689.50
	地表水资源量/亿 m³				626.28	545.47	646.65	707.23	416.56	782.11	590.39	689.50
	地下水资源量/亿 m³				169.91	121.20	145.10	174.08	118.37	181.32	110.18	145.40
	年降水深/mm				1321.30	1413.60	1544.60	1824.60	1300.40	1935.50	1486.70	1802.20
	年降水量/mm				879.50	940.93	1028.16	1214.53	865.60	1288.36	989.57	1199.60
北江	水资源总量/亿 m³				407.76	332.72	509.49	642.01	413.90	529.25	412.33	570.10
	地表水资源量/亿 m³				407.64	332.61	509.38	641.89	413.80	529.14	412.22	570.10

续表

流域	指标	2000年	2001年	2002年	2003年	2004年	2005年	2006年	2007年	2008年	2009年	2010年
北江	地下水资源量/亿m³				110.12	89.23	116.74	139.00	107.52	125.17	107.58	137.50
	年降水深/mm				1340.20	1364.80	1819.00	2139.90	1486.40	1833.20	1448.60	1963.90
	年降水量/mm				629.87	641.44	854.93	1005.77	698.63	861.58	680.84	923.00
	水资源总量/亿m³				180.85	148.59	289.55	383.21	268.74	323.83	210.37	290.30
	地表水资源量/亿m³				180.77	148.52	289.48	383.14	268.67	323.75	210.30	290.20
东江	地下水资源量/亿m³				66.35	54.93	74.25	91.10	76.05	85.16	60.37	77.80
	年降水深/mm				1334.00	1221.10	1870.80	2328.30	1707.50	2033.30	1371.70	1787.40
	年降水量/mm				363.37	332.62	509.58	634.20	465.12	553.85	373.63	486.90
	水资源总量/亿m³				238.21	208.04	272.75	342.62	235.22	359.81	276.94	310.50
	地表水资源量/亿m³				233.94	204.03	269.04	338.83	231.59	356.01	273.02	307.00
珠江三角洲	地下水资源量/亿m³				53.25	46.69	50.03	61.36	46.37	62.40	53.38	58.00
	年降水深/mm				1552.40	1402.90	1817.20	2211.80	1554.20	2330.00	1785.40	2008.30
	年降水量/mm				414.30	374.38	484.96	590.26	414.76	621.82	476.47	535.90

表6-3 珠江流域分区多年平均水资源量情况统计表

分区名称	降水量		地表水资源量/亿m³				平原地下水资源量/亿m³	人均/(m³/人)	亩①均/(m³/亩)
	降水深/mm	总量/亿m³	多年平均	50%	75%	95%			
珠江流域	1528.1	6755.77	3415.43	3305.80	2648.32	1966.76	21.01	3896	5055
南盘江	1122.5	640.74	255.93	245.17	188.11	127.72	未统计	2973	3150
北盘江	1214.1	317.39	143.63	138.33	108.52	75.54	未统计	2708	3501
红水河	1395.0	761.38	356.20	349.25	299.96	243.00	未统计	4768	4708
柳江	1663.9	971.41	510.70	509.13	436.59	361.57	未统计	7079	7167
右江	1318.5	529.94	190.01	191.53	143.30	109.94	未统计	4148	3812
左、郁江	1673.4	642.60	247.02	250.20	196.95	161.19	1.00	2941	3121
桂、贺江	1735.8	552.63	321.33	320.08	256.38	186.64		5700	7514
西江中、下游	1550.6	539.49	298.01	277.57	218.99	154.36	1.00	6746	10138
北江	1765.4	817.80	518.84	499.67	392.46	268.61	4.01	6244	9146
东江	1735.1	472.02	256.05	242.10	184.19	119.96	12.00	2230	8352
珠江三角洲	1902.5	510.37	317.71	282.77	222.87	158.23	3.00	1989	1669

1亩≈666.7m²，下同。

6.1.3 水资源总量

　　珠江流域水资源数据来自于珠江水利网 2000~2010 年《水资源公报》，水资源总量是指当地降水形成的地表和地下产水量，即地表径流量与降水入渗补给量之和。珠江流域多年平均水资源总量为 3282.12 亿 m³，多年平均地表水资源量为 3277.57 亿 m³，占全国水资源总量的 12%，珠江流域的面积、人口、耕地则分别约占全国的 4.7%、6.9% 和 4.8%。因此，相对全国平均值，珠江流域水资源是很丰沛的，但水资源在流域内分布不甚均匀。单位面积产水量最大的是北江区，其模数为 109.6 万 m³/(a·km²)；最小的是南北盘江区，其模数为 46.7 万 m³/(a·km²)，两者相差 1 倍有余。

　　从图 6-9 可以看出，珠江流域总资源量、人均水资源量呈线性缓慢下降趋势，且人均水资源量下降速率更快。

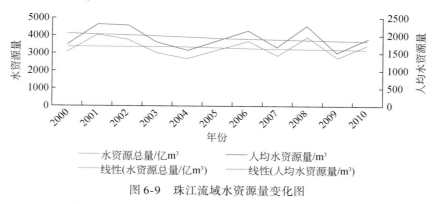

图 6-9　珠江流域水资源量变化图

6.1.4 水资源利用状况

6.1.4.1 各行业用水量

　　由图 6-10 可知，珠江流域水资源利用总量呈增长趋势，从 2000 年的 576.04×10⁸ m³ 增长到 2010 年的 629.1×10⁸ m³，但各行业用水量增减不一，其中林牧渔用水量、工业用水量和城镇生活用水量分别从 2000 年的 35.08×10⁸ m³、134.7×10⁸ m³、43.55×10⁸ m³ 增加到 2010 年的 53.2×10⁸ m³、215.4×10⁸ m³、77.2×10⁸ m³，农田灌溉用水量和农村生活用水量则分别从 2000 年的 327.21×10⁸ m³、35.5×10⁸ m³ 减少到 2010 年的 272.7×10⁸ m³ 及 11.4×10⁸ m³。

6.1.4.2 水资源利用强度

　　由图 6-11 可知，2003~2010 年，珠江三角洲水资源利用强度比其他几个区域大，且在 2004 年珠江三角洲的水资源利用强度最大，高达 0.99，即 99% 的可利用水资源量被实际利用了；2008 年水资源利用最低，为 53.8%。总的来说，除了南北盘江和郁江外，

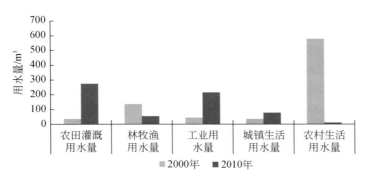

图 6-10　2000 年及 2010 年珠江流域分行业用水量

2010 年相对于 2000 年其他区域水资源利用强度都降低了。

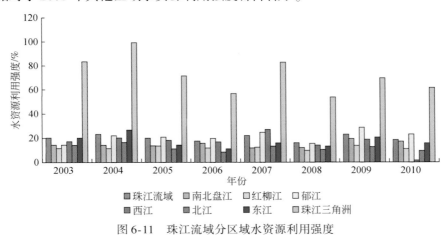

图 6-11　珠江流域分区域水资源利用强度

6.2　水文特征

珠江流域及各子流域的水文特征情况见表 6-4，从表中可得出以下结论。

1）2001～2010 年珠江流域各主要水文控制站实测径流量均低于多年平均值，其中 2006～2010 年平均值又低于 2001～2005 年平均值。2006～2010 年除东江博罗站年平均径流量偏大 12% 外，其他站偏小 4%～26%。最近十年中，西江高要站年径流量最低的年份出现在 2007 年，最高的年份出现在 2008 年；北江石角站最低年份出现在 2004 年，最高年份出现在 2010 年；东江博罗站最低年份出现在 2004 年，最高年份出现在 2008 年。

2010 年珠江流域各主要水文控制站实测径流量与多年平均值比较，除北江石角站偏大 15% 外，其余站偏小 7%～60%，其中西江高要站和东江博罗站分别偏小 12% 和 7%、南盘江小龙潭站偏小 60%；与 2009 年年径流量值比较，南盘江小龙潭站和柳江柳州站分别减小 24% 和 3%，红水河迁江站和浔江大湟江口站基本持平，郁江南宁站和西江梧州站分别增加 5% 和 7%，高要站、石角站和博罗站分别增加 14%、88% 和 62%。

表6-4 珠江流域水文特征统计表

河流		南盘江	红水河	柳江	郁江	浔江	西江	西江	北江	东江
水文控制站		小龙潭	迁江	柳州	南宁	大湟江口	梧州	高要	石角	博罗
控制流域面积/万km²		1.54	12.89	4.54	7.27	28.85	32.7	35.15	3.84	2.53
年径流量/亿m³	多年平均值	37.33 (1953~2010年)	656.3 (1954~2010年)	393.9 (1954~2010年)	370.2 (1954~2010年)	1704 (1954~2010年)	2025 (1954~2010年)	2182 (1957~2010年)	417.2 (1954~2010年)	233.4 (1954~2010年)
	2010年	14.82	498	330	281.4	1428	1725	1925	478.2	217.6
	2009年	19.46	496	340.6	267.1	1416	1607	1690	253.8	134.4
	2008年	38.42	654.8	460.6	508.8	2084	2442	2704	450.9	307.4
	2007年	38.43	569.7	328.8	244.7	1430	1589	1667	323.6	267.4
	2006年	26.07	493.8	359.7	295.2	1535	1860	2007	506.1	376
	2005年	27.02	515.5	342	294.4	1467	1807	1847	417.4	237.4
	2004年	32.62	530.6	363.4	248.4	1383	1680	1780	244.3	110.7
	2003年	25.99	562.6	307.4	334.8	1545	1879	1822	359.1	188.8
	2002年	39.74	677.1	529.2	392.7	2032	2343	2499	492.7	139.6
	2001~2005年平均	34.16	597.8	375.3	367.3	1704	2024	2100	410.2	195.1
	2006~2010年平均	27.44	542.4	363.9	319.4	1579	1844	1999	402.6	260.6
	2001~2010年平均	30.8	570.1	369.6	343.35	1641.5	1934	2049.5	406.4	227.85
年输沙量/万t	多年平均值	472 (1953~2010年)	3830 (1954~2010年)	518 (1954~2010年)	856 (1954~2010年)	5340 (1954~2010年)	5950 (1954~2010年)	6380 (1957~2010年)	536 (1954~2010年)	239 (1954~2010年)
	2010年	46.2	53.4	376	170	945	1290	1670	724	101
	2009年	151	37.5	873	109	972	1110	1470	121	23.3
	2008年	399	222	405	967	2570	2850	3680	576	203
	2007年	592	167	213	105	583	897	1140	223	149

河流	南盘江	红水河	柳江	郁江	浔江	西江	西江	北江	东江
年输沙量/万 t 2006 年	246	372	397	440	1960	2130	3330	790	405
2005 年	343	396	373	693	1870	2020	2930	432	270
2004 年	338	436	635	215	1610	1740	1560	86.9	44
2003 年	222	374	148	511	1040	1280	2560	202	115
2002 年	562	1060	763	1450	3400	4170	5210	473	55.5
2001~2005 年平均	408	897	445	918	2630	2900	3590	351	139
2006~2010 年平均	287	170	452	358	1410	1660	2260	487	176
2001~2010 年平均	347.5	533.5	448.5	638	2020	2280	2925	419	157.5
年平均含沙量 /(kg/m³) 多年平均	1.26 (1953~2010 年)	0.584 (1954~2010 年)	0.132 (1954~2010 年)	0.231 (1954~2010 年)	0.313 (1954~2010 年)	0.294 (1954~2010 年)	0.292 (1957~2010 年)	0.13 (1954~2010 年)	0.103 (1954~2010 年)
2010 年	0.312	0.011	0.114	0.06	0.066	0.075	0.087	0.151	0.046
2009 年	0.776	0.008	0.259	0.041	0.069	0.069	0.087	0.047	0.017
2008 年	1.04	0.034	0.088	0.19	0.123	0.117	0.136	0.127	0.066
2007 年	1.54	0.029	0.065	0.043	0.041	0.057	0.068	0.069	0.056
2006 年	0.944	0.075	0.111	0.149	0.127	0.115	0.166	0.156	0.108
2005 年	1.27	0.077	0.109	0.236	0.127	0.112	0.159	0.104	0.114
2004 年	1.05	0.087	0.175	0.087	0.116	0.103	0.144	0.036	0.04
2003 年	0.85	0.067	0.048	0.153	0.068	0.068	0.085	0.056	0.061
2002 年	1.41	0.157	0.144	0.367	0.168	0.18	0.21	0.096	0.04
2001~2005 年平均	1.19	0.15	0.119	0.25	0.154	0.143	0.171	0.086	0.071
2006~2010 年平均	1.05	0.031	0.124	0.112	0.089	0.09	0.113	0.121	0.068
2001~2010 年平均	1.12	0.0905	0.1215	0.181	0.1215	0.1165	0.142	0.1035	0.0695

续表

河流	南盘江	红水河	柳江	郁江	浔江	西江	西江	北江	东江
多年平均	306 (1953~2010年)	297 (1954~2010年)	114 (1954~2010年)	118 (1954~2010年)	185 (1954~2010年)	182 (1954~2010年)	182 (1957~2010年)	140 (1954~2010年)	94.7 (1954~2010年)
2010年	30	4.18	82.8	23.4	32.8	39.4	47.5	189	39.9
2009年	98.1	2.91	192	15	33.7	34	41.8	31.5	9.21
2008年	259	17.2	89.2	133	89.1	87.1	105	150	80.2
2007年	384	13	46.9	14.4	20.2	27.4	32.4	58.1	58.8
2006年	160	28.9	87.4	60.5	67.8	65.2	94.7	206	160
2005年	223	30.7	82.2	95.3	64.8	61.8	83.3	113	107
2004年	219.5	33.8	139.9	29.6	55.8	53.2	72.8	22.6	17.4
2003年	144.2	29	32.6	70.3	36	39.1	44.4	52.6	45.5
2001~2005年平均	265	69.6	98	126	91.2	88.7	102	91.4	54.9
2000~2010年平均	186	13.2	99.3	49.2	48.9	50.8	64.3	127	69.6
2001~2010年平均	225.5	41.4	98.65	87.6	70.05	69.75	83.15	109.2	62.25

输沙模数/[t/(a·km²)]

2）2001～2010 年珠江流域各主要水文控制站年平均输沙量均低于多年平均值，除西江柳州站、北江石角站、东江博罗站外，其他站 2006～2010 年平均值均低于 2001～2005 年平均值。2006～2010 年珠江流域主要水文控制站年平均输沙量偏小 9%～96%，其中迁江站偏小 96%。最近十年，西江高要站的年输沙量最低值出现在 2007 年，最高值出现在 2002 年；北江石角站最低值出现在 2004 年，最高值出现在 2008 年；东江博罗站最低值出现在 2004 年，最高值出现在 2006 年。

2010 年珠江流域主要水文控制站实测输沙量与多年平均值比较，除石角站偏大 35% 外，其他站偏小 27%～99%，其中柳州站偏小 27%、高要站和博罗站分别偏小 74% 和 58%、迁江站偏小 99%；与 2009 年年输沙量值比较，小龙潭站、柳州站和大湟江口站分别减小 69%、57% 和 3%，其他站增加 14%～99%，其中高要站增加 14%、石角站增加 499%。

3）2001～2010 年珠江流域各主要水文控制站年平均含沙量均低于多年平均值，除西江柳州站、北江石角站外，其他站的 2006～2010 年平均值均低于 2001～2005 年的平均值。

2010 年，除北江石角站外，其他站的年平均含沙量值均低于多年平均值，其中西江迁江站的年平均含沙量值低于多年平均值的 98%，其他各站也均减少 70% 以上。

4）2001～2010 年珠江流域各主要水文控制站输沙模数均低于多年平均值，除西江柳州站、北江石角站和东江博罗站外，其他站的 2006～2010 年平均值均低于 2001～2005 年的平均值。

2010 年，除北江石角站外，其他站的输沙模数均低于多年平均值，其中西江迁江站低于多年平均的 98%，小龙潭站也低于多年平均的 90% 以上。

6.3 污源排放情况

珠江流域城镇生活污废水、工业废水排放情况及历年污染治理投资额如下所述。

6.3.1 城镇生活污废水

由图 6-12、图 6-13 及表 6-5 可知，珠江流域及各子流域的生活污废水排放量总体呈上升趋势。珠江流域生活污废水排放量由 2000 年的 377 771 万 t 上升到 2010 年的 541 500 万 t，增加了 43.34%。除了东江三角洲在 2001 年排放量相比其他年份到达最高值以外，其余子流域都在 2009 年生活污废水排放量最大。在 2001 年，珠江流域各子流域城镇生活污废水排放量属东江三角洲最大，占 29.21%；北盘江区排放量最小，占 1.31%。在 2010 年，西北江三角洲排放量最大，为 166 452 万 t，占整个流域排放量的 30.74%。

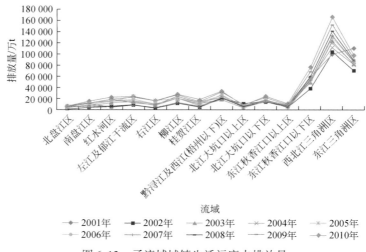

图 6-12　子流域城镇生活污废水排放量

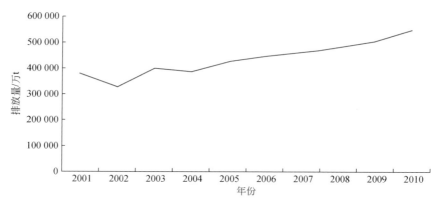

图 6-13　珠江流域历年城镇生活污水排放量

表 6-5　历年各子流域城镇生活污废水排放量比例变化表　　　　（单位:%）

流域名称	2001 年	2002 年	2003 年	2004 年	2005 年	2006 年	2007 年	2008 年	2009 年	2010 年
北盘江区	1.31	1.52	1.27	1.40	1.30	1.27	1.28	1.32	1.28	1.23
南盘江区	1.89	2.30	2.03	2.50	2.53	2.65	2.73	2.74	2.46	2.83
红水河区	2.02	2.40	3.65	3.83	3.92	3.91	3.86	3.85	3.66	3.94
左江及郁江干流区	2.90	3.45	4.10	4.31	5.21	4.78	4.90	4.78	4.66	4.38
右江区	1.50	1.78	2.50	2.62	3.27	3.01	3.07	3.09	2.95	2.82
柳江区	3.88	4.59	5.63	5.62	5.29	5.51	5.23	5.07	5.14	5.03
桂贺江区	2.32	2.34	2.49	2.66	3.07	2.95	3.15	3.15	3.09	2.90
黔浔江及西江（梧州以下）区	5.90	6.20	5.09	5.22	5.98	6.00	6.53	6.48	6.57	5.92
北江大坑口以上区	1.97	2.52	1.52	1.75	1.67	1.60	1.72	1.78	1.83	1.79
北江大坑口以下区	4.60	5.19	4.52	4.89	4.97	4.77	4.57	4.38	4.74	4.43

续表

流域名称	2001 年	2002 年	2003 年	2004 年	2005 年	2006 年	2007 年	2008 年	2009 年	2010 年
东江秋香江口以上区	1.90	2.40	1.79	1.78	1.68	1.67	1.65	1.65	2.07	1.99
东江秋香江口以下区	14.08	11.54	12.84	13.53	12.28	12.79	13.25	13.38	13.46	14.05
西北江三角洲区	26.53	32.33	31.38	28.97	28.72	29.40	29.27	29.74	30.31	30.74
东江三角洲区	29.21	21.45	21.18	20.93	20.12	19.69	18.80	18.58	17.77	17.96

6.3.2　城镇生活污废水 COD 排放量

由图 6-14、图 6-15 及表 6-6 可知，珠江流域及各子流域的生活污废水 COD 排放量总体呈上升趋势，这与城镇生活污废水排放量的年变化趋势一致。珠江流域城镇生活污废水 COD 量 2000~2007 年呈微弱增加变化，在 2008 年到达顶点，后逐步下降。珠江流域生活废水 COD 排放量最大的是西北江三角洲区，平均占 39.38%；最小的是北盘江区，占 6.8%。

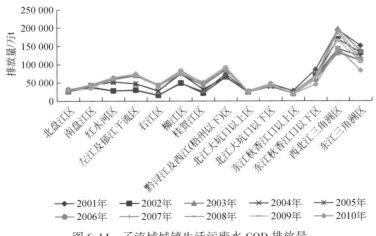

图 6-14　子流域城镇生活污废水 COD 排放量

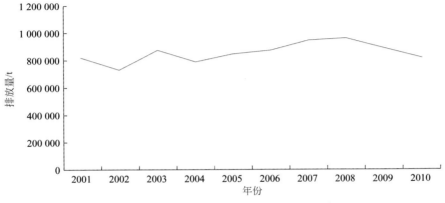

图 6-15　珠江流域城镇生活污废水 COD 排放量

表6-6　历年城镇生活污废水COD排放量比例变化表　　　　（单位:%）

流域名称	2001年	2002年	2003年	2004年	2005年	2006年	2007年	2008年	2009年	2010年
北盘江区	3.27	3.58	3.18	3.64	3.41	3.64	3.24	3.22	3.40	3.59
南盘江区	4.44	5.22	4.88	5.53	4.80	5.00	4.76	4.64	3.77	5.03
红水河区	3.40	3.82	6.06	6.63	7.07	7.23	6.88	6.65	7.12	7.43
左江及郁江干流区	3.59	4.10	5.48	6.01	8.23	8.29	7.88	7.45	8.16	9.06
右江区	1.89	2.17	3.17	3.53	4.91	4.99	4.73	4.38	4.51	5.28
柳江区	5.95	6.74	9.08	9.46	8.92	9.46	8.96	8.58	8.71	9.04
桂贺江区	3.15	2.89	3.57	4.06	5.13	5.49	5.28	5.31	5.84	6.15
黔浔江及西江（梧州以下）区	9.00	8.91	7.66	8.31	10.21	10.49	9.79	9.87	10.53	10.83
北江大坑口以上区	3.27	3.35	3.03	3.06	2.99	2.99	2.77	2.71	2.79	2.89
北江大坑口以下区	5.74	5.66	4.99	5.00	5.17	5.31	4.82	4.90	5.15	5.01
东江秋香江口以上区	3.36	3.00	2.51	2.54	2.29	2.21	2.16	2.15	2.27	2.38
东江秋香江口以下区	10.53	9.51	7.66	8.50	7.35	6.88	7.06	7.37	7.00	5.50
西北江三角洲区	23.83	22.99	22.82	18.13	16.18	15.23	20.04	20.38	18.75	17.55
东江三角洲区	18.56	18.05	15.89	15.60	13.25	12.79	11.64	12.37	12.02	10.25

6.3.3　城镇生活污废水氨氮排放量

由图6-16、图6-17及表6-7可知，珠江流域及各子流域的生活污废水氨氮排放量总体呈上升趋势。这与城镇生活污废水排放量的年变化趋势一致。珠江流域城镇生活污废水氨氮排放量呈微弱波动变化，在2008年到达顶点，后逐步下降。珠江流域生活污废水COD排放量最大的是西北江三角洲地区，平均占3.78%；最小的是北盘江区，占0.53%。

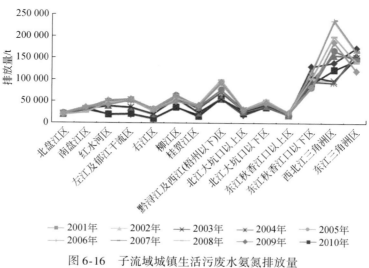

图6-16　子流域城镇生活污废水氨氮排放量

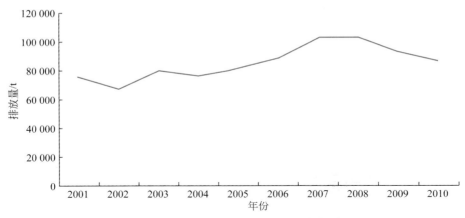

图 6-17 珠江流域城镇生活污废水氨氮排放量

表 6-7　历年城镇生活污废水氨氮排放量比例变化表　　　（单位：%）

流域名称	2001 年	2002 年	2003 年	2004 年	2005 年	2006 年	2007 年	2008 年	2009 年	2010 年
北盘江区	0.56	0.65	0.54	0.58	0.53	0.54	0.54	0.52	0.41	0.42
南盘江区	0.94	0.99	0.83	0.88	0.77	0.79	0.79	0.81	0.52	0.70
红水河区	0.56	0.67	1.02	1.07	1.19	1.17	1.18	1.01	0.96	0.80
左江及郁江干流区	0.57	0.71	0.93	0.98	1.29	1.25	1.24	1.12	1.06	1.00
右江区	0.31	0.38	0.55	0.59	0.78	0.76	0.76	0.68	0.59	0.59
柳江区	1.01	1.19	1.53	1.49	1.46	1.48	1.45	1.30	1.13	0.96
桂贺江区	0.57	0.54	0.64	0.69	0.84	0.87	0.88	0.90	0.87	0.77
黔浔江及西江（梧州以下）区	1.56	1.79	1.47	1.47	1.73	1.77	2.03	2.08	2.02	1.77
北江大坑口以上区	0.55	0.76	0.71	0.80	0.76	0.73	0.73	0.70	0.67	0.59
北江大坑口以下区	1.06	1.19	1.02	1.16	1.09	1.13	1.12	1.10	1.09	0.88
东江秋香江口以上区	0.57	0.71	0.53	0.59	0.55	0.54	0.53	0.58	0.52	0.49
东江秋香江口以下区	3.49	2.86	2.54	2.84	2.34	1.89	2.61	2.47	2.08	1.56
西北江三角洲区	3.73	3.82	3.96	2.58	2.27	3.80	5.15	4.99	3.99	3.46
东江三角洲区	4.62	4.51	3.89	3.96	3.90	3.31	3.60	3.49	2.81	2.26

　　珠江流域城镇生活污废水氨氮量排放量与 COD 排放量保持同样的趋势，都在 2008 年到达顶点，以后逐步下降，这与我国"十一五"开展污染减排活动有关。

6.3.4　工业废水排放量

　　由图 6-18、图 6-19 及表 6-8 可知，珠江流域工业废水排放总体先升后降的趋势，从 2000 年的 154 853t 上升到 2007 年的 372 282t，随后在 2010 年又下降到 305 793t。而在珠江流域废水排放量分布中，西北江三角洲区的工业废水排放量最大，多年平均占63.73%；北盘江区的工业废水排放量最小，多年平均占4.72%。

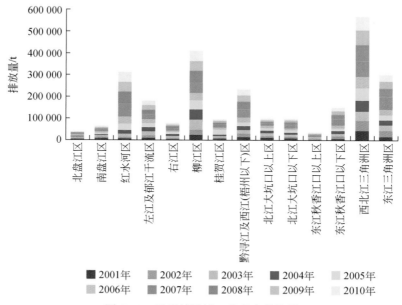

图6-18　子流域城镇工业废水排放量

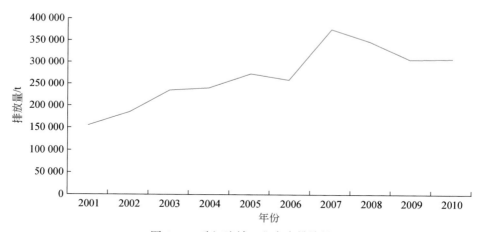

图6-19　珠江流域工业废水排放量

表6-8　历年工业废水排放量比例变化表　　　　　　（单位:%）

流域名称	2001年	2002年	2003年	2004年	2005年	2006年	2007年	2008年	2009年	2010年
北盘江区	2.78	2.32	1.96	1.66	1.28	1.41	0.88	1.06	1.38	1.42
南盘江区	3.94	3.36	2.94	2.87	2.30	2.54	1.75	1.87	2.08	1.98
红水河区	3.67	3.46	6.28	8.09	10.61	12.97	15.27	16.12	14.75	15.47
左江及郁江干流区	5.54	5.75	8.63	7.91	7.13	6.98	5.58	6.60	6.67	7.12

续表

流域名称	2001 年	2002 年	2003 年	2004 年	2005 年	2006 年	2007 年	2008 年	2009 年	2010 年
右江区	2.18	2.66	3.70	4.01	3.35	3.56	2.33	2.55	2.40	2.55
柳江区	14.51	12.98	20.47	19.47	15.80	12.61	13.16	14.33	15.78	16.30
桂贺江区	3.91	2.38	3.27	3.01	8.95	3.50	3.11	2.87	2.84	2.47
黔浔江及西江（梧州以下）区	8.53	9.28	7.31	7.16	6.38	9.47	9.39	9.87	9.59	9.01
北江大坑口以上区	6.24	5.05	5.11	5.05	4.85	4.08	2.46	2.50	2.50	2.36
北江大坑口以下区	4.75	4.70	4.70	4.15	4.00	3.78	3.54	3.69	3.28	2.85
东江秋香江口以上区	1.20	0.98	0.88	1.28	1.40	1.56	1.13	1.09	1.35	1.47
东江秋香江口以下区	4.27	6.71	5.07	5.12	4.49	5.48	7.78	5.29	5.32	5.52
西北江三角洲区	27.98	24.93	19.67	19.98	20.76	21.91	18.39	21.48	21.64	21.16
东江三角洲区	10.50	15.44	10.61	10.23	8.70	10.15	15.24	10.68	10.42	10.33

6.3.5　工业废水 COD 排放量

由图 6-20、图 6-21 及表 6-9 可知，珠江流域工业废水 COD 排放总体呈先升后降的趋势，从 2000 年的 418 778t 上升到 2007 年的 710 200t，随后在 2010 年又下降到 581 291 t。而在珠江流域工业废水 COD 排放量分布中，左江及郁江干流区的工业废水 COD 排放量最大，多年平均占 21.43%，十年来工业废水 COD 排放量累计达 1 319 313 t。北盘江区的工业废水 COD 排放量最小，多年平均占 0.96%，十年来工业废水 COD 排放量累计排放 54 196t。

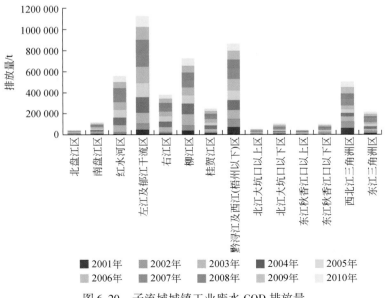

图 6-20　子流域城镇工业废水 COD 排放量

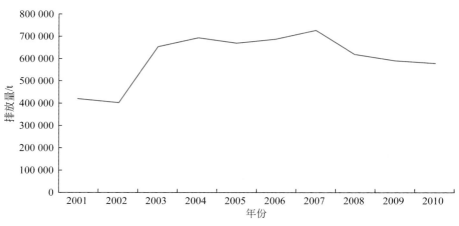

图 6-21　珠江流域城镇工业废水 COD 排放量

表 6-9　珠江流域城镇工业废水 COD 排放量比例变化表　（单位:%）

流域名称	2001 年	2002 年	2003 年	2004 年	2005 年	2006 年	2007 年	2008 年	2009 年	2010 年
北盘江区	1.68	1.82	1.05	0.71	0.87	0.66	0.81	0.65	0.63	0.73
南盘江区	3.63	3.30	2.34	2.32	2.33	2.05	2.05	2.11	2.24	2.38
红水河区	3.80	4.89	11.49	12.02	12.53	12.90	11.30	12.56	11.68	11.45
左江及郁江干流区	15.28	16.37	18.55	24.50	24.71	25.53	21.66	23.40	23.19	21.12
右江区	4.27	5.00	8.28	8.99	8.65	7.68	6.91	7.53	7.69	7.33
柳江区	12.12	13.84	19.89	16.71	13.51	13.37	11.59	12.91	12.61	13.63
桂贺江区	5.98	3.03	4.96	5.29	5.52	5.49	4.47	4.48	4.39	4.84
黔浔江及西江（梧州以下）区	22.10	21.98	14.94	15.72	16.98	18.47	16.01	16.00	15.29	14.33
北江大坑口以上区	1.35	1.21	1.10	0.96	1.11	0.97	1.14	1.14	1.22	1.24
北江大坑口以下区	2.66	2.80	1.98	1.64	1.46	1.06	2.73	2.37	2.42	2.66
东江秋香江口以上区	0.79	0.68	0.71	0.76	1.08	1.05	1.14	1.02	1.21	1.34
东江秋香江口以下区	1.83	2.34	1.62	1.46	1.62	1.74	2.84	2.14	2.16	2.79
西北江三角洲区	19.15	16.97	9.17	5.61	6.10	5.77	11.11	9.57	11.07	11.56
东江三角洲区	5.36	5.78	3.93	3.31	3.53	3.25	6.24	4.14	4.19	4.61

6.3.6　污染治理投资额

由表 6-10 及图 6-22 可知，珠江流域历年污染治理投资总体呈上升趋势，其中峰值在 2008 年，取得的效果也是明显的，从 2008 年开始，珠江流域的生活污水 COD 排放量、生活废水氨氮排放量、工业废水 COD 排放量、工业废水氨氮排放量 4 个指标均下降明显，生活污水量由于人口增加呈持续上升趋势。

表 6-10 珠江流域污染治理投资额　　　　　　　　　　　（单位：万元）

流域名称	2001 年	2002 年	2003 年	2004 年	2005 年	2006 年	2007 年	2008 年	2009 年	2010 年
北盘江区	331	320	6 995	283	415	519	427	431	392	282
南盘江区	1 220	1 076	26 270	1 038	1 500	1 269	1 205	1 204	1 068	1 227
红水河区	1 460	1 419	139 640	12 418	18 039	8 458	5 745	5 321	2 120	2 659
左江及郁江干流区	1 609	1 667	161 820	4 660	4 832	4 296	2 920	2 751	2 450	2 410
右江区	190	345	49 950	2 271	2 331	1 672	831	858	611	699
柳江区	7 694	7 293	103 851	15 649	13 295	6 984	5 842	5 313	3 911	4 149
桂贺江区	2 128	1 178	28 694	2 967	3 294	3 139	1 797	929	663	685
黔浔江及西江（梧州以下）区	6 001	5 338	159 702	6 932	8 722	8 975	6 704	4 652	3 145	3 020
北江大坑口以上区	834	926	9 394	1 379	1 553	748	417	480	456	374
北江大坑口以下区	561	614	31 706	662	644	490	637	677	445	632
东江秋香江口以上区	375	98	2 489	187	419	373	431	267	475	507
东江秋香江口以下区	125	657	38 488	678	798	486	937	716	678	826
西北江三角洲区	3 085	2 352	210 726	2 067	1 959	2 105	3 028	3 204	3 452	2 978
东江三角洲区	332	1 573	85 536	1 632	1 862	1 035	2 074	1 381	1 307	1 385

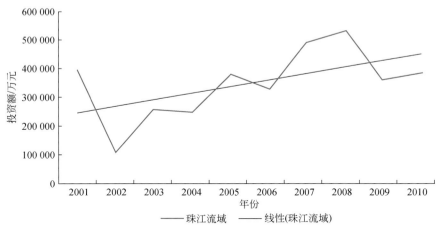

图 6-22 珠江流域污染治理投资额

6.4 水质十年变化

6.4.1 珠江流域水质变化情况

根据珠江流域水质断面监测结果（表 6-11、图 6-23）显示，2000～2010 年珠江流域优于Ⅲ类（含）水体的断面比例保持在 67% 左右，变化不大，水质保持良好，其中Ⅰ类水质在评价河长内变化较大，由 2000 年的 0.08% 增加到 2008 年的 0.87%，但是 2008～2009 年的三年内评价河长内Ⅰ类水质为零，却在 2010 年评价河长内Ⅰ类水质占 1.94%；相应Ⅳ类和Ⅴ类水质分别由 2000 年的 18.33%、7.33% 降低到 17.13%、3.82%，超Ⅴ类水质由 2000 年的 7.23% 增加到 2010 年的 10.59%。整体上来说珠江流域水质变化十年来变化不大，水质呈良好状况。

表 6-11　珠江流域水质历年监测表　　　　　　　　（单位：km）

项目	2000 年	2001 年	2002 年	2003 年	2004 年	2005 年	2006 年	2007 年	2008 年	2009 年	2010 年
评价河长	9 499	10 826	9 634	11 621	11 341	11 812	13 216	13 833	13 886	13 960	14 215
Ⅰ类	8	67	50	152	49	57	115	0	0	0	276
Ⅱ类	3 757	3 260	4 382	4 884	4 358	4 890	4 698	4 277	4 495	4 642	3 735
Ⅲ类	2 607	3 793	2 939	3 306	3 482	2 975	4 055	5 017	4 890	4 752	5 720
Ⅳ类	1 741	1 850	997	1 119	1 043	977	1 335	1 501	1 543	2 287	2 435
Ⅴ类	696	684	154	177	641	638	653	969	980	748	543
超Ⅴ类	690	1 172	1 112	1 983	1 769	2 275	2 360	2 069	1 979	1 532	1 506

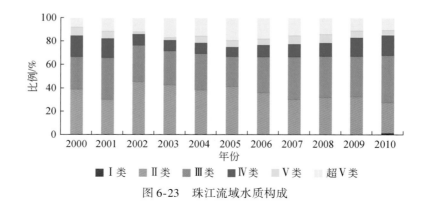

图 6-23　珠江流域水质构成

南北盘江水质断面监测结果（表 6-12、图 6-24）显示，2000～2010 年南北盘江水质逐渐提高，具体表现为在评价河长内优于Ⅲ类（含）水质的断面比例由 2000 年的 20.25% 增加到 2010 年的 59.91%；Ⅴ类水质断面比例由 2000 年的 17.84% 减少到 2010 年的 1.94%；超Ⅴ类水质断面比例由 2000 年的 34.23% 减少到 2010 年的 15.18%；同时Ⅱ类和Ⅲ类水体断面比例分别由 2000 年的 0%、19.66% 增加到 2010 年的 26.31%、32.77%。

表 6-12　南北盘江水质历年监测表　　　　　　　　（单位：km）

项目	2000 年	2001 年	2002 年	2003 年	2004 年	2005 年	2006 年	2007 年	2008 年	2009 年	2010 年
评价河长	1373	2046	2046	2046	2102	2102	2301	2301	2369	2487	2832
Ⅰ类	8	18	8	0	0	8	0	0	0	0	18
Ⅱ类	0	581	704	431	544	532	401	172	754	830	745

续表

项目	2000 年	2001 年	2002 年	2003 年	2004 年	2005 年	2006 年	2007 年	2008 年	2009 年	2010 年
Ⅲ类	270	293	300	436	455	369	599	1079	413	515	928
Ⅳ类	380	464	449	179	311	176	419	117	265	416	656
Ⅴ类	245	65	0	0	105	85	70	36	115	153	55
超Ⅴ类	470	625	585	1000	687	932	812	897	822	573	430

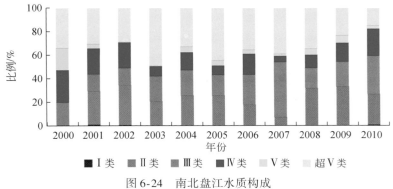

图 6-24　南北盘江水质构成

　　红柳江水质断面监测结果（表 6-13、图 6-25）显示，2000～2010 年红柳江水质先变好，但从 2005 年后又逐步变差，具体表现为在评价河长内优于Ⅱ类（含）水质的断面比例由 2000 年的 43.37% 增加到 2005 年的 66.23%，后又逐渐下降到 2010 年的 7.31%。红柳江监测断面显示，在评价河长内几乎不含Ⅰ类水质，劣于Ⅳ类（含）水质的断面比例由 2000 年的 39.73% 下降到 2010 年 28.5%。红柳江水质整体有变好趋势。

表 6-13　红柳江水质历年监测表　　　　　　　　　（单位：km）

项目	2000 年	2001 年	2002 年	2003 年	2004 年	2005 年	2006 年	2007 年	2008 年	2009 年	2010 年
评价河长	2059	2614	2219	2614	2778	2778	3163	2943	2910	2818	2818
Ⅰ类	0	0	2	0	0	0	0	0	0	0	0
Ⅱ类	893	1049	868	1038	1240	1840	1855	1076	347	944	206
Ⅲ类	348	724	478	1145	1279	636	688	1185	1802	1253	1809
Ⅳ类	453	402	391	202	30	0	324	475	676	397	454
Ⅴ类	259	112	113	0	0	43	9	0	85	51	125
超Ⅴ类	106	327	369	229	229	259	287	207	0	173	224

　　郁江水质断面监测结果（表 6-14、图 6-26）显示，2000～2010 年郁江水质总体较好，在 2001 年优于Ⅲ类（含）水质的断面比例高达 96.26%，甚至在 2002 年评价河长全部断面优于Ⅲ类（含）水质；但 2000～2010 年郁江水质断面监测没有Ⅰ类水质，2005 年较差，又逐步好转，Ⅰ类～Ⅲ类水质断面比例达 80%。

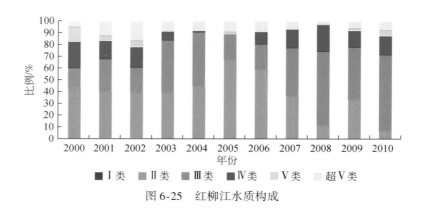

图 6-25 红柳江水质构成

表 6-14 郁江水质历年监测表 （单位：km）

项目	2000 年	2001 年	2002 年	2003 年	2004 年	2005 年	2006 年	2007 年	2008 年	2009 年	2010 年
评价河长	743	508	507	1481	1481	1480	1607	1843	1839	1805	1791
Ⅰ 类	0		0	0	0	0	0	0	0	0	0
Ⅱ 类	315	190	77	348	589	210	210	441	381	487	413
Ⅲ 类	0	299	430	754	356	505	808	826	1028	823	1052
Ⅳ 类	410	1	0	135	132	148	129	201	138	311	222
Ⅴ 类	0		0	0	142	119	152	280	216	178	70
超 Ⅴ 类	18	18	0	244	262	498	308	95	76	6	34

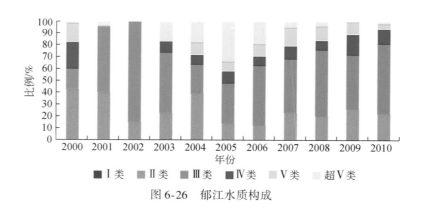

图 6-26 郁江水质构成

西江水质断面监测结果（表 6-15、图 6-27）显示，2000～2010 年西江水质总体良好，Ⅰ 类～Ⅲ 类水质长期处于 80% 以上，但近年又有所下降，特别是 Ⅱ 类水体下降明显，从 2000 年的 55.89% 下降到 2010 年的 24.74%。在西江评价河长内仅在 2003～2006 年含有 Ⅰ 类水质，其余时间 Ⅰ 类水质比例为零。

表 6-15　西江水质历年监测表　　　　　　（单位：km）

项目	2000 年	2001 年	2002 年	2003 年	2004 年	2005 年	2006 年	2007 年	2008 年	2009 年	2010 年
评价河长	1376	1221	1281	1525	1503	1503	1767	1712	1725	1633	1621
Ⅰ类	0		0	88	49	49	49	0	0	0	0
Ⅱ类	769	516	690	738	688	538	341	736	496	473	401
Ⅲ类	434	476	591	471	538	691	1274	696	1051	984	949
Ⅳ类	173	229	0	106	197	41	24	170	39	129	151
Ⅴ类	0		0	31	31	184	77	24	106	37	35
超Ⅴ类	0		0	91	0	0	2	87	33	10	84

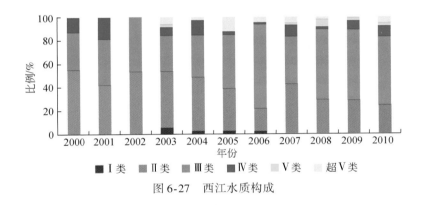

图 6-27　西江水质构成

　　北江水质断面监测结果（表 6-16、图 6-28）显示，2000～2010 年北江水质总体良好，前期水质有所反复，但从 2005 年起Ⅰ类～Ⅲ类水质长期处于 90% 以上；劣Ⅳ类（含）水质的断面比例在逐年下降，从 2000 年的 26.52% 下降到 4.06%，说明北江水质总体在不断提高。

表 6-16　北江水质历年监测表　　　　　　（单位：km）

项目	2000 年	2001 年	2002 年	2003 年	2004 年	2005 年	2006 年	2007 年	2008 年	2009 年	2010 年
评价河长	1346	1448	1448	1740	864	1323	1284	1456	1533	1462	1453
Ⅰ类	0		0	0	0	0	0	0	0	0	258
Ⅱ类	488	98	815	1415	282	764	1244	697	1248	991	917
Ⅲ类	501	808	495	244	325	358	31	591	223	466	220
Ⅳ类	325	294	137	82	41	71	0	162	56	0	22
Ⅴ类	20	136	0	0	217	84	9	6	0	0	0
超Ⅴ类	12	112	0	0	47	0	0	0	6	0	37

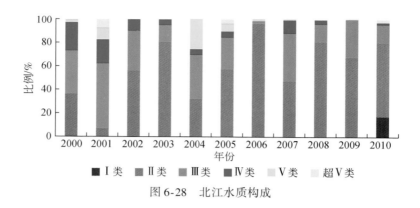

图 6-28 北江水质构成

东江水质断面监测结果（表 6-17、图 6-29）显示，2000～2010 年在评价河长内东江只有在 2003 年含有 I 类水质，东江绝大多数水质都是 II 类水质和 III 类水质；东江水质前期较好，2000～2003 年，优于 III 类（含）水质的断面比例高达 97.68% 以上，但从 2003 年以后逐渐下降到 68.15%；东江虽然优于 III 类（含）水质的断面比例较高，但同时超 V 类水质所占比例也较高。

表 6-17 东江水质历年监测表 （单位：km）

项目	2000 年	2001 年	2002 年	2003 年	2004 年	2005 年	2006 年	2007 年	2008 年	2009 年	2010 年
评价河长	485	499	474	690	884	966	966	1270	1221	1350	1303
I 类	0		0	64	0	0	0	0	0	0	0
II 类	195	236	310	417	497	547	324	737	733	482	640
III 类	290	263	153	39	174	133	256	172	67	391	248
IV 类	0		0	60	60	81	179	115	186	165	185
V 类	0		11	0	0	0	3	80	3	92	89
超 V 类	0		0	111	153	206	206	166	232	221	141

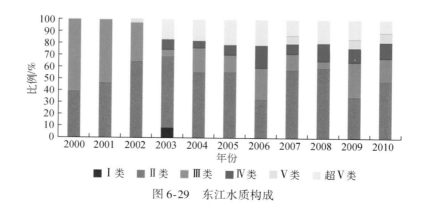

图 6-29 东江水质构成

珠江三角洲水质断面监测结果（表6-18、图6-30）显示，珠江三角洲水质在评价河长内只有在2006年含有Ⅰ类水质，占3.1%；优于Ⅲ类（含）水质的断面比例由2000年的78.08%下降到2010年的38.07%，水体水质下降速率快。珠江三角洲水质相对所有流域最差，Ⅳ类水质以下占大多数，超Ⅴ类水质所占比例多年超过20%。

纵观子流域水质空间分布，珠江流域水质总体较好，Ⅰ类~Ⅲ类水质占70%左右，珠江流域南盘江、北盘江和珠江三角洲地区较差。

表6-18　珠江三角洲水质历年监测表　　　　　　　（单位：km）

流域分区	2000年	2001年	2002年	2003年	2004年	2005年	2006年	2007年	2008年	2009年	2010年
评价河长	634	922	793	1525	1730	1659	2128	2308	2291	2406	2398
Ⅰ类	0		0	0	0	0	66	0	0	0	0
Ⅱ类	315	267	134	498	518	460	323	418	537	136	414
Ⅲ类	180	427	451	218	356	283	400	469	307	321	514
Ⅳ类	0	90	20	355	272	460	261	260	182	869	745
Ⅴ类	55	48	30	146	146	123	333	543	455	237	169
超Ⅴ类	84	90	158	309	438	334	746	618	810	543	556

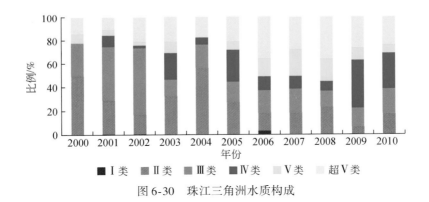

图6-30　珠江三角洲水质构成

6.4.2　流域河流水文与水环境特征

水污染仍是珠江流域最突出的环境问题，全流域优质水历年不超过40%，劣于Ⅳ类（含）水质的断面比例与水文情况呈波动状态，没有明显下降趋势。同时，饮用水安全存在风险，东江、西江等重要饮用水源遭受污染威胁，历年来重大水环境污染事故不断。

从图6-31、图6-32及表6-19~表6-21可知，珠江流域优于Ⅱ类（含）水质的断面比例与劣于Ⅳ类（含）水质的断面比例都是2005年最高、2010年最低，珠江流域整体水质变化有恶化趋势，表现在优质水体比例在下降，而劣于Ⅳ类（含）水质的断面比例在增加。

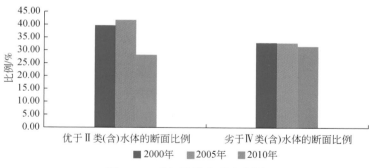

图 6-31　珠江流域水质变化图

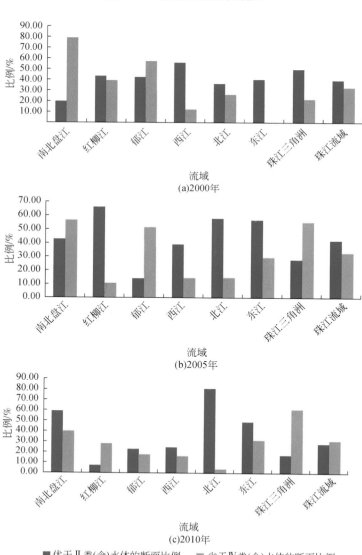

图 6-32　流域河流水文与水环境特征

表 6-19　2000 年流域河流水文与水环境特征　　　　　　（单位：%）

类型	河流断流长度比例	优于Ⅱ类（含）水体的断面比例	劣于Ⅳ类（含）水体的断面比例
南北盘江	0.00	19.66	79.75
红柳江	0.00	43.37	39.73
郁江	0.00	42.40	57.60
西江	0.00	55.89	12.57
北江	0.00	36.26	26.52
东江	0.00	40.21	0.00
珠江三角洲	0.00	49.68	21.92
珠江流域	0.00	39.64	32.92

表 6-20　2005 年流域河流水文与水环境特征　　　　　　（单位：%）

类型	河流断流长度比例	优于Ⅱ类（含）水体的断面比例	劣于Ⅳ类（含）水体的断面比例
南北盘江	0.00	42.86	56.76
红柳江	0.00	66.23	10.87
郁江	0.00	14.19	51.69
西江	0.00	39.06	14.97
北江	0.00	57.75	15.27
东江	0.00	56.63	29.71
珠江三角洲	0.00	27.73	55.27
珠江流域	0.00	41.88	32.93

表 6-21　2010 年流域河流水文与水环境特征　　　　　　（单位：%）

类型	河流断流长度比例	优于Ⅱ类（含）水体的断面比例	劣于Ⅳ类（含）水体的断面比例
南北盘江	0.00	59.07	40.29
红柳江	0.00	7.31	28.50
郁江	0.00	23.06	18.20
西江	0.00	24.74	16.66
北江	0.00	80.87	4.06
东江	0.00	49.12	31.85
珠江三角洲	0.00	17.26	61.30
珠江流域	0.00	28.22	31.54

6.5　水　害　情　况

珠江流域地处亚热带地区，受热带气旋影响，历年洪涝灾害不断，同时旱灾也时有发生，并伴随咸潮上溯的不利影响。

2000 年，洪涝灾害：4 月，珠江三角洲连续强降雨，多个城市出现严重水灾；6 月，柳江一级支流龙江三岔水文站出现有实测资料以来最大洪水，柳州水文站也出现有记录以来的第 6 位大洪水；8 月，云南发生多次山洪、滑坡、泥石流灾害。2000 年有 5 个热带气旋影响珠江片，造成局部地区山洪暴发，山体滑坡。

旱灾：3 ~ 4 月，广西南部及东南部旱情较重，造成春播春种困难。后汛期，广东西南沿海地区降雨量与常年相比明显偏少，出现高温干旱天气。广西 6 月后降雨持续偏少，在汛期里遭受了 1989 年以来最严重的全区性大面积干旱。

2001 年，洪涝灾害：未发生流域性大洪水，但局部地区受多方面气象因素影响，连续降了暴雨和特大暴雨，造成较大洪涝灾害。4 ~ 6 月，珠江流域相继出现较大范围持续性降雨，局部地区先后降了大雨到特大暴雨，部分城镇受浸，洪涝成灾。7 月，受第 3 号、4 号台风影响，右江的瓦村、百色和下颜站出现建站以来最大洪水，郁江南宁、贵港站出现新中国成立以来最大洪水，广西南宁遭受洪水严重威胁。2001 年有 9 个热带气旋影响珠江片，其中第 3、4、7 号台风，以及第 10、14 号热带风暴造成较严重的洪风灾害。

2002 年，洪涝灾害：2002 年西江于汛期 6 ~ 8 月出现 3 次较大洪水，北江于 8 月、10 月各出现 1 次较大洪水，其中北江上游 10 月 28 ~ 30 日出现的洪水是历年枯水期少有的特大洪水，为枯水期有实测资料的第一次。2002 年有 4 个热带气旋登陆珠江沿海地区，其中 3 个为强热带风暴、1 个为热带风暴。

旱灾：2002 年是珠江片旱情较严重的一年。由于汛前降水量偏少，气温偏高，蒸发量大，造成水库蓄水量少，部分山塘干涸、河溪断流，发生了严重的春旱，甚至出现区域性冬春连旱，其中东江区域旱情持续时间长，最为严重。

2003 年，洪涝灾害：没有发生流域性大洪水，大江、大河干流重要控制水文站水位都在警戒水位以下或略超警戒水位，且超警戒水位历时很短。但受多种天气系统的共同影响，部分地区台风、暴雨成灾。特别是在沿海地区，强台风登陆造成了比较大的灾情。2003 年登陆和影响珠江沿海地区的热带气旋共 5 个，其中台风 4 个、强热带风暴 1 个。

旱灾：出现了罕见的持续高温天气，降水严重偏少，1 ~ 6 月全流域降水仅 556.3mm，比多年同期平均 944.5mm 减少了 41%，各地先后呈现夏、秋季连续干旱现象。

2004 年，洪涝灾害：没有出现流域性大洪水，但受局部性暴雨洪水和热带气旋影响，部分地区出现洪涝灾害。

旱灾：由于降水偏少，2004 年珠江流域各地均出现了不同程度的干旱，特别是广东、广西旱情严重。

2005 年，洪涝灾害：因降雨分布极不均匀，2005 年珠江片洪涝、旱情兼有，6 月 9 ~ 25 日因持续暴雨，珠江发生流域性大洪水，西江中下游发生特大洪水。西江梧州水文站 6 月 23 日洪峰水位 26.75m，洪峰流量 53 900m³/s，为 1900 年建站以来仅次于 1915 年的第二位大洪水；高要水文站 24 日洪峰水位 12.68m，洪峰流量 54 900m³/s，为 1931 年建站以来最大洪水。

旱灾：2005 年春季、秋季、冬季均出现干旱，7 月 1 日到 10 月 10 日，广西平均降水量比常年同期少近 4 成，为 1951 年以来同期最少降水量，9 月下旬，广西有 200 多万人口因干旱出现饮水困难。10 月，广东平均降水量仅有 9.5mm，比多年同期平均减少 8~9 成。10 月中旬广东境内平均降水量只有 2mm，其中珠江三角洲、韩江、东江、北江、西江出现"零降雨"现象。10 月广东大江小河除了水位比历史同期低之外，北江、西江、东江的流量也分别比历史同期减少 68.8%、45.7%、13.1%。12 月上旬广东境内全流域降水量仅为 3.4mm，其中珠江三角洲呈现"零降雨"，境内河流北江、西江、东江旬平均流量分别比多年同期减少 53%、45%、22%，其中西江出现 $1500 m^3/s$ 的最小流量。

2006 年，洪涝灾害：汛期（4~9 月），5 个热带气旋先后登陆影响珠江。受冷暖空气及热带气旋影响，珠江流域相继出现 5 次明显的降水过程，干、支流出现多次超警戒水位。北江上游支流武水发生历史特大暴雨洪水，干流韶关站发生 20 年一遇大洪水，北江中游支流连江发生 50 年一遇特大洪水，北江下游石角站出现历史实测最大流量 $17\,500 m^3/s$，为 50 年一遇。因降水分布不均，暴雨灾情严重。

旱灾：汛末 9 月，西、北江降水量偏少，来水偏枯。西江上游南、北盘江来水特枯，天生桥一级水库入库流量为 1936 年以来第二枯，北盘江来水出现历史最小值。枯季 12 月西江降雨量普遍偏少，较常年同期少 6 成，较 2005 年同期少近 8 成。广西发生了春旱和秋冬旱。

2007 年，洪涝灾害：登陆或影响的热带气旋共有 5 个，分别为"桃芝"、"帕布"、"圣帕"、"范斯高"、"利奇马"，强度均较弱。全年未出现流域性大洪水，珠江流域西江和北江汛期（4~9 月）仅发生小幅度超警戒水位洪水过程，来水与常年同期相比明显偏少。因降雨分布不均，局部区域出现暴雨，仍造成较重灾情，但总体灾情明显轻于 2006 年。

旱灾：属偏枯水年，局部区域旱情较严重。汛期珠江流域面平均降水量为 927.0mm，与常年同期相比，除东江以外，其余均偏少约 1 成。

2008 年，洪涝灾害：登陆或影响珠江的热带气旋共有 7 个，分别为"浣熊"、"风神"、"凤凰"、"北冕"、"鹦鹉"、"黑格比"和"海高斯"。登陆（影响）珠江的台风具有登陆早、登陆台风强度大、数量偏多等特点。2008 年珠江流域汛期具有降雨时间分布极端不均、台风登陆偏早偏多、中小河流洪水量级大、局部地区重复受灾造成的损失大 4 个显著特点。

汛期珠江流域各地先后出现多次降雨过程，但其中强度大、范围广、持续时间长的强降雨过程主要出现在 5 月下旬至 6 月中旬。6 月中旬珠江发了流域性较大洪水，西江干流梧州出现 20 年一遇洪水，北江干流洪水重现期超 10 年一遇。西、北江洪水遭遇，造成珠江三角洲西、北江干流水道控制站马口和三水出现 50 年一遇洪水。西江水系桂江、柳江等支流共有 7 个站点出现超历史实测最大流量和最高水位。中小河流洪水量级大，多个水文站点出现超历史大洪水，局部山洪严重。

旱灾：1 月，珠江片东部和西部降水量较常年同期偏少 3~5 成，局部偏少 5 成以上，南盘江、东江等地区降水不足 10mm。2007~2008 年冬、春季旱情还导致了珠江三角洲地区咸潮上溯，对三角洲地区供水产生影响。2008 年珠江片旱情程度总体上较常年偏轻。

2009 年,洪灾:登陆或影响的热带气旋共有 9 个,分别为"莲花"、"浪卡"、"苏迪罗"、"莫拉菲"、"天鹅"、"彩虹"、"巨爵"、"凯萨娜"和"芭玛"。登陆(影响)珠江的台风具有登陆数量偏多、登陆地点集中、登陆的热带气旋强度弱,以及部分热带气旋影响的时间长、范围广等特点。2009 年珠江流域汛期具有汛期降雨时空分布不均、台风登陆偏多且登陆地点集中、中小河流洪水量级大、局部地区重复受灾造成的损失大 4 个显著特点。2009 年汛期,珠江干流水势总体比较平稳,未发生大的洪水。

旱灾:西江干流梧州河段出现了 100 年来的最低水位,流量接近历史实测最枯。其余部分江河来水也已接近或小于历史实测同期最枯流量,全区 100 多座水库干涸,部分水库蓄水严重偏少,全区冬转春时期旱情及供水形势将较为严峻。受持续高温少雨及汛期降雨总体偏少影响,汛后全区各江河来水迅速减小。

2010 年,洪灾:2010 年汛期,珠江干流水势总体比较平稳,未发生大的洪水。

旱灾:2~4 月上旬,珠江流域很少降雨,上游云南、贵州旱区的降水量偏少程度进一步加剧,降水量长时间持续稀少,致使珠江流域西部的云南、贵州和广西三省(自治区)旱情不断发展,遭受百年不遇特大干旱。

咸潮上溯情况如下所述。

由于珠江流域近两年连续干旱,2003 年冬季至 2004 年春季,咸潮上溯严重,给珠江三角洲地区造成巨大的经济损失和社会影响,引起社会各界的广泛关注。

继 2004 年秋冬干旱,2005 年春季珠江流域持续干旱。珠江三角洲因受干旱影响,咸潮上溯更为严重,珠江三角洲遭受 20 年来最严重的咸潮袭击,澳门、珠海、中山和广州等城市的供水安全受到严重威胁,受影响人口超过 1000 万。

2005 冬季受珠江流域降水量、上游来水量偏少,以及强潮汐动力、风力风向等影响,珠江三角洲地区再次遭遇咸潮入侵。

受持续干旱影响,2005 年 12 月至 2006 年 1 月,珠江三角洲地区再次出现特大咸潮,澳门、珠海、中山和广州等城市的供水安全受到严重威胁。

6.6　历年水污染事故情况

2002 年 12 月 11 日,广西金秀县发生货车翻下三渡河,车上部分砒霜外泄流入河中,造成重大水环境污染事故。

2003 年,云南宜良县位于南盘江干流上中游的第一座大型综合性水利枢纽柴石滩水库,由于上游来水污染严重,近几年的监测结果表明,水库水质基本是劣 V 类或 V 类。

2004 年 5 月 19 日,广西北流市交通事故,一辆载有 40t 粗苯的重型槽罐卡车,经广西北流市清湾镇龙南村路段时翻入路边水田,卡车槽罐破裂,有毒气态苯外泄约 20t。由于事故时正降大雨,鉴江支流禾界河受到严重污染,广东化州、吴川境内鉴江下游苯严重超标,造成两市停水 4 天。

2005 年 12 月 15 日,北江韶关段出现镉严重超标现象,由于韶关冶炼厂设备检修期间超标排放含镉废水,造成了由企业违法超标排放导致的严重环境污染事故。镉超标的高峰值沿江下移，从孟洲坝电站断面到高桥断面全部超过标准，其中高桥断面镉超标近 10 倍，影响下游英德市区 10 多万人的饮水安全。

2006 年 12 月 27 日，北盘江一级支流那么河上游一座金矿尾矿坝发生溃坝，致使尾矿坝内约 19 万 m^3 的金矿废渣、废水、废液下泄，导致其下游已放空的小厂水库（小二型）淤满并向下溢流，废渣、废水经小厂水库坝顶溢出，并经约 1.4km 的河沟，向下进入白坟水库，约有 5 万 m^3 矿废渣漫入下游小河及白坟水库。

2007 年 10 月 5 日，贺江信都江段因一酒精厂企业清洗厂内锅炉，将清洗废水排入江中，导致该江段约 20km 长的水体溶解氧偏低，化学耗氧量高，出现鱼类大量死亡的现象。

2007 年 12 月 28 日，一辆运载粗酚的车辆在距云南富宁县城 6km 处的 323 国道上，因会车避让侧翻，罐体脱落至坡下 50 多米的山沟内，造成粗酚泄漏，流入约 70m 外的新华镇那洛村附近小溪中。溪水携带污染物下泄约 70m 后，在距那洛村约 300m 处汇入洪门河，致使右江上游支流洪门河及普厅河严重污染，造成突发性水污染事件。

2008 年 6 月，云南当地环境保护及水利部门的日常监测中，发现了九大湖泊之一的阳宗海砷严重超标。经过污染源排查，最大的污染源为云南澄江锦业工贸公司，该公司未按环评要求建设渣场、临时渣场未经批准建设、生产废水处理站未按要求全部建成、磷矿洗矿项目未做环评擅自建设运行。

2008 年 6 月 7 日一辆装载 33.6t 危险化学品粗酚溶液的槽车从高速公路上侧翻，车上粗酚溶液全部泄漏流入者桑河（右江支流那马河的支流），造成者桑河及入流后的那马河及百色水库库尾水体（云南境内）严重污染。

2009 年，东深供水深圳水库上游污染事件，深圳水库是承接东江引水供给香港的枢纽型水库，直接输送补给香港和深圳市供水，年供水量约为 15.39 亿 m^3。深圳水库上游存在部分非法养殖场及垃圾堆放场、库区水质存在安全隐患。

2009 年 5 月 10 日，广西来宾金秀瑶族自治县大瑶山采矿污染事件，大瑶山采矿危及居民饮水及珠江水系安全。

|第7章| 珠江流域陆地生态系统
类型变化与生态环境胁迫

陆地生态系统包括森林生态系统、草原生态系统、荒漠生态系统、湿地生态系统以及受人工干预的农田生态系统，陆生生态系统类型的转变对于全球生态环境变化具有重要的影响。生态环境胁迫是指对维持生态系统稳定或良好演变的各种不利因素，是指示和预测某个生态系统或区域生态环境状况的重要因素。生态胁迫关系到人类的生存、健康和发展，一个国家或地区如果生态系统胁迫程度高，经常遭遇生态危机，必然会影响他的可持续发展，甚至动摇其稳定的基础。本章节在植被覆盖度、生物量、湿地退化程度来分析珠江流域陆地生态系统的变化研究基础上，从宏观的生态环境出发，通过构建较为全面合理的生态胁迫评价指标和采用相对科学的评价方法，对整个珠江流域的的生态胁迫现状进行全面定量的研究，以期为珠江流域生态胁迫评价和区域生态保护策略提供理论依据。

7.1 植被覆盖度十年变化

植被覆盖度是指包括乔木、灌木、草木和农作物在内所有植被的冠层、枝叶在生长区域地面的垂直投影面积占研究统计区域面积的百分比（秦伟等，2006），指示了植被的茂密程度及植物进行光合作用面积的大小，是反映地表植被群落生长态势的重要指标和描述生态系统的重要基础数据，对区域生态系统环境变化有着重要指示作用（甘春英等，2011）。植被覆盖度的测算是否精准很大程度上影响着相关研究结论是否科学合理。

因此，本研究分析和对比 2000 年、2005 年和 2010 年珠江流域植被覆盖度数据，以期评价珠江流域十年间植被退化情况，为流域地表覆盖变化、景观分异等前沿问题的研究提供指示作用，促进珠江流域自然环境研究不断深入发展。

7.1.1 植被覆盖度状况

2000 年珠江流域平均自然植被覆盖度为 69.57%，上游自然植被覆盖度为 65.14%，中游自然植被覆盖度为 71.86%，下游自然植被覆盖率为 69.69%，其中下游的东江秋香江口以上区平均植被覆盖度最高为 76.08%、下游的西北江三角洲区平均植被覆盖度最低为 59.27%。2005 年珠江流域平均自然植被覆盖度为 62.40%，上游自然植被覆盖度为 57.78%，中游自然植被覆盖度为 64.86%，下游自然植被覆盖率为 62.25%，其中下游的东江秋香江口以上区平均植被覆盖度最高为 67.55% 、下游的西北江三角洲区平均植被覆盖度最低为 50.07% 。2010 年珠江流域平均自然植被覆盖度为 66.65% ，上游自然植被覆盖度为 65.14% ，中游自然植被覆盖度为 71.86% ，下游自然植被覆盖率为 69.69% ，其中下游的东江秋香江口以上区平均植被覆盖度最高为 73.97% 、上游的南盘江区平均植被覆盖度最低为 55.85% ，参见表 7-1 及图 7-1 ~ 图 7-3。

表 7-1　珠江流域及二级流域平均植被覆盖度　　　　　（单位:%）

位置	二级流域	2000 年平均植被覆盖度	2005 年平均植被覆盖度	2010 年平均植被覆盖度
	珠江流域	69.57	62.40	66.65
上游	北盘江区	62.33	55.37	55.93
	南盘江区	63.38	56.91	55.85
	红水河区	69.70	61.07	66.55
中游	左江及郁江干流区	67.39	62.11	66.99
	右江区	74.03	65.66	68.91
	柳江区	72.67	64.65	70.33
	桂贺江区	73.33	67.03	72.49
下游	黔浔江及西江（梧州以下）区	71.34	66.09	72.68
	北江大坑口以上区	73.96	67.82	71.97
	北江大坑口以下区	73.62	67.51	72.81
	东江秋香江口以上区	76.08	67.55	73.97
	东江秋香江口以下区	68.54	60.11	67.15
	西北江三角洲区	59.27	50.07	56.39
	东江三角洲区	65.72	56.63	62.98

图 7-1　2000 年珠江流域植被覆盖度空间分布图

图 7-2   2005 年珠江流域植被覆盖度空间分布图

图 7-3   2010 年珠江流域植被覆盖度空间分布图

7.1.2   植被覆盖度变化

从表 7-2 可知，珠江流域 2000～2005 年自然植被覆盖度提高面积为 33 167.75km²，约占珠江流域总面积的 7.51%；植被覆盖度退化面积为 394 855.06km²，占珠江流域总面积的 89.43%。珠江流域退化面积远远大于提高及稳定的面积的总和。由此可见，珠江流域 2000～2005 年植被覆盖度严重退化。

表7-2 2000~2005 年珠江流域植被覆盖度面积变化

位置	二级流域	退化面积/km²	稳定面积/km²	提高面积/km²	退化比例/%	稳定比例/%	提高比例/%	合计面积/km²
	珠江流域	394 855.06	13 488.56	33 167.75	89.43	3.06	7.51	441 511.38
上游	北盘江区	23 876.19	841.50	1 829.88	89.70	3.14	7.16	57 423.88
	南盘江区	51 510.50	1 804.50	4 108.88	92.78	2.05	5.17	54 745.50
	红水河区	50 793.56	1 122.69	2 829.25	82.72	4.48	12.79	38 638.13
中游	左江及郁江干流区	31 962.06	1 732.88	4 943.19	96.32	1.36	2.32	39 398.38
	右江区	37 949.00	537.13	912.25	91.66	2.62	5.72	58 506.69
	柳江区	53 629.25	1 531.69	3 345.75	88.77	3.71	7.52	30 151.94
	桂贺江区	26 765.31	1 119.56	2 267.06	80.54	4.88	14.58	36 087.44
下游	黔浔江及西江（梧州以下）区	29 063.44	1 761.56	5 262.44	88.78	3.72	7.50	17 370.50
	北江大坑口以上区	15 421.50	646.50	1 302.50	87.31	3.82	8.87	29 269.19
	北江大坑口以下区	25 553.75	1 118.50	2 596.94	93.38	2.08	4.54	18 863.31
	东江秋香江口以上区	17 615.19	392.00	856.13	90.03	2.20	7.76	8 617.19
	东江秋香江口以下区	7 758.25	189.94	669.00	88.08	2.71	9.20	18 417.25
	西北江三角洲区	16 222.31	499.81	1 695.13	90.10	2.55	7.35	7 474.44
	东江三角洲区	6 734.75	190.31	549.38	90.10	2.55	7.35	7 474.44

从表7-3 可知，珠江流域 2005~2010 年自然植被覆盖度提高面积为 319 958.19km²，约占珠江流域总面积的 72.47%；植被覆盖度退化面积为 97 219.69km²，占珠江流域总面积的 22.02%，植被覆盖度提高及稳定的面积远大于退化的面积。因此，珠江流域在 2000~2005 年植被覆盖度状况有所好转。

表7-3 2005~2010 年珠江流域植被覆盖度面积变化

位置	二级流域	退化面积/km²	稳定面积/km²	提高面积/km²	退化比例/%	稳定比例/%	提高比例/%	合计面积/km²
	珠江流域	97 219.69	24 333.50	319 958.19	22.02	5.51	72.47	441 511.38
上游	北盘江区	10 626.13	2 456.94	13 464.50	40.03	9.25	50.72	26 547.56
	南盘江区	31 045.69	5 140.44	21 237.75	54.06	8.95	36.98	57 423.88
	红水河区	9 880.13	2 709.94	42 155.44	18.05	4.95	77.00	54 745.50
中游	左江及郁江干流区	5 894.94	1 942.25	30 800.94	15.26	5.03	79.72	38 638.13
	右江区	9 998.81	2 802.06	26 597.50	25.38	7.11	67.51	39 398.38
	柳江区	9 187.31	2 517.94	46 801.44	15.70	4.30	79.99	58 506.69
	桂贺江区	4 070.81	1 266.69	24 814.44	13.50	4.20	82.30	30 151.94

位置	二级流域	退化面积 /km²	稳定面积 /km²	提高面积 /km²	退化比例 /%	稳定比例 /%	提高比例 /%	合计面积 /km²
	黔浔江及西江（梧州以下）区	3 110.06	1 229.75	31 747.63	8.62	3.41	87.97	36 087.44
	北江大坑口以上区	3 010.38	880.63	13 479.50	17.33	5.07	77.60	17 370.50
	北江大坑口以下区	4 072.50	1 205.50	23 991.19	13.91	4.12	81.97	29 269.19
下游	东江秋香江口以上区	1 933.50	790.69	16 139.13	10.25	4.19	85.56	18 863.31
	东江秋香江口以下区	873.56	251.81	7491.81	10.14	2.92	86.94	8 617.19
	西北江三角洲区	2 674.50	801.38	14 941.38	14.52	4.35	81.13	18 417.25
	东江三角洲区	841.38	337.50	6 295.56	11.26	4.52	84.23	7 474.44

从表 7-4 可知，珠江流域 2000~2010 年自然植被覆盖度提高面积为 133 181.69km²，约占珠江流域总面积的 30.16%；植被覆盖度退化面积为 282 526km²，占珠江流域总面积的 63.99%。植被覆盖度提高及稳定的面积小于退化的面积，特别是流域上游的南、北盘江，植被覆盖度退化面积占珠江流域总面积的 40% 以上。

总的来说，十年间珠江流域的植被覆盖度面积在不断退化，植被覆盖度状态在下降。

表 7-4 2000~2010 年珠江流域植被覆盖度面积变化

位置	二级流域	退化面积 /km²	稳定面积 /km²	提高面积 /km²	退化比例 /%	稳定比例 /%	提高比例 /%	合计面积 /km²
	珠江流域	282 526.00	25 803.69	133 181.69	63.99	5.84	30.16	441 511.38
	北盘江区	10 626.13	2 456.94	13 464.50	40.03	9.25	50.72	26 547.56
上游	南盘江区	31 045.69	5 140.44	21 237.75	54.06	8.95	36.98	57 423.88
	红水河区	9 880.13	2 709.94	42 155.44	18.05	4.95	77.00	54 745.50
	左江及郁江干流区	5 894.94	1 942.25	30 800.94	15.26	5.03	79.72	38 638.13
中游	右江区	9 998.81	2 802.06	26 597.50	25.38	7.11	67.51	39 398.38
	柳江区	9 187.31	2 517.94	46 801.44	15.70	4.30	79.99	58 506.69
	桂贺江区	4 070.81	1 266.69	24 814.44	13.50	4.20	82.30	30 151.94
	黔浔江及西江（梧州以下）区	3 110.06	1 229.75	31 747.63	8.62	3.41	87.97	36 087.44
	北江大坑口以上区	3 010.38	880.63	13 479.50	17.33	5.07	77.60	17 370.50
	北江大坑口以下区	4 072.50	1 205.50	23 991.19	13.91	4.12	81.97	29 269.19
下游	东江秋香江口以上区	1 933.50	790.69	16 139.13	10.25	4.19	85.56	18 863.31
	东江秋香江口以下区	873.56	251.81	7 491.81	10.14	2.92	86.94	8 617.19
	西北江三角洲区	2 674.50	801.38	14 941.38	14.52	4.35	81.13	18 417.25
	东江三角洲区	841.38	337.50	6 295.56	11.26	4.52	84.23	7 474.44

7.1.3 植被覆盖度变化分布

珠江流域 2000 ~ 2005 年自然植被覆盖度整体以退化趋势为主，尤其以下游的西北江三角洲区、东江三角洲区、东江秋香江口，以及中游的右江区、柳江区等地区植被覆盖度退化分布最为广泛，自然植被覆盖度增加主要分布在下游的黔浔江及西江（梧州以下）区；2005 ~ 2010 年自然植被覆盖度则是以增加趋势为主，其中上游的红水河区、中游的柳江区和桂贺江区、下游的黔浔江及西江（梧州以下）区、东江秋香江口以下区及东江秋香江口以上区等地区植被覆盖度增加较多。2000 ~ 2010 年自然植被覆盖度整体是以退化为主，除了下游的黔浔江及西江（梧州以下）区地区植被覆盖度增加以外，其余地区植被覆盖度都在退化，其中上游的南盘江区植被覆盖度退化最为严重，详见图 7-4 ~ 图 7-6。

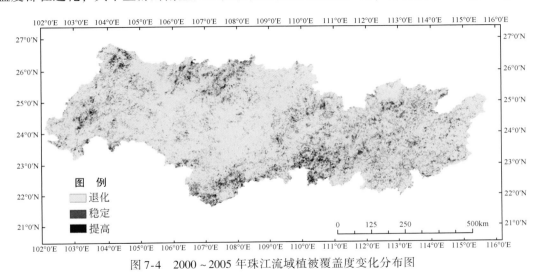

图 7-4　2000 ~ 2005 年珠江流域植被覆盖度变化分布图

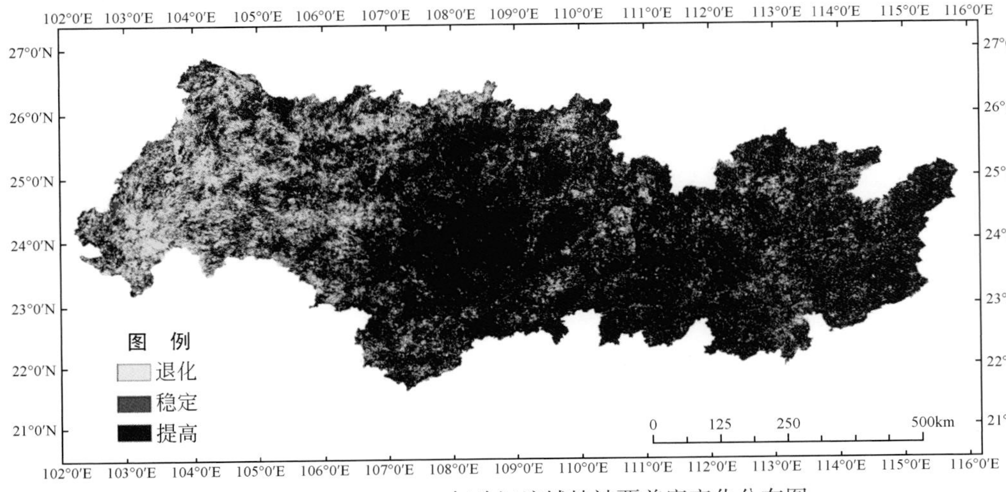

图 7-5　2005 ~ 2010 年珠江流域植被覆盖度变化分布图

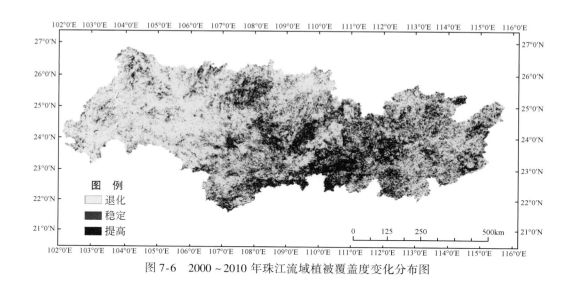

图 7-6　2000~2010 年珠江流域植被覆盖度变化分布图

7.2　生物量十年变化

生物量是一定时间、一定空间一种或数种生物有机体的总重量，或者一个群落内所有生物有机体的总重量，前者是种的生物量，后者是群落的生物量。生物量实质是绿色植物在单位面积上通过同化器官进行光合作用积累的有机物和能量。群落生物量的多少，反映了群落利用自然潜力的能力，是衡量群落生产力的重要指标，对生态系统机构和功能的形成具有十分重要的作用，是生态系统的功能指标和获取能量能力的集中表现。因此，生物量的研究受到国内外众多学者的广泛重视。

对生物量的研究，最早是 Ebermery 在 1876 年对德国几种森林的树枝落叶量和木材重量的测定，这项研究成果被地球化学家在计算生物圈内化学元素时引用了 50 多年。1910年，Boysen Jensen 研究森林自然稀疏问题才阐述了森林的初级生产量的问题，继而在1929~1953 年，Burger 研究了树叶生物量与木材生产的关系。由此来看，森林生物量和生产力的研究在 20 世纪 50 年代以前不受重视。直至 20 世纪 50 年代，世界各国才开始重视对森林生物量的研究，日本、美国相继开展了森林生产力的研究，开始对各自国家内的主要森林生态系统生物量和生产力进行实际调查和资料收集。到 70 年代初期，随着国际生物学计划（IBP）和人与生物圈（MAB）计划在许多发达国家的实施，植被生物量和生产力的研究引入了生态系统的观点，从整体高度上把握生态系统物质生产的过程，并与环境因子结合起来，使森林生物量和生产力的研究工作得到很大的发展，并取得了较大的成果。这些成果为了解全球森林生态系统生物量和生产力的分布格局奠定了基础。80 年代后期，一些学者利用林分易测因子建立生物量回归方程，研究了不同地区森林的生物量；而另一些学者在北欧和南、北美洲研究了森林结构及生物量的分布格局和受干扰后森林生物量的变化动态，其主要代表分别为 Montes 等对摩洛哥森林地上生物量的研究、Nascimento 对巴西亚马逊河流域森林生物量的研究、Brandeis 等对波多黎各亚热带干旱森林生物量的研究，以及 Lehtonen 等和 de Wit 等对挪威森林生物量的研究、Giese 等对美国卡罗莱纳州受干扰河岸森林生物量的研究、Kauffman 等对墨西哥热带干旱森林生物量的研究。90 年代，由于卫星遥感技术在地理科学和宏观生态学的成熟运用，一些学者利用 TM、ETM+遥感影像和卫星 Radar 图像研究了全球不同地区的森林生物量。其中，采用 TM、ETM+遥感影像辅助研究森林生物量的代表有 Dong 等对瑞典中部森林生物量的研究、Suganuma 对澳大利亚西部干旱森林生物量的研究、Labrecque 对加拿大纽芬兰西部森林生物量的研究等；采用卫星 Radar 图像辅助研究森林生物量的主要代表有 Austin 对澳大利亚温带尤加利森林生物量的研究、Lucas 等对澳大利亚昆士兰森林生物量的研究，以及 Hide 等对美国西南部短针黄松林地上生物量的研究等。

我国对生物量的研究始于 20 世纪 70 年代后期，最早是潘维俦等对杉木人工林的研究，其后是冯宗炜对马尾松人工林以及李文华等对长白山温带天然林的研究。刘世荣、陈灵芝、党承林、薛立等先后建立了主要森林树种生物量测定的相对生长方程，估算了其生物量；冯宗炜等总结了全国不同森林类型的生物量及其分布格局；李文华等对长白山温带天然林的研究，使我国森林生态系统生物量的研究在人工林和天然林两个方面都得到发展。近几年，我国一些学者运用传统生物量研究方法研究森林生物量，其中，郑金萍运用微气象场法昼夜曲线法和收获法、彭培好用标准木和回归分析法（乔木层）及样方收获法（灌木、草本）研究川西高原丘陵宽谷地带光果西南桦人工林的生产力、生物量及其分配规律。90 年代末期至今，随着研究尺度的变化，研究方法和手段也随着变化。国内对大尺度和区域森林生物量的研究，结合了森林资源清查资料的生物量转换因子连续函数法（BEF）和遥感影像的"3S"技术进行森林生物量估算法。其主要代表有杨存建、刑素丽、徐志高利用 RS 和 GIS 技术测定从林分到区域等不同空间尺度的森林生物量；郭志华等通过样方调查获取森林材积，借助于全球定位系统（GPS）技术为调查样方准确定位，根据 Landsat TM 数据 7 个波段信息及其线性与非线性组合，应用逐步回归技术分别建立估算针叶林和阔叶林材积的最优光谱模型，进而确定了粤西及附近地区的森林生物量；陈利军等利用遥感技术对中国陆地植被的生物量进行估测；国庆喜采用小兴安岭南坡 TM 图像和 232 块森林资源一类清查样地数据构建多元回归方程和神经网络模型，用以估测该地区的森林生物量。

随着科学技术的发展和先进设备在生物量测定中的应用，生物量的研究方法日趋成熟，国内外都取得了一定的研究成果。主要的研究方法有地上生物量的测定方法、地下生物量的测定方法、林下植被生物量和凋落物量的测定方法等传统测量方法，以及观测估算法、遥感反演法和模型模拟法等现代科学技术方法。传统的生物量研究一般采用以实测数据为基础进行宏观拓展估算或相关分析的方法，或以收获法为基础，利用每木调查、树干解析、材积转换等方法进行各部分生物量及总生物量的测量，而后利用这些数据进行宏观估算，以获知整个研究区域的生物量状况；或者对样区内生物量及其影响因素进行分析，建立相关模型并推而广之。传统方法使用较为简单，但因为对样地数量需求比较高，尤其是在历史样地数据获取困难的情况下，其应用受到了一定限制。随着"3S"技术的不断发展，基于遥感技术对植被生产力与生物量的研究已经从小范围、二维尺度的传统地面测量发展到大范围、多维时空的遥感模型估算，从而可快速、准确、无破坏地估算从林分到区域等不同空间尺度的森林生物量，对生态系统进行宏观监测，同时有助于提高植被生产力和生物量估算的范围和精度。

本研究采用植被生长模型法估算珠江流域的森林、灌木、农田、湿地、荒漠及草地的生物量总和。对于森林生态系统的生物量，采用多源遥感数据协同反演的方法实现其地上生物量的估算。通过 ICESAT GLAS 星载激光雷达数据与光学数据相结合获取全国地上森林生物量监测结果，在此基础上，依据基于"LTSS-VCT"方法获取的植被扰动信息，并从中提取树龄信息，分别外推不同年份的森林地上生物量数据。对于灌木、农田、湿地、荒漠及草地的生物量则通过对生长期（开始生长时间与结束生长时间）的确定，对生长期内不同时段的 NPP 进行累加以计算不同月份的地上生物量。

7.2.1 生物量定量分析

珠江流域 2000 年、2005 年、2010 年的生物量计算见表 7-5 及图 7-7。

表 7-5 珠江流域及二级流域生物量 （单位：×10⁶t）

位置	二级流域	2000 年生物量	2005 年生物量	2010 年生物量
	珠江流域	1350.88	1452.65	1399.03
上游	北盘江区	39.46	47.89	55.38
	南盘江区	104.55	114.94	127.25
	红水河区	150.69	162.67	152.46
中游	左江及郁江干流区	294.71	325.50	335.08
	右江区	115.08	124.15	117.45
	柳江区	136.01	139.90	135.56
	桂贺江区	193.81	212.11	184.62
下游	黔浔江及西江（梧州以下）区	117.14	126.92	115.41
	北江大坑口以上区	562.04	603.08	553.03
	北江大坑口以下区	160.93	179.51	167.31
	东江秋香江口以上区	65.88	67.68	67.79
	东江秋香江口以下区	109.56	111.44	104.90
	西北江三角洲区	68.87	71.41	70.26
	东江三角洲区	29.97	30.43	34.29

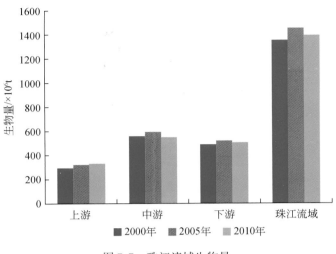

图 7-7　珠江流域生物量

从全流域来看，珠江流域的生物量含量较高，2000 年生物量为 $1350.88 \times 10^6 t$、2005 年为 $1452.65 \times 10^6 t$、2010 年为 $1399.03 \times 10^6 t$，2000 ~ 2005 年，生物量提高了 7.53%，在 2005 ~ 2010 年生物量总量下降，但总的来说，十年来，珠江流域的生物量呈微弱趋势在增加。

从上、中、下游来看，珠江流域的生物量主要集中在中下游，珠江流域三个调查年中下游的生物量占整个流域的 77% 以上，生物量中游 > 下游 > 上游。十年间，珠江流域上游的生物量在不断增加；珠江流域中游的生物量先增加后减少，但整体呈下降趋势；珠江流域下游的生物量变化趋势与中游的变化趋势类似，先增加后减少，但是下游整体上生物量是有所增加的。

从珠江流域子流域生物量含量来看，柳江区的生物量含量最高，在评价年间稳定在 $180 \times 10^6 t$ 以上；其次是黔浔江及西江（梧州以下）区，在评价年间稳定在 $180 \times 10^6 t$ 以上；最小的是东江三角洲区，2000 年仅为 $20.74 \times 10^6 t$。十年间，除了右江区、柳江区、桂贺江区及北江大坑口以下区的生物量在下降以外，其余的子流域生物量都在增加。

7.2.2　生物量密度的空间格局

2000 年、2005 年、2010 年珠江流域生物量的空间分布图如图 7-8 ~ 图 7-12 所示。

从全流域空间分布来看，珠江流域生物量密度呈现东部和东南部高、西北部及中部低的分布特征，珠江流域整体生物量密度高，特别是在 2005 年生物量密度高达 $3745.32 g/m^2$，但在 2010 年有所下降，降为 $3262.12 \ g/m^2$。总的来讲，2000 ~ 2010 年十年间，珠江流域的生物量密度在不断下降。

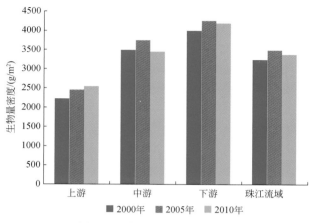

图 7-8 珠江流域生物量密度

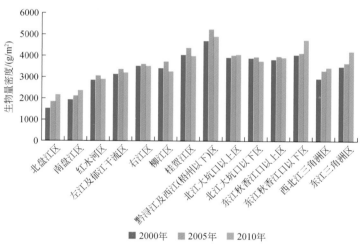

图 7-9 珠江流域子流域生物量密度

图 7-10 2000 年珠江流域植被生物量空间分布图

图 7-11　2005 年珠江流域植被生物量空间分布图

图 7-12　2010 年珠江流域植被生物量空间分布

　　从上、中、下游空间分布来看（表 7-6），2000 年珠江流域生物量密度最高的是下游为 3522.89 g/m²，其次是中游为 3134.99 g/m²，最小的是上游为 2223.59 g/m²。2005 年和 2010 年两个调查年珠江流域生物量密度下游＞中游＞上游。十年间，珠江流域的生物量密度与生物量总量的变化趋势一致，上游的密度在不断增加；中游的生物量密度先增加后减少，但整体呈下降趋势；珠江流域下游的生物量密度与中游的趋势类似，先增加后减少，但是下游整体上生物量密度是有所增加的。

表 7-6　珠江流域及二级流域生物量密度　　　　　　　（单位：g/m²）

二级流域	2000 年均值	2005 年均值	2010 年均值
上游	2223.59	2459.43	2537.90
中游	3134.99	3387.42	3209.40
下游	3522.89	3627.17	3519.91
珠江流域	3420.37	3745.32	3262.12

从珠江流域子流域生物量密度来看，2000 年黔浔江及西江（梧州以下）区的生物量密度最高为 4696.53 g/m²，是整个珠江流域的 1.45 倍；其次是桂贺江区、东江秋香江口以下区，生物量密度在 4000 g/m² 以上；再次是北江大坑口以上区、北江大坑口以下区、东江秋香江口以上区、右江区、东江三角洲区、柳江区及左江及郁江干流区，生物量密度为 3000～4000 g/m²；最小的是北盘江区，仅为 1535.39 g/m²。

2005 年各子流域的生物量密度都在增加，其中黔浔江及西江（梧州以下）区不但生物量密度最高，而且增加量也是最大，增加了 545.86 g/m²；其次是桂贺江区、东江秋香江口以下区及北江大坑口以上区，生物量密度均在 4000 g/m² 以上，增加量分别为 340.3 g/m²、94.16 g/m²、117.06 g/m²；再次是北江大坑口以下区、东江秋香江口以上区、右江区、东江三角洲区、柳江区和左江及郁江干流区，生物量密度为 3000～4000 g/m²，增加量分别为 75.4 g/m²、153.29 g/m²、104.27 g/m²、180.53 g/m²、324.95 g/m²、252.43 g/m²；最小的是北盘江区，仅为 1866.31 g/m²。

2010 年珠江流域各子流域除了东江秋香江口以下区、东江秋香江口以下区、东江三角洲区、西北江三角洲区、南盘江区及北盘江区 6 个子流域的生物量密度相对 2005 年在增加以外，区域 8 个子流域的生物量密度都在减少。减少量最大的是柳江区，减少了 483.2 g/m²；增加量最大的是东江秋香江口以下区，增加了 602.12 g/m²。

2000～2010 年，珠江流域子流域生物量密度整体上除了桂贺江区、北江大坑口以下区、右江区及柳江区 4 个子流域的生物量密度在下降以外，其余的 10 个子流域的生物量密度都在下降。

7.2.3　生物量的变化分布

（1）2000～2005 年生物量变化

2000～2005 年珠江流域生物量变化面积及分布计算结果见表 7-7、表 7-8，图 7-13～图 7-15。

表 7-7　2000～2005 年珠江流域生物量面积变化

二级流域	退化面积 /km²	稳定面积 /km²	提高面积 /km²	退化比例 /%	稳定比例 /%	提高比例 /%	合计面积 /km²
上游	34 550.75	16 445.06	81 336.13	26.11	12.43	61.46	132 331.9
中游	49 690.94	14 099.63	97 012.25	30.90	8.77	60.33	160 802.8

续表

二级流域	退化面积 /km²	稳定面积 /km²	提高面积 /km²	退化比例 /%	稳定比例 /%	提高比例 /%	合计面积 /km²
下游	44 929. 25	8 341. 13	69 351. 31	36. 64	6. 80	56. 56	122 621. 7
珠江流域	129 170. 94	38 885. 81	247 699. 69	31. 07	9. 35	59. 58	415 756. 4

表 7-8　2000～2005 年珠江流域各子流域生物量面积变化

位置	二级流域	退化面积 /km²	稳定面积 /km²	提高面积 /km²	退化比例 /%	稳定比例 /%	提高比例 /%	合计面积 /km²
上游	北盘江区	4 610. 063	3 739. 563	17 311	17. 97	14. 57	67. 46	25 660. 63
	南盘江区	15 438	6 525. 938	31 991. 25	28. 61	12. 10	59. 29	53 955. 19
	红水河区	14 502. 69	6 179. 563	32 033. 88	27. 51	11. 72	60. 77	52 716. 13
中游	左江及郁江干流区	9 593. 75	2 852. 063	24 202. 13	26. 18	7. 78	66. 04	36 647. 94
	右江区	14 978. 38	4 067. 875	19 513. 56	38. 84	10. 55	50. 61	38 559. 81
	柳江区	16 004. 63	5 434. 063	35 193. 31	28. 26	9. 60	62. 14	56 632
	桂贺江区	9 114. 188	1 745. 625	18 103. 25	31. 47	6. 03	62. 50	28 963. 06
下游	黔浔江及西江（梧州以下）区	10 707. 38	2 283. 375	21 228. 75	31. 29	6. 67	62. 04	34 219. 5
	北江大坑口以上区	6 610. 563	1 016. 75	9 148. 75	39. 40	6. 06	54. 53	16 776. 06
	北江大坑口以下区	11 281	1 715. 75	15 086. 13	40. 17	6. 11	53. 72	28 082. 88
	东江秋香江口以上区	7 062. 063	1 045. 125	9 747. 875	39. 55	5. 85	54. 59	17 855. 06
	东江秋香江口以下区	3 005. 938	573. 062 5	3 737. 75	41. 08	7. 83	51. 08	7 316. 75
	西北江三角洲区	3 899. 188	1 226. 938	7 450. 563	31. 00	9. 76	59. 24	12 576. 69
	东江三角洲区	2 363. 125	480. 125	2 951. 5	40. 78	8. 29	50. 93	5 794. 75

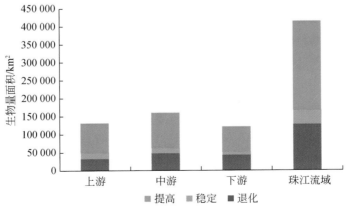

图 7-13　2000～2005 年珠江流域生物量面积图

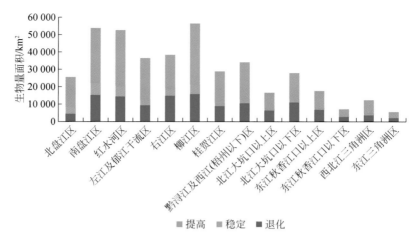

图 7-14   2000~2005 年珠江流域各子流域生物量面积变化图

图 7-15   2000~2005 年珠江流域生物量变化分布图

从全流域，以及上、中、下游来看，2000~2005 年，珠江流域的生物量呈增加趋势，具体表现在生物量退化、稳定及提高的面积分别为 129 170.94km²、38 885.81 km²、247 699.69 km²。因此，总的来说珠江流域的生物量以提高为主，生物量提高面积比例最大的是上游，退化面积比例最大的是下游，下游的森林利用应引起政府部门的注意。

从珠江流域各个子流域生物量变化来看，2000~2005 年，珠江流域各子流域的生物量以提高为主，提高的面积均大于退化的面积。其中北盘江区生物量提高面积占这个区域生物量面积的比例最高为 67.46%；其次是左江及郁江干流区，提高比例为 66.04%；最低的是右江区，提高比例为 50.61%；但是下游地区的退化面积也大，特别是北江大坑口以下区、东江秋香江口以下区、东江三角洲区退化比例高达 40% 以上。

（2）2005~2010 年生物量变化

2005~2010 年珠江流域生物量变化面积及分布计算结果见表 7-9、表 7-10，图 7-16~图 7-18）。

表 7-9 2005~2010 年珠江流域生物量面积变化

二级流域	退化面积 /km²	稳定面积 /km²	提高面积 /km²	退化比例 /%	稳定比例 /%	提高比例 /%	合计面积 /km²
上游	45 524.31	16 487.75	70 000.38	34.48	12.49	53.03	132 012.4
中游	83 141.94	14 079.75	63 414.56	51.76	8.76	39.48	160 636.3
下游	60 929.38	8 297.88	52 655.88	49.99	6.81	43.20	121 883.1
珠江流域	189 595.63	38 865.38	186 070.81	45.74	9.38	44.89	414 531.8

表 7-10 2005~2010 年珠江流域各子流域生物量面积变化

位置	二级流域	退化面积 /km²	稳定面积 /km²	提高面积 /km²	退化比例 /%	稳定比例 /%	提高比例 /%	合计面积 /km²
上游	北盘江区	6 336.875	3 758.563	15 489.19	24.77	14.69	60.54	25 584.63
	南盘江区	17 086.81	6 543.688	30 199.44	31.74	12.16	56.10	53 829.94
	红水河区	22 100.63	6 185.5	24 311.75	42.02	11.76	46.22	52 597.88
中游	左江及郁江干流区	19 646.06	2 864.75	14 081.69	53.69	7.83	38.48	36 592.5
	右江区	17 954.38	4 046	16 507.38	46.63	10.51	42.87	38 507.75
	柳江区	29 348.06	5 423.813	21 818.94	51.86	9.58	38.56	56 590.81
	桂贺江区	16 193.44	1 745.188	11 006.56	55.95	6.03	38.03	28 945.19
下游	黔浔江及西江（梧州以下）区	20 239.75	2 216.563	11 685	59.28	6.49	34.23	34 141.31
	北江大坑口以上区	7 148.813	1 022.688	8 531	42.80	6.12	51.08	16 702.5
	北江大坑口以下区	14 783.94	1 733.688	11 472.5	52.82	6.19	40.99	27 990.13
	东江秋香江口以上区	8 572.938	1 058	8 243.5	47.96	5.92	46.12	17 874.44
	东江秋香江口以下区	2 572.563	559.062 5	4 070.875	35.72	7.76	56.52	7 202.5
	西北江三角洲区	5 600.375	1 236.25	5 452.063	45.57	10.06	44.37	12 288.69
	东江三角洲区	2 011	471.625	3 200.938	35.38	8.30	56.32	5 683.563

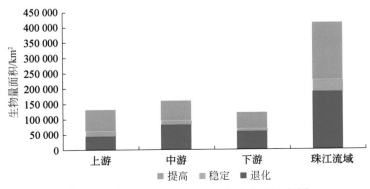

图 7-16 珠江流域 2005~2010 年生物量面积图

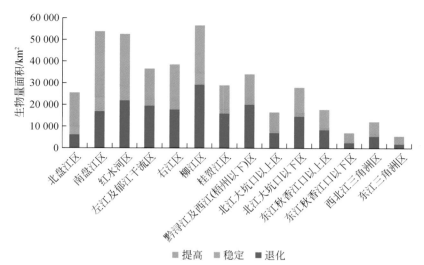

图 7-17　珠江流域各子流域 2005～2010 年生物量面积变化图

图 7-18　2005～2010 年珠江流域生物量变化分布图

从全流域，以及上、中、下游来看，2005～2010 年珠江流域的生物量以退化及提高为主，但是珠江流域的生物量退化面积（189 595.63km²）大于提高面积（186 070.81km²），因此，珠江流域的生物量 5 年来呈退化趋势。其中生物量提高面积比例最大的是上游，提高面积为 70 000.38 km²，占 53.03%；退化比例最大的是中游，退化面积高达 83 141.94 km²。

从珠江流域各个子流域生物量变化来看，2005～2010 年，珠江流域各子流域的生物量以提高及退化为主；北盘江区、南盘江区、红水河区、北江大坑口以上区、东江秋香江口以下区及东江三角洲区等子流域生物量提高的面积均大于退化的面积，因此这些子流域的生物量呈增加趋势；左江及郁江干流区、右江区、柳江区、桂贺江区、黔浔江及西江（梧州以下）区、北江大坑口以下区、东江秋香江口以上区及西北江三角洲区等子流域生物量退化的面积大于提高的面积，因此，这 8 个子流域的生物量呈退化趋势。

（3）2000~2010 年生物量变化

2000~2010 年珠江流域生物量变化面积及分布计算结果见表7-11、表7-12，图7-19~图7-21。

表 7-11　2000~2010 年珠江流域生物量面积变化

二级流域	退化面积/km²	稳定面积/km²	提高面积/km²	退化比例/%	稳定比例/%	提高比例/%	合计面积/km²
上游	30 722.19	16 222.06	85 057.63	23.27	12.29	64.44	132 001.9
中游	63 201.06	13 911.88	83 513.50	39.35	8.66	51.99	160 626.4
下游	50 492.94	8 147.88	63 138.88	41.46	6.69	51.85	121 779.7
珠江流域	144 416.19	38 281.81	231 710.00	34.85	9.24	55.91	414 408

表 7-12　2000~2010 年珠江流域各子流域生物量面积变化

位置	二级流域	退化面积/km²	稳定面积/km²	提高面积/km²	退化比例/%	稳定比例/%	提高比例/%	合计面积/km²
上游	北盘江区	2 706.938	3 665.125	19 211.63	10.58	14.33	75.09	25 583.69
	南盘江区	11 551.94	6 462.5	35 811.38	21.46	12.01	66.53	53 825.81
	红水河区	16 463.31	6 094.438	30 034.63	31.30	11.59	57.11	52 592.38
中游	左江及郁江干流区	12 050.69	2 810.375	21 729.94	32.93	7.68	59.39	36 591
	右江区	16 083.63	4 003.875	18 413.63	41.77	10.40	47.83	38 501.13
	柳江区	22 582.25	5 373.375	28 635.75	39.90	9.50	50.60	56 591.38
	桂贺江区	12 484.5	1 724.25	14 734.19	43.13	5.96	50.91	28 942.94
下游	黔浔江及西江（梧州以下）区	14 946.94	2 202.625	16 991.44	43.78	6.45	49.77	34 141
	北江大坑口以上区	6 498.75	1 010.25	9 192.688	38.91	6.05	55.04	16 701.69
	北江大坑口以下区	12 884.94	1 726.688	13 355.19	46.07	6.17	47.75	27 966.81
	东江秋香江口以上区	7 443.688	1 034.938	9 399.188	41.64	5.79	52.57	17 877.81
	东江秋香江口以下区	2 488.125	545.062 5	4 160.625	34.59	7.58	57.84	7 193.813
	西北江三角洲区	4 295.438	1 168.688	6 759.938	35.14	9.56	55.30	12 224.06
	东江三角洲区	1 935.063	459.625	3 279.813	34.10	8.10	57.80	5 674.5

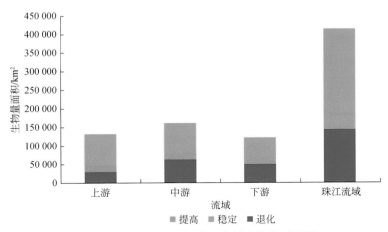

图 7-19　2000~2010 年珠江流域生物量面积图

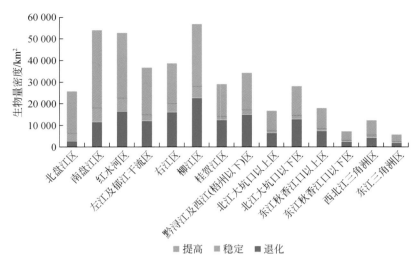

图 7-20 2000～2010 年珠江流域各子流域生物量面积变化图

图 7-21 2000～2010 年珠江流域生物量变化分布图

从全流域以及上、中、下游来看，2000～2010 年，珠江流域的生物量呈增加趋势，具体表现在生物量提高、稳定及退化的面积分别为 144 416.19km²、38 281.81 km²、231 710.00 km²。因此，总的来说珠江流域的生物量以提高为主，生物量提高面积比例最大的是中游，退化比例最大的是下游，下游的森林利用应引起政府部门的注意。

从珠江流域各子流域生物量变化来看，2000～2005 年，珠江流域各子流域的生物量以提高为主，提高的面积均大于退化的面积。其中北盘江区生物量提高面积占这个区域生物量面积的比例最高为 67.46%；其次是左江及郁江干流区，提高比例为 66.04%；最低的是右江区，提高比例为 50.61%。但是下游地区的退化面积也大，特别是北江大坑口以下区、东江秋香江口以下区、东江三角洲区退化比例高达 40% 以上。

7.3 湿地退化程度分析与变化

湿地作为地球表层最富有生物多样性的生态系统之一，保护湿地及其生物多样性已经成为当前国际社会备受关注的热点，湿地在为众多野生动物、植物提供栖息地的同时，也为人类提供多种生态服务，如涵养水源、调蓄洪水、调节气候、降解污染、固碳释氧、控制侵蚀、营养循环等（Ghermandi 等，2010）。然而随着经济发展，全球湿地依然处于丧失和退化的现状，虽然中国政府自 1992 年加入湿地公约以来一直在努力，但中国湿地依然在不断的丧失和退化。

湿地退化是指由于在不合理的人类活动或不利的自然因素影响下使湿地生态系统的结构和功能不合理、弱化甚至丧失的过程，并引发系统的稳定性、恢复力、生产力及服务功能在多个层次上发生退化。湿地退化的特征主要表现在：①水文特征，地表水与地下水位下降的问题；②土壤特征，有机质、腐殖酸、容重、孔隙度、营养元素等理化特征的改变；③植物特征，植物生理过程，以及群落高度、生产力、种群繁殖方式和种间关系等生物生态特征均会发生退化；④动物特征，湿地动物种类减少，数量下降，陆生动物种类增加，数量增多；⑤功能特征，湿地生态功能削弱甚至消失，危及人类生存环境，影响人类生态安全。

当前中国湿地退化问题非常严重，尽管国家和地方政府近年来已加大湿地保护力度，但整体湿地退化趋势依然没有得到遏制，湿地面积仍在不断萎缩，一些重要湿地生态退化、功能持续衰退，深入开展湿地退化相关基础研究工作已迫在眉睫。由于珠江流域湿地具有面积大、类型丰富（几乎涵盖了《湿地公约》的所有湿地类型）。本节通过湿地面积的变化，系统分析珠江流域湿地生态环境现状，评价珠江流域湿地的退化程度，以期为珠江流域的湿地退化防治、生态保护和湿地资源可持续利用提供有针对性的对策和建议。

7.3.1 流域湿地组成及分布情况

湿地是指在一年中水面覆盖在植被区超过两个月或长期在饱和水状态下、在非植被区超过 1 个月的表面。包括人工的、自然的表面，永久性的、季节性的水面，植被覆盖与非植被覆盖的表面。根据对 2000 年、2005 年及 2010 年三期生态系统的分类，珠江流域的湿地主要由水域和林地沼泽组成，河流大约占 40%、水库及坑塘占 55%、湖泊占 5% 左右，整个流域湿地面积约 1 万 km²，详见图 7-22。

2000 年珠江流域湿地面积为 10 094.96km²，上游湿地面积为 1484.3km²、中游湿地面积为 2292.67km²、下游湿地面积为 6317.99km²，湿地面积主要集中在下游的西北江三角洲区为 2957.91km²，湿地面积最小的是上游地区的北盘江区为 95.09km²。2005 年珠江流域湿地面积为 9987.49km²，上游湿地面积为 1495.87km²、中游湿地面积为 2311.98km²、下游湿地面积为 6179.64km²，湿地面积主要集中在下游的西北江三角洲区为 2807.9km²，湿地面积最小的是上游地区的北盘江区为 97.35km²。2010 年珠江流域湿地面积为

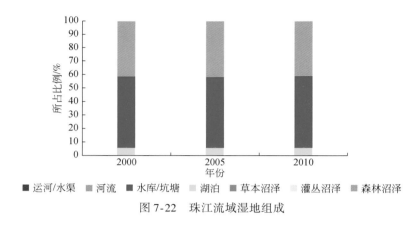

图 7-22 珠江流域湿地组成

10 106.32km², 上游湿地面积为 1591.5km²、中游湿地面积为 2335.02km²、下游湿地面积为 6179.81km²，湿地面积主要集中在下游的西北江三角洲区为 2808.68km²，湿地面积最下的是上游地区的北盘江区为 121.78km²，见表 7-13、图 7-23~图 7-25。

表 7-13 珠江流域湿地退化度

流域	2000年面积/km²	2005年面积/km²	2010年面积/km²	湿地面积变化率（R值）					
				R0005/%	湿地退化程度	R0510/%	湿地退化程度	R0010/%	湿地退化程度
北盘江区	95.09	97.35	121.78	2.38	稳定湿地	25.10	扩张湿地	28.07	扩张湿地
南盘江区	840.71	849.98	846.14	1.10	稳定湿地	-0.45	稳定湿地	0.65	稳定湿地
红水河区	548.51	548.54	623.58	0.01	稳定湿地	13.68	扩张湿地	13.69	扩张湿地
上游	1 484.30	1 495.87	1 591.50	0.78	稳定湿地	6.39	扩张湿地	7.22	扩张湿地
左江及郁江干流区	769.57	771.72	772.82	0.28	稳定湿地	0.14	稳定湿地	0.42	稳定湿地
右江区	335.41	351.10	381.91	4.68	稳定湿地	8.77	扩张湿地	13.86	扩张湿地
柳江区	728.80	729.85	731.02	0.14	稳定湿地	0.16	稳定湿地	0.31	稳定湿地
桂贺江区	458.90	459.31	449.27	0.09	稳定湿地	-2.19	稳定湿地	-2.10	稳定湿地
中游	2 292.67	2 311.98	2 335.02	0.84	稳定湿地	1.00	稳定湿地	1.85	稳定湿地
黔浔江及西江（梧州以下）区	1 111.16	1 123.01	1 121.51	1.07	稳定湿地	-0.13	稳定湿地	0.93	稳定湿地
北江大坑口以上区	232.79	235.99	240.22	1.38	稳定湿地	1.79	稳定湿地	3.19	稳定湿地
北江大坑口以下区	700.25	727.51	723.67	3.89	稳定湿地	-0.53	稳定湿地	3.34	稳定湿地
东江秋香江口以上区	465.02	468.92	471.45	0.84	稳定湿地	0.54	稳定湿地	1.38	稳定湿地

续表

流域	2000 年 面积/km²	2005 年 面积/km²	2010 年 面积/km²	湿地面积变化率（R 值）					
				R0005 /%	湿地退 化程度	R0510 /%	湿地退 化程度	R0010 /%	湿地退 化程度
东江秋香江口以下区	390.77	387.82	388.69	-0.75	稳定湿地	0.22	稳定湿地	-0.53	稳定湿地
西北江三角洲区	2 957.91	2 807.90	2 808.68	-5.07	轻度萎缩湿地	0.03	稳定湿地	-5.05	轻度萎缩湿地
东江三角洲区	460.09	428.49	425.59	-6.87	轻度萎缩湿地	-0.68	稳定湿地	-7.50	轻度萎缩湿地
下游	6 317.99	6 179.64	6 179.81	-2.19	稳定湿地	0.00	稳定湿地	-2.19	稳定湿地
珠江流域	10 094.96	9 987.49	10 106.32	-1.06	稳定湿地	1.19	稳定湿地	0.11	稳定湿地

注：R0005 指 2000～2005 年的湿地面积变化率；R0510 指 2005～2010 年的湿地面积变化率；R0010 指 2000～2010 年的湿地面积变化率。下同。

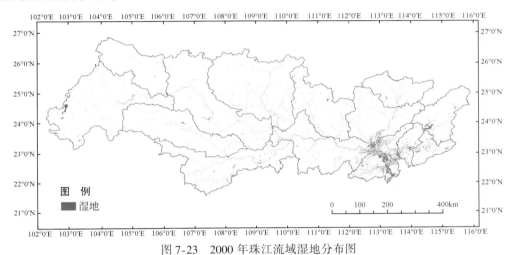

图 7-23　2000 年珠江流域湿地分布图

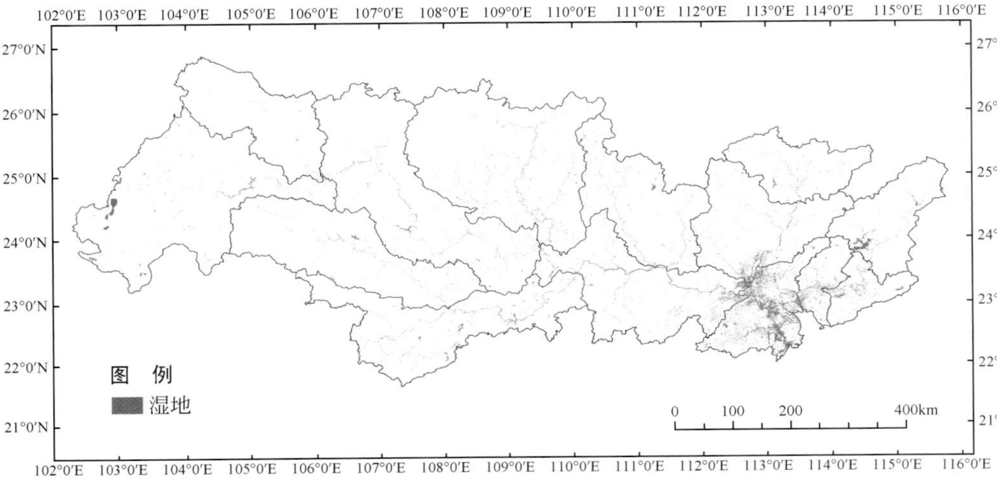

图 7-24　2005 年珠江流域湿地分布图

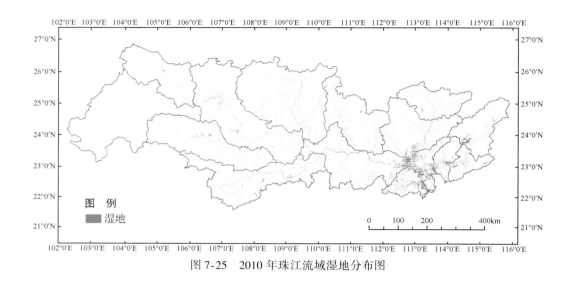

图 7-25　2010 年珠江流域湿地分布图

7.3.2　流域湿地变化分析

我国对湿地退化评价的研究起步较晚（章家恩和徐琪，1999）。已开展的湿地退化及湿地退化评价的相关研究包括湿地退化成因及机制、退化标准的制定与评价指标的选取。目前，对湿地退化标准的认识各家有异，一般认为，湿地退化标准应包括湿地面积变化、组织结构状况、湿地功能、社会价值、物质能量平衡、持续发展能力、外界胁迫压力等方面（高士武，2008）。本研究采用湿地面积变化率来评估湿地是否退化及退化的程度，公式及分级标准如下所述。

$$R = (AT_2 - AT_1)/AT_1 \times 100\%$$

式中，R 为评价单元内湿地面积变化率；AT_1、AT_2 分别为 T_1 时段和 T_2 时段评价单元内的湿地面积。

根据 R 值判断湿地的退化状况，湿地变化共分为萎缩湿地、稳定湿地和扩张湿地三个类型。当 $R>5\%$ 时，为扩张湿地；$-5\%<R<5\%$ 时，为稳定湿地；当 $R<-5\%$ 时，为萎缩湿地。萎缩湿地进一步分为轻度、中度、重度、极重度 4 个等级。

从珠江流域湿地面积变化率来看，上游增长较快，属于扩张湿地；下游下降趋势明显，特别是珠三角地区属于轻度萎缩。2000～2010 年十年间湿地缓慢退化的原因是长期以来人们对湿地生态价值和社会效益认识不足，加上保护管理能力薄弱，尤其是监测体系、宣教体系和科研体系等水平落后。同时城市化进程加快，对湿地的盲目开垦和改造，这些问题直接导致了长期以来一些地方盲目开发利用、乱占滥用湿地的现象不断发生，天然湿地面积呈逐步减少趋势，见表 7-13、图 7-26、图 7-27。

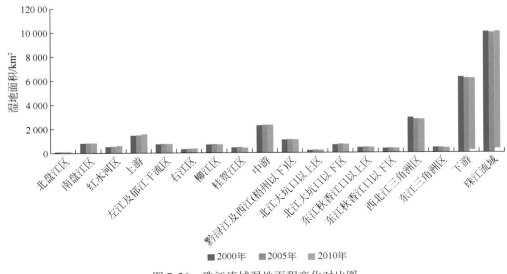

图 7-26 珠江流域湿地面积变化对比图

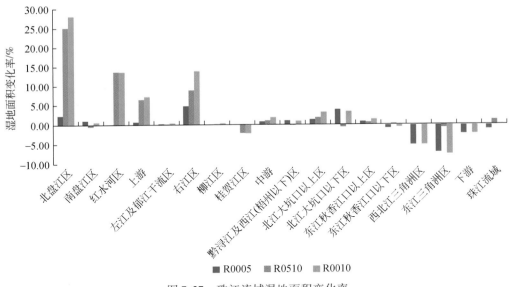

图 7-27 珠江流域湿地面积变化率

7.4 生态环境胁迫特征及其变化分析

本节在收集大量资料和遥感影像解译的基础上,从宏观的生态环境出发,通过构建较为全面合理的生态胁迫评价指标和采用相对科学的评价方法,采用土地开发、水资源开发、污染物排放、社会经济发展等指标体系定量评价流域生态环境胁迫状况,建立 2000

年、2005 年及 2010 年三年流域生态环境胁迫特征。

7.4.1 社会经济活动强度与变化

（1）2000~2010 年人口密度

人口密度是指单位面积土地上居住的人口数，是表示某一地区范围内人口疏密程度的指标，可反映人口增长、迁徙给生态系统带来的压力。

计算方法：

$$\mathrm{PD}_t = \frac{P_t}{A}$$

式中，PD_t 为评价单元人口密度；P_t 为评价单元内总人口数；A 为评价单元总面积。

本小节根据上文划分方法对珠江流域行政区划面积及各省市统计年鉴的年末户籍人口进行统计分析得出如下结论（图 7-28）。

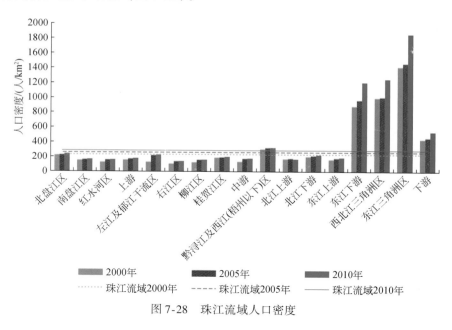

图 7-28　珠江流域人口密度

第一，2000 年、2005 年、2010 年珠江流域人口密度显示：下游人口密度最大，其次是上游，人口密度最小为中游。

第二，十年间，珠江流域中，各个区域的人口密度都是增长的，流域总人口平均密度由 232.85 人/km² 增长到 292.12 人/km²，上游由 155.46 人/km² 增长到 183.22 人/km²、中游由 131.16 人/km² 增长到 181.70 人/km²、下游由 435.80 人/km² 增长到 539.27 人/km²。人口平均密度最高为东江三角洲地区，2010 年达到 1855.39 人/km²，最低为右江区 2010 年为 144.48 人/km²。

珠江流域人口密度较高的三个子流域都位于下游，且十年间增速远大于其他子流域。

而影响流域人口密度及其变化的因素有很多，如历史因素、经济因素、人口自然增长因素。珠江流域人口密度聚集在下游归结于历史因素及经济因素。首先，珠江流域下游流域是中华文明的发源地之一，其气候及地形等条件适于农业发展，加之若干城市长期是流域的政治、经济、文化中心，农业生产技术水平较高，食物的生产量较大，理所当然地能供应更多的人口，因而该区域人口多、人口密度大。其次，东部沿海的东江三角洲区、东江秋香江口以下区、西北江三角洲区等地区经济发达且发展速率快，吸引了大量的外来人口，城市的人口数量增加，人口密度上升；反之，中西部地区的子流域区发展慢，居民生活水平不高，迁出或常年外出务工的人口较多，这导致了人口数量减少、人口密度较低。

（2）2000～2010 年经济活动

从表 7-14 及图 7-29 可知，2000 年整个流域的单位国土面积第一产业产值为 30.22 万元/km²，其中上游的单位国土面积第一产业产值为 14.92 万元/km²、中游的单位国土面积第一产业产值为 20.23 万元/km²、下游的单位国土面积第一产业产值为 58.22 万元/km²，流域单位国土面积第一产业产值最大的是西北江三角洲区为 119.76 万元/km²，最小的是中游的右江为 13.63 万元/km²；2005 年整个流域的单位国土面积第一产业产值为 41.88 万元/km²，其中上游的单位国土面积第一产业产值为 23.98 万元/km²、中游的单位国土面积第一产业产值为 34.53 万元/km²、下游的单位国土面积第一产业产值为 69.35 万元/km²），流域单位国土面积第一产业产值最大的是西北江三角洲区为 142.04 万元/km²，最小的是上游的北盘江区为 22.08 万元/km²；2010 年整个流域的单位国土面积第一产业产值为 65.71 万元/km²，其中上游的单位国土面积第一产业产值为 41.4 万元/km²、中游的单位国土面积第一产业产值为 57.89 万元/km²、下游的单位国土面积第一产业产值为 100.39 万元/km²，流域单位国土面积第一产业产值最大的是西北江三角洲区为 212.96 万元/km²，最小的是上游的北盘江区为 37.84 万元/km²。上游产值只有当年流域平均产值的 50% 以下，中游更接近平均值，最大值为下游，特别是珠江三角洲地区远超平均值 1 倍以上。

表 7-14　珠江流域单位国土面积第一产业产值及增长率

二级流域	2000 年单位国土面积第一产业产值/（万元/km²）	2005 年单位国土面积第一产业产值/（万元/km²）	2010 年单位国土面积第一产业产值/（万元/km²）	2000～2005 年增长率/%	2005～2010 年增长率/%	2000～2010 年增长率/%
北盘江区	15.33	22.08	37.84	44.03	71.38	146.84
南盘江区	15.03	22.98	41.03	52.89	78.55	172.99
红水河区	14.61	25.96	43.53	77.69	67.68	197.95
上游	14.92	23.98	41.4	60.72	72.64	177.48
左江及郁江干流区	18.84	45.65	81.44	142.30	78.40	332.27
右江区	13.63	24.09	43.66	76.74	81.24	220.32
柳江区	15.75	27.45	46.44	74.29	69.18	194.86
桂贺江区	39.16	48	69.33	22.57	44.44	77.04

续表

二级流域	2000 年单位国土面积第一产业产值/(万元/km²)	2005 年单位国土面积第一产业产值/(万元/km²)	2010 年单位国土面积第一产业产值/(万元/km²)	2000～2005 年增长率/%	2005～2010 年增长率/%	2000～2010 年增长率/%
中游	20.23	34.53	57.89	70.69	67.65	186.16
黔浔江及西江（梧州以下）区	58.78	78.9	111.52	34.23	41.34	89.72
北江大坑口以上区	27.82	34.8	55.05	25.09	58.19	97.88
北江大坑口以下区	45.52	53.1	80.38	16.65	51.37	76.58
东江秋香江口以上区	23.79	28.64	42.62	20.39	48.81	79.15
东江秋香江口以下区	70.56	65.92	82.46	-6.58	25.09	16.87
西北江三角洲区	119.76	142.04	212.96	18.60	49.93	77.82
东江三角洲区	97.38	95.4	120.93	-2.03	26.76	24.18
下游	58.22	69.35	100.39	19.12	44.76	72.43
珠江流域	30.22	41.88	65.71	38.58	56.90	117.44

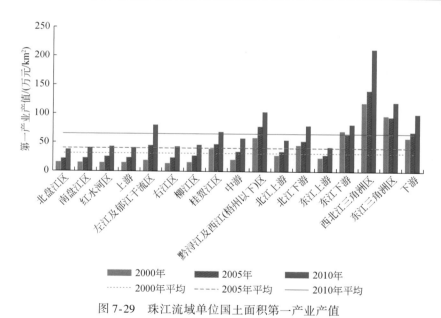

图 7-29　珠江流域单位国土面积第一产业产值

2000～2005 年，流域除了东江秋香江口以下区的单位国土面积第一产业产值在下降以外，流域其余区域的单位国土面积第一产业产值都在增加，左江及郁江干流区的单位国土面积第一产业值增速最大为 142.30%；2005～2010 年，整体上游各子流域的单位国土面积第一产业产值都在不断的增长，珠江流域的单位国土面积第一产业产值从 41.88 万元/km² 增加到 65.71 万元/km²，增长约 1 倍，增长速率最大的为右江区，从 24.09 万元/km² 增长到 43.66 万元/km²,翻了一番,增长率为 76.74%。2000~2010 年,流域单位国土面积第一产业产值从 30.22 元/km² 增长到 65.71 万元/km²,增长近 1 倍,增长率为 117.11%,其中上游增长率为 117.48%,中游增长率为 186.16%,下游增长率为 72.43%。

从表 7-15 及图 7-30 可知,2000 年整个流域的单位国土面积第二产业产值为 114.32 万元/km²,其中上游的单位国土面积第二产业产值为 30.97 万元/km²、中游的单位国土面积第二产业产值为 27.87 万元/km²、下游的单位国土面积第二产业产值为 305.84 万元/km²),流域单位国土面积第二产业产值最大的是东江三角洲区为 1100.02 万元/km²,最小的是中游的右江区为 15.2 万元/km²;2005 年整个流域的单位国土面积第二产业产值为 247 万元/km²,其中上游的单位国土面积第二产业产值为 56.33 万元/km²、中游的单位国土面积第二产业产值为 59.6 万元/km²、下游的单位国土面积第二产业产值为 672.54 万元/km²),流域单位国土面积第二产业产值最大的也是是东江三角洲区为 3241.97 万元/km²,最小的是中游的右江区为 38.53 万元/km²;2010 年整个流域的单位国土面积第二产业产值为 532.72 万元/km²,其中上游的单位国土面积第二产业产值为 136.04 万元/km²、中游的单位国土面积第二产业产值为 169.53 万元/km²)、下游的单位国土面积第二产业产值为 1385.52 万元/km²,流域单位国土面积第二产业产值最大的是东江三角洲区为 5855.96 万元/km²,最小的是上游的红水河区为 107.01 万元/km²。上游产值只有当年流域平均产值的 50% 以下,中游更接近产均值,最大产值在下游,特别是珠江三角洲地区远超均值 1 倍以上。

表 7-15 珠江流域单位国土面积第二产业产值及增长率

二级流域	2000 年单位国土面积第二产业产值/(万元/km²)	2005 年单位国土面积第二产业产值/(万元/km²)	2010 年单位国土面积第二产业产值/(万元/km²)	2000~2005 年增长率/%	2005~2010 年增长率/%	2000~2010 年增长率/%
北盘江区	24.31	59.65	149.25	145.37	150.21	513.94
南盘江区	38.98	70.2	157.37	80.09	124.17	303.72
红水河区	19.17	40.04	107.01	108.87	167.26	458.22
上游	30.97	56.33	136.04	81.89	141.51	339.26
左江及郁江干流区	22.29	60.98	178.12	173.58	192.10	699.10
右江区	15.2	38.53	111.64	153.49	189.75	634.47
柳江区	24.46	67.98	199.68	177.92	193.73	716.35
桂贺江区	26.71	69.39	176.79	159.79	154.78	561.89
中游	27.87	59.6	169.53	113.85	184.45	508.29
黔浔江及西江（梧州以下）区	50.12	95.1	268.32	89.74	182.15	435.36
北江大坑口以上区	48.66	86.81	187.63	78.40	116.14	285.59
北江大坑口以下区	65.28	111.18	377.44	70.31	239.49	478.19

二级流域	2000 年单位国土面积第二产业产值/(万元/km²)	2005 年单位国土面积第二产业产值/(万元/km²)	2010 年单位国土面积第二产业产值/(万元/km²)	2000~2005 年增长率/%	2005~2010 年增长率/%	2000~2010 年增长率/%
东江秋香江口以上区	18.65	52.48	150.38	181.39	186.55	706.33
东江秋香江口以下区	779.92	2271.73	4080.45	191.28	79.62	423.19
西北江三角洲区	914.87	2094.1	4505.25	128.90	115.14	392.45
东江三角洲区	1100.02	3241.97	5855.96	194.72	80.63	432.35
下游	305.84	672.54	1385.52	119.90	106.01	353.02
珠江流域	114.32	247	532.72	116.06	115.68	365.99

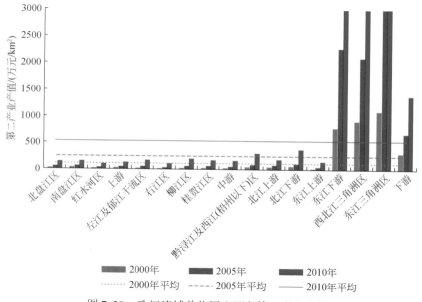

图 7-30　珠江流域单位国土面积第二产业产值

2000~2005 年，流域其余区域的单位国土面积第二产业产值都在增加，超过一般的子流域单位国土面积第二产业产值翻一番，东江三角洲的增长速率最大达到 194.72%，北江大坑口以下区相比其他二级流域增长速率小为 70.31%；2005~2010 年，流域内各子流域的单位国土面积第二产业产值增长率比前一个五年的单位国土面积第二产业产值增长率大得多，除了东江秋香江口以下区和东江三角洲区的增长率小于 100% 以外，其余二级流域的增长率都大于 100%，其中增长率最大的是北江大坑口以下区为 239.49%。

十年间，流域单位国土面积第二产业产值由 114.32 万元/km² 增长到 532.72 万元/km²，增长了 4.6 倍。但流域产值不均最为突出，以 2010 年为例，上游产值只有当年流域平均产值的 25%，中游为 32%，最大为下游为 260%，特别是珠江三角洲地区远超均值 7 倍以上。

从表 7-16 及图 7-31 可知，2000 年整个流域的单位国土面积第三产业产值为 106.42 万元/km²，其中上游的单位国土面积第三产业产值为 24.75 万元/km²、中游的单位国土面积第三产业产值为 30.56 万元/km²、下游的单位国土面积第三产业产值为 283.3 万元/km²)，流域单位国土面积第三产业产值最大的是东江三角洲区为 1412.1 万元/km²，最小的是中游的右江区为 103.55 万元/km²；2005 年整个流域的单位国土面积第三产业产值为 227.21 万元/km²，其中上游的单位国土面积第三产业产值为 45.62 万元/km²、中游的单位国土面积第三产业产值为 58.83 万元/km²)、下游的单位国土面积第三产业产值为 620.17 万元/km²)，流域单位国土面积第三产业产值最大的也是东江三角洲区为 1460.64 万元/km²，最小的是中游的右江区为 139.74 万元/km²；2010 年整个流域的单位国土面积第三产业产值为 503.56 万元/km²，其中上游的单位国土面积第三产业产值为 106.92 万元/km²、中游的单位国土面积第三产业产值为 130.46 万元/km²、下游的单位国土面积第三产业产值为 1368.36 万元/km²)，流域单位国土面积第三产业产值最大的是东江三角洲区为 1855.39 万元/km²，最小的是上游的右江区为 144.48 万元/km²。

表 7-16 珠江流域单位国土面积第三产业产值及增长率

二级流域	2000 年单位国土面积第三产业产值/(万元/km²)	2005 年单位国土面积第三产业产值/(万元/km²)	2010 年单位国土面积第三产业产值/(万元/km²)	2000~2005 年增长率/%	2005~2010 年增长率/%	2000~2010 年增长率/%
北盘江区	220.84	227.3	244.67	2.93	7.64	10.79
南盘江区	152.37	163.14	171.33	7.07	5.02	12.44
红水河区	126.85	159.12	165.85	25.44	4.23	30.74
上游	24.75	45.62	106.92	84.32	134.37	332.00
左江及郁江干流区	127.98	220.74	231.42	72.48	4.84	80.83
右江区	103.55	139.74	144.48	34.95	3.39	39.53
柳江区	123.09	159.98	163.33	29.97	2.09	32.69
桂贺江区	186.75	193.23	204.19	3.47	5.67	9.34
中游	30.56	58.83	130.46	92.51	121.76	326.90
黔浔江及西江（梧州以下）区	302.9	323.56	352.05	6.82	8.81	16.23
北江大坑口以上区	168.92	175.94	171.81	4.16	−2.35	1.71
北江大坑口以下区	202.4	216.55	230.35	6.99	6.37	13.81
东江秋香江口以上区	162.24	182.53	191.41	12.51	4.86	17.98
东江秋香江口以下区	880.37	966.37	1207.9	9.77	24.99	37.20
西北江三角洲区	995.2	1004.98	1253.12	0.98	24.69	25.92
东江三角洲区	1412.1	1460.64	1855.39	3.44	27.03	31.39
下游	283.3	620.17	1368.36	118.91	120.64	383.01
珠江流域	106.42	227.21	503.56	113.50	121.63	373.18

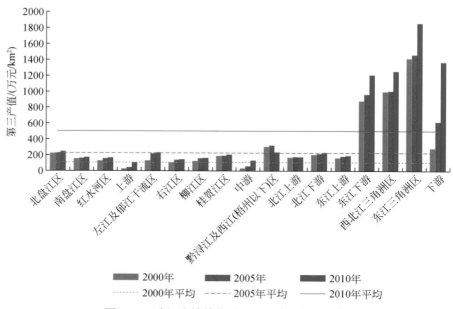

图 7-31　珠江流域单位国土面积第三产业产值

2000~2005 年，流域内二级流域的单位国土面积第三产业产值都在增加，珠江流域增长率达到 113.5%，左江及郁江干流区的增长速率最大达到 72.48%，西北江三角洲区单位国土面积第三产业产值几乎无改变，增长速率小为 0.98%；2005~2010 年，除了北江大坑口以上区的单位国土面积第三产业产值在下降以外，其余二级流域的单位国土面积第三产业产值都在不断增长。

2000~2010 年十年间，流域单位国土面积第三产业产值由 106.42 万元/km² 增长到 503.56 万元/km²，增长了 4.7 倍。

但流域第三产业产值分布不均，2010 年，上游产值只有当年流域平均产值的 21%，中游为 25%，最大的是下游为 270%，特别是东江三角洲地区。

7.4.2　农业活动与开发强度与变化

（1）农田与建设用地面积比例

从图 7-32 可知，十年间珠江流域的农田与建设用地面积比例呈下降趋势，由 846.28% 下降到 680.82%，其中上游的农田与建设用地面积比例由 1724.11% 下降到 1553.55%，中游的农田与建设用地面积比例由 1398.66% 下降到 1340.24%，下游的农田与建设用地面积比例由 367.01% 下降到 317.28%，下降速率最快的是西北江三角洲区，下降速率达到 34.17%。总体趋势为上游>中游>下游，与经济活动呈反趋势，与各区域产业结构和经济水平相适应。

（2）河/湖/库边（500m）农田与建设用地面积比例

对比各二级流域的河/湖/库边（500m）农田与建设用地面积比例图（图 7-33），上游>

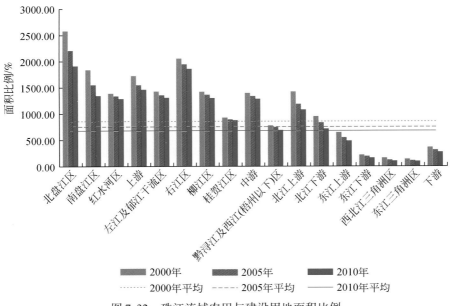

图 7-32　珠江流域农田与建设用地面积比例

中游>下游。十年间，珠江流域的河/湖/库边（500m）农田与建设用地面积比例呈下降趋势，由 438.35% 下降到 354.09%，其中上游的农田与建设用地面积比例由 1140.38% 下降到 1016.58%，中游的农田与建设用地面积比例由 861.83% 下降到 840.37%，下游的农田与建设用地面积比例由 304.21% 下降到 236.09%，下降速率最快的是西北江三角洲区，下降速率达到 34.17%。

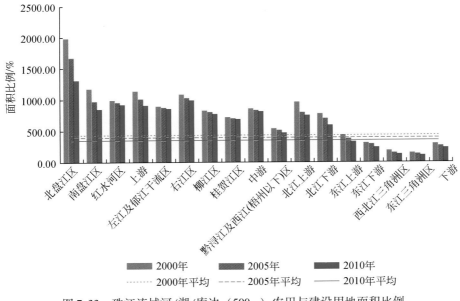

图 7-33　珠江流域河/湖/库边（500m）农田与建设用地面积比例

　　珠江流域河/湖/库边（500m）农田与建设用地面积比例下降速率下游>上游>中游，与经济活动呈反趋势，与各区域产业结构与经济水平相适应，表明经济越发达，对河流的影响越大。

7.4.3 污染物排放强度分析与变化

（1）单位面积城镇生活废污水排放强度变化

　　对比各二级流域的城镇生活废污水排放强度（图7-34），十年间珠江流域的城镇生活废污水排放强度呈上升趋势，与人口密度趋势一致（表7-17），由8592.54t/km²上升到12 316.63t/km²，其中上游的城镇生活废污水排放强度由1410.65t/km²上升到1016.58t/km²，中游的城镇生活废污水排放强度由2430.68t/km²上升到4976.18t/km²，下游的城镇生活废污水排放强度由23 558.15t/km²上升到30 796.68t/km²，上升降速率最快的是上游的红水河区，2010年城镇生活废污水排放强度是2000年的2.8倍。东江秋香江口以下区、西北江三角洲区和东江三角洲区3个二级流域的城镇生活废污水排放强度远大于珠江流域的个二级流域排放强度的平均值。

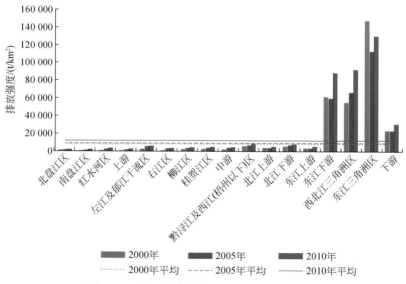

图 7-34　珠江流域城镇生活废污水排放强度

表 7-17　2000~2010 年珠江流域（流域分区）人口变化统计表　（单位：万人）

流域名称	2000 年	2001 年	2002 年	2003 年	2004 年	2005 年	2006 年	2007 年	2008 年	2009 年	2010 年
南盘江区	878.51	885.75	894.03	901.55	913.72	948.37	958.01	965.33	975.14	983.60	995.98
北盘江区	584.72	591.02	597.28	603.01	610.48	608.32	615.69	622.30	630.41	639.23	654.80
右江区	406.86	408.38	410.90	540.64	545.97	551.13	558.80	567.52	574.83	581.33	569.84
红水河区	694.58	696.36	782.04	868.08	874.51	873.50	885.12	898.30	910.43	919.70	910.41

续表

流域名称	2000 年	2001 年	2002 年	2003 年	2004 年	2005 年	2006 年	2007 年	2008 年	2009 年	2010 年
左江及郁江干流区	478.36	477.00	481.36	811.17	819.42	822.72	837.06	853.47	866.95	877.37	862.56
北江大坑口以下区	571.05	587.92	597.83	607.99	621.24	629.03	638.23	645.48	651.13	657.71	669.10
黔浔江及西江（梧州以下）区	1079.75	1090.17	1126.31	1140.41	1161.05	1164.52	1181.90	1195.48	1209.22	1218.90	1267.07
北江大坑口以上区	289.25	292.42	295.67	297.86	301.12	304.58	304.00	302.83	302.37	301.68	297.43
西北江三角洲区	1777.71	1803.91	1808.46	1813.32	1825.01	1821.63	1893.21	1974.44	2063.05	2161.60	2271.41
东江秋香江口以下区	736.04	758.46	774.90	796.27	814.35	832.55	873.16	912.35	952.78	993.56	1040.63
东江秋香江口以上区	290.25	301.70	310.77	320.04	330.76	339.43	342.72	337.44	347.08	348.96	355.95
桂贺江区	558.96	562.79	570.17	573.87	579.31	582.33	590.19	597.34	603.64	608.53	615.37
东江三角洲区	1036.79	1056.00	1063.61	1074.68	1084.39	1092.30	1144.71	1199.50	1257.66	1319.21	1387.50
柳江区	707.77	712.02	914.15	920.98	928.03	925.41	935.78	945.22	953.76	961.50	944.79

（2）单位面积城镇生活废污水 COD 排放强度变化

对比各二级流域的城镇生活废污水 COD 排放强度（图 7-35），十年间珠江流域的城镇生活废污水 COD 排放强度呈下降趋势，由 2.14t/km² 下降到 1.87t/km²，但是珠江流域中上游的城镇生活废水 COD 排放强度均呈上升趋势，其中上升速度最快的是右江区，2010年城镇生活废污水 COD 排放强度是 2000 年的 2.82 倍；其次是左江及郁江干流区，2010 年城镇生活废污水排放强度是 2000 年的 2.53 倍；下降速度最快的是东江三角洲区，2010 年城镇生活废污水排放强度比 2000 年的排放强度减少了一半；东江秋香江口以下区、西北江三角洲区和东江三角洲区三个二级流域的城镇生活废污水 COD 排放强度远大于珠江流域的各二级流域排放强度的平均值。

（3）单位面积城镇生活氨氮排放强度变化

对比各二级流域的城镇生活氨氮排放强度（图 7-36），十年间珠江流域的城镇生活氨氮排放强度呈上升趋势，与人口密度及城镇生活废水排放量的趋势一致，由 0.2t/km² 上升到 0.23t/km²。其中上游的城镇生活氨氮排放强度由 0.08t/km² 上升到 0.1t/km²，中游的城镇生活氨氮排放强度由 0.1t/km² 上升到 0.2t/km²，下游的城镇生活氨氮排放强度十年来并未改变。除了东江秋香江口以下区及东江三角洲区两个二级流域的城镇生活氨氮排放强度在下降以外，其余的 12 个二级流域均在增强，上升速率最快的是中游的右江区，2010 年城镇生活废污水排放强度是 2000 年的 2.6 倍。东江秋香江口以下区、西北江三角洲区和东江三角洲区三个二级流域的城镇生活氨氮排放强度远大于珠江流域的各二级流域排放强度的平均值。

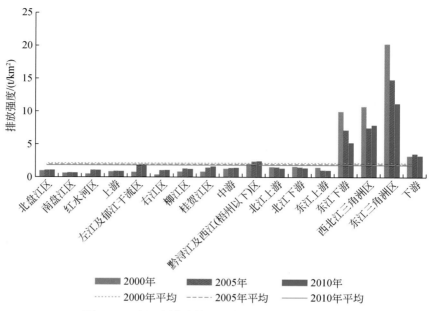

图 7-35　珠江流域城镇生活废污水 COD 排放强度

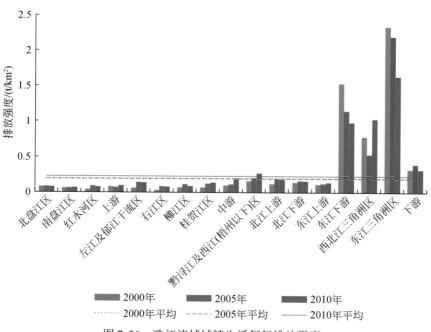

图 7-36　珠江流域城镇生活氨氮排放强度

（4）单位面积工业污废水排放量强度变化

对比各二级流域的工业废水排放强度（图 7-37），十年间珠江流域的工业废水排放强度呈上升趋势，由 3522.18t/km² 上升到 6955.38t/km²，期间 2000~2005 年上升较快，2005~2010 年基本不变。总体趋势为上游<中游<下游，与第三产业密度趋势一致。

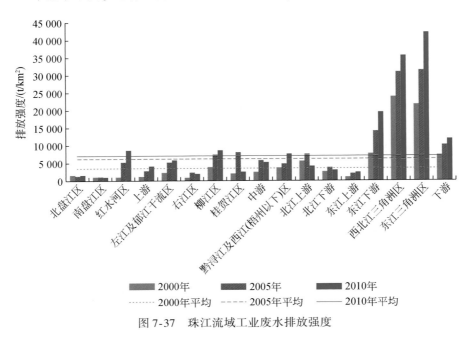

图 7-37　珠江流域工业废水排放强度

从上、中、下游来看，增长速率最大的是上游，其中上游的工业废水排放强度由 1150t/km² 上升到 4126.63t/km²，增长了 258.81%；中游的工业废水排放强度由 2458t/km² 上升到 5280.94t/km²，增长了 114.84%；下游的工业废水排放强度由 7272t/km² 上升到 11 921.2t/km²，增长了 63.93%。

从各二级流域来看，除了南盘江区及北江大坑口以上区两个二级流域的工业废水排放强度在下降以外，其余的 12 个二级流域均在增强，上升速率最快的是上游的红水河区，2010 年城镇生活废污水排放强度是 2000 年的 7.3 倍。东江秋香江口以下区、西北江三角洲区和东江三角洲区三个二级流域的工业污废水排放强度远大于珠江流域的各二级流域排放强度的平均值。

（5）单位面积工业污废水 COD 排放强度变化

对比各二级流域的工业废水 COD 排放强度（图 7-38），十年间珠江流域的工业废水 COD 排放强度呈下降趋势，由 2.18t/km² 下降到 1.32t/km²，下降较多达 40%。空间上与工业污水总量一致，总体趋势为上游<中游<下游。

从上、中、下游来看，中游的工业废水 COD 排放强度 2000~2005 年呈下降趋势，但是 2005~2010 年又上升。整体上看，十年来中游的工业废水 COD 排放强度呈上升趋势，上游和下游十年来排放强度都在下降。其中上游的工业废水 COD 排放强度由 0.88t/km² 下降到 0.61/km²，下降了 30.68%；下游的工业废水 COD 排放强度由 3.26t/km² 下降到 1.66t/km²，下降了 49.08%。

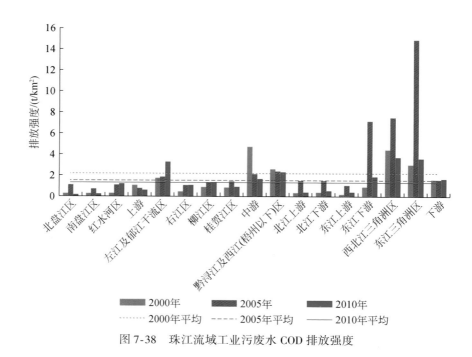

图 7-38　珠江流域工业污废水 COD 排放强度

从各二级流域来看，除了红水河区、左江及郁江干流区、右江区、柳江区、桂贺江区及黔浔江及西江（梧州以下）区等二级流域的工业废水排放强度在上升以外，其余的二级流域均在下降，降低速率最快的是上游的东江三角洲区，下降了 82.32%。左江及郁江干流区、黔浔江及西江（梧州以下）区、东江秋香江口以下区、西北江三角洲区和东江三角洲区三个二级流域的工业废水 COD 排放强度均大于珠江流域的各二级流域排放强度的平均值。

（6）单位面积工业污废、污水氨氮排放强度变化

对比各二级流域的工业废水氨氮排放强度（图 7-39），十年间珠江流域的工业废水氨氮排放强度呈下降趋势，由 $0.07t/km^2$ 下降到 $0.05t/km^2$，其中 2005 年为 $0.14t/km^2$。

从上、中、下游来看，上、中、下游的工业废水氨氮排放强度均呈先上升后下降趋势，但整体上看，十年来上游几乎维持不变，但是中游的工业废水氨氮排放强度呈下降趋势，下游的工业废水氨氮排放量是呈上升趋势的。其中，上游的工业废水氨氮排放强度由 $0.03t/km^2$ 上升到 $0.14t/km^2$，再下降到 $0.03t/km^2$；中游的工业废水氨氮排放强度由 $0.13t/km^2$ 下降到 $0.05t/km^2$，下降了 61.54%；下游的工业废水氨氮排放强度由 $3.26t/km^2$ 上升到 $0.07t/km^2$，下降了 16.67%。

从各二级流域来看，十年来北盘江区、南盘江区及北江大坑口以下区三个二级流域的工业废水氨氮排放强度基本维持不变；红水河区、左江及郁江干流区、东江秋香江口以上区、东江秋香江口以下区以及东江三角洲区等二级流域的工业废水氨氮排放强度呈上升趋势。其中东江秋香江口以下区上升比例最大，增加了 9 倍；其次是东江三角洲区，增加了 3.75 倍；其余的二级流域均在下降。

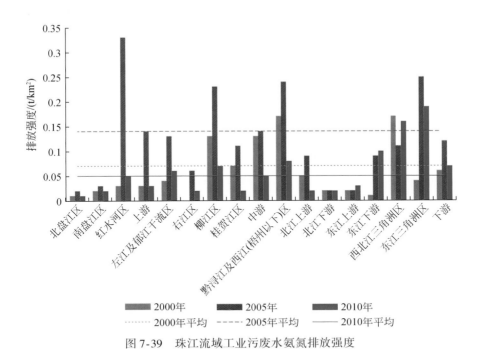

图 7-39　珠江流域工业污废水氨氮排放强度

|第 8 章| 珠江流域污染与社会经济 发展重心演变分析

为了探讨珠江流域污染与社会经济发展之间的关系，引入重心的概念，利用经济空间结构的重心计算方法，结合 2000～2010 年本流域的统计数据，计算出各年的污染重心、经济重心的演变路径，阐述经济重心与污染重心的动态变化及空间联系。

污染重心是指在区域污染空间里的某一点，在该点各个方向上某些属性的"力量"能够维持均衡。它在时间经纬度上的变化就表示了区域差异的动态演变过程，可作为宏观分析的区域某种属性指标之一。美国学者弗·沃尔克在 1874 年应用重心概念研究人口问题，国内学者起步较晚，在 20 世纪 70 年代开始对空间上的多种社会、经济和自然资源的重心问题进行了研究。冯宗宪和黄建山（2006）针对陕西 1978～2003 年的社会经济、人口、环境污染等重心进行研究，提出各种重心在经纬度上存在一定的相关性；丁焕峰和李佩仪（2009）分析中国区域污染重心和经济重心的演变路径，发现所有重心均向偏南方向移动，相互间空间关系较为紧密。从目前在环境重心研究内容方面，关于污染重心的研究，文献上基本没有报道。本章采用重心模型，分析经济发展（国内生产总值，简称为 GDP）、生活污水排放、人口的空间变化及工业污水排放四个重心。

8.1 研 究 方 法

本节采用重力模型，其计算方法具体如下所述。

假设一个区域由 n 个次级区域（或称为质点）P 构成，第 i 个次区域的中心城市的坐标为 (x_i, y_i)，m_i 为 i 次区域的某种属性的量值（或称为质量），求其重心，设重心在 Q 处。对一个拥有若干个次一级行政区域的国家或省市来说，计算某种属性的重心通常是借助各次级行政区的某种属性和地理坐标来表达的，即重心坐标为

$$\overline{x} = \frac{\sum m_i x_i}{\sum m_i}, \qquad \overline{y} = \frac{\sum m_i y_i}{\sum m_i} \tag{8-1}$$

重心移动方向：从重心移动的方向和距离两个因素可以比较精确地确定重心的位置，即根据重心每年的移动方向和距离，应用几何学图示法可以将重心移动路径描述出来，从而比较准确地阐述重心移动路径。在分析重心移动的方向时，假设第 k 年重心坐标为 $[\text{long}_k, \text{lat}_k]$，第 $k+1$ 年重心坐标为 $[\text{long}_{k+1}, \text{lat}_{k+1}]$，第 n_1 年重心移动方向为 θ 角度（相对于第 k 年），则 $\theta k+1 = n\pi/2 + \text{arctag}((\text{lat}_{k+1} - \text{lat}_k)/(\text{long}_{k+1} - \text{long}_k))$，$n = 0$，$1$，

2，并将弧度转化为角度，且规定正东方向为 0°，逆时针方向为正向，则第一象限（0°，90°）（东北方向）、第二象限（90°，180°）（西北方向）为正；反之，顺时针为负，即第三象限（180°，270°）（西南方向）、第四象限（270°，360°）（东南方向）为负。

重心移动的距离：假设 d 表示第 n_1 年重心移动的距离（相对于第 k 年），则重心移动距离可表示为

$$d_{(k+1)\cdot k}=C\times\sqrt{(\text{long}_{k+1}-\text{long}_k)^2+(\text{lat}_{k+1}-\text{lat}_k)^2} \tag{8-2}$$

式中，常数 C=111.11，表示由地球表面坐标单位（度）转化为平面距离（km）的系数。

8.2 研究成果

8.2.1 社会经济重心空间演变轨迹分析

（1）GDP 重心演变规律

根据 GDP 重心计算结果，重心处在区域几何重心的东部（图 8-1），在整个研究时序内整体上表现为向东南方向移动，特别是经度上向东移动的距离远远大于在维度上向南移动的距离，在经度上跨度 0.38°、在纬度上跨度 0.13°，直线距离移动 32.16km。珠江流域东部为珠江三角洲地区，经济比较发达，经济总量和发展速率都较珠江流域中上游区域发展快。2000～2001 年向东北方向移动是因为湖南部分市行政区划调整，统计范围有所改变，造成该区几个州的 GDP 出现剧烈增加所导致。重心转移路径表明，珠江下游仍是珠江流域经济高速发展的区域。随着北部湾区域的开发，广西南宁及广东珠江流域南部市发展速率较快，从而使经济重心向南偏移。说明在整个时间段内，在传统经济区内经济迅速发展的同时，国家的区域发展战略也开始发挥作用。

（2）人口重心演变规律

根据 GDP 重心计算结果，重心处在区域几何重心的北部，人口重心呈先西南后东南的方向移动。向西南方向移动的拐点出现在 2001 年，是因为 2002 年国务院调整了柳州、来宾和崇左等市的行政区划，2002 年的人口统计是行政区划调整后的人口数据。2002～2003 年偏移距离较其他年份大，主要是因为崇左市人口统计口径变化，人口增加几倍有关。向东南方向的拐点出现在 2005 年，主要是因为东部珠江三角洲，以及南部广西、广东各市人口增长速率较快。由于东部人口增长较南部快，表现为向东经向的移动距离较向南维向的移动距离大。在整个时间段内，在维向上一直向南移动，这与 GDP 重心的维向偏移保持一致，主要受北部湾经济区开发的影响。这体现出华南区域在社会发展中人口与经济出现了步伐不一致的情况。

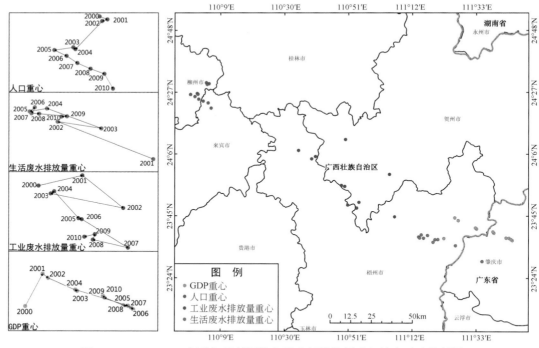

图 8-1　2000～2010 年珠江流域污染与社会经济发展重心演变对比分析图

8.2.2　环境污染重心空间演变轨迹分析

(1)　工业废水排放量重心演变规律

工业废水排放重心处在区域几何重心的东部，工业废水排放量重心在经度上跨度 0.44°、在纬度上跨度 0.45°，直线移动距离 211.62km。在 2007 年以前，流域工业废水排放重心整体上向东南方向移动，但 2008 年后向西北略有转移，主要受"十一五"污染减排效应影响，同时东部地区由于经济实力雄厚，产业开始升级，环境保护投资额加大。

(2)　城镇生活污水排放量重心演变规律

生活污水排放量重心整体上向西北部移动，连续年份之间的波动呈现了跳跃，总体上向西经向移动的距离大于纬度的变化距离。这个趋势与人口转移方向是负相关的，初步分析是由于珠江流域西部人口城市化率的上升幅度高于东部，其所起的作用超过了东西部人口变化。

8.2.3　经济重心与环境污染重心的关联性分析

工业废水排放量相对生活废水排放量重心更偏向于区域中心的西部，说明集中式工业点源污染处理效率上东部比西部要好，这主要是由于区域东部沿海地区人口分布密集，相比区域西部来说，区域东部的生活污染处理效果较差。根据各个指标各年度变化距离（表

8-1，表 8-2），不同重心变化强度上人口与经济变化较为稳定，生活废水排放量其次，工业废水排放量最大。

表 8-1   2000～2010 年珠江流域社会经济重心年际移动方向及距离

年份	GDP 重心		GDP 重心移动		人口重心		人口重心移动	
	经度	纬度	方向	距离	经度	纬度	方向	距离
2000	111.37	23.62	—	—	110.07	24.50	—	—
2001	111.43	23.74	东北	14.50	110.09	24.50	东南	1.80
2002	111.45	23.72	东南	2.72	110.08	24.49	西南	1.19
2003	111.55	23.68	东南	12.33	110.02	24.44	西南	8.39
2004	111.55	23.68	西北	0.87	110.03	24.44	西北	0.62
2005	111.73	23.63	东南	21.27	109.99	24.44	西南	4.49
2006	111.75	23.61	东南	2.46	110.01	24.42	东南	2.93
2007	111.74	23.62	东南	1.05	110.03	24.41	东南	2.78
2008	111.71	23.63	西北	3.09	110.06	24.40	东南	3.06
2009	111.65	23.65	西北	7.95	110.08	24.39	东南	3.17
2010	111.64	23.66	西北	0.99	110.10	24.36	东南	3.74

表 8-2   2000～2010 年珠江流域环境污染重心年际移动方向及距离

年份	工业废水排放量重心		工业废水排放量重心移动		生活废水排放量重心		生活废水排放量重心移动	
	经度	纬度	方向	距离	经度	纬度	方向	距离
2000	110.58	24.12	—	—	110.43	24.05	—	—
2001	110.84	24.18	东北	29.41	111.58	23.49	东北	142.40
2002	111.08	23.98	东南	34.59	111.31	23.60	西北	32.19
2003	110.65	24.07	西北	48.30	111.44	23.58	东南	13.78
2004	110.67	24.09	东北	2.70	111.28	23.64	西北	18.17
2005	110.81	23.92	东南	24.17	111.24	23.63	西南	5.46
2006	110.83	23.92	东南	2.14	111.25	23.64	东北	2.09
2007	111.10	23.74	东南	35.75	111.24	23.63	西南	2.22
2008	110.90	23.79	西北	23.66	111.26	23.63	正东	2.39
2009	110.91	23.83	东北	3.86	111.34	23.62	东南	8.76
2010	110.85	23.81	西南	7.04	111.33	23.62	正西	142.40

从珠江流域社会经济重心和环境污染重心在经度上的演变轨迹路径对比来看（图 8-2），经济重心从高经度略向低经度移动又向高经度移动后略向低经度回调，说明经济在东西部发展速率比较平稳，向低经度回调说明珠江流域西部城市的经济地位在增强，流域经济整体上趋向于一体化发展。人口重心从低经度向较高经度缓慢发展，说明由于自然增长率不

同及人口流动共同作用下，流域东部地区人口在全流域占较大比例。与 GDP 和人口相比较，生活废水排放量和工业废水排放量均是不平衡的，其中工业氨氮排放量先是低经度向高经度移动再向略低经度移动后又向高经度转移，说明随着西部经济的发展，该区域的环境质量也在不断下降。生活废水排放量重心与人口在经度上的转移方向是一致的。

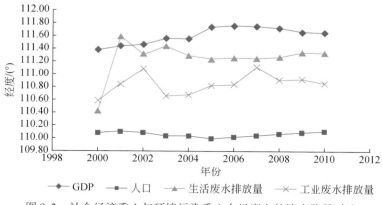

图 8-2　社会经济重心与环境污染重心在经度上的演变路径对比

从珠江流域社会经济重心和环境污染重心在纬度演变轨迹上对比来看（图 8-3），珠江流域 GDP 重心在纬度上移动趋于稳定状态，说明在区域南北方向上的发展速率无较大差异。人口从高纬度略向低纬度移动，说明人口逐渐向区域南部移动。相比人口、经济重心，生活废水排放量、工业废水排放量、人口重心移动方向趋势在纬度上相一致，说明生生活废水排放量在纬度上随人口移动一致，由于人口向南流动，区域南部生活污染排放比例逐渐增加。工业废水排放量由激烈变化到趋于平稳，随着珠江流域区域一体化的发展、区域北部发展速率的加快，环境质量有所下降。

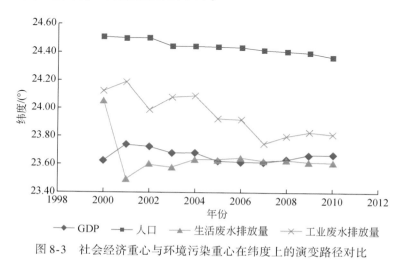

图 8-3　社会经济重心与环境污染重心在纬度上的演变路径对比

从珠江流域社会经济重心和环境污染重心在空间的相关性系数（表 8-3）上看，在经度的空间联系上，经济重心与生活废水和工业废水呈正显著弱相关，经济重心与人口重心呈负相关（-0.52）。在纬度的空间联系上，人口重心与生活废水排放量和工业废水排放量呈正相关，且与工业废水的相关性较强为 0.81，与生活废水呈负相关（-0.48）。

表 8-3　社会经济与环境污染指标重心在经纬度上的相关性

	项目	GDP	人口	生活废水	工业废水		项目	GDP	人口	生活废水	工业废水
经度	GDP	1				纬度	GDP	1			
	人口	-0.52	1				人口	0.45	1		
	生活废水	0.30	-0.02	1			生活废水	-0.48	0.30	1	
	工业废水	0.39	0.16	1.00	1		工业废水	0.57	0.81	1.00	1

第9章 生态环境保护和管理对策建议

本次珠江流域生态环境十年变化评估结果表明，由于多年来不断加大生态环境保护和建设力度，珠江流域的生态保护和建设取得了很大成绩。植树造林、封山育林、水土保持及治理污染等工作对生态系统的保护取得了较好的成绩。但是珠江流域的生态环境状况仍然面临严峻的形势，部分地区生态破坏的范围仍然在扩大，程度在加剧，危害在加重。本章在认真总结珠江流域生态环境十年变化调查与评估结果的基础上，按照"保护优先、预防为主、防治结合"的生态环境保护防治原则，以遏制人为生态环境破坏作为工作的立足点，坚持生态环境保护和生态环境建设并举，提出珠江流域保护和改善生态环境的对策措施，确保珠江流域生态环境和经济建设协调发展。

9.1 珠江流域生态环境十年变化调查与评估结果

9.1.1 社会经济活动变化情况

1）珠江流域人口主要分布在广东和贵州，从增长趋势看，广东和广西人口增长较快，特别是左江及郁江干流区；云南和贵州人口增长相对较慢。以此趋势发展，未来一段时间内东江三角洲区、东江秋香江口以下区及西北江三角洲区的人口压力将继续增加。

2）从总体来看，珠江流域各地区 GDP 总量分布不均匀，GDP 总量较大的地区集中在广东的广州、深圳、佛山、东莞等珠江三角洲片区，广西的南宁、柳州和桂林，以及贵州的贵阳。但 2000~2010 年十年间，其他地区的 GDP 和第二产业产值增长速率相对较快，特别是右江区、东江秋香江口以上区、东江三角洲区、红水河区、南盘江区和东江秋香江口以下区第二产业增长速率远远超过其他片区，说明这些区域工业化的进程加快，未来经济的进一步发展将使生态环境承受的压力不断增加。同时南盘江区、右江区、北江大坑口以下区和西北江三角洲区第三产业的增长速率也很快，说明这些二级流域区的服务行业也在不断加快。

9.1.2 生态系统类型、格局及变化分析

9.1.2.1 生态系统类型及构成

1）珠江流域I级生态系统主要以森林分布为主，超过流域总面积的50%；其次为农田，大约占总面积的25%；再次为灌丛占11%；其他草地、湿地、城镇占的面积相对较少；裸地面积所占比例极少，没有荒漠、冰川/永久积雪。从空间分布来看，森林主要集中南盘江区、

右江区、红水河区、柳江区、北江大坑口以上区，分别占所在区域生态用地面积总和的一半以上。农田主要分布在南盘江区、红水河区、柳江区和左江及郁江干流区，分别占所在区域生态用地面积总和的30%左右。珠江流域中除城镇用地呈稳定上升趋势外，其他类型变化不大，且城镇用地中居住地面积上升很快，幅度远大于其他类型。按河段分布比较可知，森林覆盖率：中游>下游>上游；农田比例：海南>广西>广东；城镇用地：中游>上游>下游。

2）珠江流域主要二级生态系统类型包括阔叶林、针叶林、耕地，三者面积合计占华南区域生态系统总面积的70%以上。十年来，阔叶林、草地、居住地的面积和比例有所增加，而针叶林、阔叶灌丛和耕地的面积和比例有所降低。

3）华南区域分布面积最广的几种Ⅲ级生态系统类型包括常绿阔叶林、常绿针叶林、常绿阔叶灌木林和旱地。常绿阔叶林面积有所上升，常绿针叶林、常绿阔叶灌木林和旱地总体有所下降。十年间，农田生态系统的面积比例有所下降，裸地面积比例降低明显，城镇面积的增长比较迅速。在城镇各类系统中，以Ⅲ级生态系统类型居住地为主，但十年间增速较快的是工业用地和交通用地两种Ⅲ级类型，特别是2005~2010年增速明显快于前5年。

4）分子流域来看，珠江流域上游三个子流域分布广泛的Ⅰ级生态系统类型主要以森林、灌丛、草地和农田为主；Ⅱ级生态系统主要有阔叶林、针叶林、耕地Ⅲ种类型，阔叶林和针叶林面积总体呈上升趋势，耕地面积有所下降；Ⅲ级生态系统类型以常绿阔叶林、常绿针叶林、水田、旱地、居住地、针阔混交林、乔木园地、水库/坑塘和河流为主。珠江流域中游Ⅰ级生态系统类型主要是森林、灌丛和农田，森林和灌丛面积呈现小幅度的上升趋势，农田面积呈下降趋势；Ⅱ级生态系统类型中面积及比例较大的为阔叶林、耕地、针叶林和阔叶灌丛，阔叶林和耕地面积逐年上升，针叶林面积和阔叶灌丛灌木林面积有所降低。珠江流域下游Ⅰ级生态系统类型主要是农田和森林，城镇和农田系统面积比例在十年间呈现上升趋势，森林、灌丛、草地、裸地系统呈现下降趋势。

9.1.2.2 生态系统类型转移及强度

1）从Ⅰ级生态系统看，在整个十年间，珠江流域森林主要向农田、草地及城镇转化，灌丛和草地主要向森林和农田转化，湿地主要向城镇和农田转化，农田主要向森林和城镇转化，裸地主要向森林、农田和城镇转化。新增城镇用地主要来源为农田、森林及湿地，但城镇用地极少向其他用地类型转化，新增裸地主要由森林转化，农田大量向森林、建设用地等转化。从Ⅲ级生态系统看，居住地主要由湖泊和农田转化而来。

2）珠江流域"十五"及"十一五"生态格局转化剧烈程度大致相同，十年来全流域综合变化率为1.82%。珠江三角洲地区变化最为剧烈，其中西江三角洲达7.44%，超过流域平均3倍以上，比较而言下游>上游>中游；广东省内区域生态系统格局变化较剧烈，广西地区变化最平和，云南、贵州等省相对活跃；北盘江流域变化剧烈，这可能与当地矿山等活动活跃及西部大开发等有关。

9.1.2.3 景观格局变化分析

（1）珠江流域整体变化
在景观水平上：珠江流域景观破碎化趋势降低，不同生态系统类型的最大斑块逐渐变小，景观中斑块类型呈现逐渐聚集的过程。

在类型水平上：森林生态系统类型的斑块连接度逐渐降低，说明被其他斑块类型分割的趋势增加。农田也表现出同样的变化趋势。城镇斑块在进一步聚集的同时，其斑块间连通性也增加，反映了城市不断扩张的趋势。

（2）各河段对比

景观水平对比：珠江流域上、中、下游Ⅰ级生态系统的斑块密度逐渐下降，但平均斑块面积则逐年上升，说明各类型斑块逐渐发生聚合，小的斑块逐渐消失，蔓延度指数和聚集度指数逐渐上升，说明景观格局呈逐渐聚集、集中分布的趋势。斑块密度较高的是珠江流域上游，最低的是珠江流域下游，说明上游的景观破碎化比较严重，珠江流域下游由于城镇及农田成片分布，平均斑块面积较大，所以景观破碎化较低。蔓延度指数和聚集度指数最大的为下游，最小的为上游，说明下游景观格局聚集度最高，上游较低，这也与各河段的斑块密度和平均斑块面积变化一致。

类型水平对比：珠江流域各河段Ⅰ级生态系统的总体变化情况是，森林小斑块逐渐消失，平均斑块面积逐年上升，边界变得更加规则，说明受人类活动影响比较大。湿地和农田更加分散分布，物理连通性降低。城镇斑块数量不断减少，平均面积增加，说明城镇斑块不断聚集、融合的一个趋势，其连通性也不断增加。上、中、下游各Ⅰ级生态系统的景观格局变化又有所不同。例如，珠江流域上游的农田斑块数和景观形状指数都呈下降趋势，但城镇和森林的平均斑块面积总体呈上升趋势，农田的斑块结合度都呈下降趋势；珠江流域中游的城镇和农田生态系统类型的各景观指数变化趋势基本一致，斑块数逐年减少，平均斑块面积增加，斑块结合度增加；珠江流域下游的森林和湿地的变化趋势与中游相似，但农田斑块数下降，平均斑块面积上升。

（3）分二级流域对比

景观水平对比：十年间，珠江流域各子流域中北盘江区、红水河区、左江及郁江干流区、右江区、柳江区、桂贺江区、黔浔江及西江（梧州以下）区、北江大坑口以上区、北江大坑口以下区、东江秋香江口以上区、东江秋香江口以下区、西北江三角洲区及东江三角洲区 13 个区的斑块密度均逐渐下降，平均斑块面积逐年上升，说明各类型斑块逐渐发生聚合，小的斑块逐渐消失；同时聚集度指数逐渐上升，说明一些小的生态系统斑块逐渐转换成其他生态系统类型，小型斑块受到其他生态系统类型的挤压蚕食比较明显，斑块呈大型化，这可能受城市扩张的影响所造成的。斑块密度较高的片区是南盘江区、北盘江区和右江区，说明这三个二级流域区的破碎化比较明显。较低的片区是北江大坑口以上区，由于这两个区有大量农田成片分布，平均斑块面积较大，所以景观破碎化较低。

9.1.2.4 岸边带生态系统类型、构成及变化分析

（1）500m 岸边带

从生态类型来看：珠江流域 500m 岸边带Ⅰ级生态系统主要由森林和农田组成，分别占所有生态类型面积的 30% 以上。从空间分布来看，森林主要集中在柳江区、北江大坑口以下区、黔浔江及西江（梧州以下）区和西北江三角洲区。珠江流域 500m 岸边带Ⅰ级生

态系统中除森林和城镇用地呈稳定上升趋势外，其他类型变化均稳定或有所下降，且城镇用地中居住地上升很快，幅度远大于其他类型。按河段分布比较可知，森林覆盖率：中游>下游>上游；农田比例：中游>上游>下游；城镇用地比例：下游>中游>上游。

（2）1000m 岸边带

从生态类型来看：珠江流域 1000m 岸边带 I 级生态系统主要由森林和农田组成，分别占所有生态类型面积的 35% 以上。从空间分布来看，森林主要集中南盘江区、柳江区、左江及郁江干流区、北江大坑口以上区、黔浔江及西江（梧州以下）区、东江秋香江口以下区和西北江三角洲区，所占比例均占所在区域生态系统的 45% 以上。珠江流域 1000m 岸边带 I 级生态系统中除森林和城镇用地呈稳定上升趋势外，其他类型变化均稳定或有所下降，且城镇用地中居住地上升很快，幅度远大于其他类型。按河段分布比较可知，森林覆盖率：下游>中游>上游；农田比例：中游>上游>下游；城镇用地比例：下游>中游>上游。

（3）2000m 岸边带

从生态类型来看：珠江流域 2000m 岸边带 I 级生态系统主要由森林和农田组成，森林面积占所有生态类型面积的 45% 左右，农田占 31% 左右。从空间分布来看，森林主要集中在柳江区、北江大坑口以下区和黔浔江及西江（梧州以下）区，所占比例均占所在区域生态系统的 50% 以上。珠江流域 1000m 岸边带 I 级生态系统中除森林、农田和城镇用地呈稳定上升趋势外，其他类型变化均稳定或有所下降，且城镇用地中居住地面积上升很快，幅度远大于其他类型。按河段分布比较可知，森林覆盖率：下游>中游>上游；农田比例：中游>上游>下游；城镇用地比例：下游>中游>上游。

9.1.3 生态系统服务功能变化结果分析

9.1.3.1 生态系统水源涵养功能变化分析

珠江流域水源涵养量约为 4200 亿 t，十年间已减少 3%，从空间上来看，珠江流域的水源涵养总量下游>>中游>上游。各二级流域中水文调节能力仅有左江及郁江干流区、黔浔江及西江（梧州以下）区上升，东江秋香江口以上区、东江秋香江口以下区、右江区保持不变，其余均下降，其中南盘江区及红水河区下降最大。

珠江流域水源涵养功能较好，评价等级为中的面积占主体，其次为较低和较高，高等级区域面积最小，十年间较高和较低等级比例略有上升，高、中及以下等级略降。各二级流域水文调节功能差异性很大，评价等级为高的是东江三角洲区，其次是东江秋香口以下区。

2000～2010 年，华南区域水源涵养功能基本保持稳定，各等级转移较少，变化最大的为低等级，各片区水源涵养功能与珠江流域整体相类似，稳定性较高。

9.1.3.2 生态系统土壤保持功能变化分析

珠江流域土壤保持量约为 465 亿 t，从空间上来看，珠江流域的土壤保持量主要集中在下游，下游>中游>上游，十年间变化上、中、下游均以极小幅度增加，各个片区也基本保持同样的趋势，只有柳江区和北江大坑口以下区稍有下降。

珠江流域土壤保持功能较低，评价等级为低的面积占主体，占到全部土地面积的75%，其次为较低和中等级别，高和较高的等级极少。各片区土壤保持功能均较低，评价等级为低的等级占主体；比较而言，只有北盘江区和桂贺江区两个二级流域土壤保持能力较好。左江及郁江干流区、桂贺江区、西北江三角洲区各等级面积比例几乎未改变，生态系统土壤保持能力维持稳定。红水河区、右江区、黔浔江及西江区、北江大坑口以上区、北江大坑口以下区、东江秋香江口以下区和东江三角洲区7个子流域等级低的面积所占比例呈微弱增加，等级较高以上的面积所占比例下降，生态系统土壤保持能力下降。

珠江流域土壤保持功能评价等级为高的类型转换较大，有84.14%的面积转换为其他等级，但从低等级转化为高等级的较少，土壤保持能力为低等级类型稳定程度高，功能整体呈下降趋势。

9.1.3.3　生态系统碳固定功能变化分析

珠江流域碳固定量约为3300亿t，十年间已减少15%，从空间上来看，珠江流域的土壤保持量主要集中在下游，下游>中游≫上游，十年间变化上、中、下游均下降，各个片区也基本保持同样的趋势。

珠江流域土壤保持功能较高，评价等级为高及较高的面积占主体，中级以上等级面积占总面积的98%以上。各子流域土壤保持功能有所差别，但评价等级为中等级以上的等级占主体。比较而言，珠江流域上游相对来讲碳固定功能较差，且有变差的趋势，其中红水河区较好，评价等级为高和较高，南、北盘江区评价等级为中的占主体，且南、北盘江区在所有子流域中评价等级为低和较低类型所占比例最高，十年间呈上升趋势。珠江流域中游碳固定功能相对较好，但也有变差的趋势，但柳江区的固碳功能是上升的。

只有北盘江区和桂贺江区两个二级流域土壤保持能力较好。左江及郁江干流区、桂贺江区、西北江三角洲区各等级面积比例几乎未改变，生态系统土壤保持能力维持稳定。红水河区、右江区、黔浔江及西江区、北江大坑口以上区、北江大坑口以下区、东江秋香江口以下区和东江三角洲区7个子流域等级低的面积所占比例呈微弱增加，等级较高以上的面积所占比例下降，生态系统土壤保持能力下降。珠江流域下游各二级流域的碳固定功能较高，均有上升的趋势。

珠江流域土壤保持功能评价等级为低的类型转换较大，有46%的面积转换为其他高一级等级面积，但从高等级转化为低等级的较少，土壤保持能力为高等级类型稳定程度高，功能整体呈稳定上升趋势。

9.1.3.4　生态系统生物多样性功能变化分析

（1）生境质量

2000～2010年，珠江流域生境质量基本保持稳定，较高等级占主体，评价等级为高保持不变，较高及较底等级略有增长，中等级及较低等级略微下降。从河流分布来看，生境质量排序为下游>中游>上游。上、中、下游生境质量均以较高等级占主体，上游评价等级为高、较高及较低类型略有增长，中及低类型略微下降；中游评价等级为高、较高及低类型略有增长，中及较低类型略微下降；上游评价等级除了低级类型略有增长以外，其余为高、较高、中及较低类型略微下降，珠江流域上、中生境质量呈稳定略微上升，而下游的生境质量有所恶化。从二级流域来看，各二流域年际变化较小，除了桂贺江区、东江秋香江口以下区及西北江三角洲区生境质量变差以外，其余子流域的生境质量逐渐变好。

（2）生物多样性现状评价

2010 年珠江流域绝大多数地区的生物多样性保护重要性等级为一般区域，占 78% 以上，生物多样性保护重要性等级为极重要区及重要区主要分布在中上游的柳江区、红水河区及右江区。

9.1.3.5 生态系统产品提供功能变化分析

珠江流域产品提供能量约为 $163×10^{12}$ kcal，十年间增加了 22%。从空间上来看，2010 年珠江流域的土壤保持量主要集中在中游，中游>上游>下游；从子流域来看，珠江流域子流域的产品提供能量差异明显，左江及郁江干流区的产品提供能量最多，其次是南盘江区、柳江区、红水河区、黔浔江及西江（梧州以下）区等。十年来，珠江流域中上游除了桂贺江区以外其余的各子流域的产品提供能量均有提高，增长率最大的是左江及郁江干流区。

珠江流域产品提供量较低，评价等级为低等级的面积占主体，珠江流域碳固定功能较高、较低类型下降，高、中类型上升较大，珠江流域产品提供功能有所上升。珠江流域上游不但产品提供功能较差且功能下降。中游产品提供功能比上游好，产品提供功能一样较低，但相对稳定。下游产品提供功能比中上游强，且有上升的趋势。从二级流域来看，除右江区、北江大坑口以上区、北江大坑口以下区、东江秋香江口以上区、东江秋香口以下区及西北江三角洲区的产品提供功能有所改善以外，其余的产品提供功能均下降。

9.1.4 河流与水环境质量变化分析

9.1.4.1 珠江流域水资源变化及污染物排放情况

2000~2010 年珠江流域全年降水量呈微弱上升趋势，流域总资源量、人均水资源量呈线性缓慢下降趋势，且人均水资源量下降速率更快。水资源利用总量呈增长趋势，其中林牧渔用水量、工业用水量和城镇生活用水量逐渐增加，而农田灌溉用水量和农村生活用水量在不断下降。珠江三角洲水资源利用强度最高，达 99%。

污染排放呈上升趋势，但其中污染指标开始呈上升的趋势，从 2008 年开始，珠江流域的生活污废水量、生活污废水 COD 排放量、生活污废水氨氮排放量及工业废水量、工业废水氨氮排放量五个指标均下降明显，这与我国"十一五"开展污染减排活动有关。珠江流域历年污染治理投资总体呈上升趋势，其中峰值在 2008 年，取得的效果也明显。饮用水安全存在风险，东江、西江等重要饮用水源遭受污染威胁，历年来重大水环境污染事故不断。

9.1.4.2　珠江流域水质情况

2000～2010年珠江流域优于Ⅲ类（含）水体的断面比例保持在67%左右，变化不大，水质保持良好。南、北盘江水质逐渐提高；红柳江水质先变好，但从2005年后又逐步变差；郁江水质断面监测没有Ⅰ类水质，2005年较差，又逐步好转；西江Ⅰ类～Ⅲ类水质长期处于80%以上，但近年又有所下降，特别是Ⅱ类水质下降明显；北江水质总体良好，前期水质有所反复，但从2005年起Ⅰ类～Ⅲ类水质长期处于90%以上；东江虽然优于Ⅲ类（含）水质的断面比例较高但是同时超Ⅴ类水质所占比例也较高；珠江三角洲水质相对所有流域最差。

纵观子流域水质空间分布，珠江流域水质总体较好，Ⅰ类～Ⅲ类水质占70%左右，头尾南北盘江和珠三角地区较差。

9.1.5　生态系统质量与生态胁迫变化结果分析

9.1.5.1　植被覆盖度变化分析

2000～2005年，珠江流域大部分区域植被覆盖度呈退化趋势，下游的黔浔江及西江（梧州以下）区保持稳定并稍有提高。2005～2010年，绝大部分区域植被覆盖度呈提高趋势，其中上游的红水河区、中游的柳江区和桂贺江区、下游的黔浔江及西江（梧州以下）区、东江秋香江口以下区及东江秋香江口以上区等地区植被覆盖度增加较多。2000～2010年十年间，退化状态范围稍大于提高状态范围，整体是以退化为主。除了下游的黔浔江及西江（梧州以下）区地区植被覆盖度增加以外，其余地区植被覆盖度都在退化，其中上游的南盘江区植被覆盖度退化最为严重。

9.1.5.2　生物量变化分析

1）整体来讲，珠江流域的生物量含量较高，整个区域生物量呈微弱增加趋势，在2005年达到最高值，2010年又有所下降。珠江流域的生物量主要集中在中下游，占整个流域的77%以上，生物量中游>下游>上游。十年间，珠江流域上游的生物量在不断增加；中游的生物量先增加后减少，但整体呈下降趋势；珠江流域下游的生物量与中游的趋势类似先增加后减少，但是下游整体上生物量是有所增加的。各二级流域的生物量相差较大，柳江区的生物量含量最高，除了右江区、柳江区、桂贺江区及北江大坑口以下区的生物量在下降以外，其余子流域生的物量都在增加。

2）珠江流域整体生物量密度高，呈现东部和东南部高，西北部及中部低的分布特征，十年间，珠江流域的生物量密度不断下降，生物量密度为下游>中游>上游。珠江流域的生物量密度与生物量总量的趋势一致，上游的密度在不断增加；中游的生物量密度先增加后减少，但整体呈下降趋势；珠江流域下游的生物量密度与中游的趋势类似先增加后减少，但是下游整体上生物量密度是有所增加的。从二级流域来看，除了桂贺江区、北江大坑口以下区、右江区及柳江区 4 个子流域的生物量密度在下降以外，其余的 10 个子流域的生物量密度都在升高。

3）2000～2005 年，珠江流域的生物量以提高为主，生物量提高面积比例最大的是上游，退化面积比例最大的是下游。各二级流域生物量与珠江流域相似，以提高为主。2005～2010 年，珠江流域的生物量五年来呈退化趋势，北盘江区、南盘江区、红水河区、北江大坑口以上区、东江秋香江口以下区及东江三角洲区以提高为主。2000～2010 年，珠江流域的生物量以提高为主，各二级流域与珠江流域的趋势一样。

9.1.5.3 生态系统湿地类型变化分析

在珠江流域范围内，大部分二级流域湿地都呈一种稳定的状态。西北江三角洲区和东江三角洲区在 2000～2005 年呈轻度萎缩型，2005～2010 年呈稳定型，但整个十年间也呈轻度萎缩型状态。北盘江区、红水河区及右江区在 2005～2010 年整个十年间呈扩张型。

9.1.5.4 珠江流域生态胁迫及变化结果分析

（1）社会经济活动强度及其胁迫

珠江流域人口密度较高的三个子流域都位于下游，包括东江秋香江口以下区、西北江三角洲和东江三角洲区，其次是黔浔江及西江（梧州以下）区、北盘江区、左江及郁江区和桂贺江区，人口密度最小的是右江区。

单位国土面积第一产业产值较高的流域包括西北江三角洲区、东江三角洲区和黔浔江及西江（梧州以下）区，均远远超过珠江流域的平均水平，较低的流域包括北盘江区、南盘江区、红水河区、右江区、柳江区、东江秋香江口以上区。

单位国土面积第二产业产值及第三产业产值较高的流域均为东江秋香江口以下区、西北江三角洲区和东江三角洲区。

（2）开发建设活动强度及胁迫

开发建设活动强度较大的是东江秋香江口以上区、东江秋香江口以下区、西北江三角洲区和东江三角洲区，建设用地指数最高，超出珠江流域的平均水平，其他二级流域都低于珠江流域平均水平，最低的是北盘江区。

（3）污染物排放强度及胁迫

城镇生活废污水量、废污水 COD、废污水氨氮及工业废水排放强度较高的是东江秋香江口以下区、西北江三角洲区和东江三角洲区，远远超过整个珠江流域的平均水平。

9.1.6 流域污染与社会经济发展重心演变

GDP 重心演变规律：整体上表现为向东南方向移动，特别是经度上向东移动的距离远远大于在维度上向南移动的距离。珠江下游仍是珠江流域经济高速发展的区域，同时，在传统经济区内经济迅速发展的同时，国家的区域发展战略也开始发挥作用。

人口重心演变规律：人口重心呈先西南后东南的方向移动，与GDP重心的维向偏移保持一致，东部人口增长较南部快。

工业废水排放量重心演变规律：工业废水排放重心总体规律与GDP趋势一致，但2007年后向西北略有转移，主要受"十一五"污染减排效应影响，这与东部地区由于经济实力雄厚，产业开始升级，环境保护投资额加大有关。

城镇生活污水排放量重心演变规律：生活污水排放量重心整体上呈现向西北部移动，总体上向西经向移动的距离大于纬度的变化距离。这个趋势与人口转移方向呈负相关，初步分析是由于珠江流域西部人口城市化率的升幅高于东部，其所起的作用超过了东西部人口变化。

在经度的空间联系上，经济重心与生活废水和工业废水呈正显著弱相关，经济重心与人口重心呈负相关。在纬度的空间联系上，人口重心与生活废水排放量和工业废水排放量呈正相关，且与工业废水的相关性较强，与生活废水呈负相关。

9.2　主要结论

1）2000~2010年，珠江流域的社会经济发展处于高速发展时段，人口和经济对生态环境的胁迫在不断增加，随着北部湾区域的开发，广西南宁及广东珠江流域南部市的人口增长和经济发展速率较快，已进入快速城市化和工业化阶段，这些区域的生态环境基础设施建设相对薄弱，生态环境保护投入相对较少，加之生态环境敏感脆弱，生态环境已经面临较为严峻的形式，今后一段时间还将继续面临日益加剧的社会经济压力，社会经济发展和生态环境保护的矛盾也将更加突出，应注意"在保护中发展，在发展中保护"。

2）2000~2010年，珠江流域各地级市的大气环境质量达标率较高，但这并不意味着珠江流域大气环境质量不需要改善，尤其是珠三角区域是我国灰霾较重和可吸入颗粒物浓度较高的区域，预计"十二五"期间大气环境质量指标增加PM2.5指标后，某些城市的大气环境质量达标率会大大降低，大气污染防治工作，尤其是灰霾的防治任重道远。十年间，珠江流域地表水优良水体比例保持在67%左右，变化不大，水质保持良好。但也应清醒地看到，东江、西江等重要饮用水源遭受污染威胁，历年来重大水环境污染事故不断，而且南盘江、北盘江和珠江三角洲地区地表水优良水质比例呈下降趋势，今后地表水体污染防治工作依然很艰巨，在减少主要水体污染物的同时，更加关注新型污染物的防治工作。从主要污染物排放情况看，排放总量在2000~2005年呈现微弱增加趋势，到2005~2010年开始呈现缓慢增加或下降趋势，单位GDP和单位国土面积的主要污染物排放量在逐年下降，尤其是2005~2010年下降速率更快，特别是在2007年以后下降速率明显，这说明节能减排工作已取得良好的效果。

3）在各类生态系统类型中，森林生态系统及其Ⅱ级和Ⅲ级生态系统类型所占比例最高，面积比例占整体面积的50%以上，农田主要分布在左江及郁江干流区。从各类用地的变化来看，森林系统和城镇用地有较大幅度的增加，城镇建设用地，尤其是工业用地和采矿场用地增加幅度最快。从各类用地的转化来看，耕地、裸地、湿地等生态用地转化为城镇建设用地的比例最高。由此可见，珠江流域生态系统的保护，特别是湿地和耕地等生态系统的保护工作亟须加强，建设用地快速扩张的趋势应进一步遏制。景观格局分析结果表明，森林等自然生态系统受人类的干扰强度在不断增加，城镇建设用地有连片扩展的趋势，不断对自然生态系统的小斑块进行蚕食和挤压。因此，在城镇建设过程中要避免摊大饼式的发展，尽量在城镇与城镇之间预留一定面积的生态隔离带，注意对生态功能好的小型自然生态斑块的保留和保护。

4）十年间，整个区域生物量呈增加趋势，生物量以提高为主。2000～2005年，珠江流域大部分区域植被覆盖度呈退化趋势，但在2005～2010年，绝大部分区域植被覆盖度呈提高趋势，十年间，退化状态范围稍大于提高状态范围，整体是以退化为主。虽然整个珠江生态系统质量十年间未发生较大的变化，相对比较稳定，但个别二级流域和有些年份，生态系统质量还是出现了一定的下滑。因此，在今后的发展中要进一步加强对生态系统的保育。

5）生态系统服务功能调查评估结果表明，区域土壤保持功能十年间变化较小，但整体功能等级较低；生态系统生物多样性维持功能基本保持稳定，但大部分区域评价等级为一般区域；水源涵养功能较好，评价等级为中的面积占主体，但大部分片区都呈现下降趋势；整体防风固沙功能低，评价等级为低的面积占主体；生态系统产品提供功能等级评估为中等，十年间高、较高类型下降明显，中、低类型上升。总体上评价，生态系统服务功能属于中等水平，相对比较稳定，有些功能，如土壤保持功能和防风固沙功能水平较低，某些二级流域的某些功能也出现较大幅度的下滑。为此，今后要通过增加地表覆盖、减少裸地面积等方式增加土壤保持功能和防风固沙功能，并采取其他相应措施提高生态系统整体服务功能水平。

6）珠江流域人口胁迫逐年增加，尤其是广西和海南增加幅度较大，经济增长胁迫压力更大，2010年比2000年翻了两番；开发建设强度增加较快，特别是珠江三角洲地区增加更快。由此可见，今后珠江流域需要在社会经济高速发展的同时，进一步加强生态环境保护力度。污染物排放强度逐年增加，主要污染物排放量基本以下游的西北三角洲区、东江秋香江口以下区和东江三角洲最高，不容忽视的是广西和云南属珠江流域地区的工业废水COD和氨氮的排放强度很大，但污染治理设施的建设相对滞后，所以水污染物胁迫压力较大，需要进一步加大投入，避免污染损害。

9.3　生态环境保护和管理对策建议

(1)　建立起流域系统控制框架

环境是指环绕人类周围的客观事物的整体，包括自然因素和社会因素，它们既可以实体形式存在，也可以非实体形式存在。以实体形式存在的环境总是与土地的利用方式紧密结合在一起。面向新时期的发展需求，应该建立流域系统控制框架，从土地利用空间控制、社会发展布局、经济发展布局及人工提升流域环境质量四个方面建立起流域系统控制方案。

（2）根据流域发展特征，着力解决重点流域问题

根据研究，上游北盘江及下游珠江三角洲地区是珠江流域生态环境问题关键区域。北盘江的特色为森林覆盖率低、经济发展水平低、人口密度中等、生态格局转化剧烈，易发水水土流失问题，并处于重点水源涵养区内，水环境质量差等。珠江三角洲的特点是森林覆盖率中等、经济水平高，人口高度集中，人均消费水资源量已近极限，湿地存在退化趋势，污染严重，水环境质量差。这三个区域的经济与社会发展政策必须综合考虑，北盘江须慎重选择产业，对开发性活动和土地利用进行严格限制；珠江三角洲促进产业结构升级，加强环境治理。

（3）建立流域环境补偿制度

珠江流域中上游经济与下游相差极远，为了保护流域下游的生态、生活及工农业生产，不能盲目引入污染行业，产业转移不能把污染转移，应在流域综合尺度，建立生态补偿机制。

（4）建立流域水污染综合防治策略

根据前面分析，珠江流域总体水质状况尚好，但历年来并没有好转的趋势。水污染依然是一个大问题，必须超前于经济发展的需求，前瞻性地设计相应的水污染综合防治策略，推行完善有效的污染监控方式体系。

（5）充分发挥经济手段和市场机制的作用

在珠江流域水污染治理中不仅要利用行政手段，还应当积极推行经济手段，充分发挥市场的调节机制，促进珠江流域水资源的有效利用和合理配置，从而刺激水污染的成本调节以达到环境保护的目的。在珠江流域的水污染治理过程中，可利用各地区间经济利益的冲突，采取排污征收政策的制定、征收标准和对象的确定、征收资金的管理等经济措施，通过征收转移污染税来调控珠江流域各地区的经济利益，使珠江流域各地区在利益激励下自觉避免污染水环境，减少珠江流域各地区跨界水污染纠纷的发生。

参 考 文 献

白可喻，戎郁萍，杨云卉，等.2013.北方农牧交错带草地生物多样性与草地生产力和土壤状况的关系.
　　生态学杂志，32（1）：22-26.

毕继业，朱道林，王秀芬，等.2008.基于 GIS 的县域粮食生产资源利用效率评价.农业工程学报，
　　24（1）：94-100.

蔡运龙，傅泽强，戴尔阜.2002.区域最小人均耕地面积与耕地资源调控.地理学报，57（2）：127-134.

曹铭昌，乐志芳，雷军成，等.2013.全球生物多样性评估方法及研究进展.生态与农村环境学报，
　　29（1）：8-16.

陈卉.2013.中国两种亚热带红树林生态系统的碳固定、掉落物分解及其同化过程.厦门：厦门大学博士
　　学位论文.

陈慧丽，李玉娟，李博.2005.外来植物入侵对土壤生物多样性和生态系统过程的影响.生物多样性，
　　13（6）：86-96.

陈吉泉.1996.河岸植被特征及其在生态系统和景观中的作用.应用生态学报，7（4）：439-448.

陈杰华.2013.重庆市农田土壤有机碳库现状、变化趋势及固碳潜力研究.重庆：西南大学博士学位论文.

陈凯麒，葛怀凤，严鹏.2013.水利水电工程中的生物多样性保护——将生物多样性影响评价纳入水利水
　　电工程环评.水利学报，44（5）：608-614.

陈灵芝，任继凯，鲍显诚.1984.北京西山人工油松林群落学特征及生物量的研究.植物生态学与地植物
　　学报，8（3）：173-181.

陈秋实.2012.保护性耕作对土壤团聚体有机碳固定的影响及作用机理.南京：广西大学硕士学位论文.

陈圣宾，蒋高明，高吉喜.2008.生物多样性监测指标体系构建研究进展.生态学报，28（10）：
　　5123-5132.

陈学文.2012.基于最小限制水分范围评价不同耕作方式下农田黑土有机碳固定.长春：中国科学院研究
　　生院（东北地理与农业生态研究所）博士学位论文.

崔军.2011.河口湿地围垦后长期耕作下土壤理化性质演变、碳固定机制及细菌群落演替的研究.上海：
　　复旦大学博士学位论文.

崔利芳，王宁，葛振鸣.2014.海平面上升影响下长江口滨海湿地脆弱性评价.应用生态学报，25（2）：
　　553-561.

代明.2008.珠江流域：逆地理梯度效应、环发矛盾与工业排放局域配额制.中国人口.资源与环境，
　　18（3）：195-199.

党承林，吴兆录.1992.季风常绿阔叶林短刺栲群落的生物量研究.云南大学学报（自然科学版），
　　14（2）：95-107.

邓汗青，罗勇.2013.近50年珠江流域降水时空特征分析.气象科学，33（4）：355-360.

丁焕峰，李佩仪.2009.中国区域污染重心与经济重心的演变对比分析.经济地理，29（10）：
　　1629-1633.

丁宁，李佳鸿.2010.东江流域经济梯度差异现状.区域经济，603（44）：87-89.

杜建，William W L cheung，陈彬.2012.气候变化与海洋生物多样性关系研究进展.生物多样性，
　　20（6）：745-754.

杜晓军，刘常富，金罡.1998.长白山主要森林生态系统生物量生产量的研究.沈阳农业大学学报，
　　29（3）：229-232.

段晓男，王效科，逯非.2008.中国湿地生态系统固碳现状和潜力.生态学报，28（2）：463-469.

段晓男，王效科，尹弢.2006.湿地生态系统固碳潜力研究进展.生态环境，15（5）：1091-1095.

樊燕，郭春兰，方楷.2016.石灰岩山地优势种淡竹生物量分配的影响主因研究广西植物.http：//
www.cnki.net/kcms/detail/45.1134.Q.20160607.1109.004.html.［2016-6-7］

范如芹.2013.保护性耕作下黑土有机碳固定机制研究.长春：中国科学院研究生院（东北地理与农业生
态研究所）博士学位论文.

方精云，于贵瑞，任小波.2015.中国陆地生态系统固碳效应——中国科学院战略性先导科技专项"应对
气候变化的碳收支认证及相关问题"之生态系统固碳任务群研究进展.中国科学院院刊，30（6）：
848-857，875.

方升佐，田野.2012.人工林生态系统生物多样性与生产力的关系.南京林业大学学报（自然科学版），
36（4）：1-6.

封志明，杨艳昭，张晶.2008.中国基于人粮关系的土地资源承载力研究：从分县到全国.自然资源学
报，23（5）：865-874.

冯宗炜，陈楚莹，张家武.1982.湖南会同地区马尾松林生物量的测定.林业科学，18（2）：127-134.

冯宗宪，黄建山.2006.1978—2003年中国经济重心与产业重心的动态轨迹及其对比研究.经济地理，
26（2）：249-254.

傅声雷.2007.土壤生物多样性的研究概况与发展趋势.生物多样性，15（2）：109-115.

甘春英，王兮之，李保生.2011.连江流域近18年来植被覆盖度变化分析.地理科学，31（8）：
1019-1024.

高东，何霞红.2010a.生物多样性与生态系统稳定性研究进展.生态学杂志，29（12）：2507-2513.

高东，何霞红，朱有勇.2010b.农业生物多样性持续控制有害生物的机理研究进展.植物生态学报，
34（9）：1107-1116.

高东，何霞红，朱书生.2011.利用农业生物多样性持续控制有害生物.生态学报，31（24）：
7617-7624.

高士武，李伟，张曼胤.2008.湿地退化评价研究进展，世界林业研究，21（6）：13-18.

郭二辉，孙然好，陈利顶.2011.河岸植被缓冲带主要生态服务功能研究的现状与展望.生态学杂志，
30（8）：1830-1837.

郭然，王效科，逯非.2008.中国草地土壤生态系统固碳现状和潜力.生态学报，28（2）：862-867.

郭中伟，甘雅玲.2003.关于生态系统服务功能的几个科学问题.生物多样性，11（1）：63-69.

韩冰，王效科，逯非.2008.中国农田土壤生态系统固碳现状和潜力.生态学报，28（2）：612-619.

韩维峥.2011.吉林西部草地退化恢复与碳收支的耦合研究.长春：吉林大学博士学位论文.

贺纪正，李晶，郑袁明.2013.土壤生态系统微生物多样性——稳定性关系的思考.生物多样性，
21（4）：412-421.

黄桂林，赵峰侠，李仁强.2012.生态系统服务功能评估研究现状挑战和趋势.林业资源管理，8（4）：
17-23.

黄麟，刘纪远，邵全琴.2016.1990～2030年中国主要陆地生态系统碳固定服务时空变化.生态学报，
3（13）：1-6.

焦秀梅.2005.湖南省森林植被碳贮量及地理分布规律.长沙：中南林学院博士学位论文.

孔凡亭.2013.基于RS和GIS技术的湿地景观格局变化研究进展.应用生态学报，24（4）：941-946.

孔凡洲，于仁成，徐子钧.2012.应用Excel软件计算生物多样性指数.海洋科学，36（4）：57-62.

赖力.2010.中国土地利用的碳排放效应研究.南京：南京大学博士学位论文.

类延宝，肖海峰，冯玉龙.2010.外来植物入侵对生物多样性的影响及本地生物的进化响应.生物多样性，18（6）：622-630.

黎燕琼，郑绍伟，龚固堂.2011.生物多样性研究进展.四川林业科技，32（4）：12-19.

李博.2010.白洋淀湿地典型植被芦苇生长特性与生态服务功能研究.保定：河北大学硕士学位论文.

李成芳，寇志奎，张枝盛.2011.秸秆还田对免耕稻田温室气体排放及土壤有机碳固定的影响.农业环境科学学报，30（11）：2362-2367.

李春义，马履一，徐昕.2006.抚育间伐对森林生物多样性影响研究进展.世界林业研究，19（6）：27-32.

李典友.2011.区域湿地和农田土壤有机碳变化研究.南京：南京农业大学博士学位论文.

李果，吴晓莆，罗遵兰.2011.构建我国生物多样性评价的指标体系.生物多样性，19（5）：497-504.

李江.2008.中国主要森林群落林下土壤有机碳储量格局及其影响因子研究.雅安：四川农业大学硕士学位论文.

李菁，骆有庆，石娟.2011.生物多样性研究现状与保护.世界林业研究，2（3）：26-31.

李静，王玲红，程栋梁.2016.不同龄组天然常绿阔叶林和杉木人工林林下草本层生物量分配特征.南京林业大学学报（自然科学版），12（1）：1-9.

李婷，邓强，袁志友，等.2015.黄土高原纬度梯度下草本植物生物量的变化及其氮、磷化学计量学特征.植物营养与肥料学报.

李晓曼.2008.广州市城市森林生态系统碳循环研究.株洲：中南林业科技大学硕士学位论文.

李秀珍，布仁仓，常禹.2004.景观格局指标对不同景观格局的反应.生态学报，24（1）：123-134.

李延梅，牛栋，张志强.2009.国际生物多样性研究科学计划与热点述评.生态学报，29（4）：2115-2123.

李彦华.2015黄土丘陵区小流域生态防护型景观格局及固碳效益研究.咸阳：西北农林科技大学博士学位论文.

李智琦，欧阳志云，曾慧卿.2010.基于物种的大尺度生物多样性热点研究方法.生态学报，30（6）：1586-1593.

梁建平，马大喜，毛德华.2016.双台河口国际重要湿地芦苇地上生物量遥感估算.国土资源遥感，28（3）：60-66.

梁艳，干珠扎布，张伟娜.2015.灌溉对藏北高寒草甸生物量和温室气体排放的影响.农业环境科学学报，34（4）：801-808.

林金兰，陈彬，黄浩.2013.海洋生物多样性保护优先区域的确定.生物多样性，21（1）：38-46.

刘丙军，陈晓宏，曾照发.2010.珠江流域下游地区降水空间分布规律研究.自然资源学报，25（12）：2123-2130.

刘帆，王传宽，王兴昌.2016.帽儿山温带落叶阔叶林通量塔风浪区生物量空间格局.生态学报，36（20）：1-14.

刘华，雷瑞德.2005.我国森林生态系统碳储量和碳平衡的研究方法及进展.西北植物学报，25（4）：835-843.

刘世荣，柴一新，蔡体久.1990.兴安落叶松人工林群落生物量及净初级生产力的研究.东北林业大学学报，18（2）：40-46.

刘世荣，王兵，郭泉水.1996.大气CO_2浓度增加对生物组织结构与功能的可能影响——Ⅱ—植物种群、群落、生态系统结构和生产力对大气CO_2浓度增加的响应.地理学报，51：129-138.

刘万根.2002.珠江流域水资源问题及统一管理浅析.人民珠江，1：18-21.

刘艳群，陈创买，郑勇 .2008. 珠江流域 4-9 月降水空间分布特征和类型 . 热带气象学报，24（1）：
  67-73.

刘洋，张健，杨万勤 .2009. 高山生物多样性对气候变化响应的研究进展 . 生物多样性，17（1）：88-96.

刘影，邹玥屿，朱留财 .2014. 生物多样性适应气候变化的国家政策和措施：国际经验及启示 . 生物多样
  性，22（3）：407-413.

刘智森 .2009. 关于当前珠江水环境问题的几点体会 . 水文，29（1）：6-8.

鲁显楷，莫江明，董少峰 .2008. 氮沉降对森林生物多样性的影响 . 生态学报，28（11）：5532-5548.

陆文秀，刘丙军，陈俊凡 .2014. 近 50a 来珠江流域降水变化趋势分析，自然自然资源学报，29（1），
  80-89.

逯非，王效科，韩冰 .2008. 中国农田施用化学氮肥的固碳潜力及其有效性评价 . 应用生态学报，
  19（10）：2239-2250.

吕铭志，盛连喜，张立 .2013. 中国典型湿地生态系统碳汇功能比较 . 湿地科学，11（1）：114-120.

吕新业 .2006. 我国食物安全及预警研究 . 北京：中国农业科学院博士学位论文 .

吕一河，陈利顶，傅伯杰 .2001. 生物多样性资源：利用、保护与管理 . 生物多样性，9（4）：422-429.

栾军伟，崔丽娟，宋洪涛 .2012. 国外湿地生态系统碳循环研究进展 . 湿地科学，10（2）：235-242.

罗永清，赵学勇，周欣 .2015. 不同生境中差不嘎篙（Artemisia halodendron）生长特征及地下生物量分布 .
  中国沙漠，36（1）：1-8.

马克平，娄治平，苏荣辉 .2010. 中国科学院生物多样性研究回顾与展望 . 中国科学院院刊，25（6）：
  634-644.

欧阳志云，王如松，赵景柱 . 1999a. 生态系统服务功能及其生态经济价值评价. 应用生态学报，10（5）：
  635-639.

欧阳志云，王效科，苗鸿 . 1999b. 中国陆地生态系统服务功能及其生态经济价值的初步研究 . 生态学
  报，1（5）：607-613.

潘根兴，郑聚锋，程琨 .2003. 关于中国土壤碳库量与固碳潜力研究的若干问题 . 科学通报，56（26）：
  2162-2173.

潘维俦，李利村，高正衡 .1979. 两个不同地域类型杉木林的生物产量和营养元素分布 . 中南林业科技，
  2（4）：1-14.

普发贵 .2014. Mann-Kendall 检验法在抚仙湖水质趋势分析中的应用 . 环境科学导刊，33（6）：83-87.

秦伟，朱清科，张学霞 .2006. 植被覆盖度及其测算方法研究进展 . 西北农林科技大学学报（自然科学
  版），34（9）：163-169.

任国玉，吴虹，陈正洪 .2000. 我国降水变化趋势的空间特征 . 应用气象学报，11（3）：322-330.

任国玉，徐影 .2004. 气候变化的观测事实与未来趋势，科技导报，7-10.

覃超梅，于锡军 .2012. 海平面上升对广东沿海海岸侵蚀和生态系统的影响 . 广州环境科学，27（1）：
  25-27.

唐秀美，陈百明，骆庆斌. 2010. 2010 年生态系统服务价值的生态区位修正方法———以北京市为例.
  生态学报，3（13）：:3526-3535.

王宝强，杨飞，王振波 .2015. 海平面上升对生态系统服务价值的影响及适应措施 . 生态学报，35（24）：
  7998-8007.

王家生，孔丽娜，林木松 .2011. 河岸带特征和功能研究综述 . 长江科学院院报，28（11）：28-35.

王莉雁，肖燚，饶恩明 .2015. 全国生态系统食物生产功能空间特征及其影响因素 . 自然资源学报，
  15（2）：865-875.

王亮，牛克昌，杨元合. 2010. 中国草地生物量地上-地下分配格局：基于个体水平的研究，中国科学. 生命科学，42（7）：642-649.

王万忠，焦菊英. 1996. 中国的土壤侵蚀因子定量评价研究. 水土保持通报，4（16）：1-20.

幸红，2008. 对珠江流域水资源管理体制及机制的思考，人民珠江，1：2-6.

姚阔，郭旭东，南颖. 2016. 植被生物量高光谱遥感监测研究进展. 测绘科学，http：//www. cnki. net/ kcms/detail/11. 4415. p. 20160125. 1056. 032. html［2016-1-5］

叶柏生，李翀，杨大庆. 2004. 我国过去50a来降水变化趋势及其对水资源的影响（Ⅰ）：年系列. 冰川 冻土，26（5）：587-593.

叶柏生，杨大庆. 2004. 我国过去５０年来降水变化趋势及其对水资源的影响. 冰川冻土，26（5）： 587-594.

殷培红，方修琦. 2008. 中国粮食安全脆弱区的识别及空间分异特征. 地理学报，63（10）：1064-1072.

于子江，杨乐强，杨东方. 2003. 海平面上升对生态环境及其服务功能的影响. 城市环境与城市生态， 16（6）：101-103.

曾伟生，姚顺彬，肖前辉. 2015. 中国湿地松立木生物量方程的研建. 中南林业科技大学学报，35（1）： 8-13.

张科利，彭文英，杨红丽. 2007. 中国土壤可蚀性值及其估算. 土壤学报，1（44）：7-13.

张立. 2002. 初探珠江流域水资源承载能力及其制约. 水利发展研究，2（11）：33-34.

张秋菊，傅伯杰，陈利顶. 2003. 关于景观格局演变研究的几个问题. 地理科学，23（3）：264-270.

张彦雷，康峰峰，韩海荣. 2015. 太岳山油松人工林林下植被生物量影响因子分析. 中南林业科技大学学 报，35（1）：104-108.

章家恩，徐琪. 1999. 退化生态系统的诊断特征及其评价指标体系. 长江流域资源与环境，8（2）： 212-220.

郑杰炳. 2007. 土地利用方式对土壤有机碳固定影响研究. 重庆：西南大学硕士学位论文.

周超. 2016. 森林生物量的研究进展. 现代园艺，7（13）：17-18.

周文浩. 1998. 海平面上升对珠江三角洲咸潮入侵的影响. 热带地理，18（3）：266-269.

周玉荣，于振良，赵士洞. 2000. 我国主要森林生态系统碳贮量和碳平衡. 植物生态学报，24（5）： 518-522.

朱强根，金爱武，唐世刚. 2015. 毛竹枝叶生物量的冠层分布对钩梢和施肥的响应. 中南林业科技大学学 报，35（1）：24-29.

Austin J M, Brendan G M, Kimberly P V, et al. 2003. Estimating forest biomass using satellite radar: an exploratory study in a temperate Australian Eucalyptus forest. Forest Ecology and Management, 176: 575-583.

Boysen J P. 1910. Studier over skovtraernes forhold til lyset Tidsskr. F Skorvaessen, 22: 11-16.

Brandeis T J, Delaney U, Parresol B R, et al. 2006. Development of equations for predicting Puerto Rican subtropical dry forest biomass and volume. Forest Ecology and Management, 233: 133-142.

Brazner J C, Danz N P, Niemi G J, et al. 2007. Evaluation of geographic, geomorphic and human influences on GreatLakes wetland indicators: A multi-assemblage approach. Ecological Indicators, 7: 610 -635.

Burger H. 1952. 12 Fichten im plenterwald mitteil, Schweiz, Anst. Forttl. Versuchsw, 28: 109-156.

Cenuner M, Beeker S, Jiang T. 2004. Observed monthly precipitation trends in China. The oretieal and Applied Climatology, 77: 39-45.

Costanza R, Arge R, Groot R D. 1997. The value of the world's ecosystem services and natural capital. Nature, 387: 253-260.

Dewita H A, Palosuob T, Gro Hylenc. 2006. A carbon budget of forest biomass and soils in southeast Norway calculated using a widely applicable method. Forest Ecology and Management, 255: 15-26.

Dong J, Robert K K, Ranga B M. 2003. Remote sensing estimates of boreal and temperate forest woody biomass: carbon pools, sources, and sinks. Remote Sensing of Environment, 84: 393-410.

Ebermeyr E. 1876. Diegesamte Lehre der Waldstreu mit Rucksicht auf die chemische statik des Waldbaues. Berlin, 42: 116-120.

Fang X Q. 2008. Assessment on vulnerable regions of food security in China. Acta Geographica Sinica, 63: 1064-1072.

Feng Z M, Yang Y Z, Zhang J. 2008. The land carrying capacity of China based on man- grain relationship. Journal of Natural Resources, 23: 865-875.

Fu Z Q, Dai E F. 2002. The minimum area per capita of cultivated land and its implication for the optimization of land resource allocation. Acta Geographica Sinica, 57: 127-134.

Gan Chunying, et al. 2011. Changes of vegetation coverage during recent 18 years in Lianjiangriver watershed. Scientia Geographica Sinica, 31: 1019-1024.

Ghermandi A, Jeroen C J, Brander L. 2010. Values of natural and human- made wetlands: A meta- analysis. Water Resour Res, 46: 229-332.

Giese L A B, Aust W M, Kolka R K. 2003. Biomass and carbon pools of disturbed riparian forests. Forest Ecology and Management, 2180: 493-508.

Han Z H, Li J D, Yin H. 2010. Analysis of ecological security of wetland inLiaohe River delta based on the landscape pattern. Ecology and Environmental Sciences, 19: 701-705.

Hyde P, Nelson R, Klissa L. 2007. Exploring LiDAR-RaDAR synergy-predicting aboveground biomass in a southwestern ponderosa pine forest using LiDAR, SAR and InSAR. Remote Sensing of Environment, 106: 28-38.

Kauffman J B, Steele M D, Clummings D L. 2003. Biomass dynamics associated with deforestation, fire, and conversion to cattle pasture in a Mexican tropical dry forest. Forest Ecology and Management, 176: 1-12.

Kitterge J. 1944. Estimation of amount of foliage of trees and shrubs. J Forest, 42: 905-912.

Labrecque S, Fournier R A, Luther J E. 2006. A comparison of four methods to map biomass from Landsat-TM and inventory data in western Newfoundland. Forest Ecology and Management, 266: 129-144.

Lehtonen A, Makipaa R, Heikkinen J. 2004. Biomass expansion factors (BEFs) for Scots pine, Norway spruce and birch according to stand age for boreat forests. Forest Ecology and Management, 188: 211-224.

Li W H. 2006. Ecosystem services research is the core of ecosystem assessment. Resources Science, 28: 4-8.

Li X Z, Bu R C, cheng Y. 2004. The response of landscape metrics againstpattern scenarios. Acta Ecologica Sinica, 24: 123-134.

Lucas R M, Reid N, Lee A. 2006. Empirical relationships between AIRSAR backscatter and LiDAR-derived forest biomass, Queensland, Australia. Remote Sensing of Environment, 100: 407-425.

Lv Y H, Chen L D, Fu B J. 2007. Analysis of the integrating approach on landscape pattern and ecological processes. Progress inGeography, 26: 1-10.

Mcneish R E, Eric B M, Mewwan R W. 2012. Riparian forest invasion by a terrestrial shrub (Lonicera maackii) impacts aquatic biota and organic matter processing in headwater streams. Biological Invasions, 14: 1881-1893.

Montes N, Gauquelin J, Badrib W. 2000. A non-destructive method for estimating above-ground forest biomass in threatened woodlands. Forest Ecology and Management, 130: 37-46.

Nascimento H E M. 2002. Total aboveground biomass in central Amazonian rainforests: a landscape-scale study. Forest Ecology and Management, 168: 311-321.

Nilsson C, Berggrea K. 2000. Alterations of riparian ecosystems caused by river regulation. Bioscience, 50: 783-793.

Ou Yang Zhiyun, Wang Xiaoke, MIAO Hong. 1999. A primary study on Chinese terrestrial ecosystem services and their ecological-economic values. Acta Ecologica Sinica, 19: 607-613.

Repetto R. 1992. Accounting for environmental assets. Scientific American, 266: 64-70.

Selby P. 2000. From Cropland to Wetland to Classroom. Land and Water, 44: 55-57.

Stoodley S H. 1998. Economic feasibility of riparian buffer implementation. Case Study: Sugar Creek Oklahoma. Oklahoma State University.

Suganuma H, Abe Y K, Taniguchi M. 2006. Stand biomass estimation method by canopy coverage for application to remote sensing in an arid area of Western Australia. Forest Ecology and Management, 222: 75-87.

Sunil C, Somashekar R K, Nagaraja B C. 2011. Impact of anthropogenic disturbances on riparian forest ecology and ecosystem services in Southern India. Ecosystem Services Management, 7: 273-282.

Tang X M, Chen B M Lu Q B. 2010. The ecological location correction of ecosystem service value: A case study of Beijing City. Acta Ecologica Sinica, 30: 3526-3535.

Tao F L, Yokozawa M Y, Zhang Z. 2005. Remote sensing of crop production in China by production efficiency models: Models comparisons, estimates and uncertainties. Ecological Modelling, 183: 385-396.

The Study on Food Security and Early Warning System in China. Chinese Academy of Agricultural Sciences, 2006.

Upikasza E B, H nsel S, Matschullat J. 2011. Regional and seasonal variability of extreme precipitation trends in southern Poland and central-eastern Germany 1951-2006. International Journal of Climatology, 31: 2249-2271.

Withey P, van Kooten G C. 2011. The effect of climate change on optimal wetlands and waterfowl management in Western Canada. Ecological Economics, 70: 798-805.

Xiong W, Lin E, Ju H. 2007. Climate change and critical thresholds in Chinas food security [J]. Climatic Change, 81: 205-221.

Ye L M, Ranst E V. 2009. Production scenarios and the effect of soil degradation on long-term food security in China. Global Environmental Change, 19: 464-481.

Zhang Q J, Fu B J, Chen L D. 2003. Several problems about landscape pattern change research. Scientia Geographica Sinica, 23: 264-270.

Zhi y, Wang RS, Zhao J Z. 1999. Ecosystem services and their economic valuation. Chinese Journal of Applied Ecology, 10: 635-640.

Zhu D L, Zhu D L, Wang X F. 2008. GIS based study on grain productivity and resources utilization efficiency at county level in China. Transactions of the CSAE, 24: 94-100.

索 引